高等学校应用型本科创新人才培养计划指定教材

高等学校计算机类专业"十三五"课改规划教材

轻量级 Java EE
程序设计及实践

青岛英谷教育科技股份有限公司　　编著

西安电子科技大学出版社

内 容 简 介

　　本书分为理论篇和实践篇，全面介绍了 Java EE 轻量级的三个开源框架：Struts2、Hibernate 和 Spring。其中，在 Struts2 部分主要讲解 MVC 设计思想、Struts2 的处理流程及配置、Struts2 常用控制器组件以及 Struts2 常用标签库的使用；在 Hibernate 部分主要讲解 O/R Mapping 的设计理念、Hibernate 对 O/R Mapping 的支持、Hibernate 的配置及多种关系映射的实现，以及 HQL 查询数据；在 Spring 部分主要讲解 IoC 的原理、Spring 对 Bean 的管理机制、Spring AOP 编程以及声明事务的配置和管理。

　　本书结构合理、重点突出、偏重应用，不仅在理论篇设有若干示例，而且在实践篇以一个完整在线购物系统贯穿全书的技术要点，进一步强化读者对 Struts2、Hibernate、Spring 框架的应用及整合技巧，全面提高动手能力。

　　本书适应面广，可作为本科计算机科学与技术、软件工程、网络工程、计算机软件、计算机信息管理、电子商务和经济管理等专业的程序设计课程的教材，也可作为科研、程序设计等人员的参考书籍。

图书在版编目(CIP)数据

轻量级 Java EE 程序设计及实践/青岛英谷教育科技股份有限公司编著. —西安：西安电子科技大学出版社，2015.8(2017.11 重印)

高等学校计算机类专业"十三五"课改规划教材

ISBN 978-7-5606-3791-4

Ⅰ. ① 轻…　Ⅱ. ① 青…　Ⅲ. ① JAVA 语言—程序设计—高等学校—教材　Ⅳ. ① TP312

中国版本图书馆 CIP 数据核字(2015)第 191197 号

策　　划	毛红兵	
责任编辑	马武装	
出版发行	西安电子科技大学出版社(西安市太白南路 2 号)	
电　　话	(029)88242885　88201467	邮　　编　710071
网　　址	www.xduph.com	电子邮箱　xdupfxb001@163.com
经　　销	新华书店	
印刷单位	陕西天意印务有限责任公司	
版　　次	2015 年 8 月第 1 版　　2017 年 11 月第 3 次印刷	
开　　本	787 毫米×1092 毫米　1/16　印　张　27.5	
字　　数	652 千字	
印　　数	4001～7000 册	
定　　价	67.00 元	

ISBN 978-7-5606-3791-4/TP

XDUP 4083001-3

如有印装问题可调换

高等学校计算机类专业
"十三五"课改规划教材编委会

主编 王　燕

编委 王成端　　薛庆文　　孔繁之　　李　丽

　　　　张　伟　　李树金　　高仲合　　吴自库

　　　　陈龙猛　　张　磊　　吴海峰　　郭长友

　　　　王海峰　　刘　斌　　禹继国　　王玉锋

❖❖❖ 前　　言 ❖❖❖

　　本科教育是我国高等教育的基础，而应用型本科教育是高等教育由精英教育向大众化教育转变的必然产物，是社会经济发展的要求，也是今后我国高等教育规模扩张的重点。应用型创新人才培养的重点在于训练学生将所学理论知识应用于解决实际问题，这主要依靠课程的优化设计以及教学内容和方法的革新。

　　另外，随着我国计算机技术的迅猛发展，社会对具备计算机基本能力的人才需求急剧增加，"全面贴近企业需求，无缝打造专业实用人才"是目前高校计算机类专业教育的革新方向。为了适应高等教育体制改革的新形势，积极探索适应 21 世纪人才培养的教学模式，我们组织编写了高等院校计算机专业系列课改教材。

　　该系列教材面向高校软件专业应用型本科人才的培养，强调产学研结合，内容经过了充分的调研和论证，并参照了多所高校一线专家的意见，具有系统性、实用性等特点，旨在使读者在系统掌握软件开发知识的同时，提高其综合应用能力和解决实际问题的能力。

　　该系列教材具有如下几个特色。

1. 以培养应用型人才为目标

　　本系列教材以培养应用型人才为目标，在原有体制教育的基础上对课程进行了改革，强化"应用型"技术的学习，使读者在经过系统、完整的学习后能够掌握如下技能：

　　◇　掌握软件开发所需的理论和技术体系以及软件开发过程规范体系；
　　◇　能够熟练地进行设计和编码工作，并具备良好的自学能力；
　　◇　具备一定的项目经验，能够进行代码调试、文档编写、软件测试等；
　　◇　达到软件企业的用人标准，做到学校与企业的需求无缝对接。

2. 以新颖的教材架构来引导学习

　　本系列教材采用的教材架构打破了传统的以知识为标准编写教材的方法，采用理论篇与实践篇相结合的组织模式，引导读者在学习理论知识的同时，加强实践动手能力的训练。

　　◇　理论篇：学习内容的选取遵循"二八原则"，即重点内容由企业中常用的
　　　　20%的技术组成。每章设有本章目标，明确每一章学习重点和难点，章节内
　　　　容结合示例代码，引导读者循序渐进地理解和掌握这些知识和技能，培养读
　　　　者的逻辑思维能力，掌握软件开发的必备知识和技巧。

　　◇　实践篇：多点集于一线，以任务驱动，将完整的具体案例贯穿始终，力求使
　　　　读者在动手实践的过程中加深对课程内容的理解，培养读者独立分析和解
　　　　决实际问题的能力，并配备相关知识的拓展讲解和拓展练习，拓宽读者的
　　　　知识面。

另外，本系列教材借鉴了软件开发中的"低耦合，高内聚"的设计理念，组织结构上遵循软件开发中的 MVC 理念，即在保证最小教学集的前提下可以根据自身的实际情况对整个课程体系进行横向或纵向裁剪。

3. 提供全面的教辅产品来辅助教学实施

为充分体现"实境耦合"的教学模式，方便教学实施，该系列教材配备可配套使用的项目实训教材和全套教辅产品。

- ✧ 实训教材：集多线于一面，以辅助教材的形式，提供适应当前课程（及先行课程）的综合项目，遵循软件开发过程，进行讲解、分析、设计、指导，注重工作过程的系统性，培养读者解决实际问题的能力，是实施"实境"教学的关键环节。

- ✧ 立体配套：为适应教学模式和教学方法的改革，本系列教材提供完备的教辅产品，主要包括教学指导、实验指导、电子课件、习题集、实践案例等内容，并配以相应的网络教学资源。教学实施方面，提供全方位的解决方案(课程体系解决方案、实训解决方案、教师培训解决方案和就业指导解决方案等)，以适应软件开发教学过程的特殊性。

本书由青岛英谷教育科技股份有限公司编写，参与本书编写工作的有王燕、宁维巍、朱仁成、宋国强、何莉娟、杨敬熹、田波、侯方超、刘江林、方惠、莫太民、邵作伟、王千等。本书在编写期间得到了各合作院校专家及一线教师的大力支持与协作，在此，衷心感谢每一位老师与同事为本书出版所付出的努力。

由于编者水平有限，书中难免有不足之处，欢迎大家批评指正！读者在阅读过程中发现问题，可以通过邮箱(yujin@tech-yj.com)发给我们，以期进一步完善。

本书编委会
2015 年 4 月

❖❖❖ 目　　录 ❖❖❖

理　论　篇

第1章　Java EE 应用 3
1.1　Java EE 概述 4
1.1.1　Java EE 应用分层模型 4
1.1.2　Model1 与 Model2 5
1.1.3　MVC 思想及其优势 6
1.2　自定义 MVC 框架 7
1.2.1　实现控制器 7
1.2.2　实现加法器功能 10
1.3　Java EE 架构技术 13
1.3.1　JSP 和 Servlet 介绍 13
1.3.2　Struts2 介绍 13
1.3.3　Hibernate 介绍 13
1.3.4　Spring 介绍 14
1.3.5　EJB3.0 介绍 14
本章小结 14
本章练习 15

第2章　Struts2 基础 17
2.1　Struts2 概述 18
2.1.1　Struts2 起源背景 18
2.1.2　Struts2 框架结构 18
2.1.3　Struts2 控制器组件 19
2.1.4　Struts2 的配置文件 21
2.1.5　Struts2 的标签库 22
2.1.6　Struts2 的处理步骤 22
2.2　基于 Struts2 的加法器 22
2.2.1　配置应用环境 23
2.2.2　创建输入视图 24
2.2.3　实现业务逻辑类 25
2.2.4　创建业务控制器 26
2.2.5　配置业务控制器 27
2.2.6　创建结果视图 27

2.2.7　演示运行结果 28
本章小结 29
本章练习 29

第3章　Struts2 深入 31
3.1　配置文件详解 32
3.1.1　常量配置 32
3.1.2　包配置 34
3.1.3　命名空间配置 35
3.1.4　包含配置 37
3.2　Action 详解 37
3.2.1　Action 实现 38
3.2.2　Action 访问 ActionContext 45
3.2.3　Action 直接访问 Servlet API ...47
3.2.4　Action 的配置 50
3.2.5　动态方法调用 50
3.2.6　通配符配置 53
3.3　处理结果 55
3.3.1　结果处理流程 55
3.3.2　result 配置 56
3.3.3　result 类型 57
3.3.4　动态 result 61
3.4　异常处理 62
3.4.1　Struts2 异常处理机制 62
3.4.2　异常的配置 63
本章小结 64
本章练习 65

第4章　Struts2 标签库 67
4.1　Struts2 标签库概述 68
4.1.1　标签库简介 68
4.1.2　标签库的组成 68
4.1.3　导入 Struts2 标签库 69

4.2　Struts2 中使用 OGNL 70
　　4.2.1　OGNL 与值栈 70
　　4.2.2　OGNL 语法 72
　　4.2.3　OGNL 集合表达式 74
4.3　数据标签 74
　　4.3.1　property 标签 75
　　4.3.2　param 标签 76
　　4.3.3　bean 标签 77
　　4.3.4　set 标签 79
　　4.3.5　include 标签 81
　　4.3.6　url 标签 82
4.4　控制标签 83
　　4.4.1　if/elseif/else 标签 84
　　4.4.2　iterator 标签 85
4.5　主题和模板 89
　　4.5.1　主题 89
　　4.5.2　模板 90
4.6　表单标签 91
　　4.6.1　checkboxlist 标签 92
　　4.6.2　optiontransferselect 标签 93
　　4.6.3　optgroup 标签 95
4.7　非表单标签 96
本章小结 98
本章练习 98

第 5 章　Hibernate 基础 99

5.1　Hibernate 概述 100
　　5.1.1　ORM 框架 100
　　5.1.2　Hibernate 概述 101
5.2　Hibernate 应用开发方式 104
5.3　Hibernate 应用示例 104
　　5.3.1　配置 Hibernate 应用环境 105
　　5.3.2　创建持久化类及 ORM 映射文件 ...106
　　5.3.3　利用 Configuration 装载配置 108
　　5.3.4　利用 SessionFactory 创建 Session...109
　　5.3.5　利用 Session 操作数据库 109
　　5.3.6　利用 Transaction 管理事务 110
　　5.3.7　利用 Query 进行 HQL 查询 111
　　5.3.8　利用 Criteria 进行条件查询 113
5.4　Hibernate 配置文件详解 114

　　5.4.1　hibernate.cfg.xml 115
　　5.4.2　hibernate.properties 115
　　5.4.3　联合使用 116
5.5　Hibernate 映射文件详解 116
　　5.5.1　映射文件结构 116
　　5.5.2　主键生成器 118
　　5.5.3　映射集合属性 119
5.6　持久化对象 119
　　5.6.1　持久化对象状态 119
　　5.6.2　改变持久化对象状态的方法 120
本章小结 124
本章练习 125

第 6 章　Hibernate 核心技能 127

6.1　Hibernate 关联关系 128
　　6.1.1　一对多关联关系 129
　　6.1.2　级联关系 138
　　6.1.3　一对一关联关系 141
　　6.1.4　多对多关联关系 143
6.2　Hibernate 批量处理 148
　　6.2.1　批量插入 148
　　6.2.2　批量更新 149
6.3　Hibernate 检索方式 151
6.4　HQL 与 QBC 检索 152
　　6.4.1　Query 与 Criteria 接口 154
　　6.4.2　使用别名 155
　　6.4.3　结果排序 155
　　6.4.4　分页查询 157
　　6.4.5　检索一条记录 159
　　6.4.6　设定查询条件 160
　　6.4.7　HQL 中绑定参数 163
　　6.4.8　连接查询 165
　　6.4.9　投影、分组与统计 171
　　6.4.10　动态查询 174
　　6.4.11　子查询 178
　　6.4.12　查询方式比较 180
6.5　Hibernate 事务管理 180
　　6.5.1　数据库事务 180
　　6.5.2　Hibernate 中的事务 182
本章小结 183

本章练习 184

第7章　Spring 基础 185

　7.1　Spring 概述 186

　　7.1.1　Spring 起源背景 186

　　7.1.2　Spring 体系结构 186

　　7.1.3　配置 Spring 环境 187

　7.2　IoC 容器 188

　　7.2.1　IoC 概述 188

　　7.2.2　BeanFactory 189

　　7.2.3　ApplicationContext 190

　　7.2.4　Bean 的生命周期 191

　7.3　IoC 容器中装配 Bean 192

　　7.3.1　Spring 配置文件 193

　　7.3.2　Bean 基本配置 193

　　7.3.3　依赖注入的方式 194

　　7.3.4　注入值的类型 198

　　7.3.5　Bean 间关系 202

　　7.3.6　Bean 作用域 203

　　7.3.7　自动装配 205

　本章小结 207

　本章练习 208

第8章　Spring 深入 209

　8.1　Spring AOP 210

　　8.1.1　AOP 思想和本质 210

　　8.1.2　AOP 术语 210

　　8.1.3　Advice 类型 212

　　8.1.4　基于 XML 配置的 AOP 213

　　8.1.5　基于 Annotation 配置的 AOP 222

　8.2　Spring 事务管理 226

　　8.2.1　Spring 的事务策略 226

　　8.2.2　使用 XML 配置声明式事务 230

　　8.2.3　使用 Annotation 配置声明式事务 ..235

　本章小结 237

　本章练习 238

第9章　框架集成 239

　9.1　Spring 集成 Struts2 240

　　9.1.1　整合原理 240

　　9.1.2　集成步骤 240

　9.2　Spring 集成 Hibernate 243

　　9.2.1　配置 SessionFactory 244

　　9.2.2　使用 HibernateTemplate 246

　　9.2.3　使用 HibernateDaoSupport 247

　　9.2.4　事务处理 250

　　9.2.5　OSIV 模式 251

　本章小结 253

　本章练习 253

实　践　篇

实践 1　Struts2 基础 257

　实践指导 257

　　实践 1.1　环境搭建 257

　　实践 1.2　项目分析 261

　　实践 1.3　项目设计 261

　知识拓展 264

　拓展练习 266

实践 2　Struts2 深入 267

　实践指导 267

　知识拓展 273

　拓展练习 285

实践 3　Struts2 标签库 286

　实践指导 286

　　实践 3.1　注册及客户列表功能 286

　　实践 3.2　商品的添加和显示 295

　知识拓展 305

　拓展练习 316

实践 4　实体类及映射文件 317

　实践指导 317

　　实践 4.1 317

　　实践 4.2 318

　　实践 4.3 321

　知识拓展 324

拓展练习 340

实践5　业务类及DAO 341

　　实践指导 341

　　　实践5.1　实现客户相关功能 341

　　　实践5.2　实现商品相关功能 346

　　　实践5.3　实现订单相关功能 349

　　知识拓展 353

　　拓展练习 364

实践6　框架集成 365

　　实践指导 365

　　　实践6.1　集成Spring与Hibernate 365

　　　实践6.2　集成Spring与Struts2 377

　　　实践6.3　完成商品展示模块 379

　　知识拓展 386

拓展练习 387

实践7　AOP应用 388

　　实践指导 388

　　　实践7.1　声明式事务的配置 388

　　　实践7.2　AOP实践 390

　　知识拓展 401

　　拓展练习 407

实践8　项目完善 408

　　实践指导 408

　　　实践8.1　DetachedCriteria 408

　　　实践8.2　使用Javascript改进查询 412

　　知识拓展 415

　　拓展练习 425

附录A　常见Java EE框架 426

附录B　常用开源类库 428

理论篇

第1章　Java EE 应用

本章目标

- 了解 Java EE 的开发模型
- 了解 Model1 的特点
- 了解 Model2 的特点
- 掌握 MVC 设计思想
- 熟悉多层架构模式
- 了解 Java EE 的常见架构技术

1.1　Java EE 概述

　　Java EE 经过多年发展，已经成为一个稳定、开源、安全的企业级开发平台。在传统的 Java EE 应用中，EJB(Enterprise Java Bean，企业级 JavaBean)是核心，但在轻量级 Java EE 应用中，EJB 不再是必需的，目前流行的轻量级 Java EE 应用框架有 Struts2、Spring、Hibernate、MyBatis 和 Spring MVC 等。

1.1.1　Java EE 应用分层模型

　　Java EE 应用大致可分为如下几层：
- ◇　数据持久层：该层由一系列负责操纵 POJO(Plain Old Java Object，普通的、传统的 Java 对象)的类组成，这些类负责把数据进行持久化，一般是把数据保存到数据库中。
- ◇　数据访问层：该层由一系列的 DAO(Data Access Object)组件组成，实现对数据库的增删改查等细粒度的操作。
- ◇　业务逻辑层：该层由一系列的业务逻辑对象组成，实现系统所需要的业务逻辑方法。
- ◇　控制层：该层由一系列控制器组成，用于拦截用户请求并调用业务逻辑对象的业务方法来处理请求，根据处理结果转发到不同的表示层。
- ◇　表示层：该层由一系列的视图组件(例如 JSP 页面)组成，负责收集用户请求并显示处理结果。

　　Java EE 应用分层模型如图 1-1 所示。

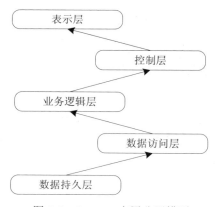

图 1-1　Java EE 应用分层模型

　　Java EE 各层组件之间以松散的方式耦合在一起，而非硬编码的方式，这种方式让应用具有更好的扩展性。图 1-2 显示了 Java EE 分层框架图，从上到下，上层组件的实现依赖于下层组件的功能；从下到上，下层组件支持上层组件的功能实现。

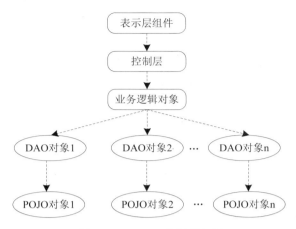

图 1-2 Java EE 分层框架图

1.1.2 Model1 与 Model2

Java 动态 Web 编程技术经历了 Model1 和 Model2 时代。

1．Model1

Model1 就是整个 Web 应用几乎全部由 JSP 页面组成，JSP 页面接收并处理客户端请求，用少量的 JavaBean 来处理数据库的连接、访问等操作。图 1-3 显示了 Model1 模式流程。

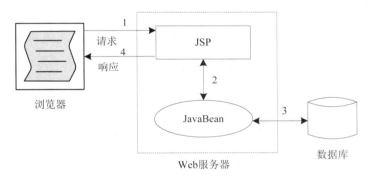

图 1-3 Model1 模式流程

Model1 模式的实现比较简单，适用于快速开发小型规模的项目，但此种模式具有局限性：JSP 页面身兼表示层和控制层两种角色，将控制逻辑和显示数据的代码混杂在一起，导致代码的可重用性非常低，不利于提高应用的可扩展性和可维护性。

2．Model2

Model2 是基于 MVC 架构的设计模式，在此模式中，Servlet 作为前端控制器，负责接收客户端发送的请求，Servlet 调用 JavaBean 完成实际的业务逻辑处理，处理结果显示到相应的 JSP 页面。如图 1-4 所示，显示了 Model2 模式流程。

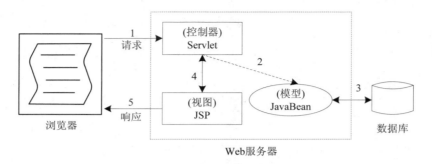

图 1-4   Model2 模式流程

1.1.3   MVC 思想及其优势

MVC 是一种架构模式，目的是将模型(业务逻辑)和视图(表示层)分离，使模型和视图可以独立修改，互不影响。大多数软件在设计架构时都采用此种模式。使用 MVC 模式有很多好处，当一个通过浏览器浏览的系统想要开发手机版本时，只需要重新开发视图，模型部分的业务逻辑可以重用。许多软件需要同时推出 B/S 和 C/S 版本，采用 MVC 模式，模型部分可完全重用，只需开发不同的视图即可。

MVC 思想将一个应用分成三个基本部分：M(Model，模型)、V(View，视图)和 C(Controller，控制器)。其中 M 表示处理业务逻辑的部分，V 表示显示数据和获取用户输入的部分，C 类似"中介"，保证 M 和 V 不会直接交互。如图 1-5 所示，显示 MVC 三部分之间的关系。

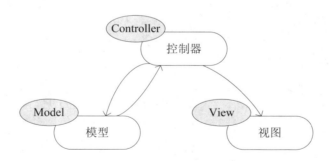

图 1-5   MVC 结构图

概括起来，MVC 具有如下特点：

(1) 数据的获取与显示分离。

(2) 控制器将不同的模型和视图组合在一起。

(3) 应用分为三部分：模型、视图和控制器，三部分之间松耦合并协同工作，从而提高应用的可扩展性和可维护性。

(4) 各层负责应用的不同功能，各司其职，每一层的组件具有相同的特征，便于通过工程化和工具化产生程序代码。

1.2　自定义 MVC 框架

Java EE 领域的 MVC 框架有很多，本书首先会设计一个简单的自定义 MVC 框架，以帮助读者体会 MVC 框架的含义和实现过程，以及在 MVC 设计模式中了解控制器 (Controller)的作用。通过此框架的实现还可以帮助读者理解 Struts2 的原理。

【示例 1.1】　使用符合 MVC 设计模式的自定义框架实现加法计算器，要求所有的请求都发送给控制器，控制器根据请求路径找到相应的 Action(表示针对用户请求的一种处理操作)进行处理，Action 调用模型执行业务操作并获取数据，最后将结果返回给视图。

使用自定义 MVC 框架开发加法器程序的结构图如图 1-6 所示。

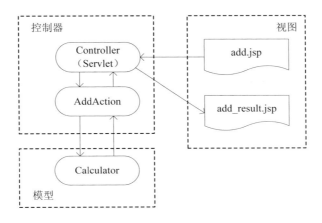

图 1-6　加法器的 MVC 结构图

此加法器程序需要用户在 add.jsp 页面中输入两个数，单击"加"按钮进行计算，计算的结果在 add_result.jsp 页面显示，如图 1-7 所示。

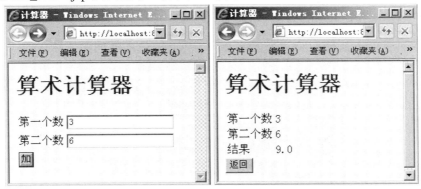

图 1-7　加法器运行效果

1.2.1　实现控制器

自定义的 MVC 框架的核心是控制器的实现：定义 Action 接口，实现 Controller 类。

首先在 com.dh.ch01.framework 包中创建 Action 接口，代码如下：

```java
public interface Action {
    //定义该接口的实现类必须实现的 execute 方法
    String execute(HttpServletRequest request,HttpServletResponse response);
}
```

上述 Action 接口中定义了一个 execute()方法，该方法有请求对象 request 和响应对象 response 两个参数；该方法返回一个字符串类型的值，表示执行完操作后要转发到的页面。Action 接口对各种动作的执行方法进行统一，便于在控制器中进行调用和访问。

此处插入 AddAction.java 的部分代码，否则执行代码会出错。

然后在 com.dh.ch01.framework 包中创建一个名为 Controller 的 Servlet，代码如下：

```java
/**
 * 自定义 MVC 框架：基于 Servlet 实现的控制器
 */
public class Controller extends HttpServlet {
    //声明由控制器 Controller 维护的 Action 映射，其中保存所有的 Action 实例
    private HashMap actionMap;
    /**
     * Servlet 初始化方法
     */
    @SuppressWarnings("unchecked")
    public void init() throws ServletException {
        // 初始化 actionMap
        actionMap = new HashMap();
        // 将 AddAction 对象放入到 actionMap 中
        actionMap.put("add", new AddAction());
    }
    /**
     * 根据 path 判断由哪个 action 执行操作
     */
    private Action determinActionByPath(String path) {
        //如： 从 http://localhost:8080/ch01/add.action 中得到 add
        String actionName =
                path.substring(path.lastIndexOf('/') + 1, path.length() - 7);
        // 获得该请求对应的 action 对象
        Action ret = (Action)actionMap.get(actionName);
        return ret;
    }
    /**
     * 处理页面以 get 方式提交的请求
     */
```

```
public void doGet(HttpServletRequest request,
            HttpServletResponse response)
                throws ServletException, IOException {
    // 得到 path，诸如：http://localhost:8080/ch01/ShowBaby.action
    String path = request.getServletPath();
    // 找出 Action
    Action action = (Action)this.determinActionByPath(path);
    // 执行操作
    String resultView = action.execute(request,response);
    // 控制页面转向
    if (null!=resultView){
        request.getRequestDispatcher(resultView).forward(request, response);
    }
}
public void doPost(HttpServletRequest request, HttpServletResponse response)
            throws ServletException, IOException {
    // 执行 doGet 方法
    this.doGet(request, response);
}
}
```

上述的 Controller 类是基于 Servlet 技术实现的一个控制器，在处理每次请求时，首先根据请求路径找到将要被执行的 Action 对象，然后调用 Action 对象中的 execute()方法，最后根据 execute()方法返回的路径转发到相应的页面。

Controller 类是一个 Servlet，因此在 web.xml 中需要对其进行如下配置：

```
<servlet>
    <!-- 使用自定义的控制器 -->
    <servlet-name>Controller</servlet-name>
    <servlet-class>com.dh.ch01.framework.Controller</servlet-class>
</servlet>
<servlet-mapping>
    <servlet-name>Controller</servlet-name>
    <!-- 请求匹配类型  -->
    <url-pattern>*.action</url-pattern>
</servlet-mapping>
```

在上述 Servlet 配置中，所有以 ".action" 结尾的请求全部派发到 Controller 类进行处理。因此 Action 接口和 Controller 类组成了自定义 MVC 框架中核心的控制器部分。

注　意　　在许多框架结构中(例如 Struts2)已经提供类似 Action 接口和 Controller 类的控制器，无需自己定义。

1.2.2　实现加法器功能

框架提供了控制器，也规定好了模型和视图的集成方式，这样在此自定义框架上开发加法器可按照如下 4 个步骤进行。

(1) 创建 add.jsp 页面，用于接收用户输入数据；

(2) 创建业务逻辑类 Calculator，实现数据的算术运算；

(3) 创建 AddAction 类，该类实现 Action 接口。在 execute()方法中获取 add.jsp 页面中的表单数据，并调用 Calculator 进行计算；

(4) 创建 add_result.jsp 页面，用于显示计算结果。

下面对实现加法器功能的 4 个步骤进行详细介绍。

1．创建 add.jsp 页面

在 WebContent 目录中创建 pages/add.jsp 页面，用于接收两个数值。页面代码如下：

```
<%@ page contentType="text/html; charset=GBK"%>
<html>
<head>
<title>计算器</title>
</head>
<body bgcolor="#ffffc0">
<h1>算术计算器</h1>
<form id="calcForm" method="post" action="add.action">
<table>
    <tbody>
        <tr>
            <td>第一个数</td>
            <td><input type="text" name="num1" /></td>
        </tr>
        <tr>
            <td>第二个数</td>
            <td><input type="text" name="num2" /></td>
        </tr>
        <tr>
            <td><input type="submit" value="加" /></td>
        </tr>
    </tbody>
</table>
</form>
</body>
</html>
```

在上述页面中，表单的 action 属性值为"add.action"，即表单提交给"add.action"处理。同时，因为，在 web.xml 中已经配置了所有以"*.action*"结尾的请求全部派发到 Controller 进行处理，所以此表单会提交给 Controller 类处理。

2．创建 Calculator 类

在 com.dh.ch01.biz 包中创建 Calculator 类，进行加减乘除运算。代码如下：

```java
public class Calculator {
    /**
     * 实现算术加法
     */
    public double add(double a, double b) {
        return a + b;
    }
    /**
     * 实现算术减法
     */
    public double subtract(double a, double b) {
        return a - b;
    }
    /**
     * 实现算术乘法
     */
    public double multiply(double a, double b) {
        return a * b;
    }
    /**
     * 实现算术除法
     */
    public double divide(double a, double b) {
        // 注意：此处未判断除数不能为零，即 b!=0，页面输入的第二个数不可为 0，否则报错
        return a / b;
    }
}
```

3．创建 AddAction 类

在 com.dh.ch01.action 包中创建 AddAction 类，该类实现 Action 接口，代码如下：

```java
public class AddAction implements Action {
    // 业务逻辑对象
    private Calculator biz = new Calculator();
    public String execute(HttpServletRequest request, HttpServletResponse response) {
        // 获得页面输入
        double num1 = Double.parseDouble(request.getParameter("num1"));
```

```
        double num2 = Double.parseDouble(request.getParameter("num2"));
        // 调用业务逻辑方法，获得返回值
        double result = biz.add(num1, num2);
        // 将结果保存在 request 中，以便在页面中得到
        request.setAttribute("result", result);
        // 返回将要转发到页面路径
        return "add_result.jsp";
    }
}
```

在上述 AddAction 类的 execute()方法中，首先从 request 中获取表单数据并转换成 double 类型，然后调用 Calculator 类的对象"biz"中的 add()方法进行计算，再将结果保存到 request 对象的属性中，最后返回将要转发的页面 add_result.jsp。

4. 创建 add_result.jsp 页面

在 WebContent 目录中创建 add_result.jsp 页面，显示计算结果值。代码如下：

```jsp
<%@ page contentType="text/html; charset=GBK" pageEncoding="GBK"%>
<html>
<head>
<title>计算器</title>
</head>
<body bgcolor="#ffffc0">
<h1>算术计算器</h1>
<table>
    <tbody>
        <tr>
            <td>第一个数</td>
            <td>${param.num1}</td>
        </tr>
        <tr>
            <td>第二个数</td>
            <td>${param.num2}</td>
        </tr>
        <tr>
            <td>结果</td>
            <!-- 使用 EL 表达式显示结果 -->
            <td>${requestScope.result}</td>
        </tr>
    </tbody>
</table>
<button onclick="history.go(-1);">返回</button>
</body>
```

```
</html>
```

上述页面代码中使用 EL 表达式显示结果。程序的运行结果如图 1-7 所示。

通过先自定义 MVC 框架然后用其开发加法器的过程，读者可以体会到在开发过程中使用框架所带来的便利和限制，初步了解框架的功能及作用，为学习 Struts2 做好充分的准备。

1.3　Java EE 架构技术

Java EE 的架构技术很多，在 Java EE 应用中可以以传统的 JSP 作为表示层技术，以一系列开源框架作为控制层、中间层和持久层的解决方案，并将这些开源框架有机地结合起来，使得 Java EE 应用具有高度的可扩展性和可维护性。

1.3.1　JSP 和 Servlet 介绍

JSP 和 Servlet 是 Java EE 中最早的规范，也是典型的 Java EE 技术，直到现在，JSP 依然被广泛地应用于各种 Java EE 开发中，充当表示层的角色。

Servlet 和 JSP 其实是完全统一的，二者在底层运行原理上是完全一样的。运行时，JSP 必须被 Web 服务器编译成 Servlet，所以真正在 Web 服务器中运行的是 Servlet，真正提供 HTTP 服务的也是 Servlet，因此广义的 Servlet 包含 JSP 和 Servlet。目前 Java EE 应用中已经很少单纯使用 Servlet 充当表示层，因为这样开发成本太高且不易维护，所以 Servlet 更多的是作为控制层组件来实现相应的功能。

1.3.2　Struts2 介绍

Struts 是最早的 MVC 框架，其作者 Craig McClanahan 是 JSP 规范的制定者之一，并参与了 Tomcat 的开发，所以从诞生的第一天起，就备受 Java EE 应用开发者的青睐。

随着 Java EE 项目复杂性的提高，原来的 Struts 框架已难以胜任更复杂的需求，于是 Struts 与另一个优秀的 MVC 框架 WebWork 结合，诞生出了全新的 Struts2。

Struts2 拥有众多优秀的设计，吸收了传统 Struts 和 WebWork 两者的精华，其目标很简单——使 Web 开发变得更加容易。为了达成这一目标，Struts2 中提供了很多新特性，比如智能的默认设置、annotation 的使用以及“惯例重于配置”原则的应用(大大减少了 XML 配置)等。另一方面，Struts2 也减小了框架内部的耦合度，开发人员还可以通过拦截器(可以自定义拦截器或者使用 Struts2 提供的拦截器)对请求进行预处理和后处理，如此处理请求就变得更加模块化，进一步减小了耦合度。

1.3.3　Hibernate 介绍

Hibernate 是一个开源的、轻量级的 ORM(Object Relation Mapping)持久化框架，它允许应用程序以面向对象的方式来操作关系型的数据库，负责将对象数据保存到关系型数据库中和从关系型数据库中读取数据并封装成对象的工作。通过简单的配置和编码即可替代 JDBC 繁琐的程序代码。

Hibernate 最大的优点就在于以面向对象的方式处理持久化数据，从而很好的解决了面向对象的 Java 语言与关系型数据库之间数据表示形式不一致的矛盾。在 Java 语言中数据可以存储在实体对象中，同时实体对象之间具有继承、多态和聚合等特点，而在数据库中存储的是二维关系数据，表与表的关系只有主外键关联关系，Hibernate 的引入可解决上述矛盾。

1.3.4 Spring 介绍

Spring 框架是 Java EE 应用的全方位解决方案，它贯穿表示层、业务层和持久层。Spring 本身还提供了一个 MVC 框架：Spring MVC，使用 Spring 框架可以直接使用该 MVC 框架，也可以方便地与其他 MVC 框架集成。Spring 框架能与大多持久层框架无缝整合，如 Hibernate、MyBatis、OJB 等，也可以直接使用 JDBC。如此，Spring 像一个中间层容器，向上可以与 MVC 框架整合，向下可以和各种持久层框架整合，将系统中的各部分组件以松散的方式结合在一起。

Spring 作为一个一站式的 Java EE 解决方案，渗透了 Java EE 技术的方方面面，它主要用来实现依赖注入、面向切面的编程、声明式事务以及对持久层的支持和简化等功能。

S2SH 集成框架就是 Struts2 + Spring + Hibernate，使用此集成框架使 Java EE 应用更加健壮、稳固、轻巧和优雅，也是当前最流行的轻量级 Java EE 技术框架。

1.3.5 EJB3.0 介绍

EJB(Enterprise Java Bean)是一种用于分布式应用的标准服务器端组件模型。EJB 是构造可移植的、可重用的以及可伸缩的业务应用程序的平台。从 EJB 诞生开始，EJB 就被号称为可构造的企业级 Java 组件模型或框架，提供事务、安全、自动持久化等构造服务。

EJB 组件有三种类型，分别是会话 Bean、实体 Bean 和消息驱动 Bean。会话 Bean 和消息驱动 Bean 用于实现 EJB 应用中的业务逻辑，而实体 Bean 用于持久化。

由于 EJB2.0 的复杂性，在 Spring 和 Hibernate 等轻量级框架出现后，大量的用户转向了轻量级框架开发，于是出现了 EJB3.0 规范。相对于 EJB2.0，EJB3.0 做到了尽可能的简单和轻量化，它的两个重要的变更是使用了 JDK5.0 中的注解工具和轻量型的 JPA(Java Persistence API，Java 持久化 API)。EJB3.0 规范的简化也得到 Java 社区的充分认可，且 Spring 框架也集成了 JPA，并实现了 EJB3.0 的一些特性。

本 章 小 结

通过本章的学习，学生应该能够学会：
　◇ Java EE 应用通常分为五层：数据持久层(POJO)、数据访问层(DAO)、业务逻辑层、控制层和表示层。

◇　Model1 模式的实现比较简单，适用快速开发小规模项目。

◇　Model2 是基于 MVC 思想的架构。

◇　MVC 思想将一个应用分成三个部分：Model(模型)、View(视图) 和 Controller(控制器)。

◇　模型、视图和控制器三部分松耦合协同工作，从而提高应用的可扩展性和可维护性。

◇　JSP、Servlet 和 EJB3.0 是 Java EE 平台的标准规范。

◇　Struts2、Spring 和 Hibernate 是稳定的、成熟的开源框架，具有广泛的项目应用。

本 章 练 习

1．下列不属于常见 Java EE 分层模型中的层次是_____。

　　A．数据访问层

　　B．业务逻辑层

　　C．表示层

　　D．应用层

2．下列关于 Model1 和 Model2 的说法中正确的是_____。(多选)

　　A．Model1 适用于快速开发小型规模的项目

　　B．Model1 提高了代码的可重用性

　　C．Model2 适用于快速开发小型规模的项目

　　D．Model2 提高了代码的可重用性

3．MVC 模型包括_____、_____、_____三个层。(多选)

　　A．模型层

　　B．视图层

　　C．业务逻辑层

　　D．控制层

4．不属于 MVC 模型特点的是_____。(多选)

　　A．数据的获取与显示分离

　　B．各层紧密耦合

　　C．提高了代码的可重用性

　　D．MVC 模式只有在 Java Web 项目中才能够使用

5．下列关于 Struts1 和 Struts2 框架的说法中正确的是_____。

　　A．Struts2 是最早的 MVC 框架

　　B．Struts2 与 Struts1 非常相似，只是简单的升级

　　C．Struts2 是 Struts1 与 WebWork 结合的产物

　　D．以上都不正确

6．下列关于 Hibernate 框架的说法中正确的是_____。

　　A．Hibernate 是 ORM 框架

B. Hibernate 已经完全取代了 JDBC 的作用

  C. Hibernate 只有在 Java Web 项目中才能够使用

  D. 以上都不正确

7. 下列关于 Spring 框架的说法中正确的是_____。(多选)

  A. Spring 提供了 MVC 框架

  B. Spring 可以与 Struts2 和 Hibernate 方便的整合

  C. Spring 提供了依赖注入功能

  D. Spring 提供了面向切面编程的功能

8. 使用本章完成的自定义 MVC 框架,完善计算器程序,实现减法、乘法和除法功能。

第 2 章　Struts2 基础

本章目标

- 掌握 Struts2 的框架结构
- 了解核心控制器 StrutsPrepareAndExecuteFilter
- 了解业务控制器 Action
- 了解 Struts2 支持的视图组件
- 掌握 Struts2 工作流程
- 掌握 Struts2 相关文件配置

2.1　Struts2 概述

Struts2 是以 WebWork 的设计思想为核心，整合 Struts1 的部分优点后建立的一个兼容 WebWork 和 Struts1 的 MVC 框架。Struts2 的目标是使 Web 开发变得更加容易。

2.1.1　Struts2 起源背景

从 2001 年 Struts 框架诞生开始，作为 MVC 模式的第一个实现，Struts 一直都是 MVC 领域中最流行的框架，拥有广泛的市场支持。但随着 Java EE 项目复杂性的不断增高，Struts 的缺陷也逐渐显露出来，大量的开发人员、软件公司开始选择更好的 MVC 解决方案，如 JSF 和 Tapestry 等。正是在这种背景下，Struts2 框架诞生了。Struts2 整合了两个优秀的 MVC 框架(Struts1 和 WebWork)的优点，从而保证了 Struts2 作为实际开发框架的成熟性。Struts2 保留了 Struts1 的简单易用性，并且充分利用了 WebWork 的拦截器机制(AOP 思想)，是一个具有高度可扩展性的框架。

Struts2 框架诞生后，取代了原有的 Struts 和 WebWork 框架，Struts2 的开发团队也是由 Struts 和 WebWork 两个团队组成的，保证了技术体系的延续。而且 WebWork 不再推出新的版本，原来使用 Struts 和 WebWork 的开发人员都将转入使用 Struts2 框架。基于这种背景，Struts2 在短时间内迅速成为 MVC 领域最流行的框架。

2.1.2　Struts2 框架结构

Struts2 中大量使用拦截器来处理用户请求，从而允许用户的业务逻辑控制器(Action)与 Servlet API 分离。如图 2-1 所示，用户请求提交给 Struts2 的核心控制器 StrutsPrepareAnd-ExecuteFilter，StrutsPrepareAndExecuteFilter 根据请求调用相应的 Action 的 execute()方

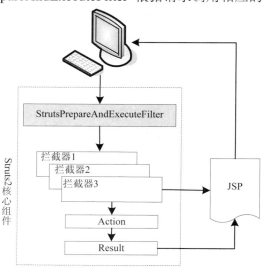

图 2-1　Struts2 框架结构

法，并根据处理结果显示相应的 JSP 页面。其中，针对一些通用的功能，Struts2 框架内置了许多拦截器，这些拦截器组成一个拦截器链，拦截器链会自动对请求应用这些通用性的功能。

　　Struts2.1.3 之前版本的核心控制器为 FilterDispatcher。有关拦截器的种类以及配置等详细信息参见实践 2 的知识拓展。

2.1.3　Struts2 控制器组件

Struts2 的控制器组件是整个框架的核心，实际上，所有 MVC 框架都是以控制器组件为核心的。Struts2 的控制器由两部分组成：StrutsPrepareAndExecuteFilter 和业务控制器 Action。

1. StrutsPrepareAndExecuteFilter

StrutsPrepareAndExecuteFilter 是一个 Servlet 过滤器，它是 Struts2 的核心组件，作用于整个 Web 应用程序，需要在 web.xml 中进行配置。

```
<filter>
        <!-- 配置 Struts2 框架的核心 Filter   -->
        <filter-name>struts2</filter-name>
<filter-class>
        <!-- 配置 Struts2 核心 Filter 的实现类   -->
        org.apache.struts2.dispatcher.ng.filter.StrutsPrepareAndExecuteFilter
</filter-class>
</filter>
<filter-mapping>
        <filter-name>struts2</filter-name>
        <url-pattern>/*</url-pattern>
</filter-mapping>
```

上述配置文件配置了 StrutsPrepareAndExecuteFilter 过滤器，该过滤器对所有请求都进行过滤处理。

任何需要与 Web 应用整合的 MVC 框架都需要借助 web.xml 配置文件。通常 MVC 框架都需要在 Web 应用中加载一个核心控制器，对于 Struts2 框架而言，就是加载 StrutsPrepareAndExecuteFilter 组件。只要 Web 应用加载了 StrutsPrepareAndExecuteFilter，StrutsPrepareAndExecuteFilter 就会加载并应用 Struts2 框架。因为 StrutsPrepareAndExecuteFilter 是过滤器，故 Web 应用加载 StrutsPrepareAndExecuteFilter 时只需在 web.xml 中使用<filter>及<filter-mapping>元素配置 StrutsPrepareAndExecuteFilter 即可。

2. Action

Action 是 Struts2 的业务控制器，LoginAction 是一个 Struts2 的 Action 示例，代码如下：

```
public class LoginAction {
```

```java
// 用户名
private String userName;
// 密码
private String password;
public String getUserName() {
        return userName;
}
public void setUserName(String userName) {
        this.userName = userName;
}
public String getPassword() {
        return password;
}
public void setPassword(String password) {
        this.password = password;
}
/**
 * 控制业务流程转向
 * 返回一个字符串，可映射到任何视图或 Action
 */
public String execute() {
        System.out.println("姓名为:" + userName);
        // 判断用户名为"donghe"且密码为"soft"，则返回 success,否则返回 error
        if ("donghe".equals(userName) && "soft".equals(password)) {
                return "success";
        }
        return "error";
}
}
```

通过上述代码可以发现，Action 无需实现任何接口，也无需继承任何 Struts2 的基类，该 Action 类完全是一个 POJO，具有很高的可重用性。

Struts2 中的 Action 类有如下优势：

◇ Action 类完全是一个 POJO，具有良好的代码重用性。

◇ Action 类无需与 Servlet API 耦合，因此无论是应用还是测试都非常简单。

◇ Action 类的 execute()方法仅返回一个字符串作为处理结果，该处理结果可映射到任何的视图或另一个 Action。

实际上，Struts2 应用中起作用的业务控制器不是用户定义的 Action，而是系统生成的 Action 代理类，该 Action 代理类以用户定义的 Action 为代理目标。

2.1.4　Struts2 的配置文件

Struts2 创建系统的 Action 代理时，需要使用 Struts2 的配置文件，在此文件中需要对用户定义的 Action 进行相关信息的配置。

Struts2 的配置文件有两种：

(1) 配置 Action 的 struts.xml 文件。

(2) 配置 Struts2 全局属性的 struts.properties 文件。

1．struts.xml

在 struts.xml 文件中需要配置系统用到的 Action。在配置 Action 时，需要指定该 Action 的实现类，并指定该 Action 处理结果与视图资源之间的映射关系。struts.xml 配置文件示例如下所示：

```xml
<?xml version="1.0" encoding="UTF-8" ?>
<!DOCTYPE struts PUBLIC
    "-//Apache Software Foundation//DTD Struts Configuration 2.3//EN"
    "http://struts.apache.org/dtds/struts-2.3.dtd">
<struts>
    <!-- 指定 Struts2 处于开发阶段，可以进行调试 -->
    <constant name="struts.devMode" value="true" />
    <!-- Struts2 的 Action 都必须配置在 package 里 -->
    <package name="p1" extends="struts-default" namespace="/admin">
    <!-- 定义一个 login 的 Action，实现类为 com.dh.ch02.action.LoginAction -->
        <action name="login" class="com.dh.ch02.action.LoginAction">
        <!-- 配置 execute()方法返回值所对应的页面 -->
            <result name="error">/error.jsp</result>
            <!-- 如果 result 标签不配置 name 属性，其默认为 success -->
            <result>/success.jsp</result>
        </action>
    </package>
</struts>
```

在上述 struts.xml 文件中，声明了一个 Action，并指定了 Action 的实现类，同时定义了多个 result 元素来指定 execute()方法的返回值和视图资源之间的映射关系。例如：

```xml
<result name="error">/error.jsp</result>
```

表示当 execute()方法的返回值是"error"字符串时，跳转到网站根目录下的 error.jsp 页面。

2．struts.properties

在 struts.properties 文件中可以配置 Struts2 的全局属性，struts.properties 配置文件示例如下所示：

```properties
#指定 web 应用的默认的编码集，相当于调用 HttpServletRequest 的 setCharacterEncoding 方法
struts.i18n.encoding=GBK
```

```
#当 struts.xml 修改后是否重新加载该文件，在开发阶段最好打开
struts.configuration.xml.reload=true
#设置浏览器是否缓存静态内容，开发阶段最好关闭
struts.serve.static.browserCache=false
```

上述代码中以 key-value 键值对的形式指定了 Struts2 应用的全局属性。

2.1.5　Struts2 的标签库

Struts2 的标签库也是 Struts2 框架的重要组成部分，提供了非常丰富的功能，这些标签不仅提供了表示层数据处理，而且提供了基本的流程控制功能，还提供了国际化、Ajax 支持等功能。通过使用 Struts2 的标签，开发者可以最大限度地减少页面代码的编写。有关 Struts2 标签库的详细内容请参见第 4 章。

2.1.6　Struts2 的处理步骤

Struts2 框架对 Web 请求处理的具体步骤如下：

(1) 客户端浏览器发送一个请求，例如：/mypage.action。

(2) 这个请求经过核心控制器 StrutsPrepareAndExecuteFilter 过滤处理，StrutsPrepareAndExecuteFilter 将请求转交给相应的 Action 代理。

(3) Action 代理通过配置文件中的信息找到对应的 Action 类，创建 Action 对象并调用其 execute()方法。

(4) 在调用 Action 的过程前后，涉及相关拦截器的调用。拦截器链自动对请求应用通用功能，例如自动化工作流、验证或文件上传等功能。

(5) 一旦 Action 执行完毕，Action 代理根据 struts.xml 中的配置信息找到 execute()方法返回值对应的结果。返回结果通常是视图资源(如 JSP 页面)或另一个 Action。

2.2　基于 Struts2 的加法器

在本书第 1 章中，使用了自定义的 MVC 框架来实现加法器，现在通过实现一个基于 Struts2 的加法器，进一步了解 Struts2 的处理流程。

【示例 2.1】　实现基于 Struts2 框架下的加法器。

在 Struts2 框架下开发加法器的具体步骤如下：

(1) 配置 Struts2 应用环境。

(2) 创建 add.jsp 页面，接收用户输入数据。

(3) 创建业务逻辑类 Calculator，实现数据的算术运算。

(4) 创建 AddAction 类，实现 execute()方法。

(5) 在 struts.xml 中配置 AddAction。

(6) 创建 result.jsp 页面，显示计算结果。

2.2.1　配置应用环境

为了让 Web 应用支持 Struts2 的功能，必须将 Struts2 框架的核心类库增加到 Web 应用中。Struts2.3 的几个核心的 jar 文件分别是：

- ◇　commons-fileupload-1.3.1.jar。
- ◇　commons-io-2.2.jar。
- ◇　commons-lang3-3.2.jar。
- ◇　commons-logging-1.0.4.jar。
- ◇　javassist-3.18.1-GA.jar。
- ◇　freemarker-2.3.19.jar。
- ◇　ognl-3.0.6.jar。
- ◇　struts2-core-2.3.20.jar。
- ◇　xwork-2.3.20.jar。

 本书中 Struts2 的版本为 2.3.20，Struts2 的下载及安装参见实践 1 的相关内容。

将 Struts2 框架的核心 jar 文件复制到 Web 应用的 lib 路径下，如图 2-2 所示。

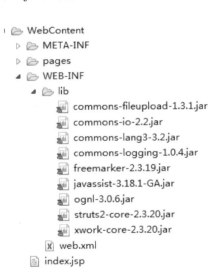

图 2-2　Web 应用中增加 Struts2 支持

在 Web 应用中加入 Struts2 的核心类库后，还需要修改 web.xml 配置文件，在 web.xml 文件中配置 Struts2 的核心控制器 StrutsPrepareAndExecuteFilter。配置文件代码如下：

```
<filter>
    <!-- 配置 Struts2 框架的核心 Filter   -->
    <filter-name>struts2</filter-name>
    <!-- 配置 Struts2 核心 Filter 的实现类   -->
    <filter-class>  org.apache.struts2.dispatcher.ng.filter.StrutsPrepareAndExecuteFilter
```

```
        </filter-class>
</filter>
<filter-mapping>
        <filter-name>struts2</filter-name>
        <!--  匹配所有请求  -->
        <url-pattern>/*</url-pattern>
</filter-mapping>
```

上述代码中配置了 Struts2 的核心过滤器，指明过滤器类是 StrutsPrepareAndExecute-Filter，过滤器 URL 模式是匹配所有请求。这样，该 Web 应用就具备了 Struts2 框架的功能支持。

2.2.2　创建输入视图

在 WebContent 目录中创建加法器的输入页面 add.jsp，用于接收两个数值，其页面代码如下：

```
<%@ page contentType="text/html; charset=GBK"%>
<html>
<head>
<title>Struts2 计算器</title>
</head>
<body bgcolor="#ffffc0">
<h1>Struts2 计算器</h1>
<form id="calcForm" method="post" action="add.action">
<table>
        <tbody>
                <tr>
                        <td>第一个数</td>
                        <td><input type="text" name="num1" /></td>
                </tr>
                <tr>
                        <td>第二个数</td>
                        <td><input type="text" name="num2" /></td>
                </tr>
                <tr>
                        <td><input type="submit" value="加" /></td>
                </tr>
        </tbody>
</table>
</form>
```

```
</body>
</html>
```

上述代码中的表单与 1.2.2 节中的 add.jsp 没有任何区别，表单依然提交给 add.action 进行处理。

2.2.3　实现业务逻辑类

在 com.dh.ch02.business 包中创建加法器的业务逻辑类 Calculator，实现加减乘除运算，其代码如下：

```java
public class Calculator {
    /**
     * 实现算术加法
     */
    public double add(double a, double b) {
        return a + b;
    }
    /**
     * 实现算术减法
     */
    public double subtract(double a, double b) {
        return a - b;
    }
    /**
     * 实现算术乘法
     */
    public double multiply(double a, double b) {
        return a * b;
    }
    /**
     * 实现算术除法
     */
    public double divide(double a, double b) {
        // 注意：此处未判断除数不能为零，即 b!=0，页面输入的第二个数不可为 0，否则报错
        return a / b;
    }
}
```

上述代码与 1.2.2 节中的 Calculator 类代码无任何区别。

2.2.4 创建业务控制器

在 com.dh.ch02.action 包中创建用于实现加法器的业务控制器 AddAction，其代码如下：

```
public class AddAction {
    private double num1;
    private double num2;
    public double getNum1() {
        return num1;
    }
    public void setNum1(double num1) {
        this.num1 = num1;
    }
    public double getNum2() {
        return num2;
    }
    public void setNum2(double num2) {
        this.num2 = num2;
    }
    /**
    * 调用业务逻辑方法，实现业务，控制流程转向
    */
    public String execute() {
        // 新建业务逻辑对象
        Calculator biz = new Calculator();
        // 调用业务逻辑方法，获得返回值
        double result = biz.add(num1, num2);
        // 将计算结果存入 Session 中
        ActionContext.getContext().getSession().put("result", result);
        return "cal";
    }
}
```

上述代码中定义了两个属性 num1 和 num2，并提供相应的 getter/setter 方法。num1 和 num2 与 add.jsp 页面中表单的元素名相对应，当表单提交时，表单中用户输入的元素值会通过 setter 方法设置到相应的属性中。在 execute()方法中，先实例化一个 Calculator 类的对象，再调用此对象的 add()方法进行加法运算。将计算的结果值保存到 Session 中，如下所示：

```
ActionContext.getContext().getSession().put("result", result);
```

Struts2 的 Action 可以通过 ActionContext 来访问 Servlet API，有关 ActionContext 的详

细介绍见 3.2.2 节。

2.2.5　配置业务控制器

创建完 AddAction 类后,需要在 struts.xml 中对 AddAction 进行配置。如图 2-3 所示,在类文件的根目录(即 src 目录)下创建一个 struts.xml 文件。

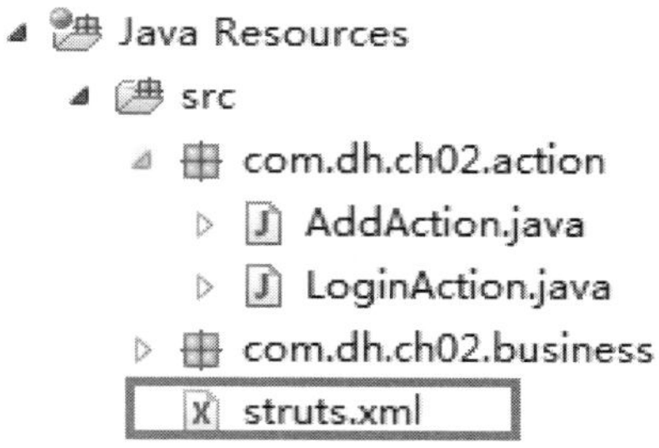

```
▲ 🐾 Java Resources
    ▲ 🗀 src
        ▲ ⊞ com.dh.ch02.action
            ▷ 🛛 AddAction.java
            ▷ 🗊 LoginAction.java
        ▷ ⊞ com.dh.ch02.business
          🗷 struts.xml
```

图 2-3　struts.xml 位置

```xml
<?xml version="1.0" encoding="UTF-8" ?>
<!DOCTYPE struts PUBLIC
    "-//Apache Software Foundation//DTD Struts Configuration 2.3//EN"
    "http://struts.apache.org/dtds/struts-2.3.dtd">
<struts>
    <!-- 指定 Struts2 处于开发阶段,可以进行调试 -->
    <constant name="struts.devMode" value="true" />
    <!-- Struts2 的 Action 都必须配置在 package 里 -->
    <package name="p2" extends="struts-default">
        <!-- 定义一个 add 的 Action,实现类为 com.dh.ch02.action.AddAction -->
        <action name="add" class="com.dh.ch02.action.AddAction">
            <!-- 配置 execute()方法返回值所对应的页面 -->
            <result name="cal">/pages/result.jsp</result>
        </action>
    </package>
</struts>
```

上述代码配置了一个名为 add 的 Action,并指明对应的实现类。在<result>元素中指明返回值为“cal”时对应的跳转页面是 result.jsp。

2.2.6　创建结果视图

在 WebContent 目录中创建 result.jsp 页面,显示计算结果值。代码如下:

```jsp
<%@ page contentType="text/html; charset=GBK" pageEncoding="GBK"%>
<html>
<head>
```

```
<title>计算器</title>
</head>
<body bgcolor="#ffffc0">
<h1>算术计算器</h1>
<table>
    <tbody>
        <tr>
            <td>第一个数</td>
            <td>${param.num1}</td>
        </tr>
        <tr>
            <td>第二个数</td>
            <td>${param.num2}</td>
        </tr>
        <tr>
            <td>结果</td>
            <td>${sessionScope.result}</td>
        </tr>
    </tbody>
</table>
<button onclick="history.go(-1);">返回</button>
</body>
</html>
```

上述代码与 1.2.2 节中的 add_result.jsp 一样，用于显示计算结果，只是结果值是从 session 中提取的，而非 request 中。

2.2.7 演示运行结果

到目前为止，基于 Struts2 的加法器已经完成，运行结果如图 2-4 所示。

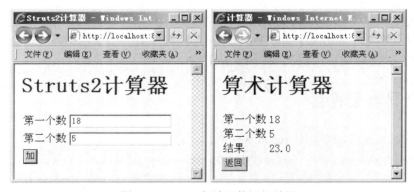

图 2-4　Struts2 加法器的运行结果

基于 Struts2 的加法器在原理上与自定义框架的加法器是一样的。相比自定义框架的加法器实现，基于 Struts2 的加法器在代码上简化了许多；而且当增加一个 Action 时，只需在 Struts2 的配置文件中进行简单配置即可，无需使用大量代码进行控制实现。另外 Struts2 框架还提供了许多功能，例如：异常处理、Struts2 标签库等，这些功能使 Struts2 开发更加轻松和完善。

⚠ **注 意**　Struts2 除了支持 JSP 技术作为视图资源之外，还可以使用其他视图技术如 FreeMarker、Velocity 等。

本 章 小 结

通过本章的学习，学生应该能够学会：

- ◇　Struts2 是在 Struts1 基础上发展起来的，但实质上以 WebWork 为核心。
- ◇　所有 MVC 框架都以控制器为核心，其中 Struts2 控制器由 StrutsPrepareAndExecuteFilter 和业务控制器 Action 组成。
- ◇　StrutsPrepareAndExecuteFilter 包含了框架内部的控制流程和处理机制，是 Struts2 框架的基础。
- ◇　配置文件将 StrutsPrepareAndExecuteFilter、Action 和视图组件等联系在一起，起到了调度作用，也是降低各类组件耦合程度的一种手段。
- ◇　Struts2 使用拦截器来处理用户请求，将用户业务逻辑同 Servlet API 分离开。
- ◇　Action 需要用户自定义实现，是应用的核心，包含了对用户请求的处理逻辑。

本 章 练 习

1. Struts2 框架的核心控制器是_____。
   - A.　Action
   - B.　ActionServlet
   - C.　StrutsPrepareAndExecuteFilter
   - D.　HttpServlet

2. 下列关于 Struts2 中 Action 的说法中正确的是_____。（多选）
   - A.　Action 无需实现任何接口或继承任何父类
   - B.　Action 中无需访问 ServletAPI，便于脱离容器测试
   - C.　Action 中的 execute() 方法需要返回一个代表待转向资源的字符串
   - D.　Action 需要在 Struts2 的配置文件中配置

3. 下列关于 Struts2 配置文件的说法中正确的是_____。（多选）
   - A.　Struts2 的配置文件包括 struts.xml 和 struts.properties
   - B.　struts.xml 主要用来配置 Action
   - C.　struts.properties 主要用来配置全局参数
   - D.　struts.xml 和 struts.properties 都可以配置全局参数

4. 下列关于 Struts2 处理流程的说法中正确的是_____。（多选）

A.   客户端请求会经过 StrutsPrepareAndExecuteFilter 过滤器

    B.   StrutsPrepareAndExecuteFilter 过滤器负责根据请求查找相应的 Action

    C.   Struts2 会创建对应 Action 的实例并调用其 execute()方法

    D.   Struts2 根据 execute()方法返回值跳转到对应的页面

5. 简述 Struts2 处理请求直到返回响应的完整过程。

6. 使用 Struts2 框架，完善本章的计算器程序，实现减法、乘法和除法功能。

第 3 章　Struts2 深入

本章目标

- 掌握 struts.xml 文件主要元素的配置

- 掌握 Action 的实现方式

- 掌握 Action 对 Action Context 的访问方式

- 掌握 Action 对 Servlet API 的访问方式

- 掌握 Action 的配置方式及通配符配置

- 掌握处理结果的流程

- 掌握利用通配符动态配置 result

- 掌握 dispatcher、redirect 和 redirectAction 等结果类型的使用

- 掌握 Struts2 的异常处理机制及配置方式

3.1　配置文件详解

Struts2 的配置文件是整个框架的联系纽带，Struts2 通过配置文件将核心控制器 StrutsPrepareAndExecuteFilter、业务控制器 Action 和视图组件等联系在一起。配置文件在 Struts2 框架中类似交通指挥员，起到了调度的作用，同时配置文件的使用也是降低各类组件耦合程度的一种手段。Struts2 框架的核心配置文件就是 struts.xml，该文件主要负责管理 Struts2 框架的业务控制器 Action。默认情况下，struts.xml 需要放在类文件的根目录。

3.1.1　常量配置

通过配置常量，可以为 Struts2 框架指定特定的属性值，从而改变框架默认的行为。配置常量常用的方式有以下三种：

(1) 在 struts.properties 文件中配置。

(2) 在 struts.xml 文件中配置。

(3) 在 web.xml 文件中配置。

如果在不同的配置文件中同时配置了相同的常量，则后一个配置文件的常量值会覆盖前一个配置文件的常量值，Struts2 加载常量和常量覆盖的顺序如图 3-1 所示。

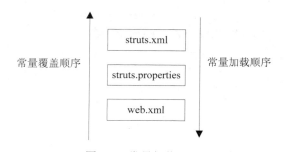

图 3-1　常量加载和覆盖顺序

Struts2 搜索常量的顺序依次是 struts.xml → struts.properties → web.xml。例如，在 struts.xml 中配置了一个常量 A，在 web.xml 中也同样配置了常量 A，那么在 web.xml 中配置的常量 A 就会覆盖在 struts.xml 中配置的常量 A。

虽然在不同的文件中配置常量的方式不同，但无论在哪个文件中都需要指定两个属性：常量 name 和常量 value。

【示例 3.1】　在 struts.xml 中使用 constant 元素来配置常量。

在 struts.xml 中配置常量的代码如下：

```
<struts>
    <!—通过指定 Struts2 处于开发阶段，可以获取详细的调试信息 -->
    <constant name="struts.devMode" value="true" />
......//省略已有配置
</struts>
```

上述代码中，配置了 name 为"struts.devMode"的常量，并设置其 value 为"true"，通过配置该常量可以在系统开发过程中打印更详细的错误信息。

struts.properties 文件定义了 Struts2 框架的大量属性，开发者可以通过改变这些属性来满足应用的需求。struts.properties 文件通常放在类文件的根目录(即 src 目录)下，与 struts.xml 文件同一目录，Struts2 框架会自动加载该文件。

【示例 3.2】　在 struts.properties 中配置常量。

```
#指定 web 应用的默认的编码集，相当于调用 HttpServletRequest 的 setCharacterEncoding 方法，#并设置
编码方式为 UTF-8
struts.i18n.encoding=UTF-8
```

通过上述配置方式可以得知，struts.properties 文件的内容就是一系列的 key-value 对，其中每个 key 对应一个 Struts2 常量 name，而每个 value 对应一个 Struts2 常量 value。

struts.properties 文件中常用的属性如表 3-1 所示。

表 3-1　struts.properties 属性列表

属　　性	功　能　说　明
struts.configuration	指定 Struts2 配置文件管理器，默认值是 org.apache.Struts2.config.DefaultConfiguration
sturts.locale	指定 Web 应用的默认 Locale，中文环境下为 zh_CN
struts.i18n.encoding	指定 Web 应用的默认编码集。该属性对于处理中文请求参数非常有用，当设置该属性值为特定字符集(如 GBK)时，相当于调用 HttpServletRequest 的 setCharacterEncoding()方法
struts.xslt.nocache	该属性指定 XSLT Result 是否使用样式表缓存。开发阶段通常设为 true
struts.configuration.files	指定 Struts2 框架默认加载的配置文件，多个配置文件之间以英文逗号","隔开
struts.multipart.saveDir	指定上传文件的临时保存路径
struts.multipart.maxSize	指定上传文件的最大字节数
struts.custom.properties	指定加载自定义的属性文件
struts.mapper.class	指定将 HTTP 请求映射到 Action 的映射器，Struts2 提供的默认映射器是 org.apache.struts2.dispatcher.mapper.DefaultActionMapper
struts.action.extension	指定请求后缀，该属性的默认值是 action，即匹配所有的*.action 的请求都是由 Struts2 处理
struts.serve.static.browserCache	设置浏览器是否缓存静态内容，开发阶段通常设置为 false
struts.configuration.xml.reload	当 struts.xml 修改后是否重新加载该文件，该属性的默认值是 false，在开发阶段通常设置为 true
struts.devMode	设置是否使用开发模式，开发阶段通常设置为 true

　如果配置的常量较少，可以在 struts.xml 文件中配置，而且便于集中管理；如果需要配置的常量较多可以在 struts.properties 中配置，这时可以把 struts.xml 和 struts.properties 文件在项目中结合使用。

【示例 3.3】　在 web.xml 中配置常量。

```
<filter>
    <display-name>StrutsPrepareAndExecuteFilter 的配置</display-name>
```

```
            <filter-name>struts2</filter-name>
            <filter-class>
                    org.apache.struts2.dispatcher.StrutsPrepareAndExecuteFilter
            </filter-class>
            <!-- 通过 init-param 元素配置 Struts2 常量 -->
            <init-param>
                        <param-name>struts.custom.i18n.resources</param-name>
                        <param-value>myMessageResource</param-value>
            </init-param>
</filter>
<filter-mapping>
            <filter-name>struts2</filter-name>
            <url-pattern>/*</url-pattern>
</filter-mapping>
```

上述代码中，当配置 StrutsPrepareAndExecuteFilter 时，可以通过<init-param>子元素配置
Struts2 的常量，其中<param-name>指明常量名，<param-value>指明常量值。如上述文件所
示，在 web.xml 配置文件中指定了国际化资源文件的 baseName 为 myMessageResource。在
实际开发中不推荐在 web.xml 文件中配置常量，因为这种配置会增加 web.xml 文件的容
量，降低了可读性。

3.1.2 包配置

Struts2 使用包(package)把存在逻辑关联的 actions、results、result type、interceptors、
和 interceptor-stacks 组织为一个配置单元。从概念上讲，这里的包(package)是一个可被继
承的对象，并且可以被其"子包"部分覆盖。

在 struts.xml 文件中使用 package 元素来定义包配置，每个 package 元素定义了一个
包，package 元素的属性及描述如表 3-2 所示。

表 3-2　package 元素的属性及描述

属性名	是否必须	描　　述
name	是	指定包的名字，该属性是该包被其他包引用的 key
extends	否	指定包继承的其他包，即该包继承了其他包中的 Action 定义、拦截器定义等
namespace	否	指定包的命名空间，3.1.3 小节进行详解
abstract	否	指定包是否是一个抽象包，抽象包中不能包含 Action 定义

【示例 3.4】　在 struts.xml 中配置包。

```
<struts>
        <!-- 配置了一个 name 为 login 的包，该包继承了 struts-default 包 -->
        <package name="login" extends="struts-default">
                ......
        </package>
```

```
</struts>
```

上述代码中，在 struts.xml 中配置了一个 name 为 login 的包，使用 extends 属性继承了默认包"struts-default"中的内容，其中，extends 的属性值必须是另外一个包的 name 属性值。struts-default 包定义在 struts-default.xml 文件中，是一个抽象包，该包定义了一些系统拦截器、返回类型和拦截器栈等属性；在其他包中无需再配置与之相同的内容，只需要继承 struts-default 包即可。

　由于 struts.xml 文件是自上而下解析的，所以被继承的 package 要放在继承 package 之前，同样如果在同一个包中配置了两个 name 相同的 Action，则后一个 Action 会覆盖掉前一个 Action。此外配置文件中任意两个包的名字不能相同，否则会抛出异常。另外，package 的 extends 可以用","分割配置其继承多个包：extends="struts-default,json-default"。

3.1.3　命名空间配置

通过创建包，可以把逻辑上相关的一组 Action 或拦截器等组件放置在同一个包中，把逻辑上不同的 Action 放在不同的包中。但是在 Web 应用中有时需要相同名称的 Action，例如，在一个系统中可能既有系统后台的维护又有前台的应用，不管前台还是后台都需要登录功能，这就可能需要创建两个相同名称的登录 Action。如下述配置所示：

```xml
<struts>
    <!-- 配置了一个 name 为 p1 的包，该包继承了 struts-default 包，命名空间默认 -->
    <package name="p1" extends="struts-default">
        <action name="login" class="com.dh.ch03.action.LoginAction">
            <result name="error">/error.jsp</result>
            <result>/success.jsp</result>
        </action>
    </package>
    <!-- 配置了一个 name 为 p2 的包，该包继承了 struts-default 包，命名空间默认-->
    <package name="p2" extends="struts-default">
        <action name="login" class="com.dh.ch03.action.LoginAction">
            <result name="error">/error.jsp</result>
            <result>/success.jsp</result>
        </action>
    </package>
</struts>
```

上述配置中定义了两个包，包名分别为 p1 和 p2。在 p1 中定义了一个名为 login 的 Action，在 p2 中也定义了一个名为 login 的 Action，当请求访问 p1 中的 Action 时，就会发现负责处理请求的始终是 p2 中的 Action，原因就是 p2 中的 Action 覆盖了 p1 中的 Action，使得 p1 中的 Action 没有机会处理该请求。同名 Action 之间的冲突，可以通过在 package 元素中配置 namespace 属性的方式来解决。

【示例 3.5】　在 struts.xml 中配置命名空间。

```
<struts>
    <!-- 配置一个 name 为 p1 的包，命名空间为"/admin"-->
    <package name="p1" extends="struts-default" namespace="/admin">
        <action name="login" class="com.dh.ch03.action.LoginAction">
            <result name="error">/error1.jsp</result>
            <result>/success1.jsp</result>
        </action>
    </package>
    <!-- 配置一个 name 为 p2 的包，命名空间默认-->
    <package name="p2" extends="struts-default">
        <action name="login" class="com.dh.ch03.action.LoginAction">
            <result name="error">/error2.jsp</result>
            <result>/success2.jsp</result>
        </action>
    </package>
</struts>
```

上述配置中，包 p1 指定了命名空间 namespace="/admin"，当用户请求访问该包下的所有 Action 时，请求的 URL 应该符合"namespace+Action"的规则。

例如，访问 p1 包中的 Action 时，用户的请求 URL 应该是：

http://ip 地址:端口号/web 应用路径名称/**admin/login.action**

访问 p2 中的 Action 时，用户的请求 URL 应该是：

http://ip 地址:端口号/web 应用路径名称/**login.action**

如果没有包指定 namespace 属性，则该包使用默认的命名空间。默认的命名空间总是空，即 namespace=" "。某个包也可显式地指定命名空间为根目录，可以使用 namespace="/" 来实现。

配置了命名空间后，Struts2 搜索 Action 的顺序如下：

(1) 查找指定命名空间下的 Action，如果找到则执行。

(2) 如果找不到，则转入到默认命名空间中查找 Action，找到则执行。

(3) 如果还找不到 Action，则 Struts2 将报出错误。

例如，用户请求"…/admin/login.action"时，Struts2 先查找"/admin"命名空间中名字为 login 的 Action，如果在该命名空间下找到相应的 Action，则该 Action 处理用户的请求业务；如果找不到该 Action，则转为在默认命名空间中查找名为 login 的 Action，如果在默认命名空间下找到相应的 Action，则该 Action 处理用户的请求业务；如果还找不到 Action，则系统会出现错误。

　　默认命名空间里的 Action 可以处理任何模块下的 Action 请求。如果存在 URL 为"…/admin/login.action"的请求，并且/admin 的命名空间下没有名称为 login 的 Action，则默认命名空间下名称为 login 的 Action 也会处理用户请求。

因此 Struts2 利用命名空间配置，为开发者提供了一个类似于文件目录的管理方式，可以在不同的命名空间中定义相同的 Action，这样提高了应用的灵活性。

如果两个包中的 Action 名字完全相同，并且两个包都没有指定 namespace，则后面包中的 Action 就会覆盖前面包中名字相同的 Action。因此，可以为包指定不同的 namespace 来避免 Action 的覆盖。

3.1.4　包含配置

在开发实际应用项目时，通常都采用模块化开发方式，多个程序员或开发小组独立开发某个模块，然后整合在一起。如果在开发过程中，各个小组都共享同一个 struts.xml 文件，在维护的时候会十分复杂。Struts2 允许将配置文件分解成多个文件，利用 struts.xml 文件来包含其他的配置文件，从而使得配置文件更具有可读性和可维护性。

struts.xml 文件提供了<include>元素用于包含其他文件。配置一个<include>元素，需要指定一个必需属性 file，该属性指定了被包含配置文件的文件名。

【示例 3.6】　在 struts.xml 中使用<include>配置文件包含。

```
<struts>
        <!-- 管理员模块 -->
        <include file="bookshop-admin.xml" />
        <!-- 用户管理 -->
        <include file="bookshop-user.xml" />
        <!-- 产品管理模块 -->
        <include file="bookshop-product.xml" />
        <!-- 购物车模块 -->
        <include file="bookshop-shoppingcart.xml" />
</struts>
```

上述配置中，被包含的 bookshop-admin.xml 等 4 个文件都是标准的 Struts2 配置文件，都包含了 DTD 信息和 Struts2 配置文件根元素等信息。在开发过程中通常将 Struts2 的所有配置文件都放在类的根路径下，其中 struts.xml 包含了其他的配置文件，当 Struts2 框架自动加载 struts.xml 时，就会加载所有配置文件信息。

文件包含配置实际上体现了软件工程中"分而治之"的原则，通过包含配置可以使得文件结构更清晰，更容易维护。

　　include 元素引用的 xml 文件必须是完整的 Struts2 配置文件，实际上在 include 元素引用文件时，是单独的解析每个 xml 文件。

3.2　Action 详解

对于使用 Struts2 框架开发的应用而言，Action 是应用的核心，每个 Action 类就是一个工作单元，包含了对用户请求的处理逻辑，因此 Action 也被称为业务控制器。在开发过程中，开发者需要根据处理逻辑的不同写出相应的 Action 类，并在 struts.xml 文件中配置好每个 Action 类。Struts2 框架负责将请求与 Action 匹配，如果匹配成功，此 Action 类就会被 Struts2 框架调用，进而完成请求的处理。

3.2.1　Action 实现

在开发过程中，通常有三种方式实现 Action：

(1) POJO 实现方式。

(2) 实现 Action 接口。

(3) 继承 ActionSupport 类。

这三种实现方式各有特点，依次介绍如下：

1．POJO 实现方式

使用该方式实现的 Action 就是一个普通的 Java 类，该类通常包含一个特定方法 execute()，该方法没有任何参数，返回值为字符串类型。

【示例 3.7】　使用 POJO 方式实现用户注册功能，创建 RegAction 类，其中该 Action 的属性有用户名、密码和姓名等。

创建一个 RegAction 类，实现 execute()方法，其代码如下：

```
public class RegAction {
    /* 用户名 */
    private String userName;
    /* 密码 */
    private String password;
    /* 姓名 */
    private String name;
    public String getUserName() {
            return userName;
    }
    public void setUserName(String userName) {
            this.userName = userName;
    }
    public String getPassword() {
            return password;
    }
    public void setPassword(String password) {
            this.password = password;
    }
    public String getName() {
            return name;
    }
    public void setName(String name) {
            this.name = name;
    }
    /**
```

```
        * 调用业务逻辑方法，控制业务流程
        * 该方法实现只有输出用户输入的内容，并无过多逻辑判断，直接返回成功页面
        */
       public String execute() {
               System.out.println("----注册的用户信息如下-----");
               System.out.println("用户名：" + userName);
               System.out.println("密码：" + password);
               System.out.println("姓名：" + name);
               // 暂不做逻辑判断，直接返回成功页面
               return "ok";
       }
}
```

从上述代码可见，RegAction 就是一个简单的 JavaBean，每个属性对应 get/set 方法，并且类中还有一个 execute()方法，其返回字符串，Struts2 框架对该字符串进行判断，从而转发到正确的界面用于响应用户的请求。

为了演示上述注册功能，创建了一个名为 reg.jsp 的页面，代码如下：

```
<%@ page language="java" contentType="text/html; charset=UTF-8" pageEncoding="UTF-8"%>
<html>
<head>
<title>用户注册演示界面</title>
</head>
<body>
<form action="reg.action" method="post" name="regForm">
<table>
    <tr><td>用户名</td><td>
            <input type="text" name="userName" size="15"/></td>
</tr>
    <tr><td>密码</td><td>
            <input type="password" name="password" size="15"/></td>
</tr>
<tr><td>姓名</td><td>
            <input type="text" name="name" size="15"/></td>
</tr>
    <tr><td colspan="2">
            <input type="submit" value="注册"></td>
</tr>
</table>
</form>
</body>
</html>
```

上述代码中，创建了一个名为 regForm 的表单，其中 action 的值为 reg.action，其他表单元素的 name 值分别为 userName、password 和 name。

用于显示注册成功的界面 regsuccess.jsp 代码如下：

```
<%@ page language="java" contentType="text/html; charset=UTF-8" pageEncoding="UTF-8"%>
<html>
<head>
<meta http-equiv="Content-Type" content="text/html; charset=UTF-8">
<title>Insert title here</title>
</head>
<body>
<h1>注册成功！</h1>
</body>
</html>
```

在 struts.xml 文件中对 RegAction 的配置如下所示：

```
<struts>
    <!-- 配置一个 name 为 reg 的包，该包继承了 struts-default 包，命名空间默认 -->
    <package name="reg" extends="struts-default">
        <action name="reg" class="com.dh.ch03.action.RegAction">
        <!-- 配置一个 name 为 ok 的结果类型，与实现类 RegAction 中 execute 返回结果匹配 -->
            <result name="ok">/pages/regsuccess.jsp</result>
        </action>
    </package>
......
</struts>
```

在浏览器中输入 http://localhost:8080/ch03/reg.jsp，运行结果如图 3-2 所示。

图 3-2　注册界面

在文本框中输入 "zhangsan"、"1234"、"张三"，单击 "注册" 按钮，运行结果如图

3-3 所示。

图 3-3　注册成功界面

在控制台输出的结果如下所示：

----注册的用户信息如下-----

用户名：zhangsan

密码：1234

姓名：张三

从上述结果得知，Struts2 框架通过调用 RegAction 的 set 方法将请求参数值一一封装在对应的属性中，例如，在文本框 userName 中输入"zhangsan"，提交请求后，RegAction 类中的 userName 属性的值就是"zhangsan"。这个赋值过程是由 Struts2 框架自动完成的，实际上是调用了 setUserName()方法来设置属性。

图 3-4 是 Struts2 的参数传递示意图，其中展示了 Struts2 对请求参数的设置过程。

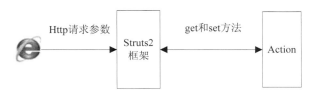

图 3-4　Struts2 的参数传递

Action 不但可以设置与 Http 请求参数对应的属性，也可以定义 Http 参数中没有的属性，并且用户可以访问这些属性。

　　Action 中的属性名不一定和表单中的元素属性名完全相同，但对于表单中的每个元素名在 Action 中一定要有对应的 get/set 方法，例如，表单的元素名为 userName，在 Action 中有 setUserName()和 getUserName()方法与之对应，但这两个方法处理的 Action 属性名称可以不是 userName。

整个注册功能运行的步骤和流程如下：

（1）用户在注册界面中填入注册信息后提交，浏览器向服务器发出请求，请求的 URL 为：http://localhost:8080/ch03/reg.action。

（2）Web 服务器接收到请求后，首先查找名为 ch03 的 Web 应用，然后把 reg.action 交给 Struts2 框架处理。

（3）Struts2 根据规则去掉 .action 后缀，查找是否存在 name 为 reg 的 Action 对象，如果存在，首先进行参数的封装处理，即把请求中的参数值通过调用 RegAction 中的 set 方法一一存入其属性中，然后调用 RegAction 的 execute 方法进行控制台打印，最后返回字符串"ok"。

（4）Struts2 框架获取字符串"ok"，然后在配置文件中匹配名为"ok"的 result 元素，最终转发到 regsuccess.jsp 界面。

2. 实现 Action 接口

在前面对 RegAction 类的描述中，RegAction 类就是一个普通的 Java 类，提供了 execute()方法，该方法返回一个字符串。开发者可以建立这样的类来实现 Action 业务控制器，并且这种做法十分简单，但是由于开发者编程风格的不同，execute()方法返回的字符串并没有进行规范。例如，在 RegAction 的 execute()方法中返回的字符串是"ok"，而其他人可能习惯使用"success"，这给配置文件中的 result 元素定义带来许多麻烦。在实际项目开发中，不同开发组开发出来的代码在整合时可能发生很多问题。在 Struts2 框架中提供了一个 Action 接口，该结构提供了一个开发 Action 的通用规范，其代码如下：

```
public interface Action {
        //定义静态常量
        public static final String SUCCESS = "success";
        public static final String NONE = "none";
        public static final String ERROR = "error";
        public static final String INPUT = "input";
        public static final String LOGIN = "login";
        //execute 方法
        public String execute() throws Exception;
}
```

上述代码中，Action 接口定义了 SUCCESS、NONE、ERROR、INPUT 和 LOGIN 常量，开发者在编写自己的 Action 类时，通过实现 Action 接口，就可以在 execute()方法中返回 SUCCESS、NONE、ERROR、INPUT 和 LOGIN 常量，而不是随意书写字符串，这样就规范了代码。当然，如果开发者依然希望使用特定的字符串作为逻辑视图名，仍可以返回自定义的字符串。

【示例 3.8】 通过实现 Action 接口来创建 RegAction 类。

```
public class RegAction implements Action {
......
        public String execute() {
                System.out.println("----注册的用户信息如下-----");
```

```
        System.out.println("用户名：" + userName);

        System.out.println("密码：" + userName);

        System.out.println("姓名：" + userName);

        // 暂不做逻辑判断，直接返回成功页面

        return SUCCESS;

    }

}
```

配置文件 struts.xml 代码更改如下：

```
<struts>

    <!-- 配置一个 name 为 reg 的包，该包继承了 struts-default 包，命名空间默认 -->

    <package name="reg" extends="struts-default">

        <action name="reg" class="com.dh.ch03.action.RegAction">

            <!-- 配置一个 name 为 success 的结果类型 -->

            <result name="success">/pages/regsuccess.jsp</result>

        </action>

    </package>

......

</struts>
```

读者可在示例 3.7 代码的基础上进行修改，运行后显示的效果与图 3-2 和图 3-3 相同。

3. 继承 ActionSupport 类

Struts2 框架还提供了 Action 接口的一个实现类 ActionSupport，该类提供了许多默认方法，包括获取国际化信息的方法，数据校验的方法，默认处理用户请求的方法等。实际上，ActionSupport 类是 Struts2 缺省的 Action 处理类，当用户配置 Action 类没有指定 class 属性时，系统自动使用该类处理请求。

 在实际应用中，通常在编写 Action 时继承 ActionSupport 类，这样可以大大简化 Action 的开发，从而能够方便、快捷地实现业务控制器。

【示例 3.9】 通过继承 ActionSupport 类来创建 RegAction 类，并重写 validate() 方法。

```
public class RegAction extends ActionSupport {

......

    // 重写 execute()方法

    public String execute() {

        System.out.println("----注册的用户信息如下-----");

        System.out.println("用户名：" + userName);

        System.out.println("密码：" + userName);

        System.out.println("姓名：" + userName);

        // 暂不做逻辑判断，直接返回成功页面

        return SUCCESS;
```

```
        }
        // 重写 validate()方法
        public void validate() {
                // 简单验证用户输入
                if (this.userName == null || this.userName.equals("")) {
                        // 将错误信息写入到 Action 类的 FieldErrors 中
                        // 此时,Struts2 框架自动返回 INPUT 视图
                        addFieldError("userName", "用户名不能为空！ ");
                        System.out.println("用户名为空！ ");
                }
        }
}
```

上述代码中，增加了 validate()数据校验方法，该方法在执行 execute()方法之前运行，如果发现数据不符合条件，例如：用户名为空，将执行 addFieldError()方法，将错误信息写入 Action 类的 FieldErrors 中，Struts2 框架将自动返回到 INPUT 视图。

配置文件 struts.xml 代码更改如下：

```xml
<struts>
        <package name="reg" extends="struts-default">
                <action name="reg" class="com.dh.ch03.action.RegAction">
                        <result name="success">/pages/regsuccess.jsp</result>
                <!-- Struts2 框架定义结果类型,当 FieldErrors 中有错误信息时,流程转到 input -->
                        <result name="input">/reg.jsp</result>
                </action>
        </package>
......
</struts>
```

当在注册界面 reg.jsp 中输入其他信息，而不输入用户名信息，单击"注册"按钮，控制台打印结果如下所示：

```
用户名为空！
```

返回界面如图 3-5 所示。

图 3-5 注册返回界面

上述结果显示，当输入校验失败后，系统自动返回到 INPUT 逻辑视图，而 INPUT 逻辑视图对应 reg.jsp 界面，因此返回了 reg.jsp 作为响应结果。

　在实际开发中，进行用户数据输入校验时，通常采用基于框架文件的输入校验方式，这样配置灵活，提高了系统的可维护性。同时在视图界面中通过使用 Struts2 标签，能够友好地显示出错信息。

3.2.2　Action 访问 ActionContext

Struts2 的 Action 并没有直接和任何 Servlet API 耦合，这是 Struts2 的一个改良之处，给开发者的测试提供了便利。但 Struts2 的 Action 不访问 Servlet API 通常是不能实现业务逻辑的，例如，网上购物系统中的购物车可以使用 HttpSession 实现，那么就需要在 Action 中访问 HttpSession。

　Servlet API 指的是 HttpServletRequest、HttpSession 和 ServletContext 等

Struts2 提供了一个 ActionContext 类，Struts2 的 Action 可以通过该类来访问 Servlet API。ActionContext 类的方法及描述如表 3-3 所示。

表 3-3　ActionContext 类的方法及描述

方　　法	描　　述
Object get(Object key)	该方法和 HttpServletRequest 的 getAttribute(String name)方法类似
Map getApplication()	返回一个 Map 对象，该对象模拟了 Web 应用对应的 ServletContext 对象
ActionContext getContext()	获取系统的 ActionContext 对象
Map getParameters()	获取所有的请求参数，类似于调用 HttpServletRequest 对象的 getParameterMap()方法
Map getSession()	返回一个 Map 对象，该对象模拟了 HttpSession 对象
void setApplication(Map application)	直接传入一个 Map 对象，将该 Map 对象中的 key-value 对转换成 application 的属性名和属性值
void setSession(Map session)	直接传入一个 Map 对象，将该 Map 对象里的 key-value 对转换成 session 的属性名和属性值

由表 3-3 得知，Struts2 框架给 ServletContext、HttpServletRequest 等对象都提供一个对应的 Map 对象，通过操作该 Map 对象来达到操作 Servlet API 对象的目的。

ActionContext 是 Action 执行的上下文，Action 在执行时需要用到的 Servlet 相关对象(例如 request、session 等对象)都存放在 ActionContext 对象中，在每次执行 Action 之前都会为每个 Action 创建一个 ActionContext 对象的副本，在多线程环境下不会发生线程访问问题。

　Struts2 中框架使用了 ThreadLocal 对象来对 ActionContext 进行处理。ThreadLocal 为 "线程局部变量"，它为每一个使用该变量的线程都提供一个变量值的副本，使每一个线程都可以独立地改变自己的副本，而不会和其他线程的副本冲突。这样，ActionContext 里的属性只会在对应的当前请求线程中可见，从而保证其线程安全。

【示例 3.10】　创建 counter.jsp 和 CounterAction 类来统计用户访问页面的次数，用于演示 Action 访问 ActionContext 的方式。

创建 CounterAction 类，其代码如下：

```java
public class CounterAction extends ActionSupport {
    public String execute() {
        // 获取 ActionContext 对象，通过该对象访问 Servlet API
        ActionContext ctx = ActionContext.getContext();
        // 获取 ServletContext 里的 count 属性
        Integer counter = (Integer) ctx.getApplication().get("counter");
        // 如果 counter 属性为 null，设置 counter 属性为 1
        if (counter == null) {
            counter = 1;
        } else {
            // 将 counter 加 1
            counter++;
        }
        // 将加 1 后的 counter 值保存在 application 中
        ctx.getApplication().put("counter", counter);
        return SUCCESS;
    }
}
```

上述代码中，从 ActionContext 对象中获取了 ServletContext 对应的 Map 对象，然后对 Map 对象操作，从而间接地操纵了 ServletContext 对象。

counter.jsp 界面的页面代码如下：

```jsp
<%@ page language="java" contentType="text/html; charset=UTF-8"
        pageEncoding="UTF-8"%>
<html>
<head>
<title>页面访问次数统计</title>
</head>
<body>
<form action="counter.action" method="post">
    <h1><input type="submit" value="点击!" /></h1>
    <!--输出点击次数 -->
    <h1>点击按钮，已点击了
    <!-- 通过表达式访问 ServletContext 对象的属性 -->
    ${empty applicationScope.counter?0:applicationScope.counter} 次</h1>
</form>
</body>
</html>
```

上述代码中，创建了一个表单，表单属性 action 的值为 counter.action，用来访问名称为 counter 的 Action。

　　struts.xml 的配置如下所示：

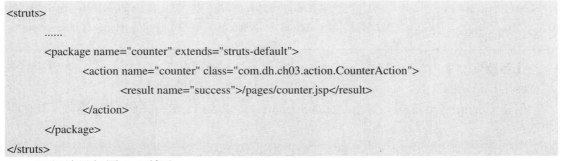

```
<struts>
    ......
    <package name="counter" extends="struts-default">
        <action name="counter" class="com.dh.ch03.action.CounterAction">
            <result name="success">/pages/counter.jsp</result>
        </action>
    </package>
</struts>
```

运行结果如图 3-6 所示。

图 3-6　统计页面点击次数

　　从运行结果可以得知，当用户单击"点击"按钮时，浏览器发出请求，Struts2 框架会把请求转发到 name 为 counter 的 CounterAction 进行处理，如果是用户第一次访问，那么 counter 的初始值为 1；否则，counter 值在原来的基础上加 1，然后把结果保存到 Map 对象中。实际上 counter 值最终保存到了 ServletContext 中，最后在 counter.jsp 界面上通过 EL 表达式取出来并显示，这样每一次单击都会使得 counter 值加 1。

　　　上面示例中 counter 值必须通过 ActionContext 保存到 ServletContext 对象中。如果试图在
注　意　　CounterAction 中通过定义一个名为 counter 的属性来达到统计点击次数的效果，这种做法是不可
　　　　　行的，因为对每一次新的请求，Struts2 框架都会重新创建一个 CounterAction 对象，读者可验证
　　　　　一下。

3.2.3　Action 直接访问 Servlet API

　　虽然可以通过 ActionContext 间接地操纵 Servlet API，但有时需要在 Action 中直接访问 Servlet API。Struts2 框架提供了一系列的接口，通过 Action 实现这些接口，来访问 Servlet API，这些接口的名称和说明如表 3-4 所示。

表 3-4　访问 Servlet API 的接口名称及说明

接口名称	描　述
ServletContextAware	实现该接口的 Action 可以直接访问 web 应用的 ServletContext 对象
ServletRequestAware	实现该接口的 Action 可以直接访问用户请求的 HttpServletRequest 对象
ServletResponseAware	实现该接口的 Action 可以直接访问服务器响应的 HttpServletResponse 对象

【示例 3.11】　以 ServletRequestAware 接口为例，通过获取 HttpSession，来统计每个浏览器用户访问的次数。

创建 CounterAction 类，继承 ActionSupport，实现 ServletRequestAware 接口，其代码如下：

```
public class CounterAction extends ActionSupport implements ServletRequestAware {
    private HttpServletRequest request;
    //重写 ServletRequestAware 中的方法
    public void setServletRequest(HttpServletRequest request) {
        this.request = request;
    }
    public String execute() {
        // 获得 session 对象
        HttpSession session = request.getSession();
        // 取得每个浏览器用户的访问次数 counter
        Integer counter = (Integer) session.getAttribute("counter");
        // 如果 counter 属性为 null，设置 counter 属性为 1
        if (counter == null) {
            counter = 1;
        } else {
            // 将 counter 加 1
            counter++;
        }
        // 将加 1 后的 counter 值保存在 application 中
        session.setAttribute("counter", counter);
        return SUCCESS;
    }
}
```

上述代码中，CounterAction 实现了 ServletRequestAware 接口，并且重写了 setServlet-Request()方法。实现 setServletRequest()方法时，该方法内有一个 HttpServletRequest 类型的参数，该参数就代表了客户端的请求，struts2 会将当前请求对象传入 setServletRequest()方法，这样 CounterAction 就可以访问到 request 对象了。通过 request 对象可以获取 HttpSession 对象，如果用户第一次访问，则把 1 保存到 session 对象中，否则把原来的值加 1 然后存入 session 对象中；从而可以统计不同用户访问此页面的次数。

counter.jsp 页面更改后代码如下：

```
<%@ page language="java" contentType="text/html; charset=UTF-8" pageEncoding="UTF-8"%>
<html>
<head>
<title>页面访问次数统计</title>
</head>
<body>
<form action="counter.action" method="post"><input type="submit"  value="点击!" />
    <h3>点击按钮，已点击了 ${empty sessionScope.counter?0:sessionScope.counter}次</h3>
</form>
</body>
</html>
```

上述代码将 applicationScope 换成 sessionScope，用于从 session 范围中取值。

运行结果如图 3-7 所示。

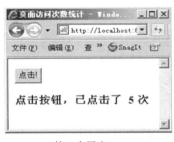
第一个用户

第二个用户

图 3-7　不同用户访问结果

从上述结果可以得知，不同的 IE 浏览器用户访问 Action 时得到的界面访问统计结果不同。

对于其他访问 Servlet API 的接口实现方法与 ServletRequestAware 类似，都需要 Action 实现对应接口，并重写方法。此外 Struts2 框架还提供了一个 ServletActionContext 类用于在 Action 中直接访问 Servlet API，该类的方法名及描述如表 3-5 所示。

表 3-5　ServletActionContext 的方法及描述

方　　法	描　　述
static PageContext getPageContext()	取得 web 应用的 PageContext 对象
static HttpServletRequest getRequest()	取得 web 应用的 HttpServletRequest 对象
static HttpServletResponse getResponse()	取得 web 应用的 HttpServletResponse 对象
static ServletContext getServletContext()	取得 web 应用的 ServletContext 对象

虽然 ServletActionContext 类和 ServletContextAware 等接口都可以使得 Action 直接访问 Servlet API，但 Action 依然与 Servlet API 直接耦合，不利于程序解耦。

在开发过程中，为了避免 Action 与 Servlet API 直接耦合，推荐使用 ActionContext 来间接操作 Servlet API。如果在 Action 中必须使用 Servlet API，那么可以通过 ServletActionContext 类的帮助，从而以更简单的方式直接访问 Servlet API。

3.2.4 Action 的配置

在编写完 Action 的实现类后，需要在 struts.xml 文件中配置 Action，从而让 Struts2 框架知道该 Action 的存在，进而调用该 Action 来处理用户请求。

Struts2 使用包(package)来组织 Action，在 struts.xml 中通过使用 package 下的 action 元素来配置 Action。在配置 Action 时，需要指定 action 元素的 name 属性，例如，对于请求路径 "reg.action"，reg 就是在配置 Action 时的 name 属性值。

除此之外，通常还要为 action 属性指定一个 class 属性指明该 Action 的实现类。

class 属性并不是必需的，如果不为<action>元素指定 class 属性，Struts2 则默认使用 ActionSupport 类。

(1) 对 Action 进行基本的配置。

```xml
<package name="counter" extends="struts-default">
<!-- 配置处理请求的 Action，其实现类为 com.dh.ch03.action.CounterAction -->
    <action name="counter" class="com.dh.ch03.action.CounterAction"/>
</package>
```

上述代码是 Action 的一个基本配置片段，Action 只是一个业务控制器，它并不直接对请求生成任何响应，而是在 Action 处理完用户请求后，需要将指定的视图资源呈现给用户。因此，配置 Action 时，应该配置逻辑视图和物理视图之间的映射，这是通过 result 元素来定义的。每个 result 元素定义逻辑视图和物理视图之间的一次映射。

(2) 配置 action 的子元素 result。

```xml
<package name="counter" extends="struts-default">
<!-- 配置处理请求的 Action，其实现类为 com.dh.ch03.action.CounterAction -->
    <action name="counter" class="com.dh.ch03.action.CounterAction">
        <result name="success">/pages/counter.jsp</result>
    </action>
</package>
```

关于 action 的子元素 result 的配置在 3.3 小节中会有详细的讲解。

3.2.5 动态方法调用

在实际应用中，通常一个 Action 中包含多个处理逻辑，例如，在用户管理模块中，当操作员单击"删除"或"编辑"操作时，应该使用 Action 的不同方法来处理请求。如图 3-8 所示。

图 3-8　用户管理界面

上面的 JSP 页面包含两个操作，但分别交给 Action 的不同方法处理，其中"删除"操作希望使用删除逻辑处理请求，而"编辑"操作则希望使用编辑逻辑处理请求。

此时可以根据"actionName!methodName.action"的形式来访问 Action，如"reg!del.action"是指可以直接访问 RegAction 中的 del()方法。这种方式被称为 DMI(Dynamic Method Invocation，动态方法调用)。

【示例 3.12】　创建一个名为 userList.jsp 的界面，来演示 DMI 的调用方式。

创建一个 userList.jsp 页面，其页面代码如下：

```
<%@ page language="java" contentType="text/html; charset=UTF-8"
        pageEncoding="UTF-8"%>
<html>
<head>
<meta http-equiv="Content-Type" content="text/html; charset=UTF-8">
<title>用户列表</title>
<script type="text/javascript">
//删除操作
function delUser() {
        location.href="user!del.action";
}
//编辑操作
function editUser() {
        location.href="user!edit.action";
}
</script>
</head>
<body>
<table border="1">
        <tr>
                <th>姓名</th>
                <th>性别</th>
                <th>年龄</th>
```

```
                <th colspan="2">操作</th>
        </tr>
        <tr>

            <td>张三</td>
            <td>男</td>
            <td>18</td>
            <td><a href="javascript:void(0)" onclick="delUser();">删除</a></td>
            <td><a href="javascript:void(0)" onclick="editUser();">编辑</a></td>
        </tr>
</table>
</body>
</html>
```

上述代码中，利用超级链接和 javascript 实现了"删除"和"编辑"两个操作。当单击"删除"操作时，会触发"onclick"事件，调用 delUser() 函数，然后根据"user!del.action"，把请求转发到 UserAction 中的 del 方法进行处理。

UserAction 的代码如下：

```
public class UserAction extends ActionSupport {
        //编辑用户
        public String edit() {
                return "edit";
        }
        //删除用户
        public String del() {
                return "del";
        }
}
```

上述代码中，创建了两个业务方法 edit() 和 del()，execute() 方法可以不出现。当用户单击"删除"链接时，系统将交给 UserAction 的 del()方法处理；单击"编辑"链接时，系统将交给 UserAction 的 edit()方法进行处理。单击"删除"后的结果界面如图 3-9 所示。

图 3-9 单击删除操作的结果界面

从结果得知，通过这种方式，可以在一个 Action 中包含多个处理逻辑，并可以通过不同的操作链接把用户的请求交给不同的 Action 方法处理。对于使用 DMI 调用的方法，例如 del()方法，该方法声明与系统默认的 execute()方法的声明只有方法名不同，而方法参数、返回值类型都完全相同。

使用动态方法调用时，使用前必须在配置文件中设置 struts2 的常量 struts.enable.Dynamic Method.Invocation 为 true，默认为 false。这样将开启动态方法调用，否则将关闭动态方法调用。

3.2.6　通配符配置

除 DMI 之外，还可以通过配置通配符来使用 Action 的不同方法处理请求。在配置 action 元素时，需要指定 name、class 和 method 属性，这三个属性都支持通配符"*"。利用通配符在定义 Action 的 name 属性时，相当于一个元素 action 可以定义多个 Action。

【示例 3.13】　基于示例 3.12 使用通配符的方式配置 UserAction，演示通配符的配置和使用。

配置通配符，其代码如下：

```
<struts>
    <!-- 演示通配符的使用方法 -->
    <package name="user" extends="struts-default">
        <action name="*user" class="com.dh.ch03.action.UserAction"
                method="{1}">
            <result name="success">/pages/success.jsp</result>
            <result name="del">/pages/del.jsp</result>
            <result name="edit">/pages/edit.jsp</result>
        </action>
    </package>
</struts>
```

上述配置中，<action name="*user" .../>不是定义了一个普通的 Action，而是定义了一系列的逻辑 Action，只要用户请求的 URL 符合"*user.action"的模式，都可以通过 UserAction 处理。此外，必须指定 method 属性，其中 method 属性用于指定用户请求的方法。在 method 属性中使用了一个表达式"{1}"，该表达式的值就是 name 属性值中第一个"*"指代的值。通过上述配置规则，可以达到与 DMI 调用同样的运行效果。例如，如果用户请求的 URL 为"deluser.action"，系统会调用 UserAction 中的 del()方法；如果用户请求的 URL 为"edituser.action"，系统会调用 UserAction 中的 edit()方法。

此外，Struts2 允许在 class 属性和 method 属性中同时使用表达式，如下述配置：

```
<action name="*_*" class="com.dh.ch03.action.{1}Action" method="{2}">
```

上面配置定义了一个模式为"*_*"的 Action，即只要匹配该模式的请求，都可以被该 Action 处理。其中，class 属性中的"{1}"，匹配模式"*_*"中的第一个"*"；method 属性中的"{2}"匹配模式"*_*"中的第二个"*"。例如，有"URL 为 User_del.action"的请求，对于"*_*"模式，"User"匹配了第一个"*"，"del"匹配第二个"*"，则意味着 Struts2 框架会调用 UserAction 处理类的 del()方法来处理请求。

为了演示使用通配符配置后的效果，对 3.2.5 小节中的 userList.jsp 界面中的 javascript 进行修改，代码如下：

```
<!DOCTYPE html>
<html>
<head>
<meta http-equiv="Content-Type" content="text/html; charset=UTF-8">
<title>用户列表</title>
<script type="text/javascript">
//删除操作
function delUser() {
        location.href="deluser.action";
}
//编辑操作
function editUser() {
        location.href="edituser.action";
}
</script>
</head>
<body>
<table border="1">
        <tr><th>姓名</th><th>性别</th><th>年龄</th><th colspan="2">操作</th></tr>
        <tr><td>张三</td><td>男</td><td>18</td>
                <td><a href="javascript:void(0)" onclick="delUser();">删除</a></td>
                <td><a href="javascript:void(0)" onclick="editUser();">编辑</a></td>
        </tr>
</table>
</body>
</html>
```

上述代码只对 javascript 中的 delUser() 和 editUser() 方法进行了修改，此外，UserAction 中的代码不变，struts.xml 文件中的通配符的配置与示例 3.13 相同。当用户分别单击"删除"和"编辑"操作后，效果如图 3-10 所示。

"删除"操作　　　　　　　　"编辑"操作

图 3-10　配置通配符后的效果图

为了演示通配符的使用方法，上面代码中只是简单地实现了 del()和 edit()方法，并没有真正实现其业务功能。

3.3　处理结果

通过 3.2 节可以得知，Action 是 Struts2 中的业务控制器，它负责处理用户请求，并通过调用业务处理逻辑模块进行业务处理。当 Action 处理完请求后，处理的结果会通过视图资源来展示，而 Action 本身不直接提供针对用户请求的响应，但是 Action 控制器应该能够控制将那个视图资源呈现给用户。在 Struts2 框架中，Action 只返回一个字符串，并不关心返回的字符串结果对应何种视图资源，这是一种典型的松耦合处理方式。

3.3.1　结果处理流程

Action 处理完请求后，会返回一个字符串，这个字符串就是一个逻辑视图名。该字符串在 struts.xml 配置文件中对应了一个物理视图资源，Struts2 框架通过配置文件中 action 的子元素 result 把逻辑视图名和物理视图资源联系在一起。这样 Struts2 一旦收到 Action 返回的某个逻辑视图名，就会把对应的物理视图呈现给用户。

如图 3-11 所示，基于 3.2.4 节中的用户管理模块，演示了 Struts2 框架的结果处理流程。

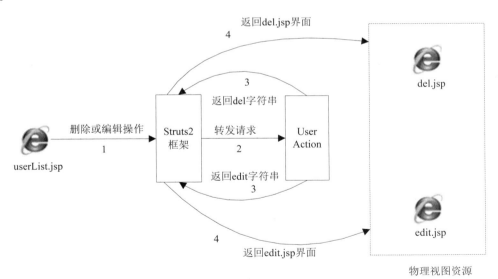

图 3-11　Struts2 框架结果处理流程

从图 3-11 可以看到，UserAction 处理完请求后，并没有直接将请求转发到任何具体的视图资源，而是返回了一个逻辑视图。例如，返回了字符串"del"和"edit"，这两个字符串就是不同的逻辑视图。Struts2 框架接收到逻辑视图后，根据 struts.xml 文件中的映射关系，把请求转发到对应的物理视图资源，最终物理视图资源将处理结果呈现给用户。例如，视图资源 del.jsp 或 edit.jsp 最终把响应结果呈现给用户。

Struts2 支持多种结果映射，实际资源不仅仅是 JSP 视图资源，也可以是 Velocity 或 FreeMarker 等视图资源，因为 Struts2 框架可以支持多种视图技术。

3.3.2　result 配置

Struts2 通过在 struts.xml 文件中使用<result>元素来配置结果，根据<result>元素所在位置的不同，Struts2 提供了两种结果：

◇　局部结果：将<result>元素作为<action>元素的子元素配置。

◇　全局结果：将<result>元素作为<global-results>元素的子元素配置。

1. 局部结果

局部结果是通过在<action>元素中指定<result>元素来配置的，一个<action>元素可以有多个<result>元素，这表示一个 Action 可以对应多个结果。局部结果只在特定的 Action 范围内有效，即一个 Action 不能使用另外一个 Action 配置的局部结果。

在 struts.xml 配置文件中，<result>元素通常有 name 和 type 两个属性，常见的配置形式如下：

```
<package name="test" extends="struts-default">
    <action name="login" class="com.dh.ch03.action.LoginAction">
        <result name="success" type="dispatcher">/welcome.jsp</result>
    </action>
</package>
```

上述配置中，name 属性值指代的是逻辑视图名称，也就是 Action 中 execute()方法返回的字符串。上述配置的含义是：如果 LoginAction 中 execute()方法返回的结果是"success"字符串，Struts2 会返回 webcome.jsp 作为响应结果。此外<result>元素的 type 属性指的是结果类型，默认是 dispatcher，该值是 Struts2 用于和 JSP 整合的结果类型，表示请求转发到 JSP 页面。

通常情况下，系统将使用默认的 name 属性和默认的结果类型，其中默认的 name 属性值就是"success"，默认的结果类型为"dispacher"，所以上面配置可以简化为下面配置片段：

```
<package name="test" extends="struts-default">
    <action name="login" class="com.dh.ch03.action.LoginAction">
        <result>/welcome.jsp</result>
    </action>
</package>
```

上述配置中，如果 LoginAction 返回的字符串的值为"success"，系统就会请求转发到 welcome.jsp 页面。

 在 result 元素中，如果没有指定 name 属性，则 name 属性采用默认值：success；如果没有指定 type 属性，则采用 Struts2 的默认结果类型 dispatcher。此外，在同一个 action 元素的多个 result 子元素中，只能有一个 result 子元素的 name 属性值可以不写，默认为 success。

2．全局结果

全局结果通过在<global-results>元素中指定<result>元素来配置。全局结果的作用范围对所有的 Action 都有效。

常见的配置形式如下：

```
<package name="test" extends="struts-default">
    <global-results>
        <result>/welcome.jsp </result>
    </global-results>
    <action name="login" class="com.dh.ch03.action.LoginAction"/>
</package>
```

上述配置中，配置一个 Action，但在该 Action 内没有配置任何结果，不过并不会影响系统的运转，因为提供了一个默认值为 success 的全局结果，而这个全局结果的作用范围对所有的 Action 都有效。

如果一个 Action 中包含了与全局结果同名的局部结果，则局部结果会覆盖全局结果，即当 Action 处理完用户请求后，首先在当前 Action 里的搜索对应的逻辑视图，只有在搜索不到时，才会到全局结果中搜索。

 在 action 元素中配置的<result>子元素与在 global-results 中配置的 result 子元素属性都是相同的，只是两者作用范围不同。此外，配置结果时，如果不需要对所有 Action 都有效，应该配置成局部结果。

3.3.3 result 类型

Struts2 支持使用多种视图技术，例如，Struts2 可以与 JSP、Velocity、FreeMarker 和 XSLT 等视图技术整合。Action 在处理请求结束后，返回的普通字符串就是逻辑视图，通过在 struts.xml 中配置<result>元素，可以使得逻辑视图和物理视图之间产生映射关系，<result>元素默认的结果类型为 dispatcher(请求转发)。结果类型告诉系统在 Action 处理完请求后，下一步系统将执行哪种类型的操作，例如，执行请求转发还是重定向等操作。

Struts2 默认提供了一系列的结果类型，结果类型和描述如表 3-6 所示。

表 3-6　Struts2 提供的结果类型和描述

结 果 类 型	描　　　述
chain 结果类型	用于进行 Action 链式处理
chart 结果类型	用于整合 JFreeChart 技术
dispatcher 结果类型	用于整合 JSP 技术
freemarker 结果类型	用于整合 FreeMarker 技术
httpheader 结果类型	用于控制特殊的 HTTP 行为
jasper 结果类型	用于整合 JasperReport 报表技术
jsf 结果类型	用于整合 JSF 技术
redirect 结果类型	用于重定向到其他 URL

续表

结 果 类 型	描　述
redirectAction 结果类型	用于重定向到其他的 Action
stream 结果类型	用于向浏览器返回 InputStream，一般用于文件下载
tiles 结果类型	用于整合 Tiles 技术
velocity 结果类型	用于整合 Velocity 技术
xslt 结果类型	用于整合 XML/XSLT 技术
plainText 结果类型	用于显示某个页面的源代码

dispatcher、redirect 和 redirectAction 是常用的结果类型。其中，dispatcher 结果类型是默认的类型，即配置 result 时，如果没有指定 result 的 name 和 type 属性，name 属性值默认为 success，而 type 属性值默认为 dispatcher。

dispatcher 结果类型主要用于与 JSP 页面整合，其他类型在 Struts2 整合其他视图时会使用到，本书不做详细介绍，下面主要介绍 redirect 和 redirectAction 等结果类型。

 Struts2 默认提供了一系列结果类型，主要配置在 struts-default.xml 中，每个 result-type 元素定义了一种结果类型，在其他插件包中可以看到其他结果类型，例如，在 struts2-jfreechart-plugin-2.1.8.1.jar 的 struts-plugin.xml 中。

1．redirect 类型

redirect 类型和 dispatcher 类型相对，dispatcher 结果类型是将请求转发到指定的 JSP 资源，而 redirect 结果类型则意味着将请求重定向到指定的视图资源。

dispatcher 和 redirect 之间主要是转发和重定向的区别：重定向会丢失所有的请求参数、请求属性，同时 Action 的处理结果也会丢失。当使用 redirect 类型时，系统实际上会调用 HttpServletResponse 的 sendRedirect()方法来重定向指定视图资源，这种重定向的效果就是产生一个新的请求，因此请求对象中所有的参数、属性、Action 对象和 Action 中封装的属性全部会丢失。redirect 结果类型配置如下代码片段：

```
<package name="test" extends="struts-default">
    <action name="login" class="com.dh.ch03.action.LoginAction">
        <result type="redirect">/welcome.jsp </result>
    </action>
</package>
```

上述配置中，配置一个 redirect 结果类型，当 Action 处理完用户请求后，系统将重新生成一个请求，直接转入 welcome.jsp 页面。

2．redirectAction 类型

redirectAction 结果类型和 redirect 结果类型相似，同样重新生成一个新的请求。当需要 Action 处理结束后，直接将请求重定向到另一个 Action 时，可以通过配置 redirectAction 结果类型来实现。配置该结果类型时，可以指定两个参数：

◇ actionName：该参数指定重定向的 Action 名称。

◇ namespace：该参数指定需要重定向的 Action 所在的命名空间。

【示例 3.14】 基于示例 3.12，演示 redirectAction 结果类型的配置。

重新修改 Struts 配置文件，代码如下：

```
……省略代码
<struts>
    ……省略代码
    <package name="user" extends="struts-default" namespace="/user">
        <action name="*user" class="com.dh.ch03.action.UserAction"
                method="{1}">
            <result name="success">/pages/success.jsp</result>
            <result name="list">/pages/userList.jsp</result>
            <result name="del">/pages/del.jsp</result>
            <result name="edit">/pages/edit.jsp</result>
        </action>
    </package>
    <package name="test" extends="struts-default">
        <action name="login" class="com.dh.ch03.action.LoginAction">
            <result type="redirectAction">
                <param name="actionName">listuser</param>
                <param name="namespace">/user</param>
            </result>
        </action>
    </package>
</struts>
```

上述配置中，当 LoginAction 处理完请求后，会重定向到 UserAction 中的 list()方法中处理，list()方法处理完成后，会转发到 userList.jsp 界面并显示列表结果。

UserAction 的代码如下：

```
public class UserAction extends ActionSupport {
    public String edit() {
        return "edit";
    }
    public String del() {
        return "del";
    }
    public String list(){
    //不去查询数据库，直接转发
    return "list";
    }
}
```

上述代码中，为了演示 redirectAction 效果，在 list()方法中并没有查询数据库，而是直接转发。

LoginAction 的代码如下：

```java
public class LoginAction {
    private String userName;
    private String password;
    ……getter 和 setter 方法省略
    public String execute() {
        if ("donghe".equals(userName) && "yujin".equals(password)) {
            return "success";
        }
        return "error";
    }
}
```

上述代码中，如果用户名为"donghe"，密码为"yujin"，则返回字符串"success"，而逻辑视图名"success"对应了命名空间为"/user"、name 为"listuser"的 UserAction。

login.jsp 的代码如下：

```html
<!DOCTYPE html>
<html>
<head>
<meta http-equiv="Content-Type" content="text/html; charset=UTF-8">
<title>Insert title here</title>
</head>
<body>
<form action="login.action" method="post" name="loginForm">
    用户名： <input type="text" name="userName" /> <br />
    密码 ： <input type="text" name="password" /> <br />
    <input type="submit" value="登录" />
</body>
</html>
```

上述代码中，创建了一个名为 loginForm 的表单，表单中的 action 元素值为 login.action。运行 login.jsp 的效果如图 3-12 所示。

图 3-12　登录视图

输入用户名和密码，单击"登录"按钮，运行效果如图 3-13 所示。

图 3-13　用户列表界面

　redirectAction 结果类型使用 ActionMapperFactory 提供的 ActionMapper 对象来重定向请求，而不是 HttpServletResponse 对象的 sendRedirect()方法。

3.3.4　动态 result

在 3.2.6 节介绍利用通配符配置 Action 时，可以在 action 元素的 name、class 和 method 属性中使用表达式。通过这种方式，可以根据请求来动态决定 Action 的处理类以及处理方法。此外，也可以在配置 result 元素时使用表达式语法，从而根据请求动态地决定实际视图资源。

【示例 3.15】　通过表达式演示动态结果的配置。

struts 配置文件代码如下：

```
<package name="user" extends="struts-default" namespace="/user">
    <action name="*user" class="com.dh.ch03.action.UserAction"
        method="{1}">
        <result>/{1}.jsp</result>
    </action>
</package>
```

上述配置中，有一个名为"*user"模式的 Action，该 Action 处理所有匹配*user.action 模式的请求。例如，如果请求 URL 为 deluser.action，则系统调用 UserAction 的 del()方法后，将转入 del.jsp 页面；如果请求 URL 为 listuser.action，则系统调用 UserAction 的 list() 方法后，将转入 list.jsp 页面。对于逻辑视图名 success 与 del.jsp、list.jsp 等两个视图资源的映射关系都是动态生成的，因为 deluser 匹配*user 模式时，第一个"*"的值为 del，因此 /{1}.jsp 的表达式返回值为 del，即对应 /del.jsp 资源。

　在配置 result 元素时，除了上面的表达式，还允许使用 OGNL 表达式，这种用法允许让请求参数来决定结果转向。

3.4 异常处理

在开发 web 应用时，需要处理不同种类的异常。有些异常是由于违反了业务逻辑而导致的错误，与特定的业务相关。这些异常通常无法进行声明式处理，只能通过编程来处理它们。

但是还有另外一些异常情况：

(1) 无法处理。这些常常是系统级别或者资源级别的问题，与 web 应用的逻辑无关。例如，网络问题而导致的数据库连接失败等。

(2) 与业务逻辑无关，但需要对用户重定向到执行额外操作的页面。例如，用户在未登录的情况下试图访问一个 web 页面，就可能因为安全问题而抛出异常。当用户登录以后，就可以继续操作。

(3) 与业务逻辑相关，可以通过修改用户的工作流程解决。这种问题常常是与资源相关的，包括唯一约束冲突的异常，对数据并发修改或是资源锁问题等。

这些异常都可以进行声明式处理，即通过配置完成异常的捕获，而无需修改 Action 的代码。

3.4.1 Struts2 异常处理机制

任何成熟的 MVC 框架都提供了成熟的异常处理机制，Struts2 也不例外，它提供了一种声明式的异常处理方式。Struts2 异常的处理流程如图 3-14 所示。

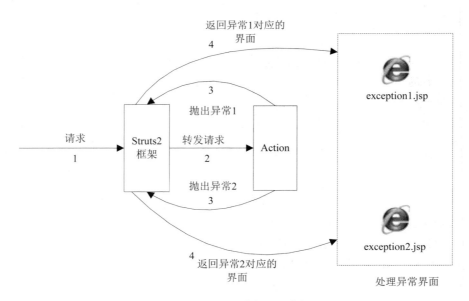

图 3-14　Struts2 异常处理流程

当 Action 处理用户请求时，如果出现了"异常 1"，则 Struts2 框架捕获异常后，按照 struts.xml 文件中的配置映射，转入到 exception1.jsp 页面进行进一步处理；如果出现了

"异常 2"，则 Struts2 框架捕获异常后，转入到 exception2.jsp 页面进行进一步处理。由此可见，在开发过程中，可以通过 Struts2 的这种声明式的异常处理机制使得异常处理和代码的耦合度降低，有利于维护。

3.4.2 异常的配置

Struts2 的异常处理是通过在 struts.xml 中配置<exception-mapping>元素来完成的，配置该元素时需要指定两个属性：

◇ exception：指定 Action 出现的异常所映射的异常类型。

◇ result：指定 Action 抛出异常时，系统转入该属性值对应的 action 或者 global-results 中配置的 result 元素。

根据<exception-mapping>元素出现位置的不同，异常映射又分为两种：

◇ 局部异常映射：将<exception-mapping>元素作为<action>元素的子元素配置。

◇ 全局异常映射：将<exception-mapping>元素作为<global-exception-mappings>元素的子元素配置。

与 result 元素的配置类似，全局异常映射对所有的 Action 都有效，局部异常映射仅对该异常映射所在的 Action 内有效。如果局部异常映射和全局异常映射配置了相同的异常类型，则前者会覆盖后者。

【示例 3.16】 以局部异常配置为例，实现当登录失败后抛出异常，并转发到 error.jsp 界面的功能。

修改 LoginAction 类，其代码如下：

```
public class LoginAction {
    private String userName;
    private String password;
    ......代码省略
    public String execute() {
            if ("donghe".equals(userName) && "yujin".equals(password)) {
                    return "success";
            }else{
                    throw new RuntimeException("用户登录失败！");
            }
    }
}
```

上述代码中，如果用户名或密码不正确，execute()方法将抛出 RuntimeException 异常。

struts.xml 中的异常配置如下：

```
<package name="login" extends="struts-default">
    <action name="login" class="com.dh.ch03.action.LoginAction">
        <exception-mapping result="error" exception="java.lang.Exception"/>
        <result>/welcome.jsp</result>
```

```
            <result name="error">/pages/error.jsp</result>
    </action>
</package>
```

上述配置中，如果 LoginAction 抛出了异常，系统捕获该异常后，就会根据 exception-mapping 元素的 result 属性与 result 元素之间的匹配，转到 result 元素所对应的 error.jsp 页面。运行效果如图 3-15 所示。

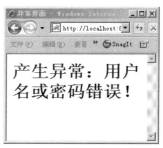

图 3-15 运行结果

本 章 小 结

通过本章的学习，学生应该能够学会：

✧ Struts2 框架以配置文件的方式来管理核心组件，从而允许开发者方便地扩展框架的核心组件。

✧ 在 struts.xml 文件中通过配置常量来指定 Struts2 的属性值，可以改变框架的默认行为。

✧ Struts2 使用包来管理 Action 和拦截器等组件，每个包就是若干个 Action、拦截器、拦截器引用组成的集合。

✧ 通过命名空间的配置，可以在 Struts2 配置 Action 的过程中避免重名的问题，类似于 Java 语言中的"包"机制。

✧ 包含配置体现的是软件工程中"分而治之"的原则，通过<include>元素在 struts.xml 文件中包含其他配置文件。

✧ Struts2 中的 Action 是一个普通的 Java 类，该类通常包含一个 execute()方法，该方法没有任何参数，只返回一个字符串类型值。

✧ Struts2 中的 Action 可以通过 ActionContext 类访问 Servlet API。

✧ 配置 Action 就是让 Struts2 容器知道该 Action 的存在，并且能够调用该 Action 来处理用户请求。

✧ Action 处理完请求后通常会返回一个字符串即逻辑视图名，必须在 struts.xml 文件中完成逻辑视图和物理视图资源的映射，才能让系统跳转到实际的视图资源。

✧ dispatcher、redirect 和 redirectAction 是常用的结果类型，配置 result 时，如果没有指定 result 的 name 和 type 属性，name 属性值默认为 success，而 type 属性值默认为 dispatcher。

◇ Struts2 的异常处理机制是通过在 struts.xml 文件中配置<exception-mapping>元素来完成的，配置该元素时，需要指定 exception 和 result 两个属性。

本 章 练 习

1. Struts2 的常量可以在_____、_____、_____中配置。

    A.　struts.properties

    B.　struts.xml

    C.　web.xml

    D.　struts-config.xml

2. Struts2 中 Action 的实现方式有_____。(多选)

    A.　POJO 方式

    B.　实现 Action 接口

    C.　继承 ActionSupport 类

    D.　继承 Action 类

3. 关于 Action 接口和 ActionSupport 类的说法正确的是_____。(多选)

    A.　实现 Action 接口后可以方便地使用一些常量，以规范 execute()方法的返回值

    B.　ActionSupport 类实现了 Action 接口

    C.　ActionSupport 类提供了很多方法，方便子类实现常见的功能

    D.　ActionSupport 类是 Struts2 的默认 Action 处理类

4. 下列做法中能够访问 ServletAPI 的是_____。(多选)

    A.　使用 ActionContext 的方法可以访问 request、session、application 等 Servlet 作用域

    B.　实现 ServletRequestAware 接口后，可以得到 HttpServletRequest 的引用

    C.　使用 ServletActionContext 类的方法可以得到 HttpServletRequest 等对象的引用

    D.　为 execute()方法添加 HttpServletRequest 和 HttpServletResponse 参数，即可得到他们的引用

5. 下列做法中能够调用 MyAction 的 test()方法的是_____。

    A.　在 struts.xml 中配置如下：

```
<constant name="struts.enable.DynamicMethodInvocation" value="true" />
<package name="mypackage" extends="struts-default">
    <action name="my" class="a.b.c.MyAction">
    </action>
</package>
```

        通过 my!test.action 访问。

    B.　在 struts.xml 中配置如下：

```
<package name="mypackage" extends="struts-default">
    <action name="my*" class="a.b.c.MyAction" method="{1}" >
    </action>
```

```
    </package>
```
通过 mytest.action 访问。

C.　在 struts.xml 中配置如下：

```
<package name="mypackage" extends="struts-default">
    <action name="*_*" class="a.b.c.{1}Action" method="{2}" >
    </action>
</package>
```
通过 my_test.action 访问。

D.　在 struts.xml 中配置如下：

```
<package name="mypackage" extends="struts-default">
    <action name="*_*" class="a.b.c.{1}Action" method="{2}" >
    </action>
</package>
```
通过 My_test.action 访问。

6. 修改第 2 章练习中的计算器程序，用 1 个 Action 中的 4 个方法处理加减乘除操作，使用动态方法调用的方式完成，并且计算完成转向结果显示页面时使用重定向的跳转方式。

第 4 章　Struts2 标签库

本章目标

- 了解 Struts2 标签库的组成
- 了解值栈的概念
- 掌握 OGNL 表达式语法
- 掌握 OGNL 集合表达式
- 掌握数据标签的使用
- 掌握控制标签的使用
- 了解主题和模板的概念及使用
- 掌握表单标签的使用
- 掌握非表单标签的使用

4.1　Struts2 标签库概述

Struts2 标签库是 Struts2 框架的重要组成部分，它提供了非常丰富的功能，不仅提供了表示层数据处理，也提供了基本的流程控制功能，此外，还提供了国际化、Ajax 支持等功能。通过使用 Struts2 标签，可以使开发者编写的页面更加简洁且易于维护。

4.1.1　标签库简介

在早期的 Web 应用开发中，表示层的 JSP 页面主要使用 Java 脚本来控制输出。在这种情况下，JSP 页面里嵌套了大量的 Java 脚本，从而导致整个页面的可读性下降，因而可维护性也随之下降。

从 JSP 规范 1.1 版以后，JSP 增加了自定义标签规范。自定义标签库是一种非常优秀的组件技术，通过使用自定义标签库，可以在简单的标签中封装复杂的逻辑功能。例如，可以在自定义标签中封装复杂的表现逻辑，从而避免了在 JSP 中嵌套 Java 脚本，这样使得页面更加易于维护。

简言之，使用自定义标签有如下优势：

(1) 使用简单。标签的使用简单，无需 Java 语言知识就可以开发 JSP 页面。开发者可以通过使用标签完成复杂的表现逻辑。

(2) 可维护性强。使用标签后，避免了在 JSP 页面中嵌套 Java 脚本，使得开发过程中不同的角色(例如，美工和开发人员)各司其职，有利于应用团队的协作开发。

(3) 复用性高。自定义标签是一种优秀的可复用技术，一旦开发了满足某个表现逻辑的标签，就可以多次重复使用该标签。

虽然自定义标签在使用上简单，但在开发上有一定难度，因此 JSP 规范制定了一个标准的标签库——JSTL(JSP Standard Tag Library)，即 JSP 标准标签库。JSTL 提供了大量功能各异的标签，通过使用这些标签可以避免在 JSP 页面中使用 Java 脚本，在很大程度上简化了 JSP 开发。此外，由于 MVC 框架都涉及表示层，所以几乎所有成熟的 MVC 框架都会提供自定义标签库，例如，Struts2 也提供了大量标签，用于简化应用的表现逻辑。

 　　Struts2 标签库的功能非常复杂，该标签库几乎可以完全替代 JSTL 的标签库。建议在使用 Struts2 框架时采用 Struts2 标签库来简化页面开发。

4.1.2　标签库的组成

Struts2 标签库不依赖于任何表示层技术，Struts2 提供的大部分标签都可以在各种表示层技术中使用。例如，Struts2 标签可以在 JSP 页面或 Velocity、FreeMarker 等模板技术中使用。

Struts2 并没有严格提供标签库的分类，它把所有标签都定义在一个 URI 为 "/struts-tags" 的命名空间下，尽管如此，依然可以对 Struts2 标签进行简单的分类，从大的范围来讲，可以将所有 Struts2 标签分成三类：

(1) UI(User Interface，用户界面)标签：主要用来生成 HTML 元素的标签。

① 表单标签：主要用于生成 HTML 页面的 form 标签及普通表单元素的标签；

② 非表单标签：主要用于生成页面上的树、Tab 页等特殊展示内容的标签。

(2) 非 UI 标签：主要用于数据访问、逻辑控制的标签。

① 流程控制标签：主要包含用于实现分支、循环等流程控制的标签；

② 数据访问标签：主要包含用于操作值栈和完成国际化功能的标签。

(3) Ajax 标签：该类标签用来支持 Ajax 技术。

Struts2 框架的标签库分类如图 4-1 所示。

图 4-1 Struts2 标签库分类

 Struts2 对 Ajax 的支持并不是通过开发新的 Ajax 框架，而是使用目前 Java EE 平台中比较流行的 Ajax 框架：Dojo、DWR 和 ExtJs 等。

4.1.3 导入 Struts2 标签库

Struts2 既提供了标签的处理类，也提供了标签库的描述文件，它们都位于 Struts2 的 struts2-core-2.3.20.jar 文件中。解压 struts2-core-2.3.20.jar 文件，在该压缩包的 META-INF 路径下找到 struts-tags.tld 文件，该文件就是 Struts2 的标签库描述文件。下述代码是 struts-tags.tld 文件的片段：

```
<?xml version="1.0" encoding="UTF-8" standalone="no"?>
<taglib xmlns="http://java.sun.com/xml/ns/j2ee"
    xmlns:xsi="http://www.w3.org/2001/XMLSchema-instance" version="2.0"
    xsi:schemaLocation="http://java.sun.com/xml/ns/j2ee
    http://java.sun.com/xml/ns/j2ee/web-jsptaglibrary_2_0.xsd">
    <display-name>Struts Tags</display-name>
    <tlib-version>2.3</tlib-version>
    <short-name>s</short-name>
    <uri>/struts-tags</uri>
    ......
</taglib>
```

为了在 JSP 页面中使用 Struts2 标签库中提供的标签，必须使用 taglib 指令导入 Struts2 标签库，代码如下：

```
<%@taglib prefix="s" uri="/struts-tags"%>
```

其中，taglib 指令的两个属性功能如下：

◇ prefix 属性指定标签的前缀，此处指定标签的前缀为"s"，即使用 Struts2 标签库中的任一标签时，前面都应加上"s:"，例如"<s:property>"。

◇ uri 属性指定标签库描述文件的路径，此处设为"/struts-tags"，与 struts-tags.tld 文件中的默认 uri 一致，使 JSP 页面具有更好的兼容性。

 因为 Servlet 2.4 以上的规范，可以直接读取标签库描述文件(TLD 文件)中的 uri 信息，所以只需在 JSP 页面中使用 taglib 指令导入 Struts2 标签库即可。如果使用 Servlet 2.3 或更早的 Web 规范时，还需要在 web.xml 文件中增加标签库的配置，指定<taglib-uri>和<taglib-location>信息。

4.2　Struts2 中使用 OGNL

OGNL(Object Graph Navigation Language，对象图导航语言)是一种功能强大的表达式语言，通过简单一致的表达式语法，它具有可以存取对象的任意属性、调用对象的方法、遍历整个对象的结构图、实现字段类型转化等功能。OGNL 是 Struts2 框架默认的表达式语言，增强了 Struts2 的数据访问能力，同时简化了代码结构。

 OGNL 是一个单独的组件，通常情况下与 Struts2 结合在一起使用，但与 Struts2 框架并无必然联系，可以单独下载相应的 jar 包进行应用。

4.2.1　OGNL 与值栈

标准的 OGNL 内部会维护一个 OGNL 上下文，即 OgnlContext 对象，该对象实现了 Map 接口，OGNL 将多个对象放在 OgnlContext 对象中统一管理，并且多个对象中只有一个对象会被指定为根对象(root)。在 Struts2 中 OGNL 的根对象就是值栈(ValueStack)，值栈是由一组对象组成的堆栈。在 Struts2 中，值栈非常重要，其贯穿于整个 Action 的生命周期(每个 Action 类的对象实例会拥有一个值栈对象)。例如，在 Action 类中如果想获取请求参数、Action 的配置参数、向其他 Action 传递的属性值等，需要在 Action 类中声明与参数同名的属性，在调用 Action 类的 execute()方法之前，Struts2 框架会为相应的属性赋值，而 Struts2 框架要完成赋值功能，必须依赖于值栈。

如果 Struts2 框架接收到一个"*.action"的请求后，会先创建 Action 类的对象，并将其压入值栈中。而值栈的 setValue()和 findValue()方法可以设置和获取 Action 对象的属性值。Struts2 中的某些拦截器正是通过值栈的 setValue()方法来修改 Action 类的属性值的。例如，params 拦截器用于将请求参数值映射到相应 Action 类的属性值。params 拦截器在获得请求参数值后，会使用 setValue()方法设置相应的 Action 类的属性。

由此得知，值栈就像一个传送带，当客户端请求到来时，Struts2 创建相应的 Action 对象后就将 Action 对象放到了该传送带上，然后该传送带会带着 Action 对象经过若干拦截器，在每一拦截器中都可以通过值栈来设置和获取 Action 对象中的属性值。实际上，这些拦截器类似于流水线作业。如果要对 Action 对象进行某项加工，再加一个拦截器即可，当不需要进行这项工作时，直接将该拦截器去掉。

　　Struts2 利用内置拦截器完成了框架大部分的工作，关于拦截器与自定义拦截器的内容在实践 2 的知识拓展中讲解。

在 Struts2 中，值栈对应 ValueStack 接口，该接口的实现类为 OgnlValueStack。

结合 3.2.2 节讲述的 ActionContext 类，图 4-2 所示为 ActionContext、OgnlContext、ValueStack 和 OgnlValueStack 之间的关系。

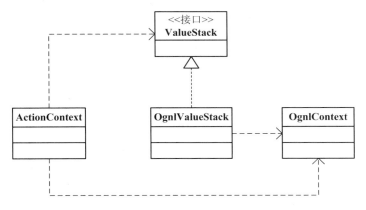

图 4-2　类的关系图

ActionContext 类依赖于 OgnlContext 对象，当对 ActionContext 对象进行存/取值操作时，实际上存取的是 OgnlContext 中的数据。例如，ActionContext 中 request、session、application 和 parameters 等 Map 类型的对象都存储在 OgnlContext 对象中，此外，在 OgnlContext 对象中也存储了 Servlet API 对象，如 HttpServletRequest 对象、HttpServletResponse 对象和 ServletContext 对象等。在 Struts2 中，可以把 ActionContext 理解成 OGNL 的上下文对象。

OgnlValueStack 类同样依赖于 OgnlContext 对象而存在，OgnlContext 对象也称为 Stack Context，在 OgnlContext 对象中存储了 OgnlValueStack 对象的引用。与 ActionContext 不同的是，OgnlValueStack 除了依赖 OgnlContext 中的数据外，本身还可以借助于一个 List 类型的对象来存取数据。

OgnlContext 作为 OGNL 内部维护的上下文对象，为其他类进行数据的访问提供了接口。在 OgnlContext 对象中除了存储 request、session 等 Map 类型的对象，还可以存储程序中的其他对象。OgnlContext 中存储的对象示意图如图 4-3 所示。

在图 4-3 中，ValueStack 对象默认被设置成 OGNL 的根对象，此外还包括 application、session 等对象。这些对象与 ValueStack 对象在 OgnlContext 中的位置是并列的。

在 Struts2 中访问值栈可以有很多方法，其中最常用的就是使用标签来访问值栈，例如，可以使用表单标签访问值栈中对象的属性或使用数据标签(如 push)来控制值栈本身。

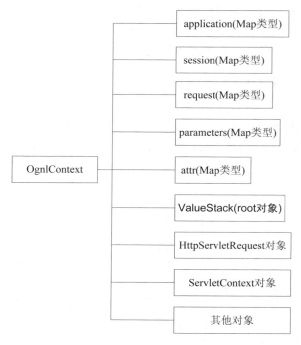

图 4-3　Struts2 的 OGNL 上下文示意图

为了更好地理解 ValueStack，需要了解一下 ValueStack 中存入对象的顺序，值栈中的对象构成及其排列顺序如下所示：

(1) 临时对象：在执行过程中，临时对象被创建出来并放到了值栈中。例如，JSP 标签所遍历的对象容器中，当前访问到的值就是临时对象。

(2) 模型对象：如果模型对象正在使用，那么会放在值栈中。

(3) action 对象：正在被执行的 Action 对象。

在使用值栈时，无需关心目标对象的作用域。如果要使用名为"name"的属性，可以直接从值栈中进行查询。值栈中的每一个元素，都会按照排列顺序依次检查是否拥有该属性。如果有的话，就返回对应的值，然后查询结束。如果没有的话，那么下一个元素就会被访问，直到到达值栈的末尾。这个功能非常强大，不需要知道所需要的值是存在于 Action、模型还是 HTTP 请求中，只要这个值存在，它就会被返回。

有时从值栈返回的值并不是想要的值，因为值栈总是返回第一个满足条件的值。

4.2.2　OGNL 语法

OGNL 语法比较简单，使用 OGNL 访问对象属性时，如果要访问的属性不是根对象的属性，则需要使用命名空间"#"来标识，否则可以直接访问。

假设有 User 和 Customer 两个类，分别有 user 和 customer 两个实例，这两个对象都有一个 name 属性，并且将 user 对象配置为根对象，那么 OGNL 访问这两个对象的 name 属性方式如下：

```
//返回 user.getName()
#user.name
//返回 user.getName()
name
//返回 customer.getName()
#customer.name
```

上述代码中，当访问 user 对象的属性 name 时，可以使用"#user.name"或"name"两种方式，在第二种方式中没有使用命名空间"#"，因为 user 对象是 OGNL 的根对象。而当访问 customer 对象的时候则需要指定命名空间"#"，因为 customer 不是 OGNL 的根对象。

在 Struts2 框架中，由于 ValueStack 对象是 OGNL 的根对象，如果上面的 user 和 customer 两个对象都在 ValueStack 对象中，那么 OGNL 访问这两个对象的方式如下：

```
//返回 user.getName()
user.name
//返回 customer.getName()
customer.name
```

当 OGNL 访问 OgnlContext 中的其他对象时，必须使用"#"前缀来指明：

◇ parameters 对象：用于访问 HTTP 请求参数。例如，#parameters.name 相当于调用 HttpServletRequest 对象的 getParameter("name")方法。

◇ request 对象：用于访问 HttpServletRequest 属性，例如，#request.name 相当于调用 getAttribute("name")方法。

◇ session 对象：用于访问 HttpSession 对象，例如，#session.name 相当于调用 getAttribute("name")方法。

◇ application 对象：用于访问 ServletContext 对象，例如，#application.name 相当于调用 ServletContext 的 getAtrribute("name")方法。

◇ attr 对象：用于按照 page-->request-->session-->application 顺序访问其属性。

在 OGNL 中，除了"#"符号外，经常会用到"$"和"%"两个符号。下面对这三个符号的用法做进一步讲解。

1．# 符号

符号的用途有下面三种：

(1) 访问非根对象属性。由于 Struts2 中值栈被视为根对象，所以访问其他非根对象时，可以使用 # 前缀。实际上 # 相当于调用了 ActionContext.getContext()方法；#session.name 表达式相当于调用了 ActionContext.getContext().getSession().get("name")方法。

(2) 用于过滤和投影集合，在下节中讲解。

(3) 用于构造 Map 对象，在下节中讲解。

2．%符号

在标签的属性为字符串类型时，可以使用%符号计算 OGNL 表达式的值，如果不使用则会按照普通字符串处理。

在 JSP 页面中，"%{" 就表示 OGNL 表达式开始，"}" 表示 OGNL 表达式结束。例如，访问根对象中的对象和属性的方式如下：

```
%{Object.field}
```

此外，利用%还可以取出值栈中 Action 对象的方法，具体用法如下：

```
%{getText('key')}
```

3. $ 符号

$ 符号主要有两方面的用途：

(1) 在国际化资源文件中使用。

(2) 在 Struts2 框架的配置文件中使用。

　　由于在 Struts2 中使用 OGNL 的大部分情况是和 Struts2 标签结合使用，因此关于 OGNL 的使用在后面进行讲解。

4.2.3　OGNL 集合表达式

在开发过程中，可以使用 OGNL 生成 List，例如：

```
{e1,e2,e3…}
```

该 OGNL 表达式中，生成了一个 List 对象，该 List 对象中包含 3 个元素：e1、e2 和 e3。如果需要更多的元素，可以按照这样的格式定义，多个元素之间使用逗号隔开。

也可以使用 OGNL 生成一个 Map 对象，例如：

```
#{key1:value1, key2:value2, …}
```

上面 OGNL 表达式中生成了一个 Map 类型的集合对象，使用 key-value 格式定义，每个 key-value 键值对使用 ":" 标识，多个元素之间使用 "," 分隔。

对于集合类型，OGNL 表达式可以使用 in 和 not in 两个元素符号。其中，in 表达式用来判断某个元素是否在指定的集合对象中；not in 判断某个元素是否不在指定的集合对象中。

除了 in 和 not in 之外，OGNL 还允许使用某个规则获得集合对象的子集，常用的有以下 3 个相关操作符：

(1) ?：获得所有符合逻辑的元素；

(2) ^：获得符合逻辑的第一个元素；

(3) $：获得符合逻辑的最后一个元素。

4.3　数据标签

数据标签主要用来提供各种数据访问功能，数据标签的名称和功能描述如表 4-1 所示。

表 4-1　数　据　标　签

标签名	描　　述
action	该标签用来直接调用一个 Action，根据 executeResult 参数，可以将该 Action 的处理结果包含到页面中
bean	该标签用来创建一个 JavaBean 对象
date	该标签用来格式化输出一个日期属性
debug	该标签用来生成一个调试链接，当单击该链接时，可以看到当前值栈中的内容
i18n	该标签用来指定国际化资源文件的 baseName
include	该标签用来包含其他的页面资源
param	该标签用来设置参数
property	该标签用来输出某个值，该值可以是值栈或 ActionContext 中的值
push	该标签用来将某个值放入值栈
set	该标签用来设置一个新的变量，并把新变量存储到特定的范围中
text	该标签用来输出国际化信息
url	该标签用来生成一个特定的 URL

下面分别介绍常用的数据标签。

4.3.1　property 标签

property 标签的作用就是输出指定值。property 标签输出 value 属性指定的值，如果没有指定 value 属性，则默认输出 ValueStack 栈顶的值。property 标签的属性及描述如表 4-2 所示。

表 4-2　property 标签的属性及描述

属性名	是否必须	描　　述
default	否	如果输出的属性值为 null，则显示 default 属性指定的值
escape	否	默认为 true，即不解析 HTML 标签，如果设定为 false 则默认解析 HTML 标签
value	否	指定需要输出的属性值，如果没有指定该属性，则默认输出 ValueStack 栈顶的值
id	否	指定该元素的标识

【示例 4.1】　演示 property 标签，代码升级示例 3.7 中的 regsuccess.jsp，当注册完毕后利用 property 标签在 regsuccess.jsp 页面显示用户的用户名、密码和姓名。

```
<%@ page language="java" contentType="text/html; charset=UTF-8"
    pageEncoding="UTF-8"%>
<%@taglib prefix="s" uri="/struts-tags"%>
<html>
<head>
<meta http-equiv="Content-Type" content="text/html; charset=UTF-8">
<title>注册信息</title>
</head>
<body>
```

```
<h1>注册成功！</h1>
用户名：  <s:property value="userName" />
<br />
密码：  <s:property value="password" />
<br />
姓名：  <s:property value="name" />
<br />
</body>
</html>
```

上述代码中，先使用 taglib 指令导入 Struts2 标签库；再使用 property 标签输出 userName、password 和 name 三个属性的值。

当在注册界面输入"zhangsan"、"1234"、"张三"时，执行效果如图 4-4 所示。

图 4-4　property 标签示例界面

4.3.2　param 标签

param 标签主要用于为其他标签提供参数，例如，可以为 include 标签和 bean 标签提供参数。param 标签的属性及描述如表 4-3 所示。

表 4-3　param 标签的属性及描述

属性名	是否必须	描　　述
name	否	指定被设置参数的参数名
value	否	指定被设置参数的参数值，该值为 Object 类型
id	否	指定引用该元素的 ID

【示例 4.2】　演示 param 标签，有两种用法，如下所示：

第一种用法：

```
<s:param name="user">zhangsan</s:param>
```

上述代码中，指定一个名为"user"的参数，参数值为"zhangsan"，该值为字符串类型。

第二种用法：

```
<%
```

```
        User u = new User();
        request.setAttribute("zhangsan", u); // 或者其他作用域，如 session 等
%>
<s:param name="user" value="zhangsan"/>
```

上述代码中，指定一个名为"user"的参数，该参数的值为"zhangsan"对象的值，如果"zhangsan"对象不存在，则 user 的参数值为 null。

如果希望指定 user 参数的值为"zhangsan"字符串，则代码写法如下：

```
<s:param name="user" value="'zhangsan'"/>
```

4.3.3　bean 标签

bean 标签用于创建一个 JavaBean 的实例。创建 JavaBean 实例时，可以在该标签体内使用 param 标签为该 JavaBean 传入属性。如果使用 param 标签为该 JavaBean 传入属性值，则应该为该 JavaBean 提供对应的 set 方法；如果需要访问该 JavaBean 的某个属性，则应该为该属性提供对应的 get 方法。bean 标签的属性及描述如表 4-4 所示。

表 4-4　bean 标签的属性及描述

属性名	是否必须	描　　述
name	是	该属性指定要实例化的 JavaBean 实现类
id	否	如果指定了该属性，则 JavaBean 实例就会放入 OgnlContext 对象中，从而允许直接通过该 id 属性来访问该 JavaBean 实例。如果不指定 id 属性，JavaBean 实例则被放置在值栈中

【示例 4.3】　演示 bean 标签的用法。

创建名为 Person 的 JavaBean 类的代码如下：

```
public class Person {
        private String name;          //姓名
        private int age;              //年龄
        public String getName() {
                return name;
        }
        public void setName(String name) {
                this.name = name;
        }
        public int getAge() {
                return age;
        }
        public void setAge(int age) {
                this.age = age;
        }
}
```

上述代码中，定义了一个 Person 类，该类有 name 和 age 两个属性，每个属性分别具

有对应的 get/set 方法。

创建 bean.jsp 页面，并演示 bean 标签元素的用法，该页面代码如下：

```jsp
<%@ page language="java" contentType="text/html; charset=UTF-8"
        pageEncoding="UTF-8"%>
<%@taglib prefix="s" uri="/struts-tags"%>
<html>
<head>
<meta http-equiv="Content-Type" content="text/html; charset=UTF-8">
<title>bean 标签的使用方法</title>
</head>
<body>
<s:bean name="com.dh.ch04.pojo.Person">
    <s:param name="name" value="'zhangsan'" />
    <s:param name="age" value="18" />
    姓名为：<s:property value="name"/><br/>
    年龄为：<s:property value="age"/>
</s:bean>
</body>
</html>
```

上述代码中，利用 bean 标签创建了一个 Person 类型的对象，其中，属性 name 和 age 的值分别被赋予"zhangsan"和"18"，然后利用 property 标签输出 JavaBean 的值。运行效果如图 4-5 所示。

图 4-5　bean 标签示例界面

在使用 bean 标签时，如果指定了 id 属性后，Struts2 就会将该 JavaBean 实例放在 OgnlContext 对象中(不是放置在 ValueStack 中)，这时 property 标签即使不嵌套在 bean 标签中，也可以通过该 id 属性访问 JavaBean 实例。使用 id 属性后的代码如下：

```jsp
<%@ page language="java" contentType="text/html; charset=UTF-8" pageEncoding="UTF-8"%>
<%@taglib prefix="s" uri="/struts-tags"%>
<html>
<head>
```

```
<meta http-equiv="Content-Type" content="text/html; charset=UTF-8">
<title>bean 的使用方法</title>
</head>
<body>
<s:bean name="com.dh.ch04.pojo.Person" id="p">
        <s:param name="name" value="zhangsan" />
        <s:param name="age" value="18" />
</s:bean>
姓名为：<s:property value="#p.name" /><br />
年龄为：<s:property value="#p.age" />
</body>
</html>
```

在上述代码中，由于 bean 标签指定了 id 属性，该属性意味着将该 JavaBean 实例放置到 OgnlContext 中，而不是放到 ValueStack 对象中，因此即使不在 bean 标签内，也可以通过 id 属性来访问该 JavaBean，其运行结果与图 4-5 完全相同。

 　在上述代码中，因为 JavaBean 实例在 OgnlContext 中，而不是在 OGNL 根对象 ValueStack 中，因此当访问 JavaBean 实例时，需要使用 "#"。

4.3.4　set 标签

set 标签用来将某个值放入指定的范围内。set 标签的属性及描述如表 4-5 所示。

表 4-5　set 标签的属性及描述

属性名	是否必须	描　　述
name	是	设置变量的名称
scope	否	用来指定变量的有效范围，该属性值可以是 application、session、request、page 或 action。如果没有指定该属性，则默认将该变量放置在 OgnlContext 中
value	否	用来设置变量的值，如果没有指定该属性，则将 ValueStack 栈顶的值赋给该变量
id	否	该属性指定该元素的应用 ID

创建一个 Person 类型的 JavaBean 实例，然后通过 set 标签将该 JavaBean 实例分别放入 OgnlContext(默认)、application 和 session 范围中。

【示例 4.4】　演示 bean 标签的用法。

```
<%@ page language="java" contentType="text/html; charset=UTF-8" pageEncoding="UTF-8"%>
<%@taglib prefix="s" uri="/struts-tags"%>
<html>
<head>
<meta http-equiv="Content-Type" content="text/html; charset=UTF-8">
<title>set 标签用法</title>
</head>
<body>
```

```
<h4>使用 s:set 设置一个变量</h4>
<!-- 使用 bean 标签创建一个 Person 类型的 JavaBean 实例 -->
<s:bean name="com.dh.ch04.pojo.Person" id="p">
        <s:param name="name" value="'zhangsan'" />
        <s:param name="age" value="18" />
</s:bean>
<h5>1.将 OgnlContext 中的 p 值放入默认范围内。</h5>
<s:set name="p1" value="#p" />
    姓名：<s:property value="#p1.name" />  
    年龄：<s:property value="#p1.age" />
<h5>2.将 OgnlContext 中的 p 值放入 application 范围内。</h5>
<s:set name="p2" value="#p" scope="application" />
<!-- 使用 EL 直接访问 application 中属性 -->
    姓名：<s:property value="#application.p2.name" />  
    年龄：<s:property value="#application.p2.age" />
<h5>3.将 OgnlContext 中的 p 值放入 session 范围内。</h5>
<s:set name="p3" value="#p" scope="session" />
<!-- 使用 attr 对象访问 -->
    姓名：<s:property value="#attr.p3.name" />  
    年龄：<s:property value="#attr.p3.age" />
</body>
</html>
```

上述代码中，set 标签用于生成一个新变量，并且把该变量放置到指定范围内，然后通过多种方式从指定范围中取出这些变量。

执行效果如图 4-6 所示。

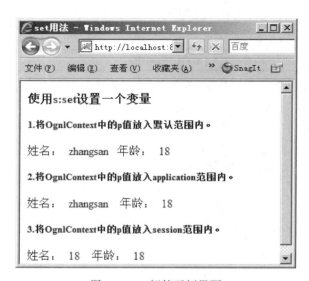

图 4-6　set 标签示例界面

4.3.5   include 标签

include 标签用于将一个 JSP 页面或一个 Servlet 包含到本页面中，include 标签的属性及描述如表 4-6 所示。

表 4-6   include 标签的属性及描述

属性名	是否必须	描述
value	是	该属性指定需要被包含的 JSP 页面或 Servlet
id	否	该属性指定该元素的应用 ID

【示例 4.5】   演示 include 标签的用法。

```
<%@ page language="java" contentType="text/html; charset=UTF-8" pageEncoding="UTF-8"%>
<%@taglib prefix="s" uri="/struts-tags"%>
<html>
<head>
<meta http-equiv="Content-Type" content="text/html; charset=UTF-8">
<title>include 标签</title>
</head>
<body>
    <s:include value="file.jsp"/>
</body>
</html>
```

file.jsp 页面代码如下：

```
<h1>页面被包含</h1>
```

执行效果如图 4-7 所示。

图 4-7   include 标签示例界面

 可以为 include 标签指定多个 param 子标签，用于将多个参数值传入被包含的 JSP 页面或 Servlet 中。

4.3.6　url 标签

url 标签用于生成一个 URL 地址，可以通过为 url 指定 param 子标签，从而向指定 URL 发送请求参数。url 标签的属性及描述如表 4-7 所示。

表 4-7　url 标签的属性及描述

属性名	是否必须	描　　　述
action	否	指定生成的 URL 地址为哪个 Action，如果 action 没有提供值，就使用 value 作为 URL 的地址值
value	否	指定生成 URL 的地址值，如果 value 没有提供值，就使用 action 属性指定的 Action 作为 URL 地址
includeParams	否	该属性指定是否包含请求参数，该属性的值可为 none、get 或 all
scheme	否	用于设定 scheme 属性
namespace	否	该属性用于指定命名空间，可以与 action 结合使用，而与 value 结合使用时没有意义
method	否	该属性用于指定使用 Action 的方法
encode	否	该属性指定是否需要对请求参数进行编码
includeContext	否	该属性指定是否需要将当前上下文包含在 URL 地址中
anchor	否	该属性用于指定 URL 的锚点
id	否	指定该 url 元素的引用 ID，使用该属性时，生成的 URL 不会在页面上输出，但可以引用
escapeAmp	否	指定是否将特殊符号 "&" 解析成实体 "&amp"

注意

url 标签的 action 属性和 value 属性类似，只是当指定 action 时，系统会自动在 action 指定的属性值后添加 ".action" 后缀。在实际应用中，只要指定 action 和 value 两个属性其中之一即可，如果都没指定，则把当前页面作为 URL 的地址值。

【示例 4.6】　演示 url 标签的用法。

```
<%@ page language="java" contentType="text/html; charset=UTF-8" pageEncoding="UTF-8"%>
<%@taglib prefix="s" uri="/struts-tags"%>
<html>
<head>
<meta http-equiv="Content-Type" content="text/html; charset=UTF-8">
<title>s:url 用法</title>
</head>
<body>
    <h3>s:url 生成一个 URL 地址</h3>
    指定 value 属性的形式，生成相对路径<br />
    <s:url value="reg.action" /><br />
    指定 value 属性的形式，生成绝对路径<br />
    <s:url value="/reg.action" />
    <hr />
    指定 action 属性，并且使用 param 传入参数的形式<br />
```

```
<s:url action="reg">
        <s:param name="method" value="'list'" />
</s:url>
指定 action 属性，和 namespace 联合使用<br />
<s:url action="reg" namespace="/admin">
        <s:param name="method" value="'list'" />
</s:url>
<hr />
action 和 value 两者都不指定，并且使用 param 传入参数的形式
<br />
<s:url includeParams="get">
        <s:param name="userName" value="'zhangsan'" />
</s:url>
</body>
</html>
```

上述代码中，分别在不同的 url 标签中指定 action 属性和 value 属性。

◇　对于指定 value 属性的情况下，如果想利用 value 生成绝对路径，可通过在 value 原来值前加 “/” 来实现，默认情况下生成相对路径。

◇　对于指定 action 属性的情况下，默认生成绝对路径，即 “web 应用路径 + 指定路径名”。也可通过 action 属性与 namespace 属性结合使用，生成带有 namespace 子路径的绝对路径。

执行效果如图 4-8 所示。

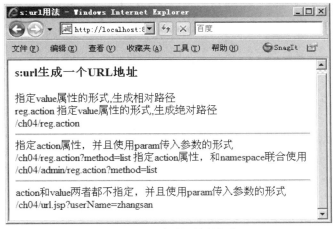

图 4-8　url 标签示例界面

4.4　控制标签

控制标签主要用于完成流程控制，例如分支、循环等操作，也可以完成对集合的合

并、排序等操作。控制标签的名称和功能描述如表 4-8 所示。

表 4-8　控 制 标 签

标签名	描　　述
if	该标签用于控制选择输出
elseIf/elseif	该标签同 if 标签结合使用，用来控制选择输出
else	该标签同 if 标签结合使用，用来控制选择输出
append	该标签用于将多个集合拼接成一个集合
generator	该标签是一个字符串解析器，用来将一个字符串解析成一个集合
iterator	该标签是一个迭代器，用来迭代输出集合中的数据
merge	该标签用于将多个集合拼接成一个集合，在使用方式上与 append 有区别
sort	该标签用于对集合进行排序
subset	该标签用于截取集合的部分集合，形成新的子集合

下面分别介绍常用的控制标签。

4.4.1　if/elseif/else 标签

if、elseif、else 这 3 个标签都用来进行分支控制。其中，if 和 elseif 标签利用 test 属性的值来决定是否计算并输出标签体的内容。

这 3 个标签可以结合使用，此外，只有 if 标签可以单独使用，而 elseif 和 else 则不能单独使用，必须和 if 标签结合使用。一个 if 标签可以和多个 elseif 标签结合使用，最后可以结合一个 else 标签。

【示例 4.7】　演示 if/elseif/else 标签的用法。

```
<%@ page language="java" contentType="text/html; charset=UTF-8" pageEncoding="UTF-8"%>
<%@taglib prefix="s" uri="/struts-tags"%>
<html><head>
<meta http-equiv="Content-Type" content="text/html; charset=UTF-8">
<title>if/elseif/else 用法</title>
</head>
<body>
<!-- 判断成绩是否及格、不及格、良、优 -->
<s:set name="score" value="99" />
<s:if test="%{#score<60}">
        成绩为：不及格
</s:if>
<s:elseif test="%{#score>=60&&#score<80}">
        成绩为：及格
</s:elseif>
<s:elseif test="%{#score>=80&&#score<90}">
        成绩为：良
</s:elseif>
```

```
<s:else>
        成绩为：优
</s:else>
</body>
</html>
```

上述代码中，页面根据 score 属性的取值来控制输出，因为 score 的值为"99"，所以页面将输出"优"。

if/elseif/else 标签在进行组合使用时，其用法和 Java 语言中的 if...else if...else 语句结构类似。对于 if 标签和 elseif 标签都必须指定一个 test 属性，该属性就是进行条件判断的逻辑表达式。另外，对于 if/elseif/else 这 3 个标签都可指定一个 id 属性，不过这个属性在使用过程中没有太大意义。此外，test 属性值是利用"%"符号运算后的结果，利用"%"可以计算"{}"中的逻辑表达式，最后返回 true 或 false 结果。

执行效果如图 4-9 所示。

图 4-9 if/elseif/else 标签示例界面

 上面 elseif 标签也可写成 elseIf 的形式。

4.4.2 iterator 标签

iterator 标签主要用于对集合进行迭代，其中集合类型可以是 List、Set、Map 或数组。iterator 标签的属性及描述如表 4-9 所示。

表 4-9 iterator 标签的属性及描述

属性名	是否必须	描 述
value	否	该属性指定的是被迭代的集合，被迭代集合通常使用 OGNL 表达式指定。如果没有指定 value 属性，则使用 ValueStack 栈顶的集合
id	否	该属性指定了集合中元素的 ID，可以利用该属性访问集合中的单个元素
status	否	该属性指定迭代时的 IteratorStatus 实例，通过该实例可判断当前迭代元素的属性，如迭代元素是否是最后一个以及当前迭代元素的索引值是多少

【示例 4.8】 演示 iterator 标签的用法。

```jsp
<%@ page language="java" contentType="text/html; charset=UTF-8" pageEncoding="UTF-8"%>
<%@taglib prefix="s" uri="/struts-tags"%>
<html>
<head>
<meta http-equiv="Content-Type" content="text/html; charset=UTF-8">
<title>iterator 用法</title>
</head>
<body>
<table border=1 width=200>
        <s:iterator value="{'JavaSE 程序设计教程','JavaEE 轻量级框架-S2SH',
            'JavaWeb 程序设计'}" id="bookName">
            <tr>
                    <td><s:property value="bookName" /></td>
            </tr>
        </s:iterator>
</table>
</body>
</html>
```

上述代码中，value 属性值是利用 OGNL 生成的简单集合，集合中包含了 3 个元素，并指定了被迭代的元素 id 为"bookName"，所以在 iterator 标签中可以通过

```jsp
<s:property value="bookName" />
```

来输出每个集合元素的值。执行结果如图 4-10 所示。

图 4-10　iterator 标签示例界面

如果 iterator 标签设置了 status 属性值，则在每次迭代时都会创建一个 IteratorStatus 类型对象，IteratorStatus 类包含的方法及描述如表 4-10 所示。

表 4-10 IteratorStatus 的方法及描述

方法名	描　　述
int getCount()	返回当前迭代的元素的数量
int getIndex()	返回当前迭代元素的索引
boolean isEven()	返回当前被迭代元素的索引是否是偶数
boolean isFirst()	返回当前被迭代元素是否是第一个元素
boolean isLast()	返回当前被迭代元素是否是最后一个元素
boolean isOdd()	返回当前被迭代元素的索引是否是奇数

通过表 4-10 中提供的几个方法，在进行迭代集合元素时，就可以进行更多的控制。

改进页面 iterator.jsp，对集合中内容进行奇偶行显示，即隔行显示不同的颜色。代码如下：

```jsp
<%@ page language="java" contentType="text/html; charset=UTF-8" pageEncoding="UTF-8"%>
<%@taglib prefix="s" uri="/struts-tags"%>
<html>
<head>
<meta http-equiv="Content-Type" content="text/html; charset=UTF-8">
<title>iterator 用法</title>
</head>
<body>
<table border=1 width=200>
    <s:iterator value="{'JavaSE 程序设计教程','JavaEE 轻量级框架-S2SH',
        'JavaWeb 程序设计'}" id="bookName" status="st">
    <tr <s:if test="#st.odd"> style="background-color:#eeeeee" </s:if>>
    <td ><s:property value="bookName" /></td>
    </tr>
    </s:iterator>
</table>
</body>
</html>
```

上述代码中，根据当前被迭代元素的索引是否为奇数来决定是否使用背景色。执行效果如图 4-11 所示。

图 4-11 iterator 标签 status 属性用法

此外，可以使用 iterator 标签来迭代 Map 对象，在迭代 Map 对象时每个 key-value 对被当成一个集合元素。为了分别取出 Map 中每项的 key 和 value，使用 property 标签时，通过指定 value 属性为 key 和 value 来实现。代码如下：

```
<%@ page language="java" contentType="text/html; charset=UTF-8" pageEncoding="UTF-8"%>
<%@taglib prefix="s" uri="/struts-tags"%>
<html>
<head>
<meta http-equiv="Content-Type" content="text/html; charset=UTF-8">
<title>iterator 用法</title>
</head>
<body>
<table border=1 width=260>
        <s:iterator value="#{'JavaSE 程序设计教程':'教材组',
            'JavaEE 轻量级框架-S2SH':'教材组','JavaWeb 程序设计':'教材组'}"
            status="st">
            <tr
            <s:if test="#st.odd">  style="background-color:#eeeeee" </s:if>>
                <td><s:property value="%{#st.getIndex()+1}" /></td>
                <td><s:property value="key" /></td>
                <td><s:property value="value" /></td>
            </tr>
        </s:iterator>
</table>
</body>
</html>
```

上述代码中，利用 OGNL 生成了一个简单 Map 对象，并利用 iterator 标签分别取出 key 和 value 值，执行效果如图 4-12 所示。

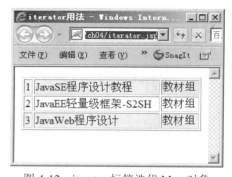

图 4-12   iterator 标签迭代 Map 对象

 在使用 IteratorStatus 对象的方法时，可以使用上述代码所示的两种方式，例如 st.odd 和 st.getIndex()，分别是调用属性和调用方法。

注 意

4.5　主题和模板

Struts2 中的所有 UI 标签都是基于主题和模板的，主题和模板是 Struts2 所有 UI 标签的核心。模板就是一个标签在页面上的显示风格，对于相同的标签，如果使用不同的模板，那么在页面上就会显示出不同的风格特征。主题就是把一组模板打包在一起(放置在同一个文件夹中)，从而提供通用的功能。如果为所有的 UI 标签指定了模板，那么这些模板就形成了一个主题。

　　　模板对于开发者而言是透明的，因为模板被包装在主题里面。当需要特定模板来表现某个
注　意　UI 标签时，只能让主题来负责模板的加载。

4.5.1　主题

Struts2 框架默认提供了 3 个主题：

(1) simple：该主题风格比较简单，采用最基本的结构，主要用来构建附加功能或进行相应的主题扩展。使用该主题的 UI 标签只生成一个简单的 HTML 标签，其他的主题都在 simple 主题的基础上进行了扩展和增强。

(2) xhtml：该主题是 Struts2 框架默认的主题，在 simple 主题的基础上添加了很多特性，如对 HTML 标签使用标准的两列表格布局；每个 HTML 标签的 Label 可以出现在元素的左边或右边；可以自动输出错误校验；可以输出 JavaScript 的客户端校验。

(3) css_html：该主题是对 xhtml 主题的扩展，在其基础上，加入了 CSS 样式控制。

上述 3 个主题的模板文件放在 Struts2 的核心类库中，通常是在 struts2-core-2.*.*.jar 包中，在 eclipse 中展开 struts2-core-2.3.20.jar 包，将会在 template 文件夹中看到系统提供的主题，如图 4-13 所示。

```
▲ 📦 struts2-core-2.3.20.jar - D:\Workspaces\Te;
    ▷ � org.apache.struts2
    ▲ 🔠 template
        ▷ 🔠 archive
        ▷ 🔠 css_xhtml-- css-html主题
        ▷ 🔠 simple -- simple主题
        ▷ 🔠 xhtml-- xhtml主题
```

图 4-13　Struts2 提供的主题

开发者可以通过下面几种方式来使用上述主题：

(1) 通过设定特定 UI 标签中的 theme 属性来指定主题。

(2) 通过设定特定 UI 标签外围 form 标签的 theme 属性来指定主题。

(3) 通过取得 page 范围内名称为 theme 的属性值来确定主题。

(4) 通过取得 request 范围内名称为 theme 的属性值来确定主题。

(5) 通过取得 session 范围内名称为 theme 的属性值来确定主题。

(6) 通过取得 application 范围内名称为 theme 的属性值来确定主题；

(7) 通过取得名为 struts.ui.theme 的常量值来确定主题，该常量默认值为 xhtml，可以在 struts.xml 或 struts.properties 文件中配置。

上面几种 UI 标签主题的设定方式，按照编号从上到下的顺序其优先级由大到小，即前面的主题设定方式会覆盖后面的主题设定方式。以 checkboxlist 标签为例，如果在该标签的 theme 属性中设定了主题，那么后面指定的主题将不会起作用。

此外，通过上述主题的设定方式可以看出，Struts2 允许在一个视图页面中使用几种不同的主题。在开发过程中，对于主题的设置方式建议遵循如下原则：

(1) 如果需要修改整个表单(包括表单元素的主题)，可以直接设置该表单的 theme 属性来实现。

(2) 如果需要让某次用户 session 使用特定的主题，则可以通过在 session 中设定一个 theme 的变量来实现。

(3) 如果需要改变整个应用的主题，则可以通过修改 struts.ui.theme 常量值来实现。

当某个 UI 标签的 theme 属性被设定后，Struts2 就会根据主题来加载模板文件。Struts2 是通过主题和模板目录来加载模板文件的。模板目录是存放所有模板文件的地方，所有模板文件以主题的方式进行组织。模板目录的结构如图 4-14 所示。

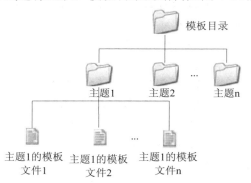

图 4-14　模板目录的目录组织结构

从主题模板目录组织结构中可以看出，主题实际上就是文件夹的名称，该文件夹中包含了模板文件，从模板目录到模板文件一共经过两级目录。

Struts2 的模板目录通过 struts.ui.templateDir 常量来指定，该常量默认值是 template，那么在加载模板时，Struts2 会从 Web 应用的 template 目录、CLASSPATH(包括 Web 应用的 WEB-INF/classes 路径和 WEB-INF/lib 路径)的 template 目录来依次加载特定主题中的模板文件。

有时 Struts2 框架提供的主题不能完全满足开发者的需要，此时需要创建自定义主题，限于篇幅，自定义主题方式本书不再讲解。

4.5.2　模　板

Struts2 框架的 UI 标签主题是由一系列模板组成的。可以通过在 struts.properties 文件中配置常量 struts.ui.templateSuffix 来指定 Struts2 使用的模板技术，该常量可以有如下 3 个值：

❖ ftl：是 Struts2 框架默认的模板，该模板基于 FreeMarker 技术。

❖ vm：该模板基于 Velocity 技术。

❖ jsp：该模板基于 JSP 技术。

例如，在 struts.properties 文件中配置如下语句：

#指定 struts.ui.templateSuffix 的值为 vm 模板，设置 Struts2 使用基于 Veloctiy 技术的模板
struts.ui.templateSuffix=vm

Struts2 框架的默认模板文件为*.ftl 文件。通过 4.5.1 节得知，Struts2 框架的模板目录通过配置 struts.ui.templateDir 来指定，默认值为 template。例如，为一个 checkboxlist 标签指定了一个 xhtml 主题，那么系统加载模板文件的先后顺序为：

(1) 查找 Web 应用根路径中的/template/xhtml/checkboxlist.ftl 文件；

(2) 查找 CLASSPATH 路径下的/template/xhtml/checkboxlist.ftl 文件。

对于上面模板文件的搜索顺序而言，前面的高于后面的搜索优先级。即如果搜索到 Web 应用根路径中的/template/xhtml/checkboxlist.ftl 文件，将不再搜索 CLASSPATH 路径下的/template/xhtml/checkboxlist.ftl 文件。

　　如果开发者实现自定义的模板和主题，那么需要利用主题模板的加载优先级顺序，把自定义的模板文件放在优先级高的目录。

4.6 表单标签

表单标签主要用于进行数据的输入和用户交互等操作。表单标签的名称和功能描述如表 4-11 所示。

表 4-11 表 单 标 签

标签名	描　　述
checkboxlist	该标签根据一个集合属性一次可以创建多个复选框
combobox	该标签将生成一个单行文本框和一个下拉列表框的组合
datetimepicker	该标签会生成一个日期、时间下拉选择框
doubleselect	该标签会生成一个相互关联的列表框即生成联动下拉框
file	该标签用于在表单中生成一个上传文件元素
form	该标签生成一个 form 表单
hidden	该标签用来生成一个 hidden 类型的用户输入元素
select	该标签用来生成一个下拉列表框
optiontransferselect	该标签会生成两个下拉列表框，同时生成相应的按钮，这些按钮可以控制选项在两个下拉列表之间移动、排序
radio	该标签用来生成一组单选按钮
optgroup	该标签用来生成一个下拉列表框的选项组，下拉列表框中可以包含多个选项组
token	该标签用来防止用户多次提交表单，例如通过刷新页面来提交表单

续表

标签名	描 述
textarea	该标签用来生成一个文本域
updownselect	该标签用法与 select 类似，此外，该标签支持选项内容的上下移动
password	该标签用来生成一个密码表单域
textfiled	该标签用来生成一个单行文本输入框
submit	该标签用来生成一个 submit 按钮
reset	该标签用来生成一个 reset 按钮

如表 4-11 所示，Struts2 提供了很多表单标签，大部分表单标签和 HTML 表单元素之间一一对应，此处不再赘述。本节主要介绍 Struts2 提供的不与 HTML 表单元素对应的标签。

4.6.1 checkboxlist 标签

checkboxlist 标签可以一次创建多个复选框，用于一次生成多个 HTML 标签中的<input type="checkbox" .../>输入标签。checkboxlist 标签的主要属性及描述如表 4-12 所示。

表 4-12 checkboxlist 标签的主要属性及描述

属性名	是否必须	描 述
list	是	该属性用来指定集合属性值。如果 list 属性为一个 Map 类型(key-value 对)，在默认情况下，key 赋值给标签的 value，value 则对应标签的 Label
listKey	否	该属性指定集合元素中的某个属性作为复选框的 value。如果集合为 Map 类型，则可以使用 key 和 value 分别代表 Map 对象的 key 和 value 作为复选框的 value
listValue	否	该属性指定集合元素中的某个属性作为复选框的 label。如果集合为 Map 类型，则可以使用 key 和 value 分别代表 Map 对象的 key 和 value 作为复选框的 label

【示例 4.9】 演示 checkboxlist 标签的用法。

```
<%@ page language="java" contentType="text/html; charset=UTF-8" pageEncoding="UTF-8"%>
<%@taglib prefix="s" uri="/struts-tags"%>
<html>
<head>
<meta http-equiv="Content-Type" content="text/html; charset=UTF-8">
<title>checkboxlist 用法</title>
</head>
<body>
<s:form>
        <!-- 使用简单集合对象生成多个复选框 -->
        <s:checkboxlist name="books" labelposition="top"
              label="选择您喜欢的图书" list="{'JavaSE 程序设计教程',
        'JavaEE 轻量级框架-S2SH','JavaWeb 程序设计'}"/>
```

```
<!-- 使用简单 Map 对象生成多个复选框 -->
<s:checkboxlist name="books1" labelposition="top"
        label="请选择图书的出版日期"        list="#{'JavaSE 程序设计教程':'2010 年 7 月',
        'JavaEE 轻量级框架-S2SH':'2010 年 8 月','JavaWeb 程序设计':'2010 年 9 月'}"
        listKey="key" listValue="value"/>
</s:form>
</body>
</html>
```

上述代码中，简单集合对象和简单 Map 对象都是通过 OGNL 表达式直接生成，通过指定 checkboxlist 标签的 listKey 和 listValue 属性，可以分别指定多个复选框的 value 和 label。

执行效果如图 4-15 所示。

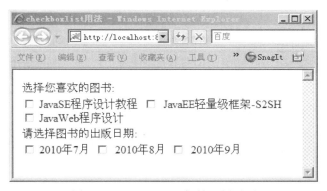

图 4-15 checkboxlist 标签示例界面

通过查看图 4-15 页面的 HTML 源代码，可以加深对 checkboxlist 标签使用方法的理解。

4.6.2 optiontransferselect 标签

optiontransferselect 标签用来创建两个选择项以及转移下拉列表项，该标签会生成两个下拉列表框，同时生成相应的按钮，这些按钮可以控制选项在两个下拉列表之间移动、排序。optiontransferselect 标签的主要属性及描述如表 4-13 所示。

表 4-13 optiontransferselect 标签的主要属性及描述

属性名	是否必须	描　　述
addAllToLeftLabel	否	该属性指定全部移动到左边按钮上的文本
addAllToRightLabel	否	该属性指定全部移动到右边按钮上的文本
addToLeftLabel	否	该属性指定向左移动按钮上的文本
addToRightLabel	否	该属性指定向右移动按钮上的文本
allowAddAllToLeft	否	该属性指定是否出现全部移动到左边的按钮
allowAddAllToRight	否	该属性指定是否出现全部移动到右边的按钮
allowAddToLeft	否	该属性指定是否出现移动到左边的按钮

续表

属性名	是否必须	描　　述
allowAddToRight	否	该属性指定是否出现移动到右边的按钮
leftTitle	否	该属性指定左边列表框的标题
rightTitle	否	该属性指定右边列表框的标题
allowSelectAll	否	该属性指定是否出现全部选择按钮
selectAllLable	否	该属性指定全部选择按钮上的文本
doubleList	是	该属性指定用来创建第二个下拉选择框的集合
doubleListKey	否	该属性指定创建第二个下拉选择框选择 value 的属性
doubleListValue	否	该属性指定创建第二个下拉选择框选择 label 的属性
doubleName	是	该属性指定第二个下拉选择框的名称
doubleValue	否	该属性指定第二个下拉选择框的 value 属性
doubleMultiple	否	该属性指定第二个下拉选择框是否可以多选
list	是	该属性指定第一个下拉选择框的集合
listKey	否	该属性指定创建第一个下拉选择框选择 value 的属性
listValue	否	该属性指定创建第一个下拉选择框选择 label 的属性

【示例 4.10】　演示 optiontransferselect 标签的用法。

```
<%@ page language="java" contentType="text/html; charset=UTF-8" pageEncoding="UTF-8"%>
<%@taglib prefix="s" uri="/struts-tags"%>
<html>
<head>
<meta http-equiv="Content-Type" content="text/html; charset=UTF-8">
<title>s:optiontransferselect 用法</title>
<s:head/>
</head>
<body>
<s:form>
    <s:optiontransferselect list="{'会计','出纳','仓库管理员'}"
    headerKey="headerKey" headerValue="---请选择---"
    doubleHeaderValue="---请选择---" doubleHeaderKey="doubleHeaderKey"
    name="leftRecords" leftTitle="未选角色"  rightTitle="已选角色"
    doubleList="{'总经理','董事长'}" doubleName="rightRecords" />
</s:form>
</body>
</html>
```

上述代码中，利用 optiontransferselect 标签来实现用户角色的选择，上面代码会生成两个下拉列表框，第一个是未选择的角色列表，第二个列表框是已选择的角色列表，同时还会生成左右、上下移动的按钮，执行效果如图 4-16 所示。

图 4-16 optiontransferselect 标签生成两个下拉列表框

4.6.3 optgroup 标签

optgroup 标签用来生成一个下拉列表框的选项组，在下拉列表框中可以包含多个选项组。optgroup 标签必须放在 select 标签中使用，在一个 select 标签中，可以使用多个 optgroup 标签，optgroup 标签的主要属性及描述如表 4-14 所示。

表 4-14 optgroup 标签的主要属性及描述

属性名	是否必须	描　　述
label	否	该属性指定下拉框中显示的 Label
list	否	该属性用来指定选项组中要显示的集合属性
listKey	否	该属性指定集合元素中的某个属性作为选项组的 option 标签的 value 值。如果集合为 Map 类型，则可以使用 key 和 value 分别代表 Map 对象的 key 和 value 作为选项组中 option 标签的 value 值
listValue	否	该属性指定集合元素中的某个属性作为选项组 option 标签的 Label。如果集合为 Map 类型，则可以使用 key 和 value 分别代表 Map 对象的 key 和 value 作为选项组中 option 标签的 Label

【示例 4.11】 演示 optgroup 标签的用法。

```
<%@ page language="java" contentType="text/html; charset=UTF-8" pageEncoding="UTF-8"%>
<%@taglib prefix="s" uri="/struts-tags"%>
<html>
<head>
<meta http-equiv="Content-Type" content="text/html; charset=UTF-8">
<title>s:optgroup 用法</title>
</head>
<body>
<s:form>
        <s:select label="请选择" name="select" list="{'开发工具','Web 应用'}">
        <s:optgroup label="开发语言"
        list="#{'Java':'Java','C#':'C#','C++':'C++','Dephi':'Dephi'}" />
```

```
        <s:optgroup label="技术图书 " list="#{'JavaSE 程序设计教程':'JavaSE 程序设计教程','JavaEE
轻量级框架-S2SH':'JavaEE 轻量级框架-S2SH','JavaWeb 程序设计':'JavaWeb 程序设计'}" />
        </s:select>
</s:form>
</body>
</html>
```

上述代码中，<s:optgroup…/>标签和 HTML 中的 optgroup 用法类似，其中，在 select 标签中生成了一个简单数组集合，在 optgroup 标签中生成了简单 Map 集合。执行效果如图 4-17 所示。

图 4-17   optgroup 标签示例界面

4.7   非表单标签

非表单元素用来在页面中生成不存在于表单中的可视化元素，非表单标签的名称和功能描述如表 4-15 所示。

表 4-15   非 表 单 标 签

标签名	描 述
actionerror	该标签用来输出 Action 中 getActionErrors()方法返回的异常信息
actionmessage	该标签用来输出 Action 中 getActionMessage()方法返回的信息
component	该标签用来生成一个自定义组件
div	该标签用来生成一个 div 片段
fielderror	该标签用来输出异常提示信息，如果 Action 实例存在表单域的类型转换错误，校验错误，该标签负责输出这些信息

下面介绍 actionerror 和 actionmessage 标签的使用方法。actionerror 和 actionmessage 标签用法类似，都负责在页面上输出 Action 中相应方法产生的信息。他们的主要区别在于 actionerror 标签输出 Action 中 getActionErrors()方法返回的信息；actionmessage 标签则输出 Action 中 getActionMessage()方法返回的信息。

【示例 4.12】 创建一个名为 DemoAction 的 Action 类，并在该类中封装 error 信息和 message 信息，演示 actionerror 和 actionmessage 标签的用法。

```
public class DemoAction  extends ActionSupport {
```

```
public String execute() {
        addActionError("Action 中封装 Error 信息");
        addActionMessage("Action 中封装 Message 信息");
        return SUCCESS;

    }
}
```

上述代码中，利用 addActionError()和 addActionMessage()方法在 Action 实例中封装了 error 和 message 信息，并直接返回 SUCCESS 字符串。在 struts.xml 中的 Action 的配置信息如下：

```
<package name="demo" extends="struts-default">
        <action name="demo" class="com.dh.ch04.action.DemoAction">
                <result>/pages/demo.jsp</result>
        </action>
    </package>
```

在 demo.jsp 中使用了 actionerror 和 actionmessage 标签，代码如下：

```
<%@ page language="java" contentType="text/html; charset=UTF-8" pageEncoding="UTF-8"%>
<%@taglib prefix="s" uri="/struts-tags"%>
<html>
<head>
<meta http-equiv="Content-Type" content="text/html; charset=UTF-8">
<title>actionerror 和 actionmessage 标签用法</title>
</head>
<body>
    <s:actionerror />
    <s:actionmessage />
</body>
</html>
```

上述代码中，使用了 actionerror 和 actionmessage 标签用于输出信息，执行效果如图 4-18 所示。

图 4-18　actionerror 和 actionmessage 标签示例界面

本 章 小 结

通过本章的学习，学生应该能够学会：

❖ Struts2 标签库可以简单地分为 UI 标签、非 UI 标签和 Ajax 标签。

❖ Struts2 标签库不依赖于任何表现层技术。Struts2 提供的大部分标签都可以在各种表现层技术下使用，如 JSP、Velocity 或 FreeMarker 等模板技术。

❖ 对象图导航语言 OGNL 是一种功能强大且语法简单的表达式语言，可以存取对象的任意属性，调用对象的方法等。

❖ OGNL 是 Struts2 框架视图默认的表达式语言，是 Struts2 框架的特点之一。

❖ 数据标签主要用来提供各种数据访问功能，包含 action、bean、date 等。

❖ 控制标签主要完成流程控制，例如分支、循环等操作，其中分支使用 if、elseif、else 标签，循环使用 iterator 标签。

❖ 模板就是一个标签在页面上的显示风格，对于相同的标签，如果使用不同的模板，那么在页面上就会显示出不同的风格特征。

❖ 主题就是把一组模板打包在一起，从而提供通用的功能。如果为所有的 UI 标签指定了模板，那么这些模板就形成了一个主题。

❖ Struts2 表单标签可分为：form 标签本身和表单元素标签两种。

❖ 表单标签可以进行用户数据的输入和用户交互等操作。

本 章 练 习

1. 使用自定义标签有_____优势。(多选)

    A. 使用简单

    B. 可维护性强

    C. 复用性高

    D. 开发简单

2. 下述_____的数据默认情况下不在值栈中。

    A. 临时对象

    B. 模型对象

    C. action 对象

    D. request 对象

3. 有两个对象 customer 和 user，其中 user 对象位于 ValueStack 中，那么 OGNL 访问这两个对象的 name 属性的方式_____。(多选)

    A. user.name

    B. customer.name

    C. #user.name

    D. #customer.name

4. 简述 struts2 标签的分类及功能。

第 5 章　Hibernate 基础

本章目标

- 了解 Hibernate 体系结构
- 熟悉 Hibernate 应用开发方式
- 掌握 Hibernate 核心类和接口的用法
- 掌握 Hibernate 配置文件的编写
- 掌握 Hibernate 映射文件的编写
- 理解持久化对象的各个状态及转化

5.1 Hibernate 概述

Hibernate 是目前流行的 ORM(Object Relational Mapping，对象关系映射)框架解决方案。在企业级应用开发中，面向对象的语言已成为主流，而对象存在于内存之中，无法永久保存数据。要将对象永久保存，就需要进行对象的持久化，通常会把对象存储到数据库中。目前应用最为广泛的数据库仍然是关系型数据库，里面存放的是关系型数据而非对象数据，由此带来了对象—关系之间数据映射的问题。为解决这种问题，出现了多种解决方案，其中 Hibernate 由于其功能完备、性能优越、开源等特点而备受青睐。

5.1.1 ORM 框架

ORM 框架为了将针对关系型数据的操作转换成对象操作，需要实现关系数据到对象的映射，这种映射关系通常写在 ORM 框架的配置文件中。其映射规则就是将数据库中的表映射到面向对象语言中的类，表中的列映射成类的属性，表中的每一条记录对应一个该类的对象，而表跟表之间的关系则映射成对象之间的关系。

如图 5-1 所示，数据库中有一个 UserDetails 表，它与 User 类映射，表中的 id、name、pwd 字段对应 User 类中的 3 个同名属性；objUser 是 User 类的一个对象，映射的是 UserDetails 表中的第 4 条记录。

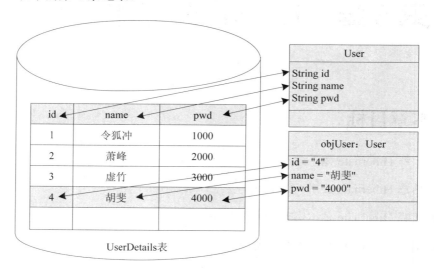

图 5-1　映射规则示意图

ORM 框架具有如下几个优点：

(1) 贯彻面向对象的编程思想。

(2) 减少代码的编写量，提高工作效率。

(3) 提高访问数据库的性能，降低访问数据库的频率。

(4) 具有相对独立性，发生变化时不会影响上层的实现。

5.1.2　Hibernate 概述

Hibernate 框架是轻量级 Java EE 应用中持久层的解决方案，Hibernate 不仅管理对象数据到数据库的映射，还提供面向对象的数据查询和获取方法。与单纯使用 JDBC 相比，Hibernate 大幅缩短了进行数据持久化处理的开发时间。Hibernate 能在众多的 ORM 框架中脱颖而出，是因为与其他 ORM 框架对比有如下的优势：

(1) 开源并且免费，方便需要时研究、改写源代码，进行功能定制。

(2) 简单，避免引入过多复杂问题，进行轻量级封装，容易调试。

(3) 具有可扩展性，API 开放，根据需要可进行扩展。

(4) 稳定的性能，发展有保障。

图 5-2 清晰地表明了 Hibernate 在应用程序中的位置及结构。

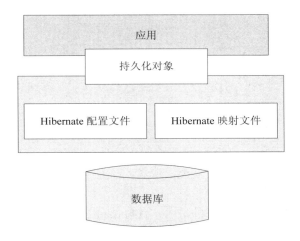

图 5-2　Hibernate 在应用程序中的位置及结构图

1. Hibernate 中的持久化对象

从图 5-2 可以看到，在 Hibernate 应用中有一个非常重要的媒介：持久化对象(PO，Persistent Object)。持久化对象的作用就是完成持久化操作，即通过该对象可对数据库以面向对象的方式进行操作。应用程序无需直接访问数据库，只需创建、修改或删除持久化对象，Hibernate 则会负责将这些操作转换成相应的对数据库表的操作。

Hibernate 中的 PO 非常简单，采用低侵入设计，完全使用 POJO(Plain Old Java Object，普通传统的 Java 对象)作为持久化对象。

【示例 5.1】　Customer 类的 POJO 的写法示例。

```
public class Customer {
    //属性
    private String id;
    private String name;
```

```
        private String pwd;
        //属性的 getter 和 setter 方法
        public String getId() {
                return id;
        }
        public void setId(String id) {
                this.id = id;
        }
        public String getName() {
                return name;
        }
        public void setName(String name) {
                this.name = name;
        }
        public String getPwd() {
                return pwd;
        }
        public void setPwd(String pwd) {
                this.pwd = pwd;
        }
}
```

从上述代码中可以看出，POJO 跟普通的 JavaBean 一样。Hibernate 直接采用 POJO 作为 PO，不需要持久化类继承任何父类，或者实现任何接口，以低侵入方式保证了代码的简单性、独立性和可重用性。

为使 POJO 具备可持久化操作的能力，Hibernate 采用 XML 作为映射文件对 POJO 类和数据库中的表进行映射。

【示例 5.2】 POJO 对应的映射文件示例 User.hbm.xml。

```xml
<?xml version="1.0"?>
<!DOCTYPE hibernate-mapping PUBLIC
        "-//Hibernate/Hibernate Mapping DTD 3.0//EN"
        "http://hibernate.sourceforge.net/hibernate-mapping-3.0.dtd">
<hibernate-mapping>
        <class name="com.dh.ch05.pojo.User" table="USERDETAILS">
                <id name="id" column="ID">
                        <generator class="uuid.hex" />
                </id>
                <property name="name" column="userName" type="string" not-null="true" />
                <property name="pwd" column="pwd" type="string"  not-null="true" />
        </class>
</hibernate-mapping>
```

上述配置文件中，<hibernate-mapping>元素是 Hibernate 映射文件的根元素，<class>元素描述类和表之间的映射，这样每个 class 元素将映射成一个 PO，即：

PO = POJO + 映射文件

Hibernate 映射文件中的配置信息清晰地表达了持久化类和数据库表之间的对应关系。

2．Hibernate API

Hibernate API 中提供了 Hibernate 的功能类和接口，应用程序通过这些类和接口可以直接以面向对象的方式访问数据库。根据版本不同，Hibernate API 所属的包也不同，Hibernate3.5 的 API 在 org.hibernate 包中，其核心类和接口如表 5-1 所示。

表 5-1　Hibernate API 介绍

名　　称	说　　明
Configuration 类	用于配置、启动 Hibernate，创建 SessionFactory 实例对象
SessionFactory 接口	用于初始化 Hibernate，创建 Session 实例，充当数据源代理
Session 接口	用于保存、更新、删除、加载和查询持久化对象，充当持久化管理器
Transaction 接口	用于封装底层的事务，充当事务管理器
Query 接口	用于执行 HQL 数据库查询，充当 Hibernate 查询器
Criteria 接口	用于创建并执行面向对象方式的查询，充当 Hibernate 查询器

3．Hibernate 的体系结构

Hibernate 框架将开发人员从 JDBC 的繁琐开发中释放出来，开发人员无需关注底层数据库连接的获得、数据访问的实现、事务的控制等，而是以面向对象的方式进行持久层操作。这是一种"最全面"的体系结构方案，将应用从底层的 JDBC/JTA 抽取出来，都交给 Hibernate 去完成，如图 5-3 所示。

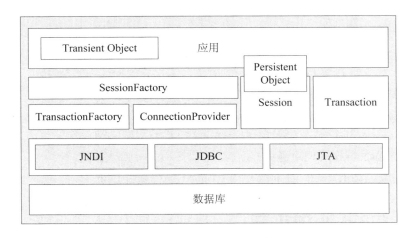

图 5-3　Hibernate 体系结构图

Hibernate 体系结构中各对象的主要功能如表 5-2 所示。

表 5-2　Hibernate 中的对象

对　象	功　　能
SessionFactory	Hibernate 的关键对象，是针对单个数据库映射关系经过编译后的内存镜像，SessionFactory 接口负责初始化 Hibernate，充当数据存储源的代理，并负责创建 Session 对象。它是生成 Session 的工厂，一个应用中只初始化一个 SessionFactory，为不同的线程提供 Session
Session	Hibernate 持久化操作的关键对象，是应用程序与数据库之间交互操作的一个单线程对象，所有的持久化对象必须在 Session 管理下才可以进行持久化操作
Transaction	提供持久化中的原子操作，具有数据库事务的概念
Persistent Object	持久化对象，与 Session 关联，处于持久化状态
Transient Object	瞬态对象，没有与 Session 关联，尚未持久化的对象
ConnectionProvider	数据库连接提供者，用于生成与数据库建立连接的 JDBC 对象
TransactionFactory	是生成 Transaction 对象的工厂，实现了对事务的封装

5.2　Hibernate 应用开发方式

Hibernate 应用有如下三种开发方式：

(1) 自底向上从数据库表到持久化类。采用手动或者开发工具根据数据库中表的结构生成对应的映射文件和持久化类。

(2) 自顶向下从持久化类到数据库表。先编写持久化类，然后手动或采用工具编写映射文件，进而生成数据库表结构。

(3) 从中间出发向上与向下同时发展。先编写映射文件，然后根据映射文件向上生成持久化类，向下生成数据库表结构。

　本书采用自顶向下的开发方式，这种方式非常适合面向对象的编程思路。

Hibernate 应用程序的开发一般经过如下几个步骤：

(1) 配置 Hibernate 应用环境，在应用中添加 Hibernate 所需的 jar 包，并创建 Hibernate 配置文件；

(2) 创建持久化类及其 ORM 映射文件；

(3) 利用 Configuration 装载配置；

(4) 利用 SessionFactory 创建 Session；

(5) 通过 Session 进行持久化对象的管理；

(6) 利用 Transaction 管理事务；

(7) 利用 Query 进行 HQL 查询或利用 Criteria 实现条件查询。

5.3　Hibernate 应用示例

根据上述 Hibernate 的开发步骤，本节通过一个完整的示例来演示在 Eclipse 中开发 Hibernate 应用程序的过程。

5.3.1　配置 Hibernate 应用环境

为了让应用程序能够支持 Hibernate 的功能，必须将 Hibernate 的核心类库文件添加到应用中。以 Web 应用程序为例，只需将 Hibernate 的核心 jar 文件复制到 Web 应用的 lib 路径下，如图 5-4 所示。

图 5-4　Hibernate 应用必需的类库

这些 jar 文件都是必需的，其中 hibernate3.jar 文件是 Hibernate 的核心类库文件，其他文件是 Hibernate 框架本身需要引用的 jar 文件。

 注意　本书使用 Hibernate3.5 版本，Hibernate 的下载及安装参见实践篇。在应用中不必一次性将所有 jar 文件都复制到应用程序中，而是根据需要添加相应的 jar 文件即可。

在 Web 应用中加入 Hibernate 所必需的类库后，还需要创建 Hibernate 配置文件。Hibernate 配置文件主要用于配置与数据库相关的一些公用参数，例如连接数据库的 URL、用户名、密码、是否创建或更新表等信息，这些信息对于所有持久化类都是通用的。

Hibernate 配置文件可以是 hibernate.properties 或 hibernate.cfg.xml，两种形式可以任选其一，或结合使用。在实际应用中，通常使用 XML 文件形式的配置，并将 hibernate.cfg.xml 配置文件放在类文件的根目录(即 src 目录)下，如图 5-5 所示。

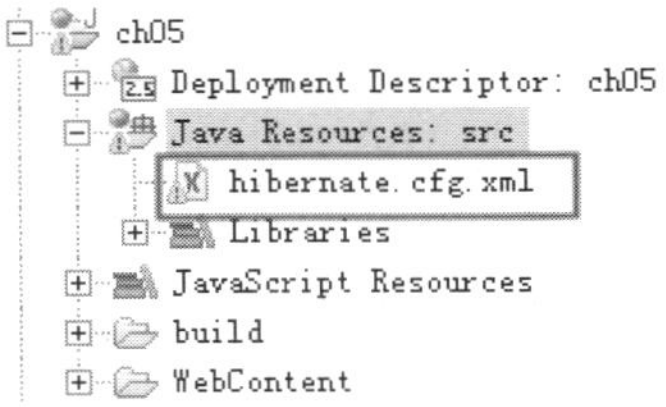

图 5-5　hibernate.cfg.xml 配置文件的位置

hibernate.cfg.xml 文件中配置信息的格式如下：

```xml
<?xml version='1.0' encoding='UTF-8'?>
<!DOCTYPE hibernate-configuration PUBLIC
        "-//Hibernate/Hibernate Configuration DTD 3.0//EN"
        "http://hibernate.sourceforge.net/hibernate-configuration-3.0.dtd">
<hibernate-configuration>
    <session-factory>
```

```
                    <!-- 配置 MySQL 连接属性 -->
                    <property name="dialect">
                            org.hibernate.dialect.MySQLDialect
                    </property>
                    <property name="connection.driver_class">
                            com.mysql.jdbc.Driver
                    </property>
                    <property name="connection.url">
                            jdbc:mysql://localhost:3306/ch
                    </property>
                    <property name="connection.username">root</property>
                    <property name="connection.password">root</property>
                    <!-- 在控制台显示 SQL 语句 -->
                    <property name="show_sql">true</property>
                    <!--根据需要自动生成、更新数据表 -->
                    <property name="hbm2ddl.auto">update</property>
                    <!-- 注册所有 ORM 映射文件 -->
                    <mapping resource="com/dh/ch05/pojo/Customer.hbm.xml"/>
            </session-factory>
</hibernate-configuration>
```

上述配置信息中，<hibernate-configuration>元素是 Hibernate 配置文件的根元素，在此根元素中有<session-factory>子元素，该子元素中依次有多个<property>元素，这些<property>元素配置 Hibernate 连接数据库的必要信息。在<session-factory>元素中可以有多个<mapping>元素，每个<mapping>元素指定一个 Hibernate 映射文件。

　　使用 Eclipse 开发 Hibernate 应用时可以借助一些插件工具来生成部分代码，如能够根据表生成 POJO，或者根据 POJO 生成配置文件或表等，这些工具完成的功能仅仅是提高开发者的开发效率，而并不能真正代替开发者去思考。本书在讲解 Hibernate 时，不借助任何工具插件，这样可以使学生全面理解 Hibernate，有助于 Hibernate 知识学习的系统性和全面性。

5.3.2　创建持久化类及 ORM 映射文件

【示例 5.3】　在 com.dh.ch05.pojo 包下创建一个持久化类 Customer ，代码如下：

```
public class Customer implements Serializable {
        /* 用户 ID */
        private Integer id;
        /* 用户名 */
        private String userName;
        /* 密码 */
        private String password;
```

```
        /* 真实姓名 */
        private String realName;
        /* 收货人地址 */
        private String address;
        /* 手机号 */
        private String mobile;
        /* 根据属性创建 构造方法 */
        public Customer(String userName, String password, String realName,
                    String address, String mobile) {
            this.userName = userName;
            this.password = password;
            this.realName = realName;
            this.address = address;
            this.mobile = mobile;
        }
        /* 默认构造方法 */
        public Customer() {
        }
        ......省略 getter 和 setter 方法
}
```

上述代码中，创建了一个客户类 Customer，该类中分别提供了带参数和不带参数的构造方法；有用户 ID、用户名、密码、姓名、地址和手机号 6 个属性信息，并提供这些属性的 getter 和 setter 方法。

创建 Customer 类对应的映射文件 Customer.hbm.xml，该映射文件与 Customer 类放在同一目录下，如图 5-6 所示。

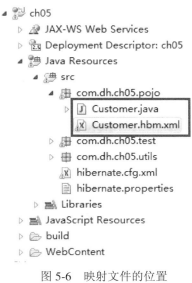

图 5-6　映射文件的位置

【示例 5.4】 创建 Customer 类对应的映射文件 Customer.hbm.xml。

```xml
<?xml version="1.0"?>
<!DOCTYPE hibernate-mapping PUBLIC
        "-//Hibernate/Hibernate Mapping DTD 3.0//EN"
        "http://hibernate.sourceforge.net/hibernate-mapping-3.0.dtd">
<hibernate-mapping package="com.dh.ch05.pojo">
        <class name="Customer" table="CUSTOMER ">
                <!-- 主键 -->
                <id name="id" column="ID">
                        <generator class="native" />
                </id>
                <!-- 用户名 -->
                <property name="userName" column="USERNAME" type="string"
                        not-null="true" />
                <!-- 密码 -->
                <property name="password" column="PASSWORD" type="string"
                        not-null="true" />
                <!-- 真实姓名 -->
                <property name="realName" column="REALNAME" type="string" />
                <!-- 地址 -->
                <property name="address" column="ADDRESS" type="string" />
                <!-- 手机 -->
                <property name="mobile" column="MOBILE" type="string" />
        </class>
</hibernate-mapping>
```

上述配置文件将 Customer 类和数据库中的 Customer 表进行映射。

在 hibernate.cfg.xml 文件中注册 Customer.hbm.xml 映射文件，代码如下：

```xml
<mapping resource="com/dh/ch05/pojo/Customer.hbm.xml"/>
```

5.3.3 利用 Configuration 装载配置

每个配置文件对应一个 Configuration 对象，代表一个应用程序到数据库的映射配置。根据 Hibernate 使用的配置文件的不同，创建 Configuration 对象的方式也不同。通常采用 hibernate.cfg.xml 文件作为 Hibernate 的配置文件，此时采用下述代码创建 Configuration 对象：

```java
//实例化 Configuration
Configuration configuration = new Configuration();
//加载 hibernate.cfg.xml 文件
configuration.configure("/hibernate.cfg.xml");
```

Configuration 对象的作用是读取配置文件并创建 SessionFactory 对象。通常一个应用程序会创建一个 Configuration 对象，然后再建立一个唯一的 SessionFactory 实例。这就意味着

Configuration 对象只存在于系统的初始化阶段，然后所有持久化操作都通过 SessionFactory 实例来完成。

　SessionFactory 与 Configuration 对象之间不存在反向的关联关系。

5.3.4　利用 SessionFactory 创建 Session

SessionFactory 对象是 Hibernate 进行持久化操作所必须的对象，该对象是整个数据库映射关系经编译后形成的内存镜像。Configuration 对象提供一个 buildSessionFactory()方法，该方法可以创建一个 SessionFactory 对象，通常情况下，一个应用程序只有一个 SessionFactory 的实例，并且 SessionFactory 的实例是不可改变的。

下述代码用于创建 SessionFactory 对象：

```
SessionFactory sessionFactory = configuration.buildSessionFactory();
```

Configuration 对象会根据配置文件的内容构建 SessionFactory 实例，即 SessionFactory 一旦构建完毕，它将包含配置文件的信息，之后任何对 Configuration 实例的改变都不会影响到已经构建的 SessionFactory 实例对象。

SessionFactory 的主要作用是生成 Session 对象，调用 SessionFactory 对象中的 openSession()或 getCurrentSession()方法都可以获取一个 Session 对象，代码如下：

```
//实例化 Session
Session session = sessionFactory.openSession();
```

5.3.5　利用 Session 操作数据库

Session 对象是 Hibernate 持久化操作的关键对象，是 Hibernate 持久化操作的基础，是应用程序与数据库之间交互操作的一个单线程对象。持久化对象的生命周期、事务的管理、对象的查询/更新/删除都是通过 Session 对象完成。Session 对象封装了 JDBC 连接，具有一个一级缓存，在显式执行 flush 方法之前，所有持久化操作的数据都在 Session 对象的缓存中。

Session 对象中常用的方法及功能如表 5-3 所示。

表 5-3　Session 中的方法及功能

方法	功　能　说　明
save()	用于保存持久化对象，在数据库中新增一条记录
get()	用于获取数据库中的一条记录，当未找到符合条件的持久化对象时返回 null
load()	用于获取数据库中的一条记录，当未找到符合条件的持久化对象时会抛出异常
update()	用于更新数据库中对应的数据
delete()	用于删除数据库中的一条记录

　　get()和 load()方法都可以根据标识符属性查询并获取一个持久化对象，但是在未找到符合条件的持久化对象时，get()方法返回 null，而 load()方法抛出一个 HibernateException 异常。另外，

get()方法查找对象时先从 Hibernate 一级缓存中查询，找不到则直接从数据库中查找记录；而 load() 方法在一级缓存中找不到的情况下，还会查找 Hibernate 的二级缓存，仍未找到才查找数据库。

5.3.6 利用 Transaction 管理事务

Transaction 对象主要用于管理事务，所有持久化操作都需要在事务管理下进行。Transaction 通过抽象将应用程序从底层的 JDBC、JTA 以及 CORBA 事务中隔离开，允许开发人员使用一个统一的事务操作让自己的项目可以在不同的环境和容器之间迁移。

通过 Session 对象的 beginTransaction()方法可以获得一个 Transaction 对象的实例：

```
Transaction trans = session.beginTransaction();
```

Transaction 中主要定义了 commit()和 rollback()两个方法，如表 5-4 所示。

表 5-4　Transaction 中的方法

方　　法	功 能 说 明
commit()	提交事务
rollback()	回滚事务

一个 Transaction 对象的事务可能包括多个持久化操作，开发人员可以根据需要将多个持久化操作放在开始事务和提交事务之间，从而形成一个完整的事务，例如：

```
// 开始一个事务
Transaction trans = session.beginTransaction();
// 多个持久化操作
......
// 提交事务
trans.commit();
```

通常使用 Hibernate 执行持久化操作(数据库的增删改查)需要如下 7 个步骤：

(1) 创建 Configuration 并装载配置；

(2) 创建 SessionFactory 对象；

(3) 打开 Session；

(4) 开始事务；

(5) 持久化操作；

(6) 提交事务；

(7) 关闭 Session。

【示例 5.5】 将一个 Customer 对象信息保存到数据库中。在 com.dh.ch05.test 包中创建一个 CustomerTest 类，代码如下：

```
public class CustomerTest {
    public static void main(String[] args) {
        // 创建 Customer 对象
        Customer cus = new Customer("zhangsan", "123", "张三", "青岛", "12345678");
        // 实例化 Configuration
        Configuration configuration = new Configuration();
```

```
        // 加载 hibernate.cfg.xml 文件
        configuration.configure("/hibernate.cfg.xml");
        // 创建 SessionFactory
        SessionFactory sessionFactory = configuration.buildSessionFactory();
        // 打开 Session
        Session session = sessionFactory.openSession();
        // 开始一个事务
        Transaction trans = session.beginTransaction();
        // 持久化操作
        session.save(cus);
        // 提交事务
        trans.commit();
        // 关闭 Session
        session.close();
    }
}
```

上述代码中先实例化一个 Customer 对象，再使用 Hibernate 将此对象保存到数据库中。执行程序，结果如图 5-7 所示。

	ID	USERNAME	PASSWORD	REALNAME	ADDRESS	MOBILE
☐	1	zhangsan	123	张三	青岛	12345678

图 5-7   使用 Hibernate 添加客户

第一次执行时，如果数据库中没有 Customer 表，Hibernate 会根据配置文件和映射文件自动生成 Customer 表，以后再次执行时则更新 Customer 表。这是因为在前面配置 hibernate.cfg.xml 文件时配置了如下一条属性：

```
<!--根据需要自动生成、更新数据表 -->
<property name="hbm2ddl.auto">update</property>
```

hbm2ddl.auto 属性值为 update，这是最常用的属性值，它可以根据 POJO 类及其映射文件生成表，即使表结构改变了，表中的记录仍然存在，不会删除以前的数据。

5.3.7   利用 Query 进行 HQL 查询

Query 对象可以通过 HQL、SQL 等语句来查询数据库中的数据。HQL(Hibernate Query Language)是面向对象查询语言，被广泛地使用，它主要具有如下功能：

◇ 支持各种条件查询、连接查询和子查询；
◇ 支持分页、分组查询；
◇ 支持各种聚集函数和自定义函数；
◇ 支持动态绑定查询参数。

Query 对象通过 Session 对象的 createQuery()方法创建，代码如下：

```
Query query=session.createQuery("from Customer");
```

其中，createQuery()方法的参数"from Customer"是 HQL 语句，表示读取所用 Customer
类型的对象，即将 Customer 类对应表中的所有记录封装成 Customer 对象并保存到 List 集
合中。

【示例 5.6】 在 com.dh.ch05.test 包中创建一个 CustomerHQLTest 类，利用 Query 查
询所有用户信息。

```java
public class CustomerHQLTest {
    public static void main(String[] args) {
        // 实例化 Configuration
        Configuration configuration = new Configuration();
        // 加载 hibernate.cfg.xml 文件
        configuration.configure("/hibernate.cfg.xml");
        // 创建 SessionFactory
        SessionFactory sessionFactory = configuration.buildSessionFactory();
        // 打开 Session
        Session session = sessionFactory.openSession();
        // 开始一个事务
        Transaction trans = session.beginTransaction();
        // 查询 Customer 表
        Query query = session.createQuery("from Customer");
        //执行查询
        List<Customer> list = query.list();
        //遍历输出
        for (Customer cus : list) {
            System.out.println(cus.getId() + "\t" + cus.getUserName()
                    + "\t" + cus.getPassword() + "\t" + cus.getRealName()
                    + "\t" + cus.getAddress() + "\t" + cus.getMobile());
        }
        // 提交事务
        trans.commit();
        // 关闭 Session
        session.close();
    }
}
```

上述代码中，使用 Query 对象的 list()方法执行查询并返回查询结果的集合，再遍历集
合中的每个元素然后输出，运行结果如图 5-8 所示。

```
1        zhangsan        123     张三     青岛     12345678
2        wangwu12        456     王五     济南     87654321
```

图 5-8 HQL 查询结果

有关 Query 及 HQL 的详细使用参见第 6 章内容。

5.3.8　利用 Criteria 进行条件查询

Criteria 与 Query 相似，允许创建并执行面向对象方式的查询。Criteria 对象是通过 Session 对象的 createCriteria()方法创建，代码格式如下：

Criteria criteria=session.createCriteria(Customer.class);

【示例 5.7】 在 com.dh.ch05.test 包中创建一个 CustomerCriteriaTest 类，利用 Criteria 查询所有用户信息。

```java
public class CustomerCriteriaTest {
    public static void main(String[] args) {
        // 实例化 Configuration
        Configuration configuration = new Configuration();
        // 加载 hibernate.cfg.xml 文件
        configuration.configure("/hibernate.cfg.xml");
        // 创建 SessionFactory
        SessionFactory sessionFactory = configuration.buildSessionFactory();
        // 打开 Session
        Session session = sessionFactory.openSession();
        // 开始一个事务
        Transaction trans = session.beginTransaction();
        // 创建一个 Criteria 查询对象，查询 Customer 类的所有对象
        Criteria criteria = session.createCriteria(Customer.class);
        // 执行查询
        List<Customer> list = criteria.list();
        // 遍历输出
        for (Customer cus : list) {
            System.out.println(cus.getId() + "\t" + cus.getUserName()
                    + "\t" + cus.getPassword() + "\t" + cus.getRealName()
                    + "\t" + cus.getAddress() + "\t" + cus.getMobile());
        }
        // 提交事务
        trans.commit();
        // 关闭 Session
        session.close();
    }
}
```

上述代码的执行结果与 CustomerHQLTest.java 的结果一致。

有关 Criteria 的详细使用参见第 6 章内容。

5.4 Hibernate 配置文件详解

Hibernate 配置文件的使用方法可以通过如下三种形式：

(1) 使用 hibernate.properties 文件作为配置文件。

(2) 使用 hibernate.cfg.xml 文件作为配置文件。

(3) hibernate.properties 和 hibernate.cfg.xml 文件结合使用，一起作为配置文件。

在 hibernate.properties 和 hibernate.cfg.xml 文件中都可以对 Hibernate 的属性信息进行配置，其中 Hibernate 常用的配置属性如表 5-5 所示。

表 5-5　Hibernate 配置文件常用的属性

属　性　名	功　能　说　明
hibernate.dialect	针对不同的数据库提供不同的方言类，允许 Hibernate 针对特定的数据库生成优化的 SQL 语句。不同数据库对应的方言类见表 5-6
hibernate.connection.driver_class	数据库驱动类
hibernate.connection.url	连接数据库的 URL
hibernate.connection.username	连接数据库的用户名
hibernate.connection.password	连接数据库的密码
hibernate.connection.pool_size	数据库连接池的最大容量
hibernate.connection.datasource	数据源的 JNDI 名字
hibernate.show_sql	是否输出 Hibernate 操作数据库使用的 SQL 语句
hibernate.format_sql	是否格式化输出的 SQL 语句
hibernate.hbm2ddl.auto	自顶向下，从持久化类到数据库表的操作，有 4 个属性值： ◇　create：根据 POJO 创建表，但每次运行都要重新生成表 ◇　create-drop：根据 POJO 创建表，但是当 sessionFactory 关闭，表就自动删除 ◇　update：最常用的属性，根据 POJO 生成表，不会删除以前的行记录 ◇　validate：只会和数据库中的表进行比较，不会创建新表，但能插入新值

Hibernate 可以连接不同的数据库，但是需要使用不同的数据库方言，这是因为常见的关系数据库虽然都支持标准 SQL，但是一般都存在一些特有的扩展。hibernate.dialect 属性用于指定访问数据库的方言类，如表 5-6 所示。

表 5-6　不同的数据库对应的方言类

数　据　库	方　言　类
DB2	org.hibernate.dialect.DB2Dialect
Microsoft SQL Server	org.hibernate.dialect.SQLServerDialect
MySQL	org.hibernate.dialect.MySQLDialect
Oracle 9i/10g/11g	org.hibernate.dialect.Oracle9iDialect
Sybase	org.hibernate.dialect.SybaseDialect

5.4.1　hibernate.cfg.xml

推荐使用 hibernate.cfg.xml 文件作为 Hibernate 的配置文件，因为 XML 格式的配置文件具有很强的结构性、易读取以及配置灵活等特点，并且可以直接配置 Hibernate 的 POJO 类的映射文件。hibernate.cfg.xml 配置文件通常放在 Java 类文件的根目录。

在 hibernate.cfg.xml 文件中配置 Hibernate 属性时，可以省略"hibernate"前缀。例如：在配置"hibernate.dialect"属性时，可以写成如下格式：

```
<property name="dialect">
        org.hibernate.dialect.MySQLDialect
</property>
```

5.4.2　hibernate.properties

使用 hibernate.properties 文件可以快速配置 Hibernate 的信息，它与 hibernate.cfg.xml 文件的格式不一样，是以 key-value 对形式出现。虽然 hibernate.properties 和 hibernate.cfg.xml 这两个配置文件的格式不同，但其本质完全一样，只是在 hibernate.properties 文件中不能对 Hibernate 的映射文件进行配置。

【示例5.8】　使用 hibernate.properties 文件配置 Hibernate 相关信息的示例，具体内容如下：

```
#MySql 方言
hibernate.dialect=org.hibernate.dialect.MySQLDialect
#MySql 驱动
hibernate.connection.driver_class=com.mysql.jdbc.Driver
#连接数据库的 URL
hibernate.connection.url=jdbc:mysql://localhost:3306/ch
#连接数据库的用户名
hibernate.connection.username=root
#连接数据库的密码
hibernate.connection.password=root
#显示 Sql
hibernate.show_sql = true
#格式化 Sql
hibernate.format_sql = true
#自动创建表
hibernate.hbm2ddl.auto=update
```

hibernate.properties 文件也是放在类文件的根目录(与 hibernate.cfg.xml 同目录)。

因为 hibernate.properties 文件没有对映射文件进行配置，在 Hibernate 应用程序中必须调用 Configuration 对象的 addResource()方法添加映射文件，例如：

```
//实例化 Configuration
Configuration configuration = new Configuration();
//添加映射文件
configuration.addResource("com/dh/ch05/pojo/Customer.hbm.xml ");
```

5.4.3　联合使用

因为 hibernate.properties 文件可以快速配置 Hibernate 的相关信息，但该文件缺少
Hibernate 映射文件的配置，所以可以将 hibernate.properties 和 hibernate.cfg.xml 文件结合
使用，即在 hibernate.properties 文件中配置数据库的相关配置信息，在 hibernate.cfg.xml 文
件中配置映射文件。

【示例 5.9】　在 hibernate.cfg.xml 文件中只对映射文件进行配置，代码如下：

```
<?xml version='1.0' encoding='UTF-8'?>
<!DOCTYPE hibernate-configuration PUBLIC
            "-//Hibernate/Hibernate Configuration DTD 3.0//EN"
            "http://hibernate.sourceforge.net/hibernate-configuration-3.0.dtd">
<hibernate-configuration>
        <session-factory>
            <!-- 映射文件的配置-->
            <mapping resource="com/dh/ch05/pojo/Customer.hbm.xml"/>
        </session-factory>
</hibernate-configuration>
```

5.5　Hibernate 映射文件详解

5.5.1　映射文件结构

映射文件的根元素是<hibernate-mapping>，该元素下可以拥有多个<class>子元素，每
个 class 子元素对应一个持久化类的映射，即将类和表之间的关系进行映射。

映射文件的结构如下：

```
<hibernate-mapping 属性="值">
        <class name="类名" table="表名">
            <!--主键-->
            <id name="主键名" column="主键列">
                    <!--主键生成器-->
                    <generator class="生成策略" />
            </id>
            <!--属性列表-->
```

```
        <property name="属性名" column="列名" type="数据类型"/>
        ......
    </class>
......
</hibernate-mapping>
```

例如示例 5.4 中 Customer.hbm.xml 映射文件的代码如下：

```
<hibernate-mapping package="com.dh.ch05.pojo">
    <class name="Customer" table="CUSTOMER">
        <!-- 主键映射 -->
        <id name="id" column="ID">
            <generator class="native" />
        </id>
        <!-- 用户名 -->
        <property name="userName" column="USERNAME" type="string" not-null="true" />
        <!-- 密码 -->
        <property name="password" column="PASSWORD" type="string" not-null="true" />
        <!-- 真实姓名 -->
        <property name="realName" column="REALNAME" type="string" />
        <!-- 地址 -->
        <property name="address" column="ADDRESS" type="string" />
        <!-- 电话 -->
        <property name="mobile" column="MOBILE" type="string" />
    </class>
</hibernate-mapping>
```

其中<hibernate-mapping>元素的可选属性如表 5-7 所示。

表 5-7　hibernate-mapping 元素的可选属性列表

属　性　名	功　能　说　明
schema	指定映射数据库的 schema 名
catalog	指定映射数据库的 Catalog 名
default-cascade	设置 Hibernate 默认的级联风格，默认值是 none
default-access	设置默认属性访问策略，默认值为 property
default-lazy	设置默认延迟加载策略，默认值为 true
auto-import	是否允许使用非全限定的类名，默认值为 true
package	指定一个包名，对于映射文件中非全限定的类名，默认在该包下

<class>元素常用的可选属性如表 5-8 所示。

表 5-8　class 元素常用的可选属性列表

属　性　名	功　能　说　明
name	持久化类的类名
table	持久化类映射的表名
discriminator-value	区分不同子类的值
mutable	指定持久化类的实例是否可变，默认值为 true
proxy	延迟装载时的代理，可以是该类自己的名字

5.5.2　主键生成器

Hibernate 映射文件中<id>元素定义了持久化类的标识符属性(主键)，其 generator 子元素则用来设置当前持久化类的标识符属性的生成策略。在 Hibernate 中内置了多种主键生成器，如表 5-9 所示。

表 5-9　主键生成器列表

类　型　名	功　能　说　明
increment	获取数据库表中所有主键中的最大值，在最大值基础上加 1 为最新记录的主键
identity	自动增长。MS SQL Server、MySQL 和 DB2 等数据库中可以设置表的某个字段(列)的数值自动增长。此种方式生成主键的数据类型可以是 long、short、int 及其对应的封装类的类型
sequence	序列。Oracle、DB2 等数据库可以创建一个序列，然后从序列中获取当前序号作为主键值
hilo	"高/低位"高效算法产生主键值。此种方式生成主键的数据类型可以是 long、short、int 及其对应的封装类的类型
seqhilo	与 hilo 类似，但使用指定的 sequence 获取高位值。
uuid	采用 128 位的 UUID 算法生成一个字符串类型的主键
guid	采用 GUID 字符串产生主键值
native	由 Hibernate 根据所使用的数据库支持能力从 identity、sequence 或者 hilo 中选择一种，例如：Oracle 中使用 sequence，MySQL 中使用 identity
assigned	指派值
foreign	通过关联持久化对象为主键赋值

下述配置中采用 native 生成主键，对于 MySQL 数据库其实就是采用自增长的方式：

```
<id name="id" column="ID">
        <generator class="native" />
</id>
```

在选择 Hibernate 的主键生成器策略时，要具体问题具体分析，可参考下述原则：

(1) 如果应用系统不需要分布式部署，在数据库支持的情况下使用 sequence、identity、hilo、seqhilo 和 uuid。

(2) 如果应用需要使用多个数据库或者进行分布式的部署，则 uuid 是最佳的选择。

5.5.3　映射集合属性

集合属性是非常常见的，例如某个学校中的班级，一个学校通常对应多个班级，那么班级就是学校类中的集合属性。集合属性大致有两种：第一种是单纯的集合属性，例如 List、Set 或数组；另外一种是 Map 结构的集合属性，每个属性都是 key-value 对。

Hibernate 要求使用集合接口来声明集合属性，例如 List、Set、Map 接口等。对于不同的集合接口，在 Hibernate 映射文件中需要采用不同的集合映射元素。不同的集合具有不同的特性，选择正确的集合映射元素在实际开发中非常重要。表 5-10 列出了 Hibernate 中的集合映射元素、对应的集合属性及其特性。

表 5-10　Hibernate 集合映射元素列表

集合映射元素	集合属性	特　　性
<list>	java.util.List	集合中的元素可以重复，可以通过索引存取元素
<set>	java.util.Set	集合中的元素不重复
<map>	java.util.Map	集合中的元素是以 key-value 形式存放
<array>	数组	可以是对象数组或基本数据类型的数组
<primitive-array>	基本数据类型的数组	基本数据类型的数组，例如：int[]、char[]等
<bag>	java.util.Collection	无序集合
<idbag>	java.util.Collection	无序集合，但可以为集合增加逻辑次序

集合属性其实是 Hibernate 关联关系的体现，它对应另一个数据表中的数据。有关集合映射元素的应用参见第 6 章内容。

5.6　持久化对象

Hibernate 中的持久化类采用了低侵入式设计，这种设计对持久化类不作任何要求，即持久化类都是普通的、传统的 Java 对象(POJO)。

虽然 Hibernate 对 POJO 没有太多的要求，但为了方便开发应遵守如下规则：

(1) 提供一个无参数的构造方法(默认构造方法)。

(2) 提供一个标识属性，通常映射到数据库表中的主键。

(3) 每个属性提供 setter 和 getter 方法。

(4) 持久化类是非 final 类。

(5) 持久化类需要实现 Serializable 接口，使持久化对象可序列化。

5.6.1　持久化对象状态

Hibernate 持久化对象支持如下几个状态：

(1) 瞬时状态：对象由 new 关键字创建，且尚未与 Hibernate Session 关联，此时的对象处于瞬时状态(Transient)。瞬态对象不会被持久化到数据库，也不会被赋予持久化标识，如果程序中失去了瞬态对象的引用，瞬态对象将被垃圾回收机制销毁。

(2) 持久化状态：持久化状态(Persistent)的对象与数据库中表的一条记录对应，并拥有一个持久化标识。持久化状态的对象可以是刚刚保存的，也可以是刚被加载的。持久化状态的对象必须与指定的 Session 关联，其任何改动 Hibernate 都会检测到，并且在 Session 关闭或 Transaction 提交的同时更新数据库中的对应数据，开发者不需要手动执行 UPDATE。

(3) 脱管状态：曾经处于持久化状态，但随着与之关联的 Session 被关闭，该对象就变成脱管状态(Detached)。如果重新让脱管对象与某个 Session 对象发生了关联，则这个脱管对象将会转换成持久化状态。

图 5-9 演示了 Hibernate 持久化对象的状态转换。

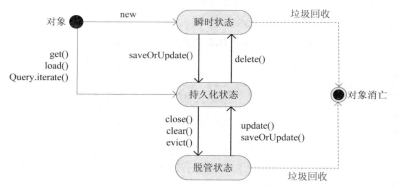

图 5-9　Hibernate 持久化对象状态转换图

当调用 Session 的 close()、clear()方法时，所有与该 Session 有关联的对象都将受到影响。

5.6.2　改变持久化对象状态的方法

持久化对象状态的改变与调用 Hibernate Session 的不同方法有紧密联系，表 5-11 指明了调用 Session 中的方法对持久化对象状态产生的影响。

表 5-11　Session 中的方法与持久化对象状态的改变

Session 方法	功　能　说　明	持久化对象的状态
save()	该方法保存持久化对象，进而在数据库中新增一条数据	持久化状态
saveOrUpdate()	保存或更新，该方法根据映射文件中的\<id\>标签的 unsaved-value 属性值决定执行新增或更新	
get()	该方法根据标识符属性值获取一个持久化对象，如果未找到则返回 null	
load()	该方法根据标识符属性值加载一个持久化对象，如果未找到，则抛出异常	
update()	该方法对脱管状态的对象重新完成持久化，并更新数据库中对应的数据	
delete()	该方法用于删除数据库表中的一条记录，在删除时，首先需要 get()或 load()方法获取要删除记录对应的持久化对象，然后调用 delete()方法删除	瞬时状态
close()	关闭当前 Session 对象，并清空该对象中的数据	脱管状态
evict()	用于清除 Session 缓存中的某个对象	
clear()	清除 Session 中所有缓存对象	

通过前面的示例可以发现 Hibernate 在执行持久化操作时都需要创建 Configuration 对象、SessionFactory 对象和 Session 对象，因此这部分代码完全可以使用 Hibernate 通用工具类封装起来，便于重复调用。

【示例 5.10】　在 com.dh.ch05.util 包中创建一个 HibernateUtils 类，代码如下：

```java
public class HibernateUtils {
        private static String CONFIG_FILE_LOCATION = "/hibernate.cfg.xml";
        private static final ThreadLocal<Session> threadLocal
                                        = new ThreadLocal<Session>();
        private static Configuration configuration = new Configuration();
        private static SessionFactory sessionFactory;
        private static String configFile = CONFIG_FILE_LOCATION;
        /* 静态代码块创建 SessionFactory */
        static {
                try {
                        configuration.configure(configFile);
                        sessionFactory = configuration.buildSessionFactory();
                } catch (Exception e) {
                        System.err.println("%%%% Error Creating SessionFactory %%%%");
                        e.printStackTrace();
                }
        }
        private HibernateUtils() {
        }
        /**
         * 返回 ThreadLocal 中的 session 实例
         */
        public static Session getSession() throws HibernateException {
                Session session = (Session) threadLocal.get();
                if (session == null || !session.isOpen()) {
                        if (sessionFactory == null) {
                                rebuildSessionFactory();
                        }
                        session = (sessionFactory != null) ?
                                        sessionFactory.openSession() : null;
                        threadLocal.set(session);
                }
                return session;
        }
        /**
         * 返回 Hibernate 的 SessionFactory
```

```
        */
    public static void rebuildSessionFactory() {
            try {
                    configuration.configure(configFile);
                    sessionFactory = configuration.buildSessionFactory();
            } catch (Exception e) {
                    System.err.println("%%%% Error Creating SessionFactory %%%%");
                    e.printStackTrace();
            }
    }
    /**
     * 关闭 Session 实例并且把 ThreadLocal 中副本清除
     */
    public static void closeSession() throws HibernateException {
            Session session = (Session) threadLocal.get();
            threadLocal.set(null);
            if (session != null) {
                    session.close();
            }
    }
    /**
     * 返回 SessionFactory
     */
    public static SessionFactory getSessionFactory() {
            return sessionFactory;
    }
    public static void setConfigFile(String configFile) {
            HibernateUtils.configFile = configFile;
            sessionFactory = null;
    }
    public static Configuration getConfiguration() {
            return configuration;
    }
}
```

上述代码对 Hibernate 的常用操作进行了封装，提供了获取 SessionFactory、获取 Session 和关闭 Session 等操作的静态方法。因此在以后 Hibernate 应用中只需直接调用该类中的相应方法即可。

 java.lang.ThreadLocal 类可以为每个线程保存一份独立的变量副本，所以每个线程都可以隔离地访问自己的变量，而不会影响其他线程。ThreadLocal 为解决多线程下的并发问题提供了一种简易快捷的方案。

【示例 5.11】 演示 Session 接口中其他核心方法的使用。在 com.dh.ch05.test 包中创建一个 BusniessService 类。

```java
public class BusniessService {
    public static void main(String[] args) {
        // 调用 getCustomer()方法获取客户对象
        Customer customer = getCustomer(new Integer(1));
        System.out.println("--------原始数据-----------");
        System.out.println(customer.getId() + "\t"
                + customer.getUserName() + "\t"
                + customer.getPassword() + "\t"
                + customer.getRealName()+ "\t"
                + customer.getAddress() + "\t"
                + customer.getMobile());
        customer.setPassword("888888");
        // 调用 changeCustomer()方法修改客户对象信息
        changeCustomer(customer);
        System.out.println("--------修改后的数据-----------");
        System.out.println(customer.getId() + "\t"
                + customer.getUserName() + "\t"
                + customer.getPassword() + "\t"
                + customer.getRealName() + "\t"
                + customer.getAddress() + "\t"
                + customer.getMobile());
    }
    /* 获取客户 */
    public static Customer getCustomer(Integer key) {
        Session session = HibernateUtils.getSession();
        Transaction trans = session.beginTransaction();
        // 根据主键获取客户对象
        Customer cus = (Customer) session.get(Customer.class, key);
        trans.commit();
        HibernateUtils.closeSession();
        return cus;
    }
    /* 修改客户信息 */
    public static void changeCustomer(Customer cus) {
        Session session = HibernateUtils.getSession();
        Transaction trans = session.beginTransaction();
        // 更新
        session.update(cus);
```

```
            trans.commit();
            HibernateUtils.closeSession();
        }
}
```

上述代码中定义了获取用户和修改用户信息的两个静态方法，并在方法中直接调用 HibernateUtils 类中的方法获取、关闭 Session 对象。在 main()方法中首先获取 ID 是 1 的客户并输出，然后更新了此客户的密码。

运行 BusniessService.java 程序，控制台输出结果如图 5-10 所示。

```
Hibernate:
    select
        customer0_.ID as ID0_0_,
        customer0_.USERNAME as USERNAME0_0_,
        customer0_.PASSWORD as PASSWORD0_0_,
        customer0_.REALNAME as REALNAME0_0_,
        customer0_.ADDRESS as ADDRESS0_0_,
        customer0_.MOBILE as MOBILE0_0_
    from
        CUSTOMER customer0_
    where
        customer0_.ID=?
--------原始数据----------
1       zhangsan        123     张三      青岛      12345678
Hibernate:
    update
        CUSTOMER
    set
        USERNAME=?,
        PASSWORD=?,
        REALNAME=?,
        ADDRESS=?,
        MOBILE=?
    where
        ID=?
--------修改后的数据----------
1       zhangsan        888888  张三      青岛      12345678
```

图 5-10   BusniessService 控制台输出结果

查看数据库中 Customer 表，对应记录的数据也已更新，如图 5-11 所示。

	ID	USERNAME	PASSWORD	REALNAME	ADDRESS	MOBILE
☐	1	zhangsan	888888	张三	青岛	12345678
☐	2	wangwu12	456	王五	济南	87654321

图 5-11   表中记录的更新

本 章 小 结

通过本章的学习，学生应该能够学会：

✧ Hibernate 应用的开发方式可以分为三种：自底向上，从数据库表到持久化类；自顶向下，从持久化类到数据库；自中间开始，从配置文件生成持久化类和数据库表。

◇　Configuration 对象用于配置并启动 Hibernate，其主要作用是解析 Hibernate 的配置文件和映射文件中的信息，然后创建 SesssionFactory 实例。

◇　通过 SessionFactory 对象可以获取 Session 对象，一个 SessionFactory 实例对应一个数据库对象，同时它是线程安全的，可以被应用中的多个线程共享。

◇　Session 是 Hibernate 框架的核心类，提供了和持久化相关的操作，如添加、更新、删除、加载和查询对象等，它不是线程安全的，一个 Session 对象一般只有一个单一线程使用。

◇　Transaction 接口是 Hibernate 数据库事务接口，它对底层的事务做了封装，底层的事务接口包括 JDBC API、JTA 等。

◇　Query 和 Criteria 接口都是 Hibernate 的查询接口，用于向数据库查询对象，以及控制执行查询的过程。

◇　通过配置文件对 Hibernate 的选项进行配置，使得 Hibernate 在底层上可以适应不同的数据库及应用开发环境。

◇　hibernate.cfg.xml 和 hibernate.properties 文件需要放置在当前项目类文件的根目录(src 目录)，项目编译后该文件将放在 CLASSPATH 路径中。

◇　hibernate.cfg.xml 中可以直接配置映射文件，文件结构性强、易读和配置灵活，hibernate.properties 中不能配置映射文件，两者可结合使用。

◇　持久化对象状态包括顺时状态、持久化状态和脱管状态，这些状态在特定条件下可以相互转化。

本 章 练 习

1．ORM 框架有以下优点_____。(多选)

   A．贯彻面向对象的编程思想

   B．减少代码的编写量，提高工作效率

   C．提高访问数据库的性能，降低访问数据库的频率

   D．具有相对独立性，发生变化时不会影响上层的实现

2．下面对接口或类描述错误的一项是_____。

   A．Configuration 类用于配置、启动 Hibernate，创建 SessionFactory 实例对象

   B．SessionFactory 接口用于初始化 Hibernate，创建 Session 实例，充当数据源代理

   C．Session 接口用于保存、更新、删除、加载和查询持久化对象，充当持久化管理器

   D．Query 接口和 Criteria 接口都可以充当 Hibernate 查询器，其中 Criteria 用于执行 HQL 查询语句

3．虽然 Hibernate 对 POJO 没有太多的要求，但应遵守如下规则_____。(多选)

   A．提供一个无参数的构造方法(默认构造方法)

   B．提供一个标识属性，通常映射到数据库表中的主键；

C. 每个属性提供 setter 和 getter 方法；

D. 持久化类必须实现 Serializable 接口，使持久化对象可序列化。

4. 下述对持久化对象的状态描述错误的一项是_____。

E. 对象由 new 关键字创建，且尚未与 Hibernate Session 关联，这时对象的状态为瞬时状态

F. 持久化状态(Persistent)的对象与数据库中表的一条记录对应，并拥有一个持久化标识，这时该对象可以不与 Session 对象进行关联

G. 曾经处于持久化状态，但随之与之关联的 Session 被关闭，这时对象的状态为脱管状态

H. 处于脱管状态下的对象和瞬时状态的对象的区别是，脱管状态的对象具有一个持久化标识

5. 简述在应用中使用 Hibernate 进行开发的三种方式。

第 6 章　Hibernate 核心技能

本章目标

- 掌握 Hibernate 中持久化类的各种关联关系
- 掌握 Hibernate 的批量处理
- 掌握 Query 接口的核心方法和使用
- 掌握利用 HQL 进行的各种查询技巧
- 掌握 Criteria 接口的核心方法和使用
- 掌握利用 Criteria 进行的各种查询技巧
- 掌握 Restrictions 使用的方法
- 掌握使用 DetachedCriteria 离线查询的技巧
- 掌握 Hibernate 中的事务处理方法

6.1 Hibernate 关联关系

关联关系是指类之间的引用关系，是实体对象之间普遍存在的一种关系。使用 Hibernate 框架可以完整地表述这种关联关系，如果映射得当，Hibernate 的关联映射将在很大程度上简化持久层数据的访问。

关联关系可分为下面几种：

(1) 一对一关联(1-1)。

(2) 一对多关联(1-N)。

(3) 多对多关联(N-N)。

此外，按照访问关联关系的方向性，又可以分为下面两种：

(1) 单向关联：只需要单向访问关联端。

(2) 双向关联：关联的两端可以互相访问。

综上所述，单向关联关系有以下分类：

(1) 单向 1-1。

(2) 单向 1-N。

(3) 单向 N-1。

(4) 单向 N-N。

而双向关联关系有以下分类：

(1) 双向 1-1。

(2) 双向 1-N。

(3) 双向 N-N。

 "双向 1-N" 和 "双向 N-1" 含义相同，本书统称 "双向 1-N"。

为了便于读者理解和掌握，本章在讲解 Hibernate 的关联关系以及查询时，采用一个 "客户—订单—产品" 模型进行讲解，该模型中各元素之间的关联关系如图 6-1 所示。

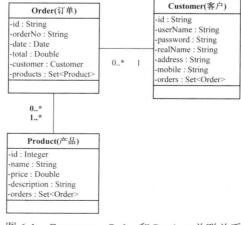

图 6-1　Customer、Order 和 Product 关联关系

6.1.1　一对多关联关系

当两个实体类是单向关联时，只能从一端访问另一端。例如，老师和学生是一对多的关联关系，即一个老师可以对应多个学生，当两者是单向关联时，就意味着只能通过老师来得到学生对象，或只能通过学生对象访问老师。

【示例 6.1】 基于示例 5.3 中创建的 Customer 类创建订单类 Order，属性有 id、orderNO(订单号)、date(下单日期)、total(总金额)，演示一对多的关系。查询某用户的所有订单信息，并打印在控制台上。

1．单向 N-1

N-1 是最常见的关联关系，单向的 N-1 关联只能从"N"的一端访问"1"的一端。在类与类之间的各种关联关系中，单向 N-1 关联和关系数据库中的外键参照关系最为相似。以 Customer 类和 Order 类为例(一个客户对应多个订单)，如果要使用单向关联，通常选择从 Order 到 Customer 的 N-1 单向关联。

创建订单类 Order，属性有 id、orderNo(订单编号)、date(下单日期)、total(总金额)，与示例 5.3 中创建的 Customer 类形成单向 N-1 关联。

```java
public class Order implements Serializable {
        /* 主键 Id */
        private Integer id;
        /*订单编号*/
        private String orderNo;
        /* 下单日期 */
        private Date date;
        /* 总金额 */
        private Double total;
        /* 关联客户 */
        private Customer customer;
        ......省略 getter 和 setter 方法
}
```

上述代码中，实现了 Order 到 Customer 的 N-1 单向关联，只需在 Order 类中定义一个 Customer 类型的属性，而在 Customer 类中无需定义用于存放 Order 对象的集合属性。

Customer 类和 Order 类的类图如图 6-2 所示。

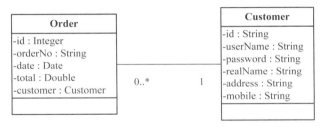

图 6-2　Order 类与 Customer 类的单向 N-1 关联

在 Order 类的同一目录下，创建该类的映射文件 Order.hbm.xml 的配置如下：

利用<many-to-one>元素来映射 Order 类和 Customer 类之间的 N-1 关联，建立了 customer 属性和 ORDER 表的外键 CUSTOMER_ID 之间的映射。

```
<hibernate-mapping package="com.dh.ch06.pojo">
    <class name="Order" table="ORDER">
        <id name="id" column="ID">
            <generator class="native" />
        </id>
        <!-- 订单编号 -->
        <property name="orderNo" column="ORDERNO" type="string"/>
        <!-- 下单日期：yyyy-MM-dd HH:mm:ss-->
        <property name="date" column="ORDERDATE" type="timestamp" />
        <!-- 总金额-->
        <property name="total" column="TOTAL" type="double" />
        <!-- 单向 N-1 -->
        <many-to-one name="customer" column="CUSTOMER_ID" class="Customer" />
    </class>
</hibernate-mapping>
```

<many-to-one>元素常用的属性及描述如表 6-1 所示。

表 6-1   many-to-one 常用属性及描述

属性名	描　　　述
name	设定待映射持久化类的属性名，例如，Order 类的 customer 属性名
column	设定与持久化类的属性对应的表的外键，例如，ORDER 表的外键 CUSTOMER_ID
class	设定持久化类的属性类型，例如，设定 customer 属性为 Customer 类型
not-null	如果为 true，表示属性不允许为 null，该属性默认为 false，如上例中当 not-null 为 true 时，customer 属性不能为 null。此外，该属性还会影响 Hibernate 的运行时行为，例如，Hibernate 在保存 Order 对象时，会先检查它的 customer 属性是否为 null

创建 Order.hbm.xml 文件后，需要修改 hibernate.cfg.xml 文件，增加对 Order.hbm.xml 映射文件的设置，配置信息如下：

```
<hibernate-configuration>
    <session-factory>
        <mapping resource="com/dh/ch05/pojo/Customer.hbm.xml"/>
        <mapping resource="com/dh/ch05/pojo/Order.hbm.xml"/>
    </session-factory>
</hibernate-configuration>
```

在上述配置信息中，增加了 Order.hbm.xml 文件的设置，从而使得 Hibernate 能够操纵 Order 对象。

在 com.dh.ch06.test 包中创建了一个 BusinessService 类用于实现 Customer 类和 Order 的增删改查。

```java
public class BusniessService {
    public static void main(String[] args) {
        // 添加客户和订单信息
        addCustomerAndOrder();
    }
    /* 添加客户和订单信息 */
    public static void addCustomerAndOrder() {
        Customer customer = new Customer("zhangsan", "123456", "张三",
                                "青岛市","13012345678");
        System.out.println("-----添加 1 条 Customer 记录-----");
        addCustomer(customer);
        System.out.println("-----添加 2 条 Order 记录-----");
        //创建 id 为 1 的 Order 对象
        Order order = new Order("1",new Date(), 42.8d, customer);
        //把 order 对象数据保存到数据库中
        addOrder(order);
        order = new Order("2",new Date(), 53.2d, customer);
        addOrder(order);
    }
    /* 添加客户 */
    public static void addCustomer(Customer customer) {
        //获取 Session 对象
        Session session = HibernateUtils.getSession();
        //开启事务
        Transaction trans = session.beginTransaction();
        //保存对象
        session.save(customer);
        //提交事务
        trans.commit();
        //关闭 Session
        HibernateUtils.closeSession();
    }
    /* 添加 order 对象 */
    public static void addOrder(Order order) {
        //获取 Session 对象
        Session session = HibernateUtils.getSession();
        //开启事务
        Transaction trans = session.beginTransaction();
        //保存对象
        session.save(order);
```

```
            //提交事务
            trans.commit();
            //关闭 Session
            HibernateUtils.closeSession();
        }
}
```

上述代码中,当运行 main()方法时,Hibernate 执行了以下 3 条 insert 语句:

```
insert into CUS TOMER (USERNAME, PASSWORD, REALNAME, ADDRESS, MOBILE)
values (?, ?, ?, ?, ?)
insert into ORDERS (ORDERNO, ORDERDATE, TOTAL, CUSTOMER_ID) values (?, ?, ?, ?)
insert into ORDERS (ORDERNO, ORDERDATE, TOTAL, CUSTOMER_ID) values (?, ?, ?, ?)
```

上述 3 条 insert 语句中,第 1 条是向表 CUSTOMER 中插入 1 条记录,后两条 insert 语句向表 ORDERS 中插入 2 条记录,并在这两条记录中主动添加了 CUSTOMER_ID 的值,该值就是 Customer 对象的 id 值。因此,当 Order 类和 Customer 类在 Hibernate 是 N-1 关系时,保存 Order 对象,系统会自动把 Customer 对象属性 id 的值作为外键添加到 ORDERS 表的 CUSTOMER_ID 字段中。

BusinessService 运行完毕后,CUSTOMER 表和 ORDERS 表中的数据如图 6-3 所示。

CUSTOMER表

ID	USERNAME	PASSWORD	REALNAME	ADDRESS	MOBILE
1	zhangsan	123456	张三	青岛市	13012345678

ORDERS表

ID	ORDERNO	ORDERDATE	TOTAL	CUSTOMER_ID
1	1	2010-07-01 14:43:27	42.8	1
2	2	2010-07-01 14:43:27	53.2	1

图 6-3 CUSTOMER 表和 ORDERS 表数据

修改 BusinessService 类,演示在 ORDERS 表中查询 id 为 1 的记录。

```
public class BusniessService {
    public static void main(String[] args) {
        // 添加客户和订单信息
        // addCustomerAndOrder();
        findOrder(1);
    }
    public static void findOrder(Integer id) {
        Session session = HibernateUtils.getSession();
        Order order = (Order) session.get(Order.class, id);
        // 利用 order 获取 Customer 对象
```

```
            Customer customer = order.getCustomer();
            //获取顾客的真实姓名
            String realName = customer.getRealName();
            //获得顾客的电话
            String mobile = customer.getMobile();
            //打印相关信息
            System.out.print("编号：" + order.getId() + ", ");
            System.out.print("总金额：" + order.getTotal() + ", ");
            System.out.print("下单日期：" + order.getDate() + ", ");
            System.out.print("客户姓名：" + realName + ", ");
            System.out.print("客户电话：" + mobile );
        }
        ......代码省略
}
```

执行结果如下：

编号：1, 总金额：42.8, 下单日期：2010-06-26 14:19:26.0, 客户姓名：张三, 客户电话：13012345678

上述结果中，当查询 Order 对象时，对应的 Customer 对象也被查询出来。

在查询 Order 对象时，Hibernate 执行了两条查询语句：

```
select
        order0_.ID as ID1_0_,
        ......//省略
        from
                ORDERS order0_
        where
                order0_.ID=?
select
        customer0_.ID as ID0_0_,
        ......//省略
        from
                CUSTOMER customer0_
        where
                customer0_.ID=?
```

在上述 sql 语句中，Hibernate 使用两条 select 语句分别读取 ORDERS 和 CUSTOMER 表完成了一次查询，而实际上是可以通过外连接使用一条 select 语句完成的，这可以通过设置 many-to-one 元素的 fecth 属性来实现，该属性决定是否使用 SQL 外连接来查询表与表之间关联数据。

fecth 属性取值有两种：

(1) select：不使用外连接查询关联的内容。

(2) join：使用左外连接查询关联的内容。

修改 Order.hbm.xml 映射文件，在 many-to-one 元素中添加 fecth 属性，值为 join。

```
<many-to-one name="customer" fetch="join" column="CUSTOMER_ID" class="Customer"/>
```

再次运行 BusinessService，Hibernate 将使用左外连接查询 Order 和 Customer 对象，执行的查询语句如下：

```
select
        order0_.ID as ID1_1_,
        ......//省略已有代码
from
        ORDERS order0_
left outer join
        CUSTOMER customer1_
                on order0_.CUSTOMER_ID=customer1_.ID
where
        order0_.ID=?
```

  many-to-one 元素的 fetch 属性也可以用 outer-join 属性代替，outer-join 属性值为 true 时与 fecth=join 等价，当 outer-join 值为 false 时则与 fecth=select 等价。

2. 单向 1-N

在单向 N-1 关联映射中，Order 与 Customer 是多对一的关系，Order 对象负责维护关联关系。如果将这个映射关系反过来，由 Customer 对象维护多个 Order 对象的管理，该关联方式就是 1-N 单向关联。

修改 Customer 类，在该类中添加 orders 集合属性：

```
public class Customer implements Serializable {
        /*订单集合 orders*/
        private Set<Order> orders = new HashSet<Order>(0);
        public Set<Order> getOrders() {
                return orders;
        }
        public void setOrders(Set<Order> orders) {
                this.orders = orders;
        }
        ......//省略已有代码
}
```

上述代码中，创建一个 Set 集合属性 orders，并提供该属性的 getter/setter 方法，从而实现了 Customer 类到 Order 类的 1-N 单向关联：只需要在 Customer 类中定义一个 Set 集合类型的属性 orders，而在 Order 类中无需定义 Customer 类型的属性 customer。

Customer 类和 Order 类的类图如图 6-4 所示。

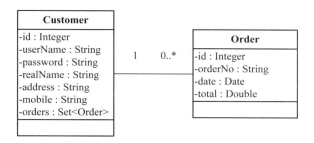

图 6-4　Customer 与 Order 类 1-N 关联

修改 Customer.hbm.xml 映射文件，添加<set>元素，配置 1-N 关联关系：

```xml
<hibernate-mapping package="com.dh.ch05.pojo">
    <class name="Customer" table="CUSTOMER">
    ......
        <!-- 1-N 关联关系 -->
        <set name="orders">
            <key column="CUSTOMER_ID" />
            <one-to-many class="Order" />
        </set>
    </class>
</hibernate-mapping>
```

上述配置信息中，利用<set>元素来映射 Customer 类和 Order 类之间的 1-N 关联，建立了 orders 属性和 ORDER 表的外键 CUSTOMER_ID 之间的映射。

其中<set>元素结构如下：

◇ name 属性：设定待映射的持久化类的属性名，例如：Customer 类的 orders 属性。

◇ key 元素：设定关联表的外键，例如：ORDER 表的 CUSTOMER_ID 字段。

◇ one-to-many 元素：设定关联的持久化类，例如：Order 类。

在 Hibernate 中通过比较两个持久化对象的标识符属性值(ID)来判断二者是否相等，这时就需要在实体类中对 equals()方法和 hashCode()方法进行重写。

Customer 类 equals()和 hashCode()方法重写代码如下：

```java
public class Customer implements Serializable {
    /* 用户 ID */
    private Integer id;
    /*根据 id 重写 hashCode()方法*/
    public int hashCode() {
        final int prime = 31;
        int result = 1;
        result = prime * result + ((id == null) ? 0 : id.hashCode());
        return result;
    }
```

```
        /*根据 id 重写 equals()方法*/
        public boolean equals(Object obj) {
                if (this == obj)
                        return true;
                if (obj == null)
                        return false;
                if (getClass() != obj.getClass())
                        return false;
                Customer other = (Customer) obj;
                if (id == null) {
                        if (other.id != null)
                                return false;
                } else if (!id.equals(other.id))
                        return false;
                return true;
        }
......省略
}
```

Order 类 equals()和 hashCode()方法重写代码如下：

```
public class Order implements Serializable {
        /* 主键 Id */
        private Integer id;
        /*根据 id 重写 hashCode()方法*/
        public int hashCode() {
                final int prime = 31;
                int result = 1;
                result = prime * result + ((id == null) ? 0 : id.hashCode());
                return result;
        }
        /*根据 id 重写 equals()方法*/
        public boolean equals(Object obj) {
                if (this == obj)
                        return true;
                if (obj == null)
                        return false;
                if (getClass() != obj.getClass())
                        return false;
                Order other = (Order) obj;
                if (id == null) {
                        if (other.id != null)
```

```
                return false;
        } else if (!id.equals(other.id))
                return false;
        return true;
    }
}
```

　　在代码 Custromer.java 和 Order.java 中分别重写了 Customer 类和 Order 类的 equals()方法和 hashCode()方法。原因是在 Hibernate 中，数据库中的同一条记录可能对应多个引用值不同的持久化对象，如果使用"=="比较，有可能同一条记录的多个对象由于地址不同而被 Hibernate 视为多条记录，所以不能使用"=="来比较，而是需要根据持久化对象的标识符属性来判断是否相等。因此在持久化类中通过重写 hashCode()和 equals()方法来实现对持久化对象的比较，如果两个对象的标识符相等即对应数据库中的同一条记录，那么 Hibernate 就会把这两个对象看做是同一个对象。

　　查询某用户的所有订单信息，并打印在控制台上。代码如下：

```
public class BusinessService {
    public static void main(String[] args) {
        //查询客户编号为 1 的所有订单
        findOrdersOfCustomer(1);
    }
    /* 查询客户的所有订单信息 */
    public static void findOrdersOfCustomer(Integer id) {
        //获取 Session 对象
        Session session = HibernateUtils.getSession();
        //根据 id 获取 Customer 对象
        Customer customer = (Customer) session.get(Customer.class, id);
        //获取 Order 集合
        Set<Order> orders = customer.getOrders();
        //打印相关信息
        System.out.println("客户：" + customer.getUserName() + "的订单如下：");
        for (Order order : orders) {
            System.out.print("编号：" + order.getId() + "，");
            System.out.print("总金额：" + order.getTotal() + "，");
            System.out.print("下单日期：" + order.getDate() + "，");
            System.out.println();
        }
    }
...
}
```

　　上述代码中，Hibernate 首先从数据库中查询出 id 为 1 的 Customer 持久化对象，然后访问该对象的 orders 集合属性，并打印该集合中每一个 Order 对象，这时 Hibernate 会再一次访问数据库把符合条件的所有订单信息查询出来。执行结果如下所示。

客户：zhangsan 的订单如下：
编号：1, 总金额：42.8, 下单日期：2010-06-26 14:19:26.0,
编号：2, 总金额：53.2, 下单日期：2010-06-26 14:19:26.0,

 在实际开发过程中，对于 POJO 类需要重写从 Object 类继承的 equals()方法、hashCode()方法或 toString()方法，重写这些方法时代码繁琐且无技术含量，手工编写容易出错，可以使用 Apache Commons Lang 组件 builder 包中的帮助类来实现，限于篇幅不再赘述，读者可查阅相关文档。

3．双向 1-N

所谓双向 1-N 关联，就是 1-N 与 N-1 单向关联的整合。双向 1-N 建立了 1 端和 N 端的双向关联关系，既可以从 1 端导航到 N 端，也可以从 N 端导航到 1 端，例如，可以从通过客户直接访问其所拥有的所有订单，也可以通过某个订单访问该订单所属的客户对象。

 在实际开发中，不推荐使用单向的 1-N 关联，通常使用 1-N 双向关联。1-N 双向关联就是单向 1-N 和单向 N-1 的结合，即在 1 端配置<set>元素，在 N 端配置<many-to-one>元素，由此形成双向 1-N 关系。

6.1.2 级联关系

在 Hibernate 程序中持久化的对象之间会通过关联关系互相引用，对象进行保存、更新和删除等操作时，有时需要被关联的对象也要执行相应的操作。如当对处于关联关系主动方的对象执行操作时，被关联的对象也会同步执行同一操作。这一问题可通过使用 Hibernate 的级联(cascade)功能来解决。例如，当试图删除顾客对象时，通过级联关系让 Hibernate 决定是否删除该对象对应的所有订单对象。cascade 是<set>元素的一个属性，该属性常用值及描述如表 6-2 所示。

表 6-2　cascade 属性值及描述

属性值	描　　述
none	默认值，表示关联对象之间无级联操作
save-update	表示主动方对象在调用 save()、update()和 saveOrUpdate()方法时对被关联对象执行保存或更新操作
delete	表示主动方对象在调用 delete()方法时对被关联对象执行删除操作
delete-orphan	用在 1-N 关联中，表示主动方对象调用 delete()方法时删除不被任何一个关联对象所引用的关联对象，多用于父子关联对象中
all	等价于 save-update 和 delete 的联合使用

 在实际开发中，级联通常用在 1-N 和 1-1 关联关系中，而对于 N-1 和 N-N 关联使用级联操作则没有意义。此外，cascade 属性值 save-update 最为常用。

【示例 6.2】 当添加一个顾客对象时，同时保存该顾客的所有订单。

在 BusinessService 中添加如下代码：

```
public class BusinessService {
```

```
public static void main(String[] args) {
        Customer customer = new Customer("lisi", "123456", "李四",
                                "青岛市","13012345678");
        Order order = new Order("3", new Date(), 1000.0);
        //建立关联关系，实现级联保存
        customer.getOrders().add(order);
        addCustomerWithCascade(customer);
    }
    /* 使用 save-update 级联保存 Order */
    public static void addCustomerWithCascade(Customer customer) {
        Session session = HibernateUtils.getSession();
        Transaction trans = session.beginTransaction();
        session.save(customer);
        trans.commit();
        HibernateUtils.closeSession();
    }
......//省略已有代码
}
```

对于 Customer.hbm.xml 文件配置如下所示：

```
<hibernate-mapping package="com.dh.ch05.pojo">
    <class name="Customer" table="CUSTOMER">
    ......
            <!-- 1-N 关联关系 -->
            <set name="orders" cascade="save-update">
                <key column="CUSTOMER_ID" />
                <one-to-many class="Order" />
            </set>
    </class>
</hibernate-mapping>
```

上述代码中，配置了级联保存或更新操作，当保存顾客对象时，会把其对应的订单对象级联保存。

当运行 main()方法时，Hibernate 执行了以下几条 SQL 语句：

```
insert into CUSTOMER (USERNAME, PASSWORD, REALNAME, ADDRESS, MOBILE)
values (?, ?, ?, ?, ?)
insert into ORDERS (ORDERNO, ORDERDATE, TOTAL, CUSTOMER_ID)
values (?, ?, ?, ?)
update ORDERS set CUSTOMER_ID=? where ID=?
```

上述结果中，执行了两条 insert 语句和一条 update 语句。Hibernate 首先在 CUSTOMER 表中插入一条记录，然后根据外键 CUSTOMER_ID 的值在 ORDERS 表中插入订单信息，最后执行一条 update 语句来更新 ORDERS 表中的 CUSTOMER_ID 信息，从而完成两张表之间的关联关系。

在 1-N 关联关系中，通常将控制权交给 "N" 方，这可以在<set>元素中通过配置 inverse 属性来实现，当 inverse="true" 时表示关联关系由对方维护。修改后的 Customer.hbm.xml 代码如下：

```xml
<!-- 配置控制反转 -->
<set name="orders" inverse="true" cascade="save-update">
            <key column="CUSTOMER_ID" />
            <one-to-many class="Order" />
</set>
```

通过上面的配置，设置关联的控制权交给了 Order 对象，所以在保存 Customer 对象前 Order 对象必须关联到该对象，代码如下：

```java
public class BusinessService {
    public static void main(String[] args) {
        // 添加客户和订单信息
        Customer customer = new Customer("lisi", "123456", "李四",
                                "青岛市","13012345678");
        Order order= new Order("3",new Date(), 1000.0);
        //建立关联关系，实现级联保存
        customer.getOrders().add(order);
        //order 对象必须关联 customer 对象 inverse 才起作用
        order.setCustomer(customer);
        addCustomerWithCascade(customer);
    }
......略
}
```

上述代码中，利用语句 "order.setCustomer(customer)" 实现了 order 到 customer 对象的关联，执行当运行 main()方法时，Hibernate 执行了以下两条 insert 语句：

```sql
insert  into  CUSTOMER (USERNAME, PASSWORD, REALNAME, ADDRESS, MOBILE)
values   (?, ?, ?, ?, ?)
insert  into  ORDERS (ORDERNO, ORDERDATE, TOTAL, CUSTOMER_ID)
values   (?, ?, ?, ?)
```

运行 BusinessService 完毕后，CUSTOMER 表和 ORDERS 表中的数据如图 6-5 所示。

CUSTOMER表

ID	USERNAME	PASSWORD	REALNAME	ADDRESS	MOBILE
1	lisi	123456	李四	青岛市	13012345678

ORDERS表

ID	ORDERDATE	TOTAL	CUSTOMER_ID	ORDERNO
1	2010-07-01 15:26:28	1000	1	3

图 6-5 CUSTOMER 表和 ORDERS 表数据

通过运行结果可见，当将关联的控制权交给"N"方时，无需执行 update 语句就可完成两关联对象之间的级联操作。

6.1.3　一对一关联关系

在 Hibernate 中，有两种映射 1-1 关联关系的方式：

(1) 基于外键的单向 1 对 1：是 N-1 关联的特殊形式，要求 N 方唯一。

(2) 基于主键的双向 1 对 1：两个关联表使用相同的主键值，其中一个表的主键共享另外一个表的主键。

1．基于外键的单向 1-1

基于外键的单向 1-1 与 N-1 在 POJO 类中代码的编写方式相同，因为 N 的一端或 1 的一端都是直接访问关联实体；对于映射配置，两者也比较相似，基于外键的单向 1-1 只需要在原有的 many-to-one 元素增加 unique="true"属性，用以表示 N 的一端必须唯一，通过在 N 的一端添加唯一约束的方法，将单向 N-1 变成等同于基于外键的单向 1-1 关联关系。

【示例 6.3】　创建一个身份证类 IdCard，属性有 id，身份证编号(cardNo)，演示 Customer 与 IdCard 的基于外键的单向 1-1 关联关系。

定义一个 IdCard 类，代码如下：

```java
public class IdCard {
        /*主键 ID*/
        private Integer id;
        /*身份证编号*/
        private String cardNo;
...... 省略
}
```

IdCard.hbm.xml 文件中配置信息如下所示：

```xml
<hibernate-mapping package="com.dh.ch05.pojo">
        <class name="IdCard" table="IDCARD">
                <!--主键-->
                <id name="id" column="ID">
                        <generator class="native" />
                </id>
                <!-- 身份证编号-->
                <property name="cardNo" column="CARDNO" type="string"/>
        </class>
</hibernate-mapping>
```

创建 IdCard.hbm.xml 文件后，需要修改 Hibernate.cfg.xml 文件，增加对 IdCard.hbm.xml 映射文件的设置，配置信息如下所示：

```xml
<hibernate-configuration>
        <session-factory>
```

```
                <!-- 映射文件路径 -->
                <mapping resource="com/dh/ch05/pojo/Customer.hbm.xml" />
                <mapping resource="com/dh/ch05/pojo/Order.hbm.xml" />
                <mapping resource="com/dh/ch05/pojo/IdCard.hbm.xml" />
        </session-factory>
</hibernate-configuration>
```

修改 Customer 类，添加 IdCard 属性，代码如下：

```
public class Customer implements Serializable {
......省略
    /*身份证对象*/
    private IdCard idCard;
......省略 getter/setter 方法
}
```

在 Customer.hbm.xml 配置文件中添加<many-to-one>元素，从而形成 Customer 和 IdCard 的单向 1-1 关联，配置信息如下所示：

```
<hibernate-mapping package="com.dh.ch05.pojo">
        <class name="Customer" table="CUSTOMER">
                <id name="id" column="ID">
                        <generator class="native" />
                </id>
......省略
                <!-- 基于外键的 1-1 关联 -->
                <many-to-one name="idCard" class="IdCard" cascade="all"
                        column="IDCARD_ID" unique="true" />
        </class>
</hibernate-mapping>
```

上述配置中，cascade 的属性值为 all，表示当保存、更新或删除 Customer 对象时，同时级联保存、更新或删除 IdCard 对象。此外<many-to-one>元素的 unique 属性值为 true，表示每个 Customer 对象都有唯一的 IdCard 对象与之关联。

 unique 属性默认值为 false，如果设置为 true，可以表达对象之间的一对一关联关系。

2. 基于主键的双向 1-1

基于主键的双向 1-1 关联即两个关联表使用相同的主键值，其中一个表的主键共享另外一个表的主键。在 Customer 与 IdCard 的关联关系中，在 Customer 类中只有一个 idCard 属性，那么 Customer 类与 IdCard 类之间只存在一个一对一关联关系，在这种情况下可以考虑使用主键映射方式。

【示例 6.4】 基于示例 6.3 创建的 IdCard 类，实现 Customer 类和 IdCard 之间的基于主键的关联映射。

在 Customer.hbm.xml 文件中配置<one-to-one>元素，配置信息如下所示：

```
<hibernate-mapping package="com.dh.ch05.pojo">
    <class name="Customer" table="CUSTOMER">
    ......
    <!-- 映射 one-to-one 关联关系-->
    <one-to-one name="idCard" class="IdCard" cascade="all"/>
    </class>
</hibernate-mapping>
```

上述配置中，cascade 的属性值为 all，表示当保存、更新或删除 Customer 对象时，同时级联保存、更新或删除 idCard 对象。

<one-to-one>元素的 constrained 属性值为 true，表示 IdCard 表的 ID 主键同时作为外键参考 CUSTOMER 表。在 IdCard.hbm.xml 文件中，必须为 ID 使用 foreign 标识符生成策略，这样 Hibernate 就会保证 IdCard 对象与关联的 Customer 对象共享一个 ID。

```
<hibernate-mapping package="com.dh.ch05.pojo">
    <class name="IdCard" table="IDCARD">
        <id name="id" column="ID">
            <generator class="foreign">
                <param name="property">customer</param>
            </generator>
        </id>
        <!-- 建立了 one-to-one 对应关系-->
        <one-to-one name="customer" class="Customer" constrained="true"/>
    </class>
</hibernate-mapping>
```

6.1.4　多对多关联关系

数据库表之间的多对多关联在实际开发中使用较少，并且一个多对多关联通常可以分拆成两个一对多关联。Hibernate 中可以配置单向和双向的 N 对 N 关联，也可以使用两个 1-N 关联代替 N-N 关联。

1．单向 N-N

单向 N-N 关联只有主动方对象关联被动方对象，而被动方对象没有关联主动方对象。例如，Order 类与 Product 类之间的关系就是多对多关联关系，即一个订单上可以对应多个产品信息。Order 类与 Product 类的关联关系如图 6-6 所示。

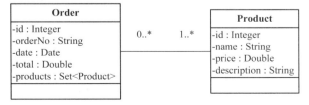

图 6-6　Order 类与 Product 类单向关联类图

从上面的类图可以看出，Order 对象是主动方对象，Product 对象是被动方对象。一个 Order 对象可以包含 1 个或多个不同的 Product 对象，而同一个 Product 对象可以被 0 个或多个不同的 Order 对象所包含。

【示例 6.5】 创建 Product 产品类，属性有 id、name(产品名)、price(产品价格)、description(产品描述)；修改 Order 类，添加产品集合，演示多对多关系。

创建 Product 产品类，代码如下：

```
public class Product {
        /* 主键 */
        private Integer id;
        /* 产品名 */
        private String name;
        /* 产品价格 */
        private Double price;
        /* 产品描述 */
        private String description;
......省略
}
```

Product 类对应的映射文件 Product.hbm.xml 配置信息如下：

```
<hibernate-mapping package="com.dh.ch05.pojo">
        <class name="Product" table="PRODUCT">
                <id name="id" column="ID">
                        <generator class="native" />
                </id>
                <!-- 产品名 -->
                <property name="name" column="NAME" type="string" not-null="true" />
                <!-- 产品价格 -->
                <property name="price" column="PRICE" type="double" not-null="true" />
                <!-- 产品描述 -->
                <property name="description" column="DESCRIPTION" type="string" />
        </class>
</hibernate-mapping>
```

在 Order.java 代码中添加对 Product 对象的定义，代码如下：

```
public class Order {
        ......省略
        /* 产品集合 */
        private Set<Product> products;
......省略
}
```

在 Order.hbm.xml 文件中设定 Order 类与 Product 类之间的单向 N-N 关联关系，配置信息如下所示：

```
<hibernate-mapping package="com.dh.ch05.pojo">
    <class name="Order" table="ORDERS">
    ......省略
            <set name="products" table="ORDERITEM">
                <key column="ORDER_ID" />
                <many-to-many class="Product" column="PRODUCT_ID" />
            </set>
    </class>
</hibernate-mapping>
```

上述配置中，`<set>`元素设置了 Order 对象中包含的 Product 对象的集合。`<set>`元素中的 table 属性为 ORDERITEM，指明了 ORDER 和 PRODUCT 表之间的连接表的表名，连接表用于保存 Product 和 Order 对象之间的映射关系。`<key>`元素用于在连接表 ORDERITEM 中设置关于 ORDER 表的外键，外键名字为"ORDER_ID"。`<many-to-many>`元素设置了 Order 与 Product 对象的多对多关系，其中 class 属性设置了 products 集合中每个被包含的对象的类型为 Product，同时使用 column 属性设置连接表中引用自 PRODUCT 表的外键名为"PRODUCT_ID"。

 ORDERITEM 表中只有两个字段，分别是 ORDER_ID 和 PRODUCT_ID。

2．双向 N-N

双向 N-N 是指主动方对象和被动方对象相互关联。双向 N-N 关联只是在单向 N-N 的基础上在被动方对象上增加了对主动方的关联。例如，Order 类与 Product 类之间的关系可以设置为双向 N-N 关联关系，即一个订单上可以对应多个产品信息，同样对于每个产品可以判断该产品是否被购买过，即其所对应的订单信息。Order 类与 Product 类的双向 N-N 关联关系如图 6-7 所示。

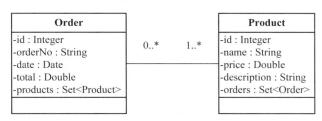

图 6-7 Order 与 Product 类的双向关联类图

从图 6-7 可以看出，Order 与 Product 是双向关联，Order 对象中使用 products 属性保存所关联的 1 个或多个 Product 对象，而 Product 对象中使用 orders 属性保存所关联的 0 个或多个 Order 对象。

【示例 6.6】 通过产品查找关联的所有订单对象。

在 Product.hbm.xml 文件中增加 Order 类与 Product 类之间的双向 N-N 关联关系，配

置信息如下所示:

```
<!-- 配置多对多关联 -->
<set name="orders" table="ORDERITEM">
        <key column="PRODUCT_ID" />
        <many-to-many class="Order" column="ORDER_ID" />
</set>
```

上述在 Product.hbm.xml 中添加的配置表明, Product 对象也可以作为 N-N 关联的主动方, Product 类的 orders 属性保存所有被关联的 Order 对象。

3. 拆分 N-N 为两个 1-N 关联

在实际应用中, 由于订单中不仅需要记录购买人的基本情况、购买产品的名称和单价, 还需要记录所购买的不同产品的数量, 而之前的所有对象都不能记录购买产品的数量。因此就需要在连接表 ORDERITEM 中添加额外的字段类记录这些信息。例如, 可以在 ORDERITEM 表中添加字段记录购买产品的成交价格和数量。为了解决上述问题, 可以把 N-N 关联关系拆分成两个 1-N 关联, 即 Order 对象与 OrderItem 对象和 Product 对象与 OrderItem 对象的两个 1-N 关联。在 OrderItem 对象对应的 ORDERITEM 表中保存额外的数据。Product 类、Order 类与 OrderItem 类的类图如图 6-8 所示。

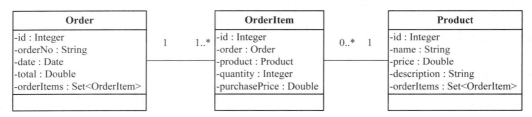

图 6-8　Order、Product 和 OrderItem 类的类图

从 6-8 中可以看出, 一个 Order 对象可以包含 1 或多个 OrderItem 对象, 一个 Product 对象也可以包含 0 或多个 OrderItem 对象。

　　前面 N-N 关系中, 并没有创建 OrderItem 对象, 而是创建了 ORDERITEM 表来保存 Order 对象和 Product 对象的关联关系, 这种关联关系是通过 ORDER 表与 PRODUCT 表的主键来维护的。

【示例 6.7】 创建 OrderItem 订单单项类, 属性有 id、order、product、quantity(产品数量)、purchasePrice(购买价格), 演示 N-N 拆分成两个 1-N 的情况。

创建 OrderItem 类, 代码如下:

```
public class OrderItem {
        private Integer id;
        /* 订单属性 */
        private Order order;
        /* 产品属性 */
        private Product product;
        /* 产品数量 */
        private Integer quantity;
```

```
    /* 购买价格 */
    private Double purchasePrice;
......省略
}
```

OrderItem 对应的 OrderItem.hbm.xml 映射文件的配置信息如下所示：

```xml
<hibernate-mapping package="com.dh.ch05.pojo">
    <class name="OrderItem" table="ORDERITEM">
        <!--主键-->
        <id name="id" column="ID">
            <generator class="native" />
        </id>
        <!--OrderItem 与 Order 是 1-N 关系 -->
        <many-to-one name="order" class="Order" column="ORDER_ID" />
        <!--OrderItem 与 Product 是 1-N 关系 -->
        <many-to-one name="product" class="Product" column="PRODUCT_ID"/>
        <!--购买商品数量 -->
        <property name="quantity" column="QUANTITY" type="integer" />
        <!--商品购买时的价格 -->
        <property name="purchasePrice" column="PURCHASEPRICE"
type="double" />
    </class>
</hibernate-mapping>
```

Order.hbm.xml 和 Product.hbm.xml 文件中的配置信息需要修改，将原来的 N-N 关系改成 1-N 关系，如下所示：

```xml
<hibernate-mapping package="com.dh.ch05.pojo">
    <class name="Order" table="ORDERS">
......省略
    <set name="orderitems" cascade="save-update" inverse="true" table="ORDERITEM">
        <key column="ORDER_ID" />
        <one-to-many class="OrderItem" />
    </set>
    </class>
</hibernate-mapping>
```

上述配置中，配置了 Order 与 OrderItem 的 1-N 关联关系。在名为 orderitems 集中保存所关联的多个 OrderItem 类型的对象，ORDERITEM 表中的外键 ORDER_ID 对应于 ORDER 表的主键。

```xml
<hibernate-mapping package="com.dh.ch05.pojo">
    <class name="Product" table="PRODUCT">
......省略
    <set name="orderitems" table="ORDERITEM" inverse="true">
```

```
            <key column="PRODUCT_ID" />
            <one-to-many class="OrderItem" />
        </set>
        </class>
</hibernate-mapping>
```

上述配置中，配置了 Product 与 OrderItem 的 1-N 关联关系。同样，也是在 orderitems 集中保存所关联的多个 OrderItem 类型的对象，ORDERITEM 表中的外键 PRODUCT_ID 对应于 PRODUCT 表的主键。

6.2 Hibernate 批量处理

在实际应用中，有时需要同时往数据库中插入多条记录，例如，插入 1000000 个 Customer 对象；有时需要一次更新多条记录，例如，更新 1000000 个 Customer 对象的积分信息。在多条记录的插入或更新过程中，如果使用不当会使得 Hibernate 对数据的访问性能下降。Hibernate 提供了批量处理的解决方案，下面分别从批量插入和批量更新两个方面进行介绍。

6.2.1 批量插入

在通常情况下，如果将 1 000 000 个 Customer 对象插入到数据库中，可以采用下述做法。

```java
public static void addCustomers() {
        //获取 Session 对象
        Session session = HibernateUtils.getSession();
        //开启事务
        Transaction trans = session.beginTransaction();
        /*保存 1000000 个 Customer 对象*/
        for (int i = 0; i < 1000000; i++) {
                Customer customer = new Customer();
                //保存对象
                session.save(customer);
        }
        //提交事务
        trans.commit();
        //关闭 Session 对象
        HibernateUtils.closeSession();
}
```

由于 Hibernate 有一个一级缓存即 Session 缓存，所有 1 000 000 个 Customer 对象都将在该缓存中存储，所以如果存储的对象过多，程序就可能会在某个时刻运行失败，并且抛出 OutOfMemoryException(内存溢出异常)。

为了解决这个问题，可以定时将 Session 缓存的数据刷新存入数据库，而不是一直在 Session 缓存中。例如，可以在保存 Customer 对象的过程中，每保存 20 个对象就清空 Session 缓存一次。

【示例6.8】 往数据库中一次存入 1 000 000 个 Customer 对象。

```
public static void addCustomers() {
    Session session = HibernateUtils.getSession();
    Transaction trans = session.beginTransaction();
    /* 保存100000个 Customer 对象 */
    for (int i = 0; i < 1000000; i++) {
        //创建 Customer 对象
        Customer customer = new Customer();
        customer.setUserName("name"+(i+1));
        customer.setPassword("123456");
        //保存对象
        session.save(customer);
        if (i % 20 == 0) {
            //清理缓存
            session.flush();
            //清空缓存
            session.clear();
            //提交事务
            trans.commit();
            //重新开始事务
            trans = session.beginTransaction();
        }
    }
    //关闭 Session
    HibernateUtils.closeSession();
}
```

上述代码中，当"i%20==0"时，手动将 Session 中的缓存数据写入数据库，并手动提交事务。如果不提交事务，数据将依然缓存在 Session 中，而没有存入到数据库，这时可能会引起内存溢出。

6.2.2　批量更新

对数据的批量更新可通过如下两种方法完成：

(1) 采用类似于批量插入的方法来完成数据的批量更新。

(2) 使用 scroll()方法，将返回的数据进行更新操作，从而充分利用游标所带来的性能优势。

【示例6.9】 对多个 Customer 对象的 userName 值进行批量更新。

```
public static void updateCustomers() {
    Session session = HibernateUtils.getSession();
    Transaction trans = session.beginTransaction();
    /* 查询 Customer 对象 */
    ScrollableResults customers = session.createQuery("from Customer").scroll();
    int count = 0;
    while (customers.next()) {
        Customer customer = (Customer) customers.get(0);
        customer.setUserName("username" + count);
        // 当 count 为 20 的倍数时，将更新的结果从 Session 中 flush 到数据库
        if (count % 20 == 0) {
            //同步持久化对象与数据库
            session.flush();
            //清空缓存
            session.clear();
            trans.commit();
            trans = session.beginTransaction();
        }
        count++;
    }
    //提交事务
    trans.commit();
    //关闭 Session 对象
    HibernateUtils.closeSession();
}
```

上述代码中，对所有 Customer 对象进行了批量更新，但这种更新是逐行更新，即每更新一行记录就需要执行一条 update 语句，性能比较低下。在实际应用中，如果一次更新的记录不多，可以采用这种方式。此外，Hibernate 提供的 HQL 语句也支持批量的更新和删除，批量更新和删除的语法格式如下：

```
update | delete from ClassName [where conditions]
```

其中：

✧ from 关键字是可选的，即可以不写。

✧ ClassName 是一个类名，该类名不能有别名。

✧ where 子句是可选的，可以在 where 子句后使用子查询，但不能使用连接，显式的和隐式的都不可以。

利用 HQL 对多个 Customer 对象的 userName 值进行批量更新。

```
public static void updateCustomersByHQL() {
    Session session = HibernateUtils.getSession();
    Transaction trans = session.beginTransaction();
    // 定义 HQL 语句
```

```
    String hql = "update Customer set name = :name";
    //获取 Query 对象
    Query query = session.createQuery(hql);
    //进行参数绑定
    query.setString("name", "username");
    //执行更新
    query.executeUpdate();
    //提交事务
    trans.commit();
    //关闭 Session 对象
    HibernateUtils.closeSession();
}
```

上述代码中，使用了 HQL 对 Customer 对象进行了批量更新操作，默认把数据库中所有 customer 记录的名字都改为 "username"，上述 HQL 更新语法类似于 PreparedStatement 的 executeUpdate 语法，实际上 HQL 的批量更新直接借鉴了 SQL 语法的 update 语句。

此外，HQL 也提供了批量删除操作，同样可以使用 Query 类的 executeUpdate() 方法。

利用 HQL 进行批量删除，删除数据库中所有的 Customer 对象。

```
public static void deleteCustomerByHQL() {
    Session session = HibernateUtils.getSession();
    Transaction trans = session.beginTransaction();
    // 定义 HQL 删除语句
    String hql = "delete Customer";
    Query query = session.createQuery(hql);
    query.executeUpdate();
    trans.commit();
    HibernateUtils.closeSession();
}
```

上述代码中，利用了 HQL 的批量删除功能，将数据库中的所有 Customer 记录都删除掉。请注意，在执行删除代码时，如 Order 表中有关联数据，会抛出异常。

 在使用 HQL 的批量更新或删除语法时，通常在底层只需要执行一次的 update 或 delete 语句就可以完成所有满足条件记录的更新或删除。

6.3　Hibernate 检索方式

Hibernate 提供了非常强大的查询功能，在实际应用中，可以使用 Hibernate 的多种查询方式进行各种查询。在前面章节中已经介绍了通过 Session 的 get()、load()方法来检索对象的方式，本节将简要介绍 Hibernate 提供的各种检索方式。

Hibernate 的几种检索对象的方式如表 6-3 所示。

表 6-3　Hibernate 几种检索对象的方式

检索方式	描　　述
导航对象图检索方式	根据已加载的对象，利用对象之间关联关系，导航到其他对象。例如，对于已经加载的 Customer 对象，通过调用该对象的 getOrders().iterator()方法就可以导航到某一个 Order 对象
OID 检索方式	按照对象的 OID 来检索对象。可以使用 Session 的 load()或 get()方法。例如，想要检索 OID 为 1 的 Customer 对象，如果数据库中存在，就可以通过 load(Customer.class,1)检索到该对象
HQL 检索方式	使用 HQL(Hibernate Query Language)查询语言来检索对象。Hibernate 中提供了 Query 接口，该接口是 HQL 查询接口，能够执行各种复杂的 HQL 查询语句。详见 6.4 节
QBC 检索方式	使用 QBC(Query By Criteria)API 来检索对象。该 API 提供了更加面向对象的接口，用于各种复杂的查询。详见 6.5 节
本地 SQL 检索方式	使用本地数据库的 SQL 查询语句。Hibernate 负责把检索到的 JDBC ResultSet 结果集映射为持久化对象图

注意　　本节已经使用过导航对象图检索方式和 OID 检索方式进行对象的检索，下面不再赘述，限于篇幅，接下来主要介绍 HQL 检索方式和 QBC 检索方式，关于本地 SQL 检索方式的使用可以参见实践 5 的知识拓展。

6.4　HQL 与 QBC 检索

在实际应用中，HQL 和 QBC 是常见的两种强大的查询方式，它们各有特点，下面分别介绍。

1. HQL 检索

HQL 是面向对象的查询语言。与 SQL 查询语言相比虽然在语法上类似，并且都是在运行时得以解析，但 HQL 并不像 SQL 那样是数据操作语言，其操作对象是类、对象、属性等。由于 HQL 具有面向对象特性，因此可以支持继承和多态等特征。在 Hibernate 提供的各种检索方式中，HQL 是使用最广泛的。

HQL 基本的查询语法规则如下：

```
[select attribute_name_list]
from class_name
[where ...]
[group by ...]
[having ...]
[order by ...]
```

其中：

◇　attribute_name_list 指定查询的属性列表，多个属性名之间使用逗号隔开。

◇　class_name 指定查询的类名，可以使用类的全称，例如 com.dh.pojo.Customer。

HQL 查询常用的关键字如表 6-4 所示。

表 6-4　HQL 查询关键字

关键字	功　能	示　例
from	指定查询的类	from Customer (返回 Customer 类的所有实例,默认情况下省略 select 子句时,表示返回实例的所有属性)
where	指定条件,用来筛选数据源	from Customer where address='青岛市'(返回地址是"青岛市"的所有 Customer 实例,其中 address 是 Customer 类的属性)
select	执行查询后,返回元素所包含的内容	select realName,address from Customer (返回所有 Customer 实例的 realName 和 address 属性值)
group by	对查询结果进行分组	select count(o) from Order o group by o.customer (按照客户进行分组查询,返回所有客户订单的个数)
order by	对查询结果进行排序	from Customer order by age (默认按照属性 age 进行升序排序,可以使用 asc 或 desc 关键字指明按照升序或降序进行排序)
join	join 单独使用时表示内连接,left join 表示左外连接,right join 表示右外连接	select c from Customer c inner join c.orders(返回 Customer 的所有实例,注意 set 集合默认使用延迟加载,只有在真正使用集合中的 order 对象时,才真正查询 order 表的内容)
fetch	一次性取出当前对象和所被关联的对象,也叫预先抓取	select c from Customer c inner join fecth c.orders(返回 Customer 的所有实例,并把该实例的 orders 属性进行预先加载,而不是延迟加载)

　除了 Java 类与属性的名称外,查询语句对大小写并不敏感。

通常情况下,使用 HQL 查询可按照如下步骤进行:

(1) 获取 Hibernate 的 Session 对象。

(2) 编写 HQL 查询语句。

(3) 以 HQL 作为参数,调用 Session 对象的 createQuery()方法,创建 Query 对象。

(4) 如果 HQL 语句中包含参数,调用 Query 对象的 setXXX()方法为参数赋值。

(5) 调用 Query 对象的 list()等方法得到查询结果。

2. QBC 检索

QBC 检索也称为条件查询,是完全面向对象的数据检索方式,主要通过下面三个类完成:

(1) Criteria:代表一次查询。

(2) Criterion:代表一个查询条件。

(3) Restrictions:产生查询条件的工具类。

通常情况下,执行条件查询的步骤如下:

(1) 获取 Hibernate 的 Session 对象。

(2) 以某类的 Class 对象作为参数调用 Session 对象的 createCriteria()方法,创建 Criteria 对象。

(3) 通过调用 Criteria 对象的 add()方法,增加 Criterion 查询条件。

(4) 执行 Criteria 的 list()等方法得到查询结果。

HQL 与 QBC 两种检索方式各有特点，HQL 类似 SQL，功能要比 QBC 方式强大；而 QBC 主要通过特定的 API 来完成查询，完全面向对象化，在动态查询时要比 HQL 更有优势。通常情况下，可以根据两者特点结合使用。

6.4.1　Query 与 Criteria 接口

　　Query 和 Criteria 接口是 Hibernate 的查询接口，用于向数据库查询对象，以及控制执行查询的过程。Criteria 接口完全封装了基于字符串形式的查询语句，比 Query 接口更加面向对象。

1．Query 接口

　　HQL 查询依赖于 Query 类，每一个 Query 实例都对应一个查询对象。Query 方法众多，常用方法及描述如表 6-5 所示。

表 6-5　Query 接口的方法及描述

方 法 名	描 述
int executeUpdate()	执行更新或删除等操作，返回值是受此操作影响的记录数
Iterator iterate()	返回一个 Iterator 对象，用于迭代查询的结果集。使用该方法时，首先检索 ID 字段，然后根据 ID 字段到 Hibernate 的一级和二级缓存中查找匹配的对象，如果存在就放到结果集中，否则执行额外的 select 语句，根据 ID 查询数据库。如果对象位于缓存中，该方法性能比 list()方法要高
List list()	返回 List 类型的结果集。如果是投影查询即查询部分属性，则返回 Object[]形式
Query setFirstResult(int first)	设定开始检索的起始位置，参数 first 表示对象在查询结果中的索引位置，索引位置的起始值为 0。默认情况下，Query 接口从索引位置为 0 的对象开始检索
Query setMaxResult(int max)	设定一次最多检索出的对象数目，默认情况下，Query 接口检索出查询结果中的所有对象，该方法通常和 setFirstResult()方法配合实现分页查询
Object uniqueResult()	返回单个对象。如果没有查询到结果则返回 null，该方法通常和 setMaxResult()方法配合使用，用于返回单个对象
Query setString(String name,String val)	绑定映射类型为 string 的参数。Query 接口提供了绑定各种 Hibernate 映射类型参数的方法，后续内容中会依次讲解。
Query setEntity(String name,Object val)	把参数与一个持久化对象绑定。该方法有多个重载方法
Query setParameter(String name,Object val)	用于绑定任意类型的参数。该方法有多个重载方法
Query setProperties(String name,Object val)	用于把命名参数与一个对象的属性值绑定。该方法有多个重载方法

　　在使用 Query 接口方法时首先要获取一个 Query 实例，可以利用 Session 的 createQuery()方法获取。

2．Criteria 接口

　　在条件查询中，Criteria 接口代表一次查询，该查询不具备任何的数据筛选功能。Criteria 本身是一个查询容器，具体的查询条件可以通过 Criteria 的 add()方法加入到 Criteria 实例中，开发人员甚至不用编写任何的 SQL 或 HQL 就可以实现数据的查询，此外，QBC 在编译时就进行解析，比较容易排错。Criteria 接口的方法也比较丰富，常用方法及描述如表 6-6 所示。

表 6-6　Criteria 接口的方法及描述

方 法 名	描 述
Criteria add(Criterion cri)	往 Criteria 容器中增加查询条件
Criteria addOrder(Order order)	增加排序规则，通过调用 Order 的 asc()或 desc()方法来确定对结果集进行升序还是降序排序
Criteria createCriteria(String path)	在相互关联的持久化类之间建立条件约束
List list()	返回 List 类型的结果集
Criteria setFirstResult(int first)	用法和 Query 接口的同名方法相同，见表 6-5
Criteria setMaxResult(int max)	用法和 Query 接口的同名方法相同，见表 6-5
Object uniqueResult()	用法和 Query 接口的同名方法相同，见表 6-5
Criteria setProjection(Projection projectionf)	设定统计函数实现分组统计功能，Projection 类型的对象代表一个统计函数，通过 Projections 类可以获取常用的统计函数

 使用 Criteria 接口方法时首先需获取一个 Criteria 实例，可以利用 Session 的 createCriteria()方法获取。

6.4.2　使用别名

通过 HQL 检索一个类的实例时，如果在查询语句的其他地方需要引用该类，通常为其指定一个别名，以便于引用。例如：

from Customer as c where c.realName='zhangsan'

其中，as 关键字用于设定别名，也可以将 as 关键字省略：

from Customer c where c.realName='zhangsan'

 在 HQL 查询语句中的关键字不区分大小写，为了版面的简洁统一，本书对 HQL 查询语句中的关键字一律采用小写形式。

QBC 检索方式不需要由应用程序显式地指定类的别名，Hibernate 会自动把查询语句中的根节点实体赋予别名“this”。例如：

```
List result = session.createCriteria(Customer.class)
.add(Restrictions.eq("name", "zhangsan"))
.list();
```

可等价于：

```
List result = session.createCriteria(Customer.class)
.add(Restrictions.eq("this.name","zhangsan"))
.list();
```

6.4.3　结果排序

HQL 和 QBC 都支持对查询结果进行排序。

1. HQL 结果排序

HQL 采用 "order by" 关键字对查询结果进行排序。

利用 HQL 对查询结果按照 Customer 的 userName 进行降序排序，代码如下：

```
public static void printUserNamesByDesc() {
        // 1.获取 session 对象
        Session session = HibernateUtils.getSession();
        // 2.编写 hql 语句
        String hql = "from Customer c order by c.userName desc";
        // 3.以 HQL 作为参数，调用 session 的 createQuery()方法创建 Query 对象
        Query query = session.createQuery(hql);
        // 4.调用 query 对象的 list()等方法遍历结果
        List<Customer> list = query.list();
        //打印结果
        for (Customer customer : list) {
                System.out.println(customer.getUserName());
        }
}
```

上述代码中，在 HQL 语句中利用 "order by" 对结果集按照降序排列。运行结果如下所示：

```
zhangsan
lisi
```

 在 order by 后如果不添加 desc 关键字，那么默认是升序排列。

2. Criteria 结果排序

QBC 中采用 org.hibernate.criterion.Order 类对查询结果进行排序。Order 类是代表排序的类，其中 asc()和 desc()是静态方法，分别代表升序和降序，返回值均为 Order 类型。

在 BusinessService 类中增加一个方法，利用 Criteria 对查询结果按照 Customer 的 userName 进行升序排序，代码如下：

```
public static void printUserNamesByAsc() {
        // 1.获取 session 对象
        Session session = HibernateUtils.getSession();
        // 2.以 Customer 的 Class 对象作为参数，创建 Criteria 对象
        Criteria critera = session.createCriteria(Customer.class);
        // 3.调用 criteria 对象的 addOrder()方法条件排序规则
        critera.addOrder(org.hibernate.criterion.Order.asc("userName"));
        List<Customer> list = critera.list();
        // 打印结果
        for (Customer customer : list) {
                System.out.println(customer.getUserName());
```

```
        }
    }
```

上述代码中，利用 Order.asc()方法对结果集按照升序排列。运行结果如下：

```
lisi
zhangsan
```

 在添加排序条件时，使用的是 addOrder()方法而不是 add()方法。此外，由于本章同时使用了订单类 Order 和排序类 Order，如果在程序中同时引用了这两个类，为了区分它们，必须给出完整的类路径，例如，org.hibernate.criterion.Order。

6.4.4 分页查询

分页是应用程序开发中很常用的一项技术。查询数据时，如果查询结果的数据量很大，会导致无法在客户端的单个页面上显示所有记录，这时就需要分页。例如，CUSTOMER 表中有 95 条记录，可以在终端用户界面上分 10 页来显示结果，每页显示 10 条记录，而第 10 页只显示 5 条记录，然后提供页码超链接用来导航，用户可以方便地跳转到所要查看的页。Query 和 Criteria 接口都提供了分页查询的方法，因此 HQL 语句和 QBC 都可以用来编写分页查询的代码。

1．HQL 分页查询

HQL 分页查询主要是通过 Query 接口中的 setFirstResult()和 setMaxResults()方法的结合使用来实现的。将数据库中 95 条记录分成 10 页，检索第 1 页中的 10 条记录，代码如下：

```
public class BusinessService {
    public static void main(String[] args) {
        listPageByQuery(1, 10);
    }
    //分页查询
    public static void listPageByQuery(int pageNo, int perPageNum) {
        Session session = HibernateUtils.getSession();
        String hql = "from Customer c order by c.id desc";
        Query query = session.createQuery(hql);
        //设置满足条件的第一条记录的位置
        query.setFirstResult((pageNo - 1) * perPageNum);
        //限定查询返回的记录的总数
        query.setMaxResults(perPageNum);
        //返回满足条件的记录
        List<Customer> list = query.list();
        // 打印结果
        for (Customer customer : list) {
            System.out.println(customer.getUserName());
```

```
        }
    }
}
```

上述代码中，pageNo 表示是页码，perPageNum 表示的是每页显示的记录数。由于 setFirstResult(int first)方法中 first 值从 0 开始即查询结果中的索引位置从 0 开始，那么当查询第 1 页时，第 1 页中第一个对象的位置根据"(pageNo-1)*perPageNum"的计算结果为 0。

HQL 分页查询的执行结果如下：

```
zhangsan94
zhangsan93
......省略
Zhangsan85
```

2．Criteria 分页查询

Criteria 分页查询与 HQL 分页查询类似，也是通过 Criteria 接口中的 setFirstResult()和 setMaxResults()方法的结合使用来实现的。把数据库中 95 条记录分成 10 页，检索第 10 页中的所有记录，代码如下：

```
public class BusniessService {
    public static void main(String[] args) {
        listPageByCriteria(10, 10);
    }
    public static void listPageByCriteria(int pageNo, int perPageNum) {
        //获取 Session
        Session session = HibernateUtils.getSession();
        //设置满足条件的第一条记录的位置
        Criteria criteria = session.createCriteria(Customer.class);
        //设置开始条数
        criteria.setFirstResult((pageNo - 1) * perPageNum);
        //限定查询返回的记录的总数
        criteria.setMaxResults(perPageNum);
        //返回满足条件的记录
        List<Customer> list = criteria.list();
        // 打印结果
        for (Customer customer : list) {
            System.out.println(customer.getUserName());
        }
    }
}
```

上述代码中，在查询第 10 页的记录时，第 10 页的第 1 条记录从位置为(10-1)*10 即 90 开始，由于数据库中一共有 95 条记录，虽然每页最大的显示记录数 perPageNum 为 10，但查询结果中却只有 5 条记录，索引位置从 90 到 94。

Criteria 分页查询的执行结果如下所示：

```
zhangsan94
zhangsan93
zhangsan92
zhangsan91
zhangsan90
```

　　　Hibernate 进行分页查询时在操作上具有很大的灵活性，对于不同的数据库，Hibernate 在底层都会使用特定的 SQL 语句来实现分页。例如，使用 mysql 时，会利用 limit 关键字；使用 Oracle 时，利用 rownum；使用 SQLServer 时，利用 top 关键字。Hibernate 屏蔽了底层的 SQL 实现，开发人员不必关心。

6.4.5　检索一条记录

在某些情况下，如果只希望检索出一个对象，可以先调用 Query 或 Criteria 接口的 setMaxResults()方法，把最大检索数设为 1，然后调用 uniqueResult()方法，该方法返回一个 Object 类型的对象。

1. HQL 检索单条记录

利用 Query 对象从数据库中检索单条记录，代码如下：

```
/*利用 Query 对象检索单个对象*/
    public static Customer findCustomerByQuery() {
            //创建 Session 对象
            Session session = HibernateUtils.getSession();
            //创建 hql 语句
            String hql = "from Customer c order by c.userName desc";
            //查询获取 Customer 对象
            Customer customer = (Customer) session.createQuery(hql)
                        .setMaxResults(1)//方法链编程风格
                        .uniqueResult();
            //返回 customer 对象
            return customer;
    }
```

上述代码中，通过 setMaxResults()方法将最大检索数设为 1，然后通过 uniqueResult() 方法返回单个对象。此外，上述程序代码采用了方法链编程风格。

如果明确知道查询结果只会包含一个对象，可以不用调用 setMaxResult()方法，例如：

```
Customer customer = (Customer) session.createQuery("from Customer c where c.id=1").uniqueResult();
```

如果查询结果中包含了多个对象，但没有调用 setMaxResults()方法设置最大检索数，就会抛出 NonUniqueResultException 异常。

2. Criteria 检索单条记录

利用 Criteria 对象从数据库中检索单条记录，代码如下：

```
/*利用 Criteria 对象检索单个对象*/
public static Customer findCustomerByCriteria() {
        //获取 Session 对象
        Session session = HibernateUtils.getSession();
        //查询获取 Session 对象
        Customer customer = (Customer)session.createCriteria(Customer.class)
                .setMaxResults(1)
                .uniqueResult();
        //返回对象
        return customer;
    }
```

上述代码中，利用 Criteria 对象的 setMaxResults()和 uniqueResult()方法检索了单个对象。

6.4.6　设定查询条件

HQL 查询语句通过设定 where 子句来设定查询条件。与 SQL 不同的是，HQL 在 where 子句中使用的是对象的属性名，而不是字段名称。

对于 QBC 查询，通过创建一个 Criterion 对象来设定查询条件，通常使用 Restrictions 类来创建 Criterion 对象。表 6-7 列出了 HQL 和 QBC 在设定查询条件时可用的各种运算。

表 6-7　HQL 和 QBC 查询的各种运算

运算类型	HQL 运算符	QBC 运算方法	描　　述
比较运算	=	Restrictions.eq()	等于
	>	Restrictions.gt()	大于
	>=	Restrictions.ge()	大于等于
	<	Restrictions.lt()	小于
	<=	Restrictions.le()	小于等于
	<>	Restrictions.ne()	不等于
	is null	Restrictions.isNull()	判断是否空
	is not null	Restrictions.isNotNull()	判断是否非空
范围运算	in	Restrictions.in()	对应 SQL 的 in 子句
	not in	无	对应 SQL 的 not in 子句
	between and	Restrictions.between()	对应 SQL 的 between and 子句
	not between and	无	对应 SQL 的 not between and 子句
字符串模式匹配	like	Restrictions.like()	对应 SQL 的 like 子句
	无	Restrictions.ilike()	对应 SQL 的 like 子句，但是匹配的字符串忽略大小写
逻辑运算	and	Restrictions.and()	条件与
	or	Restrictions.or()	条件或
	not	Restrictions.not()	条件非

1．HQL 的查询条件

1) 比较运算

下面利用 HQL 检索年龄为 18 的 Customer 对象，代码如下：

```
session.createQuery("from Customer c where c.age=18");
```

检索年龄不等于 18 的 Customer 对象，代码如下：

```
session.createQuery("from Customer c where c.age<>18");
```

检索姓名为空的 Customer 对象，代码如下：

```
session.createQuery("from Customer c where c.realName is null");
```

 　　不能通过 c.realName=null 的方式来检索姓名为空的 Customer 对象，因为在 SQL 查询语句中诸如 'zhangsan'=null 的比较结果值不是 true 或 false，而是 null。

检索用户名为"张三"且小写的 Customer 对象，代码如下：

```
session.createQuery("from Customer c where lower(c.userName)= '张三'");
```

在 HQL 查询语句中，可以直接调用 SQL 的 lower()函数，把字符串转为小写，或者调用 upper()函数，把字符串转为大写。

2) 范围运算

检索姓名不为张三、李四或王五的 Customer 对象，代码如下：

```
session.createQuery("from Customer c where c.realName not in('张三','李四','王五')");
```

检索年龄不在 18 到 20 之间的 Customer 对象，代码如下：

```
session.createQuery("from Customer c where c.age not between 18 and 20");
```

3) 字符串模式匹配

HQL 中使用 like 关键字进行模糊查询，这和 SQL 类似。模糊查询能够比较字符串是否与指定的字符串模式匹配。字符串模式中可以使用的通配符如下所示：

(1) 百分号(%)：匹配任意类型且任意长度的字符串，字符串的长度可以为 0。

(2) 下划线(_)：匹配单个任意字符串，常用来限制字符串表达式的长度。

检索姓名以"张"开头并且姓名任意长度的 Customer 对象，代码如下：

```
session.createQuery("from Customer c where c.realName like '张%'");
```

检索用户名以"z"开头，且字符串长度为 4 的 Customer 对象，代码如下：

```
session.createQuery("from Customer c where c.userName like 'z___'");
```

4) 逻辑运算

检索用户名以"z"开头，密码长度大于 6 的 Customer 对象，代码如下：

```
session.createQuery("from Customer c where c.userName like 'z%' and length(password)>6");
```

检索用户名以"z"开头或者年龄不在 20 到 30 之间的 Customer 对象，代码如下：

```
session.createQuery("from Customer c where c.userName like 'z%' or (c.age not between 20 and 30)");
```

2．Criteria 的查询条件

1) 比较运算

利用 QBC 检索年龄大于等于 20 的 Customer 对象。代码如下：

```
int age = 20;
Criteria criteria = session.createCriteria(Customer.class);
```

```
//添加条件，判断对象年龄是否大于 20
criteria.add(Restrictions.ge("age",age));
```

上述代码中，可以动态地把 age 值作为参数。

检索姓名不为空的 Customer 对象。代码如下：

```
Criteria criteria = session.createCriteria(Customer.class);
//添加条件，通过判断 realName 是否为 null 来查询符合条件的对象
criteria.add(Restrictions.isNotNull("realName"));
```

检索用户名为"zhangsan"且不区分大小写的 Customer 对象，代码如下：

```
String userName = "zhangsan";
Criteria criteria = session.createCriteria(Customer.class);
//添加条件，根据姓名查询符合条件的对象
criteria.add(Restrictions.eq("userName",userName).ignoreCase());
```

2）范围运算

检索姓名为张三、李四或王五的 Customer 对象，代码如下：

```
String[] names = {"张三","李四","王五"};
Criteria criteria = session.createCriteria(Customer.class);
//添加条件，给定姓名范围，查询符合条件的对象
criteria.add(Restrictions.in("realName",names));
```

检索年龄在 18 到 20 之间的 Customer 对象，代码如下：

```
Criteria criteria = session.createCriteria(Customer.class);
//添加条件，根据年龄范围查询符合条件的对象
criteria.add(Restrictions.between("age", 18, 20));
```

3）字符串模式匹配

对于 QBC 查询方式，除了使用通配符，还可以使用 org.hibernate.criterion.MatchMode 类的各种静态常量实例来设定字符串模式，MatchMode 类常用的静态常量实例如表 6-8 所示。

表 6-8   MatchMode 类的静态常量实例

匹 配 模 式	描　　述
MatchMode.START	匹配以某个字符串开头的字符串模式
MatchMode.END	匹配以某个字符串结尾的字符串模式
MatchMode.ANYWHERE	匹配以某个字符串在任意位置的字符串模式
MatchMode.EXACT	精确匹配某个字符串的字符串模式

检索用户名以"z"开头的 Customer 对象，代码如下：

```
Criteria criteria = session.createCriteria(Customer.class);
criteria.add(Restrictions.like("userName","z",MatchMode.START));
```

检索用户名中含有"zh"的 Customer 对象，代码如下：

```
Criteria criteria = session.createCriteria(Customer.class);
criteria.add(Restrictions.like("userName","zh",MatchMode.ANYWHERE));
```

4) 逻辑运算

检索用户名以"z"开头，同时以"n"结尾的，且为任意长度的 Customer 对象，代码如下：

```
Criteria criteria = session.createCriteria(Customer.class);
criteria.add(Restrictions.like("userName","z%"));
criteria.add(Restrictions.like("userName", "%n"));
```

或

```
Criteria criteria = session.createCriteria(Customer.class);
criteria.add(Restrictions.and(Restrictions.like("userName", "z%"),
Restrictions.like("userName", "%n")));
```

上面两种方式等价。当在 Criteria 中使用 add()方法添加多个 Criterion 对象时，这些条件之间默认是 and 的关系。

检索用户名以"z"开头或以"n"结尾的，且为任意长度的 Customer 对象，代码如下：

```
Criteria criteria = session.createCriteria(Customer.class);
criteria.add(Restrictions.or(Restrictions.like("userName", "z%"),
Restrictions.like("userName", "%n")));
```

 如果查询条件非常复杂，QBC 方式的代码可读性较差，建议使用 HQL 进行查询。

6.4.7　HQL 中绑定参数

在实际应用中，经常有这样的需求，用户在查询窗口中输入一些查询条件，要求返回满足查询条件的记录。例如，用户在窗口中输入姓名信息，要求查询匹配的 Customer 对象。可通过如下代码来实现：

```
public static List<Customer> findCustomersByName(String name){
    //获取 Session 对象
    Session session = HibernateUtils.getSession();
    //创建查询 HQL 语句，根据 realName 查询符合条件的对象
    String hql = "from Customer as c where c.realName = '"+name+"'";
    //执行查询
    Query query = session.createQuery(hql);
    //返回查询列表
    return query.list();
}
```

上述代码是可行的，但书写起来比较麻烦，如果传入多个字符串参数作为条件，就会采用重复单引号的形式，这种方式和 JDBC 中使用 Statement 查询类似。此外，这种写法不安全，如果某个用户在查询窗口中输入"z' or SomeProcedure() or '1' = '1"那么实际的 HQL 查询语句为：

```
from Customer as c where c.realName='z' or SomeProcedure() or '1' = '1'
```

上面查询语句中，不仅使检索条件失效而且会执行一个名为"SomeProcedure"的存储过程，这就是所谓的"SQL 注入"，因此这种方法有很大的安全隐患。

在 JDBC 中，可以使用 PreparedStatement 来避免 SQL 注入的问题，同样，在 Hibernate 中也提供了参数绑定机制。而实际上，Hibernate 的参数绑定机制在底层就是依赖了 JDBC 中的 PreparedStatement 的预定义 SQL 语句功能。Hibernate 参数绑定有按参数名字绑定和按参数位置绑定两种方式，以 setString()方法为例来说明：

(1) 按照参数名字。

```
public Query setString(String name, String val);
```

(2) 按照参数位置。

```
public Query setString(int position, String val);
```

 其他绑定方法见表 6-9，在表 6-9 中的每个方法根据 HQL 中绑定参数的方式分别都有两种重载形式。

1. 按照参数名字绑定

在 HQL 语句中定义命名参数，命名参数以"："开头，代码如下：

```
public static List<Customer> findCustomersByName(String name){
    //获取 Session 对象
    Session session = HibernateUtils.getSession();
    //创建 HQL
    String hql = "from Customer as c where c.realName = :realname";
    Query query = session.createQuery(hql);
    //按照参数名字进行绑定
    query.setString("realname",name);
    return query.list();
}
```

上述代码中，在 HQL 语句中定义了一个命名参数 realname，然后使用 query 对象的 setString()方法来绑定参数。Query 接口提供了绑定各种 Hibernate 映射类型的参数的方法，方法名及描述如表 6-9 所示。

表 6-9　Query 接口的绑定参数方法

方　法　名	描　　　述
setString()	绑定映射类型为 string 的参数
setCharacter()	绑定映射类型为 character 的参数
setBoolean()	绑定映射类型为 boolean 的参数
setByte()	绑定映射类型为 byte 的参数
setShort()	绑定映射类型为 short 的参数
setInteger()	绑定映射类型为 integer 的参数
setLong()	绑定映射类型为 long 的参数
setFloat()	绑定映射类型为 float 的参数

续表

方 法 名	描　　述
setDouble()	绑定映射类型为 double 的参数
setBinary()	绑定映射类型为 binary 的参数
setText()	绑定映射类型为 text 的参数
setDate()	绑定映射类型为 date 的参数
setTime()	绑定映射类型为 time 的参数
setTimestamp()	绑定映射类型为 timestamp 的参数

对于一系列的 setXXX()方法，方法的第一个参数代表命名参数的名字，第二个参数
代表命名参数的值。

2．按照参数位置绑定

在 HQL 查询语句中使用"?"来定义参数的位置，代码如下：

```
public static List<Customer> findCustomersByName(String name){
    Session session = HibernateUtils.getSession();
    String hql = "from Customer as c where c.realName = ?";
    Query query = session.createQuery(hql);
    //按照参数位置进行绑定
    query.setString(0,name);
    return query.list();
}
```

上述代码中，HQL 查询语句定义了一个参数，第一个参数的位置从 0 开始，然后调
用 Query 的 setString()方法来绑定参数。

 　　在 JDBC 查询中，对于 PreparedStatement 的绑定参数位置从 1 开始，而 Hibernate 中从 0
开始。

6.4.8　连 接 查 询

HQL 同 SQL 一样支持各种常见的连接查询，例如内连接、外连接等。此外，HQL 还
支持 fetch(预先抓取)内连接和 fetch 左外连接。HQL 支持的各种连接类型如表 6-10 所示。

表 6-10　HQL 支持的连接类型

连接类型	HQL 语法	适 用 条 件
内连接	inner join 或 join	适用于有关联的持久化类，并且在映射文件中对这种关联关系作了映射
预先抓取内连接	inner join fetch 或 join fetch	
左外连接	left outer join 或 left join	
预先抓取左外连接	left outer join fetch 或 left join fetch	
右外连接	right outer join 或 right join	

在表 6-10 所列的各种连接方式中，预先抓取左外连接和预先抓取内连接不仅指定了

连接查询方式，而且显式地指定了关联级别的检索策略，而左外连接和内连接仅指定了连接方式，并没有指定关联级别的检索策略。下面分别介绍内连接、预先抓取内连接、左外连接和预先抓取左外连接。

      QBC 在连接查询的支持方面没有 HQL 强大，而且编码复杂，限于篇幅，在此 QBC 连接查询不做讲解。

1．内连接

在 HQL 中，inner join 关键字表示内连接(inner 关键字可以省略，单独使用 join 默认表示内连接)。只要两个持久化类对应的表的关联字段之间有相符的值，内连接就会组合两个表中的连接。内连接在一对多或多对一的关联中比较常见。

在 Customer.hbm.xml 文件中对 orders 集合设置了延迟检索策略，利用 HQL 的 inner join 来查询用户名以"z"开头的 Customer 对象的所有订单编号，代码如下：

```
public static void findCustomerByJoin() {
        Session session = HibernateUtils.getSession();
        String hql = "from Customer c inner join c.orders o "
                        + " where c.userName like :name";
        Query query = session.createQuery(hql);
        query.setString("name", "z%");
        //list 对象中包含多个 Object[]对象，每个 Object[]的长度为 2
        List<Object[]> list = query.list();
        for (Object[] objs : list) {
                Customer customer = (Customer)objs[0];
                System.out.print(customer.getId() + " "
                                + customer.getUserName() + " ");
                Order order = (Order) objs[1];
                System.out.print(order.getOrderNo());
                System.out.println();
        }
}
```

上述代码中，使用了内连接的查询方式，Query 对象的 list()方法返回的集合中包含了满足条件的元素，每个元素对应查询结果中的一条记录，每个元素都是 Object[]类型，并且其长度为 2。实际上，每个 Object[]数组中都存放了一对 Customer 和 Order 对象。执行结果如下：

```
1 zhangsan 20100706
1 zhangsan 20100712
```

上述结果中，分别在控制台打印了 Customer 的 userName 和 Order 的 orderNo 信息，结果中打印了两次"1"，说明这两组 Object[]对象数组重复引用 OID 为 1 的 Customer 对象。此外，由于在 Customer.hbm.xml 文件中对 orders 集合配置了延迟检索策略，因此 orders 集合并没有被初始化。只有当程序第一次调用 OID 为 1 的 Customer 对象的

getOrders().iterator()方法时，才会初始化 Customer 对象的 orders 集合。

如果要求 Query 的 list()方法返回的集合中仅包含 Customer 对象，可以在 HQL 语句中使用 select 关键字，HQL 语句如下：

String hql = "**select c** from Customer c inner join c.orders o where c.userName like :name";

此时，在 Query 的 list()方法返回的 list 对象中，只包含 Customer 类型的数据。

　　如果在 Customer.hbm.xml 映射文件中，对 orders 集合设置了立即检索策略，HQL 在执行 inner join 的同时，会把 Customer 对象的 orders 集合属性初始化。

2．预先抓取内连接

在 HQL 查询语句中，"inner join fetch" 表示预先抓取内连接，"inner join" 在默认情况下是延迟加载的，而使用 "fetch" 关键字后会一次性取出当前对象和该对象的关联实例或关联集合，这种情况就是 "预先抓取(预先加载)"。

利用 HQL 的 inner join fetch 查询用户名以 "z" 开头的 Customer 对象的所有订单编号，代码如下：

```
public static void findCustomerByFetchJoin() {
        Session session = HibernateUtils.getSession();
        String hql = "from Customer c inner join fetch c.orders o "
                        + " where c.userName like :name";
        Query query = session.createQuery(hql);
        query.setString("name", "z%");
        List<Customer> list = query.list();
        for (Customer customer : list) {
                System.out.print(customer.getId() + " "
                                + customer.getUserName() + " ");
                for (Order order : customer.getOrders()) {
                        System.out.print(order.getOrderNo() + " ");
                }
                System.out.println();
        }
}
```

上述代码中，使用了预先抓取内连接的查询方式，Query 对象的 list()方法返回的集合中包含了满足条件的元素，每个元素都是 Customer 类型的，并且每个 Customer 类型的对象中的 orders 集合已经被初始化。执行结果如下：

```
1 zhangsan 20100706 20100712
1 zhangsan 20100706 20100712
```

上述结果中，分别在控制台打印了 Customer 的 userName 和 Order 的 orderNo，结果中打印了两次 "1"，由此可见，当使用预先抓取内连接检索策略时，查询结果中可能会包含重复元素，可以通过 HashSet 来过滤重复元素。代码如下：

```
public static void findCustomerByFetchJoin() {
```

```
Session session = HibernateUtils.getSession();
String hql = "from Customer c inner join fetch c.orders o "
                + " where c.userName like :name";
Query query = session.createQuery(hql);
query.setString("name", "z%");
List<Customer> list = query.list();
Set<Customer> set   = new HashSet<Customer>(list);
for (Customer customer : set) {
        System.out.print(customer.getId() + " "
                        + customer.getUserName() + " ");
        for (Order order : customer.getOrders()) {
                System.out.print(order.getOrderNo() + " ");
        }
        System.out.println();
}
}
```

　　如果在程序代码中使用 inner join fetch，会覆盖映射文件中指定的任何检索策略。

3. 左外连接

在 HQL 中，left outer join 关键字表示左外连接(可省略 outer 关键字，left join 默认为左外连接)。在使用左外连接查询时，将根据映射文件的配置来决定 orders 集合的检索策略。

在 Customer.hbm.xml 文件中对 orders 集合设置了延迟检索策略，利用 HQL 的 left outer join 来查询年龄大于 18 的 Customer 对象的所有订单编号。代码如下：

```
public static void findCustomerByLeftJoin() {
        int age = 18;
        Session session = HibernateUtils.getSession();
        String hql = "from Customer c left outer join c.orders o"
                        + " where c.age >?";
        Query query = session.createQuery(hql);
        query.setInteger(0, age);
        List<Object[]> list = query.list();
        for (Object[] objs : list) {
                Customer customer = (Customer) objs[0];
                System.out.print(customer.getId() + " "
                                + customer.getUserName() + " ");
                Order order = (Order) objs[1];
                if(objs[1]!= null)
                        System.out.print(order.getOrderNo());
                System.out.println();
```

```
            }
        }
```

上述代码中，对 Customer 和 Order 类使用了左外连接的查询方式，通过 Query 对象的 list()方法返回满足条件的元素集合，每个元素对应查询结果中的一条记录，都是 Object[]类型，并且其长度为 2。每个 Object[]数组中都存放了一对 Customer 和 Order 对象。与内连接查询不同的是，如果 Customer 对象满足条件，而该对象没有对应的 Order 对象，这时 Hibernate 仍然将该对象检索出来，只不过 objs[1]的值为 null。执行结果如下：

```
1 zhangsan 20100706
1 zhangsan 20100712
2 lisi
```

上述结果中，分别在控制台打印了 Customer 的 userName 和 Order 的 orderNo 信息，输出结果中打印了两次"1"和一次"2"，说明前两组 Object[]对象数组引用 OID 为 1 的同一个 Customer 对象。而对于 OID 为 2 的 Customer 对象，由于没有对应的 Order 对象，所以其没有对应的订单信息。

此外，由于在 Customer.hbm.xml 文件中对 orders 集合配置了延迟检索策略，因此 orders 集合并没有被初始化。只有当程序第一次调用 OID 为 1 的 Customer 对象的 getOrders().iterator()方法时，才会初始化 Customer 对象的 orders 集合。

如果要求 Query 的 list()方法只返回 Customer 对象，可以在 HQL 语句中使用 select 关键字。HQL 语句如下：

```
String hql = "select c from Customer c left outer join c.orders o where c.age> ? ";
```

此时，在 Query 的 list()方法返回的 list 对象中，只包含 Customer 类型的数据。

 　　如果在 Customer.hbm.xml 映射文件中，对 orders 集合设置了立即检索策略，HQL 在执行 left outer join 的同时，会把 Customer 对象的 orders 集合属性初始化。

4．预先抓取左外连接

在 HQL 查询语句中，left outer join fetch 表示预先抓取左外连接，也可省略为 left join fetch。

在 Customer.hbm.xml 文件中对 orders 集合设置了延迟检索策略，利用 HQL 的 left outer join 来查询年龄大于 18 的 Customer 对象的所有订单编号。代码如下：

```
public static void findCustomerByLeftFetch() {
        int age = 18;
        Session session = HibernateUtils.getSession();
        String hql = "from Customer c left join fetch c.orders o "
                    + " where c.age >?";
        Query query = session.createQuery(hql);
        query.setInteger(0, age);
        List<Customer> list = query.list();
            for (Customer customer :list) {
```

```
            System.out.print(customer.getId() + " "
                            + customer.getUserName() + " ");
        for (Order order : customer.getOrders()) {
                System.out.print(order.getOrderNo() + " ");
        }
        System.out.println();
    }
}
```

上述代码中，使用了预先抓取左外连接的查询方式，Query 对象的 list()方法返回的集合中包含了满足条件的元素，每个元素都是 Customer 类型的，并且每个 Customer 类型的对象中的 orders 集合已经被初始化。

执行结果如下：

```
1 zhangsan 20100706 20100712
1 zhangsan 20100706 20100712
2 lisi
```

上述结果中，分别在控制台打印了 Customer 的 userName 和 Order 的 orderNo，结果中打印了两次"1"和一次"2"。由此可见，当使用预先抓取内连接检索策略时，查询结果中可能会包含重复元素，可以通过 HashSet 来过滤重复元素。代码如下：

```
public static void findCustomerByLeftFetch() {
    int age = 18;
    Session session = HibernateUtils.getSession();
    String hql = "from Customer c left join fetch c.orders o "
                    + "  where c.age >?";
    Query query = session.createQuery(hql);
    query.setInteger(0, age);
    List<Customer> list = query.list();
    Set<Customer> set = new HashSet<Customer>(list);
    for (Customer customer : set) {
        System.out.print(customer.getId() + " "
                            + customer.getUserName() + " ");
        for (Order order : customer.getOrders()) {
                System.out.print(order.getOrderNo() + " ");
        }
        System.out.println();
    }
}
```

通过上述代码，即可将查询结果中的重复元素过滤掉，执行结果如下：

```
1 zhangsan 20100706 20100712
2 lisi
```

如果在程序代码中使用 left outer join fetch，会覆盖映射文件中指定的任何检索策略。

6.4.9　投影、分组与统计

1．投影查询

投影查询是指结果仅包含部分实体或者是实体的部分属性值(不包含全部属性值)。投影查询是通过 select 关键字来实现的，在本章的连接查询的示例中已经使用过。例如，只想查询出 Customer 对象的 id 和 useName 属性，可以使用如下查询代码实现：

```
String hql = "select c.id,c.userName from Customer c inner join c.orders o where c.userName like 'z%'";
Query query = session.createQuery(hql);
List<Object[]> list = query.list();
for(Object[] objs :list){
        System.out.println(objs[0]+ " " +objs[1]);
}
```

通过上述 HQL 语句查询，其返回结果的集合中包含多个 Object[]类型的对象，每个 Object[]对象代表一条查询记录，其长度为 2，objs[0]对应 c.id，objs[1]对应 c.userName。

1) 实例化查询结果

实例化查询结果是对投影查询的一种改进。在使用投影查询时由于使用 Object[]数组，操作和理解起来不太方便，如果将 Object[]的所有成员封装成一个对象，在操作上就十分方便。

例如，上面的代码中对 Customer 对象只要求检索 id 和 userName 属性，使用实例化查询后代码改进如下：

```
String hql = "select new Customer(c.id,c.userName) from Customer c inner join c.orders o where c.userName like 'z%'";
Query query = session.createQuery(hql);
List<Customer> list = query.list();
for(Customer c :list){
        System.out.println(c.getId()+ " " +c.getUserName());
}
```

上面代码中，使用"new Customer(c.id,c.userName)"对查询结果进行了实例化，查询的结果封装到了 Customer 对象中。需要注意的是，使用上述方法必须在 Customer 类中已经定义了 Customer(int,String)构造方法，否则抛出 PropertyNotFoundException 异常。

对于 c.id 和 c.userName 的值进行封装，不一定非得采用 Customer，也可以定义一个其他的类，如 CustomerRow 类，但仍必须保证新定义的类也具有相应的构造方法。对应的 HQL 如下所示：

```
String hql = "select new CustomerRow(c.id,c.userName) from Customer c inner join c.orders o where c.userName like 'z%'";
```

此外，在 HQL 中可以使用 Map 类型，对应的代码如下：

```
        String hql = "select new map(c.id,c.userName) from Customer c inner join c.orders o where c.userName
like 'z%'";
        Query query = session.createQuery(hql);
        List<Map> list = query.list();
        for(Map m :list){
            System.out.println(m.get("0")+ " " +m.get("1"));
        }
```

上述代码中，Query 对象的 list()方法返回了包含多个 Map 对象的集合，根据该对象的 0 和 1 这两个 key 值就可以获取 id、userName 值。

2）性能分析

当使用 select 语句检索类的部分属性时，Hibernate 返回的查询结果为关系数据，而不是持久化对象。可通过下述 HQL 语句来进行比较：

```
from Customer;   //返回的是持久化对象
select new map(c.id,c.userName,c.age,c.realName,c.mobile,c.address ) from Customer c;   //返回的是关系数据
```

如果执行上述的两条 HQL 语句会查询出相同的数据。区别在于前者返回的是持久化对象，它们位于 Session 缓存中，而后者返回的是关系型数据，它们不会占用 Session 缓存，只要应用程序中没有任何变量引用这些数据，其占用的内存就会被 JVM 回收。

在报表查询中，通常处理的数据量十分大，如果采用实例化查询方式，可能会检索出很多的 Customer 对象并且把与之关联的 Order 对象也检索出来。通常情况下，报表查询只涉及数据的读操作，采用实例化查询会导致大量的 Customer 对象位于 Session 缓存中，降低了报表查询的性能。对于 Map 类型的 HQL 语句，通过实例化查询返回的是多个 Map 对象，这些 Map 对象不在 Session 缓存中，使用完毕后就会被 JVM 回收，并释放内存，因此效率比第一种方式要高。

　　对于投影查询，一般采用实例化查询结果的形式，有利于性能的提高和操作的便利。

2. HQL 分组与统计查询

1）统计函数查询

与 SQL 一样，HQL 中也包含统计函数，常用的统计函数如表 6-11 所示。

表 6-11　HQL 中常用的统计函数

函数名称	功　能
count()	统计记录条数
min()	求最小值
max()	求最大值
sum()	求和
avg()	求平均值

下面通过具体示例来说明统计函数的使用方法。

（1）查询客户的数量。

```
String hql = "select count(c.id) from Customer c";
```

```
Long count =(Long) session.createQuery(hql).uniqueResult();
```

上述 HQL 语句返回 Long 类型的查询结果。

（2）查询所有客户的平均年龄。

```
String hql = "select avg(c.age) from Customer c";
Double avgAge =(Double) session.createQuery(hql).uniqueResult();//平均年龄
```

上述 HQL 语句返回 Double 类型的查询结果。

（3）查询所有客户年龄的最大值和最小值。

```
String hql = "select max(c.age) ,min(c.age) from Customer c";
Object[] objs = (Object[])session.createQuery(hql).uniqueResult();
Integer maxAge = (Integer)objs[0];//最大年龄
Integer minAge = (Integer)objs[1];//最小年龄
```

上述 HQL 语句返回一个 Object[]类型的数组，该数组中每个元素的实际类型为 Integer 类型。

2）分组查询

与 SQL 中的分组查询类似，在 HQL 中也使用 "group by" 语句进行分组查询，并且也可以使用 "having" 关键字对分组数据设定约束条件。下面举例说明分组查询的应用方式。

（1）按照客户 ID 分组，统计每个顾客的订单数目，代码如下：

```
public static void groupByCustomer() {
        Session session = HibernateUtils.getSession();
        String hql = "select c.userName,count(o) from Customer c "
                        + " left join c.orders o group by c.id";
        Query query = session.createQuery(hql);
        List<Object[]> list = query.list();
        for (Object[] objs : list) {
                String username = (String) objs[0];
                Long count = (Long) objs[1];
                System.out.println("用户名: " + username
                                +" 订单数: " + count);
        }
}
```

上述代码中，使用左外连接进行分组查询，返回的 list 是 Object[]类型的集合，每个 Object[]对应一条查询记录，且每个 Object[]的长度为 2。其中：objs[0]为 String 类型；objs[1]为 Long 类型。执行结果如下：

```
用户名: zhangsan   订单数: 2
用户名: lisi 订单数: 0
```

（2）按照客户 ID 分组，统计订单数目大于等于 1 的所有顾客，代码如下：

```
String hql = "select c.userName,count(o) from Customer c left join c.orders o group by c.id having
count(o)>=1";
Query query = session.createQuery(hql);
```

上述代码中，使用 having 子句用于为分组查询加上约束。

6.4.10 动态查询

在使用 Hibernate 查询数据的过程中，可以使用两种查询方式：

(1) 静态查询：在编程时已经确定要查询的字段，这时编写的 HQL 或 QBC 称为静态查询。

(2) 动态查询：在编程时无法确定要查询的字段，这时编写的 HQL 或 QBC 称为动态查询。

一般而言，HQL 适用于静态查询，而 QBC 适用于动态查询。

1. HQL 动态查询

在实际开发中，经常使用的查询方式是：用户在客户端输入一系列查询条件，然后点击"查询"按钮来进行数据查询。例如根据顾客的姓名和年龄来查询匹配的顾客记录。其客户端显示如图 6-9 所示。

姓名：

年龄：

图 6-9　动态查询窗口

利用 HQL 生成的动态查询语句来返回满足条件的 Customer 对象集合，代码如下：

```java
public static List<Customer> findCustomersByHQL(String name, Integer age) {
        Session session = HibernateUtils.getSession();
        StringBuffer buffer = new StringBuffer();
        //生成基础 SQL
        buffer.append("from Customer c where 1=1");
        //如果 name 满足条件，则加入语句中
        if (name != null) {
                buffer.append(" and c.userName like :name");
        }
        //如果 age 满足条件，则加入语句中
        if (age != null && age != 0) {
                buffer.append(" and c.age = :age");
        }
        Query query = session.createQuery(buffer.toString());
        if (name != null) {
                query.setString("name", "%" + name.toLowerCase() + "%");
        }
        if (age != null && age != 0) {
                query.setInteger("age", age);
        }
        return query.list();
}
```

上述代码中，利用 StringBuffer 类动态地构造 HQL 语句，首先创建基础 SQL 语句，其中加入了"where 1=1"子句。然后，通过判断 name 和 age 是否满足条件而决定在 HQL

语句后面追加内容。

 　　在 SQL 或 HQL 中使用"where 1=1"子句是一种常见的开发技巧，使用这个子句目的是避免在后续追击查询条件时为是否存在"where"而进行繁琐的判断。

2．Criteria 动态查询

利用 HQL 生成动态的查询语句虽然可以正常工作，但是把简单的功能变得比较麻烦。如果查询的字段很多，那么维护起来就相当不便。如果采用 QBC 检索方式进行如图 6-9 所示的查询，就可以简化编程。

利用 QBC 生成的动态查询语句来返回满足条件的 Customer 对象集合，代码如下：

```
public static List<Customer> findCustomersByCriteria(String name,
            Integer age) {
    Session session = HibernateUtils.getSession();
    Criteria criteria = session.createCriteria(Customer.class);
    if (name != null) {
        criteria.add(Restrictions.ilike("userName", name, MatchMode.ANYWHERE));
    }
    if (age != null && age != 0) {
        criteria.add(Restrictions.eq("age", age));
    }
    return criteria.list();
}
```

上述代码中，利用 QBC 动态地生成查询语句，在代码的编写过程中，不需要考虑 HQL 语句复杂的拼凑，只需要把满足条件的 Criterion 对象放入 Criteria 对象中即可。与 HQL 相比代码简单了许多。

3．QBE 查询

QBE 查询就是检索与指定的样本对象具有相同属性的对象。因此 QBE 查询的关键就是样本对象的创建，所谓的样本对象，就是根据用户输入的各种条件所创建的对象。样本对象中的所有非空属性均将作为查询条件。QBE 是 QBC 的功能子集，虽然没有 QBC 功能强大，但是有些场合 QBE 使用起来更为方便。QBE 检索方式中使用的核心类为 Example 类，该类常用的方法如表 6-12 所示。

表 6-12　Example 常用的方法

方　法　名	描　　　述
ignoreCase()	忽略模板类中所有 String 属性的大小写
enableLike(MatchMode mode)	表示对模板类中的所有 String 属性进行 like 模糊匹配，mode 参数指明以何种方式进行匹配
excludeZeroes()	不把为 0 的字段值加入到 where 条件子句中
excludeNone()	不把为空的字段值加入到 where 条件子句中
excludeProperty(String name)	不把属性为 name 的字段加入到 where 条件子句中

利用 QBE 进行如图 6-9 所示的查询，返回满足条件的 Customer 对象集合，代码如下：

```
public static List<Customer> findCustomersByExample(Customer customer) {
    /* customer 为样本对象，根据查询条件创建的对象 */
    Session session = HibernateUtils.getSession();
    // 根据样本对象创建 Example 对象
    Example example = Example.create(customer)  // 对所有 String 类型的字段进行模糊匹配
            .enableLike(MatchMode.ANYWHERE)
            .excludeNone()// 不把为空的字段加入 where 子句中
            .excludeZeroes()// 不把值为 0 的字段加入 where 子句中
            .ignoreCase();// 忽略所有 String 类型字段的大小写
    Criteria criteria = session.createCriteria(Customer.class);
    criteria.add(example);
    return criteria.list();
}
```

上述代码中，通过样本对象 Customer 创建了一个 example 对象，然后为 example 对象设定各种限定条件，例如，模糊匹配和忽略大小写等，最后返回符合条件的 Customer 对象列表。

在实际开发中，如果是针对于单个对象的动态查询，可以使用 QBE 进行查询。

4．DetachedCriteria 离线查询

使用 Criteria 进行查询时，Criteria 对象在运行时与 Session 对象绑定，所以二者的生命周期相同。使用 Criteria 对象查询时每次都要在执行时动态建立 Criteria 对象，并添加各种查询条件，Session 对象失效后，该 Criteria 对象随之失效。为了延长其生命周期并能够重复使用，Hibernate3.0 以后提供了 DetachedCriteria 类，该类位于 org.hibernate.criterion 包中，使用 DetachedCriteria 对象可以实现离线查询。有关 DetachedCriteria 的查询可以称为 QBDC(Query By DetachedCriteria)。

离线查询在 Web 应用中十分灵活。例如，在分层的 Web 应用中有时需要进行动态查询，即用户在表示层页面上可以自由选择某些查询条件，页面提交之后，应用程序根据用户选择的查询条件进行查询。实现该功能需要将表示层数量不定的查询条件传递给业务逻辑层，业务逻辑层获得这些查询条件后动态地构造查询语句。这些数量不定的查询条件可以以 key/value 对的形式保存到 Map 对象中，但使用 Map 对象传递的信息非常有限，并且不容易传递具体的条件运算。但使用 DetachedCriteria 可以解决类似的问题，即在业务逻辑层中创建 DetachedCriteria 对象并保存用户选择的查询条件，然后将该对象传递给数据访问层，数据访问层获得 DetachedCriteria 对象后与 Session 对象进行绑定，获得最终的查询结果，然后显示给用户。DetachedCriteria 对象的创建与传递示意图如图 6-10 所示。

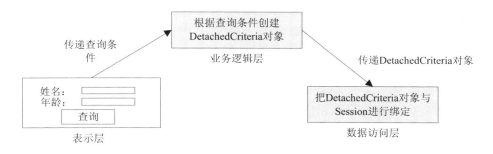

图 6-10　DetachedCritera 对象的传递

利用 DetachedCriteria 进行离线查询来返回满足条件的 Customer 对象集合，代码
如下：

```
public class BusniessService {
    public static void main(String[] args) {
        DetachedCriteria cri = DetachedCriteria.forClass(Customer.class);
        // 根据用户的动态查询条件，创建 DetachedCriteria 对象
        cri.add(Restrictions.eq("age", 18));
        cri.add(Restrictions.ilike("userName", "z", MatchMode.ANYWHERE));
        List<Customer> list = findCustomers(cri);
        //结果最终会在表示层显示
        for (Customer customer : list) {
            System.out.println(customer.getUserName());
        }
    }
    // 在业务逻辑层把 DetachedCriteria 对象与 Session 对象绑定，并返回查询结果
    public static List<Customer> findCustomers(DetachedCriteria detachedCriteria) {
        Session session = HibernateUtils.getSession();
        Criteria criteria = detachedCriteria.getExecutableCriteria(session);
        return criteria.list();
    }
}
```

上述代码中，利用 DetachedCriteria 的静态方法 forClass()来创建基于 Customer 类的
DetachedCriteria 对象，然后把查询条件加入到该对象中，接着将该对象传递到 findCustomers()
方法中。在 findCustomer()方法中，利用 DetachedCriteria 的 getExecutableCriteria()方法把
DetachedCriteria 对象与 Session 进行绑定，然后返回查询的结果。

DetachedCriteria 在底层依赖于 Criteria 对象，因此操作 DetachedCriteria 对象的一些方法
时，如 add()方法，实际上操作的是 Criteria 对象中的 add()方法，对于 DetachedCriteria 的其他方
法也与 Criteria 中的类似。与 Criteria 不同的是，DetachedCriteria 对象可以独立于 Session 对象来
创建，在条件查询时则必须与 Session 对象绑定来实现查询。

6.4.11　子查询

子查询是 SQL 中很重要的功能，它可以在 SQL 中利用另外一条 SQL 的查询结果，HQL 同样支持此机制。如下面的 HQL 语句就是一种子查询。

```
from Customer c where (select count(*) from c.orders)>2
```

其中，整个 HQL 语句相对于子查询"select count(*) from c.orders"被称为外层查询。

　HQL 子查询依赖于底层数据库对子查询的支持能力。并不是所有的数据库都支持子查询，例如，MySQL 4.0.x 或者更老的版本都不支持子查询。如果希望应用程序能够在不同的数据库平台之间移植，应该避免使用 HQL 的子查询功能。

从子查询与外层查询的关系上可以将子查询分为

(1) 相关子查询：是指子查询语句引用了外层查询语句定义的别名，如上面的 HQL 语句就是相关子查询。

(2) 无关子查询：是指子查询语句与外层的查询语句无关。

根据子查询返回的行数可以将子查询分为

(1) 单行子查询：返回单列单行数据。

(2) 多行子查询：返回单列多行数据。

　子查询也可以返回多列数据，其中包括单行多列和多行多列数据，在使用的过程中比较繁琐，本章不做讲解。

1. 单行子查询

当在 where 子句中引用单行子查询时，可以使用单行比较符(>、<、=、>=、<=、<>)。

利用 HQL 查询所有年龄和顾客"zhangsan"相同的顾客列表，代码如下所示：

```java
public static void findCustomersBySubQuerys() {
    Session session = HibernateUtils.getSession();
    //无关子查询
    String hql = "from Customer c where c.age=(select c1.age from "
            + " Customer c1 where c1.userName=:userName) "
            + " and c.userName!=:userName";
    Query query = session.createQuery(hql);
    query.setString("userName", "zhangsan");
    List<Customer> list = query.list();
    for (Customer customer : list) {
        System.out.println(customer.getUserName());
    }
}
```

上述代码中的 HQL 语句是无关子查询，把与"zhangsan"年龄相同的其他顾客都查询了出来。执行结果如下：

lisi

   在 QBDC 查询中，通过 Subqueries 类可以在 DetachedCriteria 查询中引入子查询。

2．多行子查询

对多行子查询要使用多行运算符而不是单行运算符。多行运算符见表 6-13。

表 6-13   多 行 运 算 符

操 作	含 义
all	比较子查询返回的全部值
any	比较子查询返回的每个值
in	等于列表中的任何成员
some	与 any 等价
exists	表示子查询语句至少返回一条记录

   all 和 any 运算符不能单独使用，只能与单行比较符(>、<、=、>=、<=、<>)结合使用。

通过下述示例分别说明多行运算符的使用方法。

(1) 返回所有订单的价格都小于 100 的客户。

```
from Customer c where 100>all(select o.total from c.orders o)
```

(2) 返回有一条订单的价格小于 100 的客户。

```
from Customer c where 100>any(select o.total from c.orders o)
```

(3) 返回有一条订单的价格等于 100 的客户。

```
from Customer c where 100 in (select o.total from c.orders o)
```

或

```
from Customer c where 100=any(select o.total from c.orders o)
```

或

```
from Customer c where 100=some(select o.total from c.orders o)
```

(4) 返回至少有一条订单的客户。

```
from Customer c where exists (from c.orders )
```

3．操纵集合的函数和属性

HQL 提供了一组操纵集合的函数或属性，这些函数或属性在某些情况下可以取代子查询，使得查询更加方便，如表 6-14 所示。

表 6-14   HQL 提供的集合函数或属性

函数或属性名	描 述
size()或 size	获得集合中元素的数目
minIndex()或 minIndex	对于建立了索引的集合，获得最小的索引
maxIndex()或 maxIndex	对于建立了索引的集合，获得最大的索引
minElement()或 minElement	对于包含基本类型元素的集合，获得集合中取值最小的元素
maxElement()或 maxElement	对于包含基本类型元素的集合，获得集合中取值最大的元素
elements()	获得集合中的所有元素

通过下述示例分别说明 HQL 中提供的集合函数或属性的使用方法。

查询订单数目都大于 0 的客户。

```
from Customer c where 0<(select count(*) from c.orders)
```

或

```
from Customer c where 0<(size(c.orders))
```

 在 Hibernate3 中，上述函数或属性只能用在 where 子句中。

6.4.12 查询方式比较

本节详细地介绍了 Hibernate 提供的 HQL 和 QBC 查询，表 6-15 列出了这两种查询的优缺点。

表 6-15　HQL 和 QBC 优缺点比较

检索方式	优　　点	缺　　点
HQL	(1) 和 SQL 查询语句比较接近，较容易读懂。 (2) 功能强大，支持各种查询	(1) 应用程序必须提供基于字符串形式的查询。 (2) HQL 查询语句只有在运行时才被解析。 (3) 尽管支持生成动态查询语句，但编程麻烦
QBC	(1) 封装了基于字符串形式的查询，提供了更加面向对象的查询 (2) QBC 在编译期会做检查，因此更加容易排错 (3) 适合于生成动态查询语句	(1) 没有 HQL 的功能强大，例如，对连接查询支持不友好，不支持子查询，但可以通过 DetachedCriteria 和 Subqueries 类来实现子查询。 (2) QBC 把查询语句分解成一组 Criterion 实例，可读性较差。

在实际开发中，开发人员可以根据 HQL 和 QBC 各自的优缺点，根据实际情况选择合适的查询方式。

6.5　Hibernate 事务管理

Hibernate 是 JDBC 的轻量级封装，本身并不具备事务管理能力，在事务管理层，Hibernate 将其委托给底层的 JDBC 或 JTA，以实现事务的管理和调度。另外，只有在掌握好数据库事务的基础知识上，才能深刻理解 Hibernate 对数据库事务的支持，进而开发出正确、合理的 Hibernate 应用。

6.5.1 数据库事务

事务(transaction)是访问并可能操作各种数据项的一个数据库操作序列，这些操作要么全部执行，要么全部不执行，是一个不可分割的工作单位。事务由事务开始与事务结束之间执行的全部数据库操作组成。

事务具有以下性质：

♦ 原子性(Atomicity)：事务中的全部操作在数据库中是不可分割的，要么全部
完成，要么全部不执行。

♦ 一致性(Consistency)：几个并行执行的事务，其执行结果必须与按某一顺序
串行执行的结果相一致。

♦ 隔离性(Isolation)：事务的执行不受其他事务的干扰，事务执行的中间结果对
其他事务必须是透明的。

♦ 持久性(Durability)：对于任意已提交事务，系统必须保证该事务对数据库的
改变不被丢失，即使数据库出现故障。

事务的 ACID 特性是由关系数据库系统(DBMS)来实现的，DBMS 采用日志来保证事
务的原子性、一致性和持久性。日志记录了事务对数据库所作的更新，如果某个事务在执
行过程中发生错误，就可以根据日志撤销事务对数据库已做的更新，使得数据库回滚到执
行事务前的初始状态。

对于事务的隔离性，DBMS 是采用锁机制来实现的。当多个事务同时更新数据库中相
同的数据时，只允许持有锁的事务能更新该数据，其他事务必须等待，直到前一个事务释
放了锁，其他事务才有机会更新该数据。

在实际应用中，由于事务的隔离性不完全，就会导致各种并发问题，这些并发问题主
要可以归纳为以下几类：

(1) 更新丢失(lost update)：当两个事务同时更新同一数据时，由于某一事务的撤销，
导致另一事务对数据的修改也失效了。

(2) 脏读(dirty read)：一个事务读取到了另一个事务还没有提交但已经更改过的数
据。在这种情况下数据可能不是一致性的。

(3) 不可重复读(non-repeatableread)：当一个事务读取了某些数据后，另一个事务修改
了这些数据并进行了提交。这样当该事务再次读取这些数据时，发现这些数据已经被修
改了。

(4) 幻读(phantom read)：同一查询在同一事务中多次进行，由于其他事务所做的插入
操作，导致每次查询返回不同的结果集。幻读严格来说可以算是"不可重复读"的一种。
但幻读指的是在第二次读取时，一些新数据被添加进来。而"不可重复读"指的是相同数
据的减少或更新，而不是增加。

为了避免这些并发问题的出现，以保证数据的完整性和一致性，必须实现事务的隔离
性。隔离性是事务的四个特性之一。在隔离状态执行事务，使它们好像是系统在给定时间
内执行的唯一操作。如果在相同的时间内有两个事务在运行，而执行的功能又相关，事务
的隔离性将确保每一事务在系统中认为只有该事务在使用系统。

事务的隔离级别用来定义事务与事务之间的隔离程度。隔离级别与并发性是互为矛盾
的，隔离程度越高，数据库的并发性越差；隔离程度越低，数据库的并发性越好。

因为事务之间隔离级别的存在，对于具有相同输入、相同执行流程的事务可能会产生
不同的执行结果，这取决于所使用的隔离级别。

ANSI/ISO SQL92 标准定义了一些数据库操作的隔离级别：

♦ 序列化级别(serializable)：在此隔离级下，所有事务相互之间都是完全隔离
的。换言之，系统内所有事务看起来都是一个接一个执行的，不能并发执

行。这是事务隔离的最高级别，事务之间完全隔离。

◇ 可重复读(repeatable read)：在此隔离级下，所有被 select 语句读取的数据记录都不能被修改。

◇ 读已提交(read committed)：在此隔离级下，读取数据的事务允许其他事务继续访问其正在读取的数据，但是未提交的写事务将会禁止其他事务访问其正在写的数据。

◇ 读未提交(read uncommitted)：在此隔离级下，如果一个事务已经开始写数据，则不允许其他事务同时进行写操作，但允许其他事务读取其正在写的数据。这是事务隔离的最低级别，一个事务可能看到其他事务未提交的修改。

隔离级别及其对应的可能出现或不可能出现的现象如表 6-16 所示。

表 6-16 事 务 比 较

隔离级别	更新丢失	脏读	不可重复读	幻读
读未提交	N	Y	Y	Y
读已提交	N	N	Y	Y
可重复读	N	N	N	Y
序列化	N	N	N	N

对于不同的 DBMS，具体应用的隔离级别可能不同。

在 Hibernate 中，可以在 hibernate.properties 或 hibernate.cfg.xml 文件中配置事务的隔离级别，在 hibernate.properties 中配置如下：

```
Hibernate.connection.isolation = 4
```

上述配置中，设置了 Hibernate 事务的隔离级别为 4，其中级别数字的意义如下：

1：读未提交。

2：读已提交。

4：可重复读。

8：序列化。

　　在默认情况下，Hibernate 的事务隔离级别为"读已提交"级别，在实际开发中，一般不需要显式设置其隔离级别，如果隔离级别设置不当，例如把隔离级别设为"序列化"级别的话，就会使并发性能降低。

6.5.2 Hibernate 中的事务

数据库系统的客户程序只要向 DBMS 声明了一个事务，DBMS 就会自动保证事务的 ACID 特性。声明事务包括下面内容：

◇ 事务开始边界：事务的开始；

◇ commit：提交事务，永久保存被事务更新后的数据库状态；

◇ rollback：撤销事务，使数据库退回到执行事务前的初始状态。

在 Hibernate 中，使用 org.hibernate.Transaction 封装了 JDBC 的事务管理。利用事务控制，向表 CUSTOMER 中添加一条记录，代码如下：

```
public void addCustomer(Customer customer){
        Session session = HibernateUtils.getSession();
        Transaction trans = session.beginTransaction();
        try {
                session.save(customer);
        } catch (Exception e) {
                e.printStackTrace();
                trans.rollback();
        }
        trans.commit();
        HibernateUtils.closeSession();
}
```

　　上述代码中，首先利用 beginTransaction()方法设定事务的开始边界，如果数据保存成功，则调用 commit()方法，把数据持久化到数据库中，如果有异常产生，则事务利用 rollback()方法回滚到原来的状态。

本 章 小 结

通过本章的学习，学生应该能够学会：

◇　当类与类之间建立了关联，就可以方便地从一个对象导航到另一个或一组与它关联的对象，在 Hibernate 中，如果关系映射得当可以简化持久层数据的访问。

◇　关联关系可以分为单向关系和双向关系两类，单向关系是只能通过一方对象访问另一方对象，而双向关系则是通过任何一方对象都可以访问到另一方对象。

◇　HQL 是一种完全面向对象的查询语言，其操作的对象是类、实例和属性等，而 SQL 操作对象则是数据表和列等对象数据，此外 HQL 可以支持继承和多态等特征。

◇　HQL 支持多种查询方式，例如分页查询、查询排序、根据条件查询、连接查询和子查询等。

◇　HQL 语句的关键字和函数不区分大小写，但 HQL 语句中所使用的包名、类名、实例名和属性名都区分大小写。

◇　HQL 查询依赖于 Query 接口，该接口是 Hibernate 提供的专门的 HQL 查询接口，能够执行各种复杂的 HQL 查询语句。

◇　Criteria 查询是更具面向对象特色的数据查询方式，可以通过 Criteria、Criterion 和 Restrictions 三个类完成查询过程。

◇　QBE 查询就是检索与指定样本对象具有相同属性值的对象，其中样本对象的创建是关键，样本对象中不为空的属性值作为查询条件。

◇　DetachedCriteria 可以实现离线查询，通常在表现层中使用该对象保存用户选择的查询条件，然后将该对象再传递到业务逻辑层。

✧ Hibernate 是对 JDBC 的封装，本身不具备事务的处理能力，它将事务处理交给底层的 JDBC 或者 JTA 的处理。

本 章 练 习

1. 下述选项中_____关联关系和关系数据库中的外键参照关系最为相似。
   A. 单向 1-N 关联
   B. 单向 N-1 关联
   C. N-N 关联
   D. 1-1 关联

2. Criteria 查询主要依靠_____类来完成。(多选)
   E. Criteria
   F. Criterion
   G. Query
   H. Restrictions

3. 对于 QBC 查询的优缺点，下述正确的是_____。(多选)
   A. 封装了基于字符串的形式的查询，提供了更加面向对象的查询
   B. QBC 在编译期会做检查，因此更加容易排错
   C. 适合于生成动态查询语句
   D. QBC 把查询语句分解成一组 Criterion 实例，可读性较差

4. 对于 HQL 查询的优缺点，下述错误的选项是_____。
   A. 和 SQL 查询语句比较接近，较容易读懂
   B. 功能强大，支持各种查询
   C. HQL 查询语句只有在编译时才被解析
   D. 应用程序必须提供基于字符串形式的查询

第 7 章 Spring 基础

本章目标

- ■ 理解 Spring 体系结构的模块构成

- ■ 掌握 BeanFactory 和 ApplicationContext 的使用方法

- ■ 掌握 Bean 的生命周期

- ■ 掌握在 IoC 容器中装配 Bean 的方法

- ■ 掌握依赖注入的不同方式

- ■ 掌握注入参数的不同类型

- ■ 掌握 Bean 的不同作用域类型

- ■ 掌握 IoC 容器中对 Bean 进行自动装配的不同类型

- ■ 了解依赖检查的几种处理模式

7.1 Spring 概述

Spring 是 Java 领域中的优秀开源框架，它提供了一个全面的、一站式的 Java EE 解决方案，大大简化了 Java 企业级开发的过程，提供了强大、稳定的功能，为 Java 开发企业应用和 Web 应用带来了福音。

7.1.1 Spring 起源背景

Spring 框架是由 Rod Johnson 开发的，他总结了自己多年的开发经验，并对传统的 Java EE 平台提出了深层次的思考和质疑，并于 2003 年发布了 Spring 框架的第一个版本。Spring 是一个从实际开发中抽取出来的框架，它实现了大量开发中的通用功能。

Spring 是一个全方位的解决方案，主要包括如下功能：

 ❖ 基于依赖注入(控制反转 IoC)的核心机制。
 ❖ 声明式的面向切面编程(AOP)支持。
 ❖ 与多种技术整合。
 ❖ 优秀的 Web MVC 框架。

Spring 是企业应用开发的"一站式"选择，贯穿表示层、业务层和持久层。而且，Spring 并不会取代那些已有的框架，而是以高度的可定制性与之无缝结合。Spring 坚持了"不重新发明轮子"的原则，即在已经有较好解决方案的领域，Spring 不做重复性的实现，比如对象持久化和 ORM，Spring 只是对现有的 JDBC、Hibernate、JPA 等技术提供支持，将其整合，使之更易使用。

Spring 具有如下优点：

(1) 低侵入式设计，代码无污染。

(2) 独立于各种应用服务器，真正实现 Write Once、Run Anywhere(一次编写、随处运行)的承诺。

(3) IoC 容器降低了业务对象替换的复杂性，降低了组件之间的耦合。

(4) AOP 容器允许将一些通用任务如安全、事务、日志等进行集中式处理。

(5) Spring 中的 ORM 和 DAO 支持提供了与第三方持久层框架的良好整合，并简化了底层的数据库访问。

(6) Spring 的高度开放性，并不强制开发者完全依赖于 Spring，可自由选用 Spring 框架的部分或全部功能。

7.1.2 Spring 体系结构

Spring 框架由 1400 多个类组成，如图 7-1 所示，整个框架按其所属功能可以分为 6 个主要模块，这些模块分层工作，为表示层、业务层到持久层都提供相应的支持，几乎满足了企业应用中所需的一切。

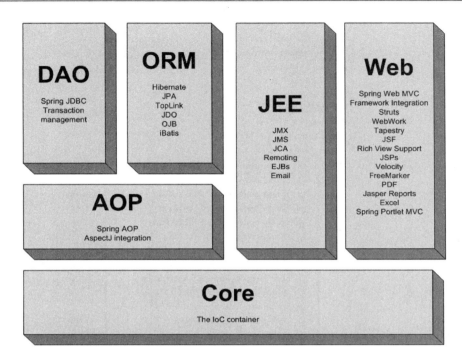

图 7-1 Spring 体系结构

其中：

◇ Core 模块：Spring 框架中最为基础、重要的模块。它提供了 IoC 功能，将类之间的依赖从代码中脱离出来，使用配置的方式进行依赖关系描述，由 IoC 容器负责依赖类之间的创建、拼接、管理、获取等功能。

◇ AOP 模块：提供 AOP 面向切面编程的实现，比如拦截器、事务管理等。

◇ DAO 模块：提供了 JDBC 的抽象层，消除了冗长的 JDBC 编码，并能够解析数据库厂商特有的错误代码。

◇ ORM 模块：提供了 ORM 框架的整合支持，包括 Hibernate、JPA、JDO、iBatis。

◇ Web 模块：提供了针对 Web 开发的集成特性，而且提供了一个完整的类似于 Struts 的 MVC 框架，但 Spring 的 MVC 框架不仅提供一种传统的实现，还提供了清晰的分离模型。同时 Spring 也提供了对常见的 Web 框架的支持。

◇ JEE 模块：Spring 提供了 Java EE 的功能，包括 JMX、JMS、JCA、EJB 和 Email 等。

7.1.3 配置 Spring 环境

为了让应用程序能够使用 Spring 的功能，必须将 Spring 的类库文件添加到应用中。以 Web 应用程序为例(Spring 框架并非只能在 Web 应用中使用)，需要将 Spring 的 jar 文件复制到 Web 应用的 lib 路径下，如图 7-2 所示。

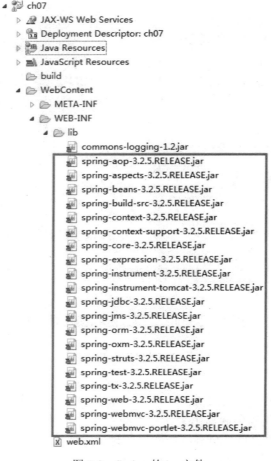

图 7-2　Spring 的 jar 文件

在图 7-2 中，针对每个功能模块，Spring 框架都提供了独立的 jar 文件，这可以方便开发者有选择地使用 Spring 提供的功能。

7.2　IoC 容器

7.2.1　IoC 概述

IoC(Inversion of Control，控制反转)是 Spring 框架的基础，AOP、声明式事务等功能都是在此基础上实现的。使用 Spring IoC 容器后，在开发过程中，开发人员不需要再关心容器是怎样运行的，也不需要调用容器的任何 API，容器会自动对被管理对象进行初始化并完成对象之间依赖关系的维护，如图 7-3 所示。

Spring IoC 容器主要依靠两个访问接口：

◇ BeanFactory：位于 org.springframework.beans.factory 包中，借助于配置文件能够实现对 JavaBean 的配置和管理。

◇ ApplicationContext：位于 org.springframework.context 包中。ApplicationContext 构建在 BeanFactory 基础之上，还添加了其他大量功能。

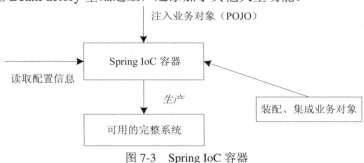

图 7-3　Spring IoC 容器

7.2.2　BeanFactory

org.springframework.beans.factory.BeanFactory 是 IoC 容器的核心接口，其职责是实例化、定位、配置应用程序中的对象及建立这些对象间的依赖。其实 BeanFactory 就是一个类工厂，但与传统的类工厂不同，BeanFactory 是一个通用工厂，它可以创建并管理各种类的对象，而这些被创建和管理的对象本身就是简单的 POJO。

BeanFactory 接口中常用的方法及功能见表 7-1。

表 7-1　BeanFactory 接口的方法列表

方　法	功　能　说　明
boolean containsBean(String name)	判断 Spring 容器是否包含 id 为 name 的 Bean 定义
Object getBean(String name)	返回容器 id 为 name 的 Bean
Object getBean(String name，Class requiredType)	返回容器中 id 为 name、类型为 requiredType 的 Bean
Class getType(String name)	返回容器中 id 为 name 的 Bean 的类型

如图 7-4 所示，Spring 针对 BeanFactory 接口提供了许多易用的实现，其中 XmlBeanFactory 就是最常用的一个，但在 Spring 3.1 版本之后，XmlBeanFactory 已经弃用，建议使用其父类 DefaultListableBeanFactory 和 XmlBeanDefinitionReader 代替。

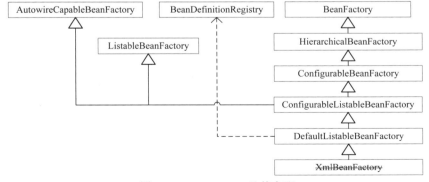

图 7-4　BeanFactory 及其实现

下面介绍初始化 BeanFactory 的方法。

使用 Spring 配置文件为 Bean 提供配置信息 bean-film.xml。

```xml
<?xml version="1.0" encoding="UTF-8"?>
<beans xmlns="http://www.springframework.org/schema/beans"
       xmlns:xsi="http://wwww.w3.org/2001/XMLSchema-instance"
       xsi:schemaLocation="http://www.springframework.org/schema/beans
       http://www.springframework.org/schema/spring-beans.xsd">
    <!-- 创建一个 id 为 film 的 Bean 对象  -->
    <bean id="film" class="com.dh.ch07.pojos.Film">
        <!-- 根据属性名称注入相应的值  -->
        <property name="id" value="1" />
        <property name="name" value="这个杀手不太冷" />
        <property name="year" value="1994" />
        <property name="director" value="吕克 贝松" />
    </bean>
</beans>
```

 Spring 的配置文件没有命名要求，但在 Web 应用中 Spring 配置文件通常命名为 applicationContext.xml，并需要在 web.xml 中进行配置，具体配置内容参见实践 6.1。

通过 BeanFactory 装载配置文件，启动 Spring IoC 容器，示例代码如下：

```java
//根据配置文件创建 ClassPathResource 对象
ClassPathResource is = new ClassPathResource("bean-film.xml");
//创建 BeanFactory 对象。
//Spring3.1 后， DefaultListableBeanFactory 代替 XmlBeanFactory
DefaultListableBeanFactory factory = new DefaultListableBeanFactory();
XmlBeanDefinitionReader reader = new XmlBeanDefinitionReader(factory);
reader.loadBeanDifinitions(is);
//从 BeanFactory 对象中，根据 id 获取具体对象
Film film = (Film) factory.getBean("film");
```

上述代码使用 ClassPathResource 指定配置文件(bean-film.xml 放在源代码根目录下)，并使用 XmlBeanDefinitionReader 解析此配置文件，再通过 BeanFactory 中的 getBean()方法从 IoC 容器中获取 Bean。

 通过 BeanFactory 启动 IoC 容器时，并不会初始化配置文件中定义的 Bean，初始化动作发生在第一次调用时，IoC 容器会缓存 Bean 实例，因此第二次调用时将直接从 IoC 容器的缓存中获取 Bean 的实例。

7.2.3 ApplicationContext

ApplicationContext 接口由 BeanFactory 派生而来，增强了 BeanFactory 的功能，提供

了更多的面向实际应用的方法，如添加了 Bean 生命周期的控制、框架事件体系、国际化支持、资源加载透明化等多项功能。在 BeanFactory 中，许多功能需要以编程的方式进行操作，而在 ApplicationContext 中则可以通过配置的方式进行控制。因此，大多数情况下，开发人员会使用 ApplicationContext 而不是 BeanFactory 作为 Spring 容器。

ApplicationContext 除了提供 BeanFactory 所支持的功能外，还通过其他的接口扩展了 BeanFactory 功能，这些接口包括：

 ◇ MessageSource：ApplicationContext 扩展了此接口，因此能够为应用提供语言信息的国际化访问功能。
 ◇ ResourceLoader：提供资源(如 URL 和文件系统)的访问支持，根据资源的地址判断资源的类型，并返回对应的 Resource 实现类。
 ◇ ApplicationEventPublisher：引入了事件机制，包括启动事件、关闭事件等，让容器在上下文中提供了对应用事件的支持。
 ◇ LifeCycle：提供 start()和 stop()两个方法，用于控制异步处理过程，以达到管理和控制任务调度等目的。

ApplicationContext 接口的主要实现类有 ClassPathXmlApplicationContext 和 FileSystemXmlApplicationContext：

 ◇ ClassPathXmlApplicationContext：从类路径加载配置文件。
 ◇ FileSystemXmlApplicationContext：从文件系统中装载配置文件。

与 BeanFactory 初始化相似，ApplicationContext 的初始化也很简单，只不过 ApplicationContext 根据配置文件的两种加载方式可通过如下两种方法来进行初始化。

(1) 如果 Spring 的配置文件在类路径下，则使用 ClassPathXmlApplicationContext 对 ApplicationContext 进行初始化，代码如下：

```
ApplicationContext ctx = new ClassPathXmlApplicationContext("bean-film.xml");
```

(2) 如果 Spring 的配置文件在文件系统的路径下，则使用 FileSystemXml Application Context 对 ApplicationContext 进行初始化，代码如下：

```
ApplicationContext ctx = new FileSystemXmlApplicationContext(
        "E:/workspace/ch07/src/bean-film.xml");
```

在获取 ApplicationContext 实例后，就可以像 BeanFactory 一样调用 getBean()方法获取 Bean。

ApplicationContext 在初始化应用上下文时，默认会实例化所有的 singleton Bean(单例 Bean)。因此系统前期初始化 ApplicationContext 时将有较大的系统开销，时间稍长一些，但程序后面获取 Bean 实例时将直接从缓存中调用，因此具有较好的性能。

7.2.4 Bean 的生命周期

与 Web 容器中的 Servlet 拥有明确的生命周期一样，Spring 容器中的 Bean 也拥有生命周期。Bean 的生命周期由特定生命阶段组成，每个生命阶段都提供不同的方法，用于对

Bean 进行控制。ApplicationContext 中 Bean 的生命周期如图 7-5 所示。

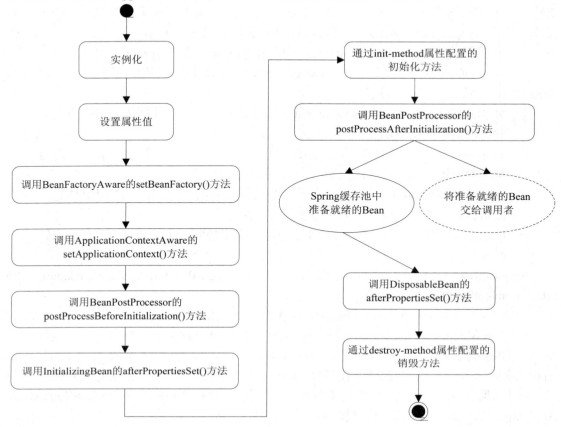

图 7-5　ApplicationContext 中的 Bean 的生命周期

Bean 的完整生命周期从 Spring 容器开始实例化 Bean，直到最终销毁 Bean。这期间经过了许多关键点，每个关键点都涉及特定的方法调用，这些方法大致划分为以下三类：

(1) Bean 自身的方法：如调用 Bean 构造方法实例化 Bean，调用 setter 设置 Bean 的属性，以及通过<bean>元素的 init-method 和 destroy-method 属性所指定的方法。

(2) Bean 级生命周期接口方法：如 BeanNameAware、BeanFactoryAware、InitializingBean 和 DisposableBean，这些接口由 Bean 直接实现。

(3) 容器级生命周期接口方法：如 BeanPostProcessor 接口，其接口实现类为"后处理器"，它们独立于 Bean，以容器附加装置的形式注册到 Spring 容器中，当 Spring 容器创建 Bean 时，这些后处理器都会发生作用，其影响是全局性的。

7.3　IoC 容器中装配 Bean

在使用 Spring 所提供的各项丰富的功能之前，必须在 Spring IoC 容器中装配好 Bean，建立 Bean 之间的关联关系。

7.3.1　Spring 配置文件

Spring 配置文件可以采用 DTD 和 Schema 两种格式。

基于 DTD 格式的配置文件，其格式如下：

```
<?xml version="1.0" encoding="UTF-8"?>
<!DOCTYPE beans PUBLIC "-//SPRING//DTD BEAN//EN"
"http://www.springframework.org/dtd/spring-beans.dtd">
<beans>
        <bean id="film" class="com.dh.ch07.pojos.Film">
        </bean>
</beans>
```

Schema 格式的配置文件拥有自己的命名空间，其文件格式如下：

```
<?xml version="1.0" encoding="UTF-8"?>
<beans xmlns="http://www.springframework.org/schema/beans"
        xmlns:xsi="http://www.w3.org/2001/XMLSchema-instance"
        xmlns:aop="http://www.springframework.org/schema/aop"
        xmlns:tx="http://www.springframework.org/schema/tx"
        xsi:schemaLocation="http://www.springframework.org/schema/beans
        http://www.springframework.org/schema/beans/spring-beans.xsd
        http://www.springframework.org/schema/aop
        http://www.springframework.org/schema/aop/spring-aop.xsd
        http://www.springframework.org/schema/tx
        http://www.springframework.org/schema/tx/spring-tx.xsd"
        default-lazy-init="true">
<!--  配置 aspectj 代理  -->
<aop:aspectj-autoproxy/>
<bean id="film" class="com.dh.ch07.pojos.Film">
</bean>
</beans>
```

采用 Schema 格式的配置文件，文件头的声明复杂一些，其相关详细信息见第 8 章。

7.3.2　Bean 基本配置

在 Spring 配置文件中定义一个简要的 Bean 的格式如下：

```
<bean id="名称" class="类名"/>
```

一般情况下，Spring IoC 容器中的一个 Bean 对应配置文件中的一个<bean>，其中 id 属性是 Bean 的名称，通过容器的"getBean("名称")"即可获取对应的 Bean，起到定位查找的作用；class 属性指定了 Bean 对应的类名。

```
<?xml version="1.0" encoding="UTF-8"?>
```

```
<!DOCTYPE beans PUBLIC "-//SPRING//DTD BEAN//EN"
"http://www.springframework.org/dtd/spring-beans.dtd">
<beans>
    <bean id="film" class="com.dh.ch07.pojos.Film">
    </bean>
</beans>
```

上述配置文件中使用<bean>标签配置了一个 id 为"film"的 Bean，其对应的类是 "com.dh.ch07.pojos.Film"，Spring IoC 可以根据此配置信息创建对应的 Bean 实例。

7.3.3 依赖注入的方式

依赖注入(Dependency Injection，DI)和控制反转(Inversion of Control，IoC)是类似的概念。因为 IoC 不够开门见山，因此业界曾进行了广泛讨论，最终软件界的泰斗级人物 Martin Flowler 提出了另一个相对简单的称呼：依赖注入(DI)。不管是 DI 还是 IoC，其含义基本相同：当某个 Java 实例(调用者)需要另一个 Java 实例(被调用者)时，在传统的程序设计过程中，通常由调用者来创建被调用者的实例；但在 Spring 里，这个创建工作不再由调用者来完成，因此称为控制反转。创建被调用者实例的工作通常由 Spring 容器来完成，然后注入给调用者，因此也称为依赖注入。无论是依赖注入还是控制反转，都说明 Spring 采用动态、灵活的方式来管理各种对象。

根据注入方式的不同，Bean 的依赖注入通常表现为如下两种形式：

◇ 设值注入，通过使用属性的 setter 方法注入 Bean 的属性值或依赖对象。

◇ 构造注入，通过使用构造来注入 Bean 的属性或依赖对象。

不管是设值注入，还是构造器注入，都受 Spring 的 IoC 容器管理。注入的要么是一个确定的值，要么是对 IoC 容器中其他 Bean 的引用。

1. 设值注入

设值注入(也称"属性注入")是指 IoC 容器使用属性的 setter 方法注入 Bean 的属性值或依赖对象。这种注入方式简单、直观，因而在 Spring 的依赖注入中大量使用。

【示例 7.1】 以设值注入的方式对 Film 注入属性值。

在 com.dh.ch07.pojos 包中创建 Film 类，代码如下：

```java
public class Film implements Serializable {
    /* ID */
    private Integer id;
    /* 中文名 */
    private String name;
    /* 上映年份 */
    private Integer year;
    /* 导演 */
    private String director;
    /* 默认构造方法 */
```

```
public Film() {}
/* 根据属性创建构造方法 */
public Film(Integer id,String name, Integer year, String director){
        this.id = id;
        this.name = name;
        this.year = year;
        this.director = director;
}
public Integer getId(){
        return id;
}
public void setId(Integer id){
        this.id = id;
}
public String getName(){
        return name;
}
public void setName(String name){
        this.name = name;
}
public Integer getYear(){
        return year;
}
public void setYear(Integer year){
        this.year = year;
}
public String getDirector (){
        return director;
}
public void setDirector (String director){
        this.director = director;
}
/* 规范格式输出 */
public String toString(){
        return String.format("%d 《%s》，上映于%d 年，导演是%s。", id, name,
                                year, director);
}
}
```

　　使用设值注入要求 Bean 提供一个默认的无参构造方法，并为需要注入的属性提供对应的
setter 方法。

在 src 根目录下，创建 bean-film.xml 配置文件。在配置文件中使用<bean>元素配置 Film 类，并使用<property>元素对属性进行赋值。

```xml
<?xml version="1.0" encoding="UTF-8"?>
<!DOCTYPE beans PUBLIC "-//SPRING//DTD BEAN//EN"
"http://www.springframework.org/dtd/spring-beans.dtd">
<beans>
        <bean id="film" class="com.dh.ch07.pojos.Film">
                <property name="id" value="1" />
                <property name="name" value="这个杀手不太冷" />
                <property name="year" value="1994" />
                <property name="diretor" value="吕克 贝松" />
        </bean>
</beans>
```

在上述配置文件中，使用<property>元素为 film 的四个属性提供了属性值。每个属性对应一个<property>元素，该元素的 name 为属性的名称，value 为属性的值。

在 com.dh.ch07.test 包下创建一个 FilmTest 类 FilmTest.java：

```java
public class FilmTest {
        public static void main(String[] args) {
                //创建 Spring 容器
                ApplicationContext ctx =
                                new ClassPathXmlApplicationContext("bean-film.xml");
                //获取 film 实例
                Film film = (Film) ctx.getBean("film");
                //输出属性值
                System.out.println(film.toString());
        }
}
```

通过上述程序可以看出，Spring 容器就是一个巨大的工厂，它可以"生产"出所有类型的 Bean 实例，程序获取 Bean 实例的方法是 getBean()。通过 Spring 容器获得 Bean 实例之后，可以像以往一样使用此实例。运行结果如下：

```
1       《这个杀手不太冷》，上映于 1994 年，导演是吕克 贝松。
```

2. 构造注入

构造注入是通过使用构造器来注入 Bean 的属性或依赖对象。这种方式可以确保一些必要的属性在 Bean 实例化时就得到设置，从而使 Bean 在实例化后就可以使用。

构造注入的配置方式和属性注入的配置方式有所不同。

【示例 7.2】 在示例 7.1 的基础上演示构造注入。

在 bean-film.xml 中以构造注入的方式对 Film 注入属性值，添加代码如下：

```xml
<bean id="film2" class="com.dh.ch07.pojos.Film">
        <constructor-arg type="java.lang.Integer">
```

```
            <value>2</value>
        </constructor-arg>
        <constructor-arg type="java.lang.String">
            <value>阿凡达 </value>
        </constructor-arg>
        <constructor-arg type="java.lang.Integer ">
            <value>2009</value>
        </constructor-arg>
        <constructor-arg type="java.lang.String">
            <value>詹姆斯 卡梅隆</value>
        </constructor-arg>
</bean>
```

在上述配置文件中，使用<constructor-arg>元素进行构造参数注入，该元素的 type 属性用于指定构造方法中参数的数据类型。

测试代码 FilmTest.java。

```
public class FilmTest {
    public static void main(String[] args) {
        //创建 Spring 容器
        ApplicationContext ctx =
                        new ClassPathXmlApplicationContext("bean-film.xml");
        //获取 film 实例
        Film film = (Film) ctx.getBean("film2");
        //输出属性值
        System.out.println(film.toString());
    }
}
```

执行结果如下：

```
2       《阿凡达》，上映于 2009 年，导演是詹姆斯 卡梅隆 。
```

从执行效果可以看出，构造注入与设值注入完全一样。区别在于给 Film 实例中属性赋值的时机不同：设值注入是先创建一个默认的 Bean 实例，然后调用对应 setter 方法注入依赖关系，而构造注入则在创建 Bean 实例时完成依赖关系的注入。

3．两种注入方式的对比

设值注入和构造注入这两种注入方式都是常用的，Spring 同时支持这两种依赖注入方式，它们没有绝对的好坏区分，只是适应的场景不同，各有各的优点。

设值注入有如下优点：

(1) 与传统的 JavaBean 写法更相似，程序开发人员更容易了解和接受。通过 setter 方法设定依赖关系显得更加直观、自然。

(2) 对于复杂的依赖关系，如果采用构造注入，会导致构造器过于臃肿，难以阅读。Spring 在创建 Bean 实例时，需要同时实例化其依赖的全部实例，因而导致性能下降，而使用设值注入则能避免这些问题。尤其是在某些属性可选的情况下，多参数的构造器更加笨重。

构造注入有如下优点：

(1) 构造注入可以在构造器中决定依赖关系的注入顺序。优先依赖的优先注入。比如 Web 开发时使用数据库，可以优先注入数据库连接的信息。

(2) 对于依赖关系无需变化的 Bean，构造注入更有用处。如果没有 setter 方法，所有的依赖关系全部在构造器内设定，后续代码不会对依赖关系产生破坏。依赖关系只能在构造器中设定，所以只有组件的创建者才能改变组件的依赖关系。而对组件的调用者而言，组件内部的依赖关系完全透明，更符合高内聚的原则。

注 意　建议采用以设值注入为主，构造注入为辅的注入策略。对于依赖关系无需变化的注入尽量采用构造注入；而其他依赖关系的注入则考虑采用设值注入。

7.3.4　注入值的类型

在 Spring 配置文件中，用户不但可以将 String、int 等字面值注入 Bean 中，还可以将集合、Map 等类型的数据注入 Bean 中，此外还可以注入配置文件中定义的其他 Bean。

1．字面值

字面值是可用字符串表示的值，这些值可以通过<value>元素进行注入。在默认情况下，基本数据类型及其封装类、String 等类型都可以采取字面值的方式注入。Spring 容器在内部为字面值提供了转换器，它可以将字符串表示的字面值转换成属性对应的类型。

【示例 7.3】　在 bean-film.xml 中使用字面值的方式注入属性值。

```
<bean id="film" class="com.dh.ch07.pojos.Film">
    <!-- 字面值注入 -->
    <property name="id" value="1" />
    <property name="name" value="这个杀手不太冷" />
    <property name="year" value="1994" />
    <property name="diretor" value="吕克 贝松" />
</bean>
```

2．引用其他 Bean

Spring IoC 容器中定义的 Bean 可以相互引用，IoC 容器则负责装配。

【示例 7.4】　以 Actor 类和 Film 类演示引用其他 Bean、字面值两种注入参数类型的使用方式。

创建一个新的 Actor 类(演员类)，并在 Film 类型中增加 leadingMan(男主角)属性，代码如下：

```
public class Actor implements Serializable {
    private Integer id;
    private String chineseName;
    private String englishName;
```

```
        private String gender;
        public Integer getId() {
                return id;
        }
        public void setId(Integer id) {
                this.id = id;
        }
        public String getChineseName() {
                return chineseName;
        }
        public void setChineseName(String chineseName) {
                this.chineseName = chineseName;
        }
        public String getEnglishName() {
                return englishName;
        }
        public void setEnglishName(String englishName) {
                this.englishName = englishName;
        }
        public String getGender() {
                return gender;
        }
        public void setGender(String gender) {
                this.gender = gender;
        }
}
```

在 bean-film.xml 中通过<ref>元素建立 Bean 间的依赖。

```xml
<bean id="film" class="com.dh.ch07.pojos.Film">
    <property name="id" value="2" />
    <property name="name" value="阿凡达" />
    <property name="year" value="2009" />
    <property name="diretor" value="詹姆斯 卡梅隆" />
    <!-- 引用其他 Bean, 在 Film 类中，增加男主角属性，并增加其 getter/setter  -->
    <property name="leadingMan">
            <ref bean="actor"></ref>
    </property>
</bean>
<bean id="actor" class="com.dh.ch07.pojos. Actor">
    <property name="id" value="10" />
    <property name="chineseName" value="萨姆 沃辛顿" />
```

```
    <property name="englishName" value="Samuel Shane Worthington" />
    <property name="gender" value="男" />
</bean>
```

与注入字面值时类似，可以将引用其他 Bean 简写为如下格式：

```
<bean id="film" class="com.dh.ch07.pojos.Film">
    <property name="leadingMan" ref="actor"/>
</bean>
```

上述代码中，直接使用 ref 属性引用其他的 Bean，完成注入。

<ref>元素可以通过以下两个属性引用同一容器中的其他 Bean。

- ◇ bean：通过该属性可以引用同一容器的 Bean，这是最常见的形式；
- ◇ local：通过该属性只能引用同一配置文件中定义的 Bean，它可以利用 XML 解析器自动检验引用的合法性，以便在开发编写配置时能够及时发现并纠正配置的错误。

3．集合值

如果 Bean 的属性是个集合，可以使用集合元素为 Bean 注入集合值：<list>、<set>、<map>和<props>元素分别用来设置类型为 List、Set、Map 和 Propertis 的集合属性值。

【示例 7.5】 以 Employee 类为例，演示集合注入参数类型的使用方式。

创建一个新的 Employee 类，该类中拥有各种不同的集合属性，代码如下：

```java
public class Employee implements Serializable {
    //List 类型
    private List schools = new ArrayList();
    //Map 类型
    private Map equi = new HashMap();
    //Properties 类型
    private Properties address = new Properties();
    //Set 类型
    private Set work = new HashSet();
    public Employee() {
        System.out.println("Spring 实例化主调 bean：Employee 实例...");
    }
    public void setAddress(Properties address) {
        this.address = address;
    }
    public void setEqui(Map equi) {
        this.equi = equi;
    }
    public void setSchools(List schools) {
        this.schools = schools;
    }
```

```
public void setWork(Set work) {
        this.work = work;
    }
}
```

上述代码中定义了 List、Map、Properties*和 Set 类型的集合，分别用于存储学校、所用设备、地址和工作经历等信息。

  Properties 类型可以看成 Map 类型的特例。在使用 Map 集合时，该集合中元素的键和值可以为任何类型的对象；而使用 Properties 集合时，该集合中元素的键和值都只能是字符串。

新建 bean-employee.xml，在其中配置集合属性。

```xml
<bean id="emp" class="com.dh.Employee">
    <property name="schools">
        <list>
                <value>青岛一中</value>
                <value>青岛大学</value>
            </list>
    </property>
    <property name="equi">
        <map>
                <entry key="主机" value="海尔博越" />
                <entry key="显示器" value="海尔液晶" />
                <entry key="教材">
                    <value>培训课程丛书</value>
                </entry>
            </map>
    </property>
    <property name="address">
        <props>
                <prop key="祖籍">山东青岛大学</prop>
                <prop key="现住址">山东青岛市南软件园</prop>
            </props>
    </property>
    <property name="work">
        <set>
                <value>技术部</value>
                <bean id="work1" class="com.dh.ch07.pojos.SomeWork1" />
                <ref local="work2" />
            </set>
    </property>
</bean>
```

```
<bean id="work2" class="com.dh.ch07.pojos.SomeWork2" />
```

在上述配置文件中，配置<set>元素的集合项时，分别通过 value、bean、ref 指定集合项的值。实际上，只要 Bean 类的集合属性允许，<map>元素中的<entry>值、<set>元素和<list>元素的值都可以使用如下元素：

♦ value：基本数据类型值或字符串类型值。

♦ ref：引用另一个 Bean。

♦ bean：嵌套一个 Bean。

♦ list、set、map 以及 props：嵌套另一个集合。

 类型为 List、Set、Map 和 Propertis 的集合属性分别使用<list>、<set>、<map>和<props>元素进行配置；其中除了<props>元素，其他集合元素的值都可以使用 value、ref、bean 进行指定，或嵌套另一个集合。

7.3.5　Bean 间关系

Spring 中 Bean 之间有继承和依赖两种关系。

1．继承

如果多个 bean 存在相同的配置信息，Spring 允许定义一个父 Bean，然后为其定义子Bean。子 Bean 将自动继承其配置信息。Spring 中通过设置<bean>元素的 parent 属性为其指定父 Bean。

通过下述示例代码来演示 Bean 之间的继承关系。

```
<bean id="abstractCust" class="com.dh.ch07.pojos.Customer" abstract="true">
    <property name="id" value="1" />
    <property name="userName" value="zhangsan" />
    <property name="password" value="123" />
    <property name="realName" value="张三" />
    <property name="address" value="青岛" />
    <property name="mobile" value="12345678" />
</bean>
<bean id="customer3" parent="abstractCust">
    <property name="id" value="3" />
</bean>
<bean id="customer4" parent="abstractCust">
    <property name="id" value="4" />
</bean>
```

在上述配置文件中，customer3 和 customer4 这两个子 Bean 都继承自 abstractCust 父Bean，Spring 会将父 Bean 的配置信息传递给子 Bean，如果子 Bean 提供了父 Bean 已有的配置信息，则子 Bean 的配置信息将覆盖父 Bean 的配置信息。

2．依赖

Bean 之间的依赖关系使用<ref>元素建立，Spring 负责管理这些 Bean 的关系，当实例化一个 Bean 时，Spring 保证该 Bean 所依赖的其他 Bean 已经初始化。

如果 BeanA 所依赖的 BeanB 并不是 BeanA 的属性时，Spring 允许用户通过 dependson 属性指定前置依赖 Bean，例如：

```
<bean id="customer" class="com.dh.ch07.pojos.Customer"/>
<bean id="sailorder2" class="com.dh.ch07.pojos.SailOrder" depends-on="customer">
</bean>
```

上述代码中，id 为"sailorder2"的 Bean 声明了 depends-on 属性，所以 Spring 在构造 sailorder2 之前会首先构造 id 为"customer"的 Bean。

另外，可以使用<idref>元素引用另一个<bean>的 id 值。例如：

```
<bean id="customer" class="com.dh.ch07.pojos.Customer"/>
<bean id="sailorder3" class="com.dh.ch07.pojos.SailOrder">
    <property name="custId">
            <idref bean="customer"/>
    </property>
</bean>
```

上述代码中，id 为"sailorder3"的 Bean 设置了一个名为"custId"的属性，然后使用<idref>设置该属性的值为"customer"字符串，其中"customer"是另一个 Bean 的 id 值。如果直接使用<value>元素注入"custId"属性的值，例如：

```
<bean id="customer" class="com.dh.ch07.pojos.Customer"/>
<bean id="sailorder3" class="com.dh.ch07.pojos.SailOrder">
    <property name="custId">
            <value>customer</value>
    </property>
</bean>
```

则两个 Bean 之间没有建立关系，Spring 不会对<value>提供的值进行特殊处理，也不会检验是否存在 id 为"customer"的 Bean。而使用<idref>元素注入属性值时，除了设置属性的值为另一个 Bean 的 id 值，Spring 还会检查是否存在该 Bean，如果不存在将抛出异常，提示容器中没有该 id 的 Bean。

7.3.6　Bean 作用域

在配置文件中定义一个 Bean 时，用户不但可以配置 Bean 的属性值以及相互之间的依赖关系，还可以定义 Bean 的作用域。作用域将对 Bean 的生命周期和创建方式产生影响。

Spring 支持五种 Bean 的作用域(其中有三种针对 WebApplicationContext)，如表 7-2 所示。

表 7-2　Bean 的作用域

作用域	描　　　述
singleton	在每个 Spring IoC 容器中，一个 Bean 定义对应唯一一个对象实例，Bean 以单实例的方式存在
prototype	一个 Bean 定义对应多个对象实例，每次调用 getBean()时，就创建一个新实例
request	在一次 HTTP 请求中，一个 Bean 定义对应一个实例，即每次 HTTP 请求都将会有各自的 Bean 实例，它们依据某个 Bean 定义创建而成。该作用域仅在基于 Web 的 Spring ApplicationContext 情形下有效
session	在一个 HTTP Session 中，一个 Bean 定义对应一个实例。该作用域仅在基于 Web 的 Spring ApplicationContext 情形下有效
global session	在一个全局的 HTTP Session 中，一个 Bean 定义对应一个实例。典型情况下，仅在使用 portlet context 的时候有效。该作用域仅在基于 Web 的 Spring ApplicationContext 情形下有效

除了表 7-2 中的五种 Bean 的作用域外，Spring 还允许用户自定义 Bean 的作用域，可通过 org.springframework.beans.factory.config.Scope 接口定义新的作用域，然后通过 org.springframework.beans. factory.config.CustomScopeConfigurer 的 BeanFactoryPostProcessor 这个接口注册自定义的 Bean 作用域。但在一般的应用开发中，Spring 提供的预定义的五种 Bean 的作用域已经能够满足开发的需要，因此不提倡自定义 Bean 的作用域。

上述的五种 Bean 作用域比较常用的是 singleton 和 prototype。因此本书将重点介绍这两种作用域，对于其他作用域读者可参考其他相关资料。

1. singleton 作用域

对于 singleton 作用域的 Bean，每次请求该 Bean 都将获得相同的实例，只要 ID 与该 Bean 的定义匹配。原因是当把一个 Bean 定义设置为 singleton 作用域时，Spring IoC 容器只会创建一个该 Bean 的实例。这个单一实例会被存储到单例缓存(singleton cache)中，并且所有针对该 Bean 的后续请求和引用都将返回缓存中的实例。可通过如下格式来设置 Bean 的作用域为 singleton。

```
<bean id="film5" class="com.dh.ch07.pojos.Film" scope="singleton">
```

上述代码中通过设置 Bean 的"scope"属性的值来设置其作用域。

2. prototype 作用域

容器负责跟踪 Bean 实例的状态，负责维护 Bean 实例的生命周期行为。但如果一个 Bean 被设置成 prototype 作用域，程序每次请求该 id 的 Bean，Spring 都会新建一个 Bean 实例。在这种情况下，Spring 容器仅仅使用 new 关键字创建 Bean 实例，一旦创建成功，容器就不再跟踪实例，也不会维护 Bean 实例的状态。

当不指定 Bean 的作用域，Spring 默认使用 singleton 作用域。Java 在创建实例时，需要进行内存申请，实例不再使用后，还可能进行垃圾回收，这些工作都会导致系统开销的增加，因此，进行 prototype 作用域的 Bean 的创建和销毁时，代价比较大，而 singleton 作用域的 Bean 实例一旦创建成功，可以重复使用。所以，除非必要，尽量避免将 Bean 设置成 prototype 作用域。

【示例7.6】　在配置文件中通过<bean>元素实现 Film 类的配置，并设置该 Bean 的作用域类型为 prototype。

在 bean-film.xml 中设置 Bean 的作用域，添加代码如下：

```xml
<bean id="film5" class="com.dh.ch07.pojos.Film" scope="prototype">
    <property name="id" value="1" />
    <property name="name" value="这个杀手不太冷" />
    <property name="year" value="1994" />
    <property name="director" value="吕克 贝松" />
</bean>
```

测试类 BeanTest 的代码如下：

```java
public class BeanTest {
    public static void main(String[] args) {
        ApplicationContext ctx =
                        new ClassPathXmlApplicationContext("bean-film.xml");
        System.out.println(ctx.getBean("film")==ctx.getBean("film"));
        System.out.println(ctx.getBean("film5")==ctx.getBean("film5"));
    }
}
```

运行结果如下：

```
true
false
```

singleton 作用域的 Bean，每次请求同一 id 的 Bean，都将返回同一个共享实例，所以两次获取的 Bean 实例完全相同；但对 prototype 作用域的 Bean，每次请求该 id 的 Bean 都将产生新的实例，因此两次请求获得 Bean 实例不相同。

7.3.7 自动装配

Spring IoC 容器提供了对相互协作的 Bean 进行自动装配的功能。可以自动让 Spring 通过检查 BeanFactory 中的内容，来替开发人员指定 Bean 的依赖关系。由于 autowire 可以针对单个 Bean 进行设置，因此可以让有些 Bean 使用 autowire，有些 Bean 不采用。autowire 的方便之处在于减少或者消除对属性或构造器参数的设置，这样可以简化配置文件。

在 Spring 配置文件中，autowire 一共有五种类型，可以在 Bean 元素中使用 autowire 属性进行设置：

◇ no：默认值，表明不使用自动装配。必须通过<ref>元素显式指定依赖，显式指定可以使配置更灵活、更清晰，因此对于较大的部署配置，推荐采用该设置。而且在某种程度上，它也是系统架构的一种文档形式。

◇ byName：根据属性名自动装配。此选项将检查容器并根据名字查找与属性完全一致的 Bean，将其与属性自动装配。例如，在 Bean 定义中将 autowire 设置为 byName，而该 Bean 包含 master 属性(同时提供 setMaster(..)方法)，Spring 就会查找名为 master 的 Bean 定义，并用它来装配给 master 属性。

◇ byType：如果容器中存在一个与指定属性类型相同的 Bean，那么将对该属性自动装配。如果存在多个该类型的 Bean，那么将会抛出异常，并指出不能使用 byType 方式进行自动装配。若没有找到相匹配的 Bean，则什么都不发生，属性也不会被设置。如果不希望这样，则可以通过设置"dependency-check='objects'" 让 Spring 抛出异常。

◇ constructor：与 byType 的方式类似，不同之处在于它应用于构造器参数。如果在容器中没有找到与构造器参数类型一致的 Bean，那么将会抛出异常。

◇ autodetect：通过 Bean 类的自省机制(introspection)来决定是使用 constructor 还是 byType 方式进行自动装配。如果发现默认的构造器，那么将使用 byType 方式。

【示例 7.7】 以 Message 类为例，演示通过 byName 方式进行自动装配的方法。

创建 bean.xml，配置 Bean 的自动装配类型为 "byName"，代码如下：

```xml
<?xml version="1.0" encoding="UTF-8"?>
<beans xmlns=http://www.springframework.org/schema/beans
      xmlns:xsi=http://www.w3.org/2001/XMLSchema-instance
      xsi:schemaLocation="http://www.springframework.org/schema/beans
      http://www.springframework.org/schema/beans/spring-beans.xsd">
    <!-- 创建 id 为 date 的 Bean  -->
    <bean id="date" class="java.util.Date" />
    <bean id="message" class="com.dh.Message" autowire="byName">
        <property name="title" value="Hello Dh!" />
    </bean>
</beans>
```

Message 类则可以自动装配，代码如下：

```java
public class Message {
    private String title;
    //该属性与配置文件中 id 为 date 的 Bean 对应
    private Date date;
    public void setDate(Date date) {
        this.date = date;
    }
    public Date getDate() {
        return date;
    }
    public String getTitle() {
        return title;
    }
    public void setTitle(String title) {
        this.title = title;
    }
```

}

通过 SpringDemo.java 来对上述配置进行测试。

```java
public class SpringDemo {
    public static void main(String[] args) {
        //创建容器对象
        ApplicationContext context =
                            new ClassPathXmlApplicationContext("bean.xml");
        //从容器中获取对象
        Message m = (Message) context.getBean("message");
        System.out.print("Title: ");
        System.out.println(m.getTitle());
        System.out.print("Date: ");
        System.out.println(m.getDate());
    }
}
```

运行结果如下：

```
Title: Hello Dh!
Date: Thu Aug 07 11:36:18 CST 2010
```

byType 方式则只根据类型是否匹配来决定是否注入依赖关系，假如 A 实例有 setB(B b) 方法，而 Spring 配置文件中恰有一个类型 B 的 Bean 实例，则 Spring 会注入此实例。如果容器中没有一个类型为 B 的实例或有多于一个的 B 实例，则都将抛出异常。可以将上例改为 byType 自动装配方式，然后运行程序查看输出结果。代码如下：

```xml
<bean id="message" class="com.dh.Message" autowire="byType">
    <property name="title" value="Hello Dh!" />
</bean>
```

本 章 小 结

通过本章的学习，学生应该能够学会：

✧ Spring 框架主要包括 IoC、AOP、MVC 以及对其他框架的支持等几大部分。

✧ 控制反转(IoC)是 Spring 框架的技术基础，其他功能都是在 IoC 之上完成的。

✧ 通过 BeanFactory 和 ApplicationContext 得到 Spring 上下文中声明的 bean。

✧ 使用 Spring 的配置文件完成 bean 的声明。

✧ 使用 set 方法和构造方法两种方式来完成依赖注入。

✧ 在 Spring 配置文件中完成注入时，简单类型、引用其他 bean、集合类型的声明方式。

✧ bean 的作用域包括 singleton、prototype 等五种类型，理解其含义。

✧ Spring 框架还提供了自动装配功能，包括根据属性名和属性类型两种方式，通过在配置文件中声明 autowire 的值为 byName 和 byType 来指定。

本 章 练 习

1．Spring 有_____优点。(多选)

   A． 低侵入式设计，代码无污染

   B． 使用该框架时可以不用其他的 ORM 框架，因为该框架提供了自己的 ORM 框架

   C． 独立于各种应用服务器，真正实现一次编写、随处运行的承诺

   D． Spring 的高度开放性，并不强制开发者完全依赖于 Spring，可自由选用 Spring 框架的部分或全部功能

2．下述选项描述正确的一项是_____。

   A． IoC 容器降低了业务对象替换的复杂性，增强了组件之间的耦合，降低了组件之间的内聚性

   B． ApplicationContext 在初始化应用上下文时，默认会实例化所有的 singleton Bean(单例 Bean)；因此使用 ApplicationContext 时性能很低，不建议使用

   C． 通过 BeanFactory 启动 IoC 容器时，并不会初始配置文件中定义的 Bean，初始化动作发生在第一个调用时，IoC 容器会缓存 Bean 实例

   D． Spring 提供了针对 Web 开发的集成特性，而且提供了一个完整的类似于 Struts 的 MVC 框架，并没有提供对其他 MVC 框架的支持

3．下面选项关于依赖注入方式描述错误的一项是_____。

   A． 设值注入要求 Bean 提供一个默认的无参构造方法，并为需要注入的属性提供对应的 setter 方法

   B． 构造注入是通过使用构造器来注入 Bean 的属性或依赖对象。这种方式可以确保一些必要的属性在 Bean 实例化时就得到设置，从而使 Bean 在实例化后就可以使用，因此比设置注入要常用

   C． 对于复杂的依赖关系，如果采用构造注入，会导致构造器过于臃肿，难以阅读，这时可以使用设值注入，则能避免这些问题

   D． 构造注入可以在构造器中决定依赖关系的注入顺序，优先依赖的优先注入。比如 Web 开发时使用数据库，可以优先注入数据库连接的信息

4．简述 Bean 的几种作用域及功能。

第 8 章 Spring 深入

本章目标

- 掌握 AOP 的基本概念及术语
- 掌握各种 Advice 类的编写方法
- 了解切面的不同类型
- 掌握配置切面的方法
- 了解 Spring 对事务管理的支持
- 掌握编程式事务管理
- 掌握声明式事务的概念和配置方式

8.1 Spring AOP

AOP(Aspect Oriented Programming)即"面向切面编程",其作为面向对象编程的一种补充,已经成为一种比较成熟的编程思想。AOP 和 OOP 相辅相成,面向对象编程将程序分解成各个层次的对象,而面向切面编程则将程序的运行过程分解成各个切面。可以认为,面向对象编程从静态角度考虑程序的结构,而面向切面编程则从动态角度考虑程序的运行过程。

8.1.1 AOP 思想和本质

在软件开发过程中,开发人员通过对具体业务的分析抽象出一系列具有一定状态和行为的对象,并通过这些对象之间的协作来形成一个完整的软件系统。由于类之间可以进行继承,因此可以把相同的功能或相同的特性抽象到一个层次分明的类结构体系中,利用继承的思想在一定程度上实现代码重用,但随着软件规模的增大,应用的逐渐升级,在软件系统中总会经常出现重复的代码,并且无法通过继承的方法进行重用和管理,会在系统开发和维护的过程中带来很多不便。

AOP 利用一种称为"横切"的技术,剖解开封装对象的内部,并将那些影响了多个类的行为封装到一个可重用模块中,并将其命名为"Aspect",即切面(或称为方面)。通过切面可以将那些与业务无关却为业务模块共同调用的逻辑封装起来,从而减少了系统的重复代码,降低模块间的耦合度,有利于系统的可维护性和可扩展性。

AOP 把软件系统分为两部分:核心关注点和横切关注点。核心关注点是业务处理的主要流程,而横切关注点是与核心业务无关的部分,它常常发生在核心关注点的周围并且代码类似或相同,如日志、权限等。

横切关注点虽然与核心业务的实现无关,但却是一种更为通用的业务,各个横切关注点离散地穿插于核心业务之中,导致系统中的每一个模块都与这些业务具有很强的依赖性。横切关注点所代表的行为就是"切面"。

总之,OOP 提高了代码的重用,而 AOP 将分散在各个业务逻辑中的相同代码通过横向切割的方式抽取成一个独立的模块,使得业务逻辑类更加简洁明了。

 AOP 的核心思想就是将程序中的商业逻辑同对其提供支持的通用服务进行分离。

8.1.2 AOP 术语

在使用 AOP 之前,先要了解一些 AOP 的基本术语:
  ✧ 连接点(Joinpoint):一个类或一段程序代码拥有一些具有边界性质的特定点,
    这些代码中的特定点就称为"连接点",实际上,连接点就是程序执行的某

个特定位置，如类初始化前，类初始化后，类的某个方法调用前、调用后、
方法异常抛出时。通常每个程序都拥有多个连接点，比如一个类有两个方
法，那么这两个方法在调用前、调用后、方法异常抛出时都可以作为连接
点。Spring 框架仅支持针对方法的连接点。

❖ 切入点(Pointcut)：被增强的连接点。在多个连接点中，AOP 通过"切入点"
定位到特定的连接点，当某个连接点满足指定的条件时，该连接点将被添加
增强(Advice)，该连接点就变成了一个切入点。

❖ 增强(Advice)：织入到目标类特定连接点上的一段程序代码。由于增强既包
含了用于添加到目标连接点上的一段执行逻辑，又包含了用于定位连接点的
方位信息，所以在 Spring 中提供的增强接口都是带方位名的，例如，
BeforeAdvice、AfterAdvice 等。

❖ 目标对象(Target)：增强被织入的目标类。如果没有 AOP，目标业务类需要
自己实现所有逻辑，借助 AOP 框架，业务类可以只实现核心业务，而日
志、事务管理等横切关注点则可以使用 AOP 动态织入到特定的连接点上。

❖ 引入(Introduction)：一种特殊的增强，它为类添加一些属性和方法。这样，
即使一个业务类原本没有实现某个接口，通过 AOP 的引入功能，也可以动
态地为该业务类添加接口的实现逻辑，让业务类成为这个接口的实现类。

❖ 织入(Weaving)：将增强添加到目标类具体连接点上的过程。可以把 AOP 比
作一台织布机，它将目标类、增强编织在了一起，根据不同的实现技术，
AOP 有三种织入方式：编译期织入，通常要求使用特殊的 Java 编译器；类
装载期织入，要求使用特殊的类装载器；动态代理织入，在运行期为目标类
添加增强并创建一个目标类的子类及对象。Spring 采用动态代理织入方式。

❖ 代理(Proxy)：一个类被 AOP 织入增强后，就会产生一个结果类，该结果类
就是融合了目标类和增强逻辑的代理类，根据不同的代理方式，该结果类既
可能是和目标类具有相同接口的类，也可能就是目标类的子类，所以可使用
调用目标类的方式来调用该结果类。在 Spring 中，AOP 代理可以是 JDK 动
态代理，也可以是 CGLIB 代理。当明确指定目标类实现何种接口时，Spring
使用动态代理，否则使用 CGLIB 进行字节码增强。

❖ 切面(Aspect)：切面由切入点和增强组成。它既包括了增强逻辑的定义，也
包括了切入点的定义。Spring AOP 是负责实施切面的框架，它将切面所定义
的增强逻辑织入到切面所指定的连接点中。

在 AOP 编程过程中，需要开发人员参与的有三个方面：

(1) 定义普通业务类。

(2) 定义切入点，一个切入点可能横切多个业务组件。

(3) 定义增强，增强就是在 AOP 框架为普通业务组件织入的处理逻辑。

对于 AOP 编程而言，最关键的就是定义切入点和增强，一旦定义了合适的切入点和
增强，AOP 框架会自动生成 AOP 代理。

对于 Advice 一词，有的书籍翻译为"通知"，现在比较认同的翻译是"增强"，因为 Advice 是指 AOP 框架在特定的切面上所添加的功能。

8.1.3　Advice 类型

根据增强在目标类连接点的位置不同，Spring 框架支持五种类型的增强：

◇　前置增强：在某个连接点方法之前执行的增强。如果这个增强不抛出异常，那么该连接点一定会被执行，在 Spring 框架中，BeforeAdvice 接口代表前置增强，由于 Spring 只支持方法级的增强，所以也可以使用 MethodBeforeAdvice 接口来表示前置增强，用于在目标方法执行前实施增强。

◇　后置增强：指连接点方法无论在任何情况下退出时所执行的增强，即无论连接点方法是正常退出还是抛出异常都会执行此增强。在 Spring 框架中，AfterAdvice 接口代表后置增强，表示在目标方法执行后实施增强。

◇　返回后增强：指在某个连接点方法正常(没有抛出异常)执行后所执行的增强。在 Spring 框架中，AfterReturningAdvice 接口表示返回后增强。

◇　抛出异常后增强：指在连接点方法抛出异常后执行的增强。在 Spring 框架中，ThrowsAdvice 接口表示抛出异常后增强。

◇　环绕增强：指包围连接点方法的增强。这种增强功能比较强大，可以替代上述任何一种增强。在 Spring 框架中，MethodInterceptor 接口代表环绕增强，表示在目标方法执行前后实施增强。

Spring1.x 采用自身提供的 AOP API 来定义切入点和增强，如上面提到的增强接口。Spring2.0 以后这种方式逐渐被下面两种方式所取代：

(1) 基于 XML 配置文件的管理方式：使用 Spring 配置文件来定义切入点和增强。

(2) 基于 Annotation 的"零配置"方式：使用@Aspect、@Pointcut 等注解来定义切入点和增强。

　本章主要以 XML 和注解两种配置方式说明切面的配置。

在 Spring 配置文件中，可以配置 Before、After、AfterReturning、AfterThrowing 和 Around 等增强，在配置增强时，分别依赖于以下几个元素：

◇　<aop:before.../>：配置 Before 增强处理。

◇　<aop:after.../>：配置 After 增强处理。

◇　<aop:after-returning.../>：配置 AfterReturning 增强处理。

◇　<aop:after-throwing.../>：配置 AfterThrowing 增强处理。

◇　<aop:around.../>：配置 Around 增强处理。

上面这些元素都不支持子元素，但可以指定如表 8-1 所示的属性。

表 8-1　增强元素的主要属性

属性名	描　　述
pointcut	该属性指定一个切入点表达式，Spring 将在匹配该表达式的连接点时织入该增强
pointcut-ref	该属性指定一个已经存在的切入点名称，通常 pointcut 和 pointcut-ref 两个属性只需使用其中之一
method	该属性指定一个方法名，它对应切面中所定义的增强逻辑方法
throwing	该属性只对<after-throwing…/>元素有效，用于指定一个形参名，AfterThrowing 增强处理方法可以通过该形参访问目标方法所抛出的异常
returning	该属性只对<after-returning…/>元素有效，用于指定一个形参名，AfterReturning 增强处理方法可以通过该形参访问目标方法的返回值

8.1.4　基于 XML 配置的 AOP

在 Spring 的配置文件中，所有切面、切入点和增强都必须在<aop:config…/>元素内部定义。<beans…/>元素下可以包含多个<aop:config…/>元素，一个<aop:config…/>可以包含多个<pointcut>、<advisor>和<aspect>元素，并且这三个元素必须按照此顺序来定义。<aop:config…/>元素的结构如图 8-1 所示。

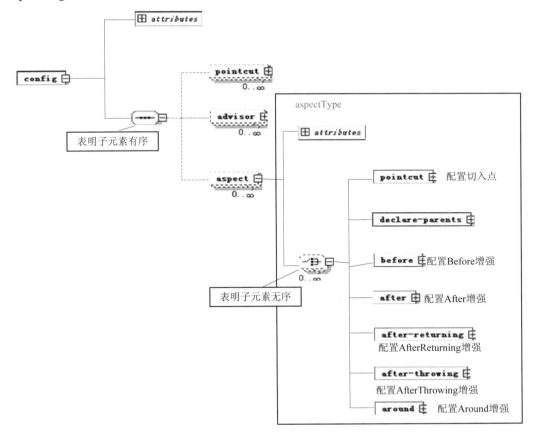

图 8-1　<config>元素的 Schema 样式定义

1．配置切面

切面是通过<aop:aspect.../>元素来进行声明的，该元素必须放置在<aop:config.../>元素内部，如图 8-1 所示。使用<aop:aspect.../>来配置切面时，实质上是将一个已有的 Spring Bean 转换成切面 Bean，所以首先要定义一个普通的 Spring Bean。由于切面 Bean 可以当做一个普通的 Spring Bean 来配置，所以可以为该切面 Bean 配置依赖注入，当切面 Bean 定义完成后，通过在<aop:aspect.../>元素中使用 ref 属性来引用该 Bean，就可以将该普通的 Bean 转换成一个切面 Bean。

当配置<aop:aspect.../>元素时，可以指定如表 8-2 所示的属性。

表 8-2   <aop:aspect.../>的属性

属性名	描　　述
id	定义该切面的标识名
ref	指定该属性所引用的普通 Bean 作为切面 Bean
order	指定该切面 Bean 的优先级，order 值越小，该切面对应的优先级越高

【示例 8.1】 创建一个切面类 MyAspect，当张三写字或画画(业务操作)时，模拟佣人准备笔墨纸砚、装裱等非业务操作。

创建一个 MyAspect 类，代码如下：

```
public class MyAspect {
    /**
     * 模拟前置增强(适用于方法调用前的权限检查)
     */
    public void before() {
        System.out.println("佣人准备笔墨纸砚...");
    }
    /**
     * 模拟后置增强(适用于方法执行完毕后释放资源，如关闭数据库连接等)
     */
    public void after() {
        System.out.println("佣人撤去笔墨纸砚...");
    }
    /**
     *模拟返回后增强(适用于日志记录)
     */
    public void afterReturn(Object result){
        if (result == null) {
            System.out.println("什么都没做，佣人无所适从...");
        } else {
            System.out.println("佣人装裱后挂于墙上...");
        }
    }
```

```
    /**
     * 模拟异常处理增强(适用于日志记录)
     */
    public void afterException(Throwable ex) {
            System.out.println("异常信息为:" + ex.getMessage());
            System.out.println("佣人将其焚毁...");
    }
    /**
     * 模拟环绕增强(适用于事务控制)
     */
    public Object around(ProceedingJoinPoint joinpoint) throws Throwable{
            System.out.println("开始创作...");
            Object object = joinpoint.proceed();
            System.out.println("结束创作...");
            return object;
    }
}
```

上述代码中，定义了一个 MyAspect 类，含有五个方法：before()、after()、afterReturn()、afterException()和 around()。其中，

◇ before()：适用于验证调用某个方法时是否具有相应权限，该方法应该最先调用。

◇ after()：适用于模拟释放资源，该方法应该最后调用。

◇ around()：适用于事务控制。

至于上述方法何时被调用，这与配置的增强类型有关，下面会详细介绍。

在 bean-aop.xml 配置文件中通过配置<aop:aspect.../>元素把上面创建的 MyAspect 类转换成切面 Bean，代码如下：

```xml
<?xml version="1.0" encoding="UTF-8"?>
<beans xmlns="http://www.springframework.org/schema/beans"
    xmlns:xsi="http://www.w3.org/2001/XMLSchema-instance"
    xmlns:aop="http://www.springframework.org/schema/aop"
    xsi:schemaLocation="http://www.springframework.org/schema/beans
    http://www.springframework.org/schema/beans/spring-beans.xsd
    http://www.springframework.org/schema/aop
    http://www.springframework.org/schema/aop/spring-aop.xsd">
    <aop:config>
            <aop:aspect id="adviceAspect" ref="myAspect">
                    <!-- 还没有配置增强-->
            </aop:aspect>
    </aop:config>
    <!-- 配置切面 -->
    <bean id="myAspect" class="com.dh.ch08.aspect.MyAspect" />
```

```
</beans>
```

上面配置中，首先在 bean-aop.xml 文件中利用<aop:aspect.../>声明了一个 id 为 "adviceAspect" 的切面，然后利用 ref 属性引用了 id 为 "myAspect" 的 Bean，该 Bean 就是前面创建的 MyAspect 类。

 由于在文件中还没有配置增强，所以对目标类不会起到"横切"的作用。此外，如果使用<aop:config.../>来配置切面及增强，需要在配置文件中声明 aop 命名空间，如配置文件中的粗字体所示。

2．配置增强

对于五种增强类型在 Spring 配置文件中对应的标签元素在 8.1.3 小节中已有介绍，下面首先创建两个目标接口 IDrawing(画画)、IHandwriting(写字)，然后分别说明五种增强在配置文件中的配置方式。

创建目标接口 IDrawing，对该接口的实现类中所有的方法进行增强处理。

```java
public interface IDrawing {
    /**
     * 模拟画画操作
     */
    public Object draw();
}
```

创建目标接口 IHandwriting，对该接口的实现类中所有的方法进行增强处理。

```java
public interface IHandwriting{
    /**
     * 模拟写字操作
     */
    public Object write();
}
```

上述两个代码段定义了两个接口：IDrawing、IHandwriting，接口中分别有 draw()、write()方等法用于模拟核心业务操作。

接口的实现类 HeShenService 可实现张三写字或画画，代码如下：

```java
public class HeShenService implements IDrawing , IHandwriting {
    /**
     * 模拟写字操作
     */
    public Object write() {
        System.out.println("张三写字");
    }
    /**
     * 模拟画画操作
     */
    public Object draw() {
```

```
            System.out.println("张三画画");
    }
    /**
     * 模拟写字出错操作，即抛出运行时异常
     */
    public Object writeWithException() {
            throw new RuntimeException("张三写字出错");
    }
}
```

上述代码中，定义了一个 IDrawing、IHandwriting 接口的实现类 HeShenService，该接口实现了 write()、draw()、和 writeWithException()方法。

在 bean-aop.xml 文件中配置各种增强，同时把 HeShenService 类装配到 Spring 容器中，代码如下：

```
......//省略前面代码
    <aop:config proxy-target-class="true">
            <aop:aspect id="adviceAspect" ref="myAspect">
    <!-- 配置 Before 增强，以切面 Bean 中的 before()方法作为增强处理方法 -->
                    <aop:before method="before"
                            pointcut="execution(* com..*.*Service.*(..))" />
    <!-- 配置 After 增强，以切面 Bean 中的 after()方法作为增强处理方法 -->
                    <aop:after method="after"
                            pointcut="execution(* com..*.*Service.*(..))" />
    <!-- 配置 AfterReturning 增强，以切面中的 afterReturn()方法作为增强处理方法 -->
                    <aop:after-returning method="afterReturn"
                            pointcut="execution(* com..*.*Service.select(..))"
                            returning="result" />
    <!-- 配置 AfterThrowing 增强，以切面中的 afterException 方法作为增强处理方法-->
                    <aop:after-throwing method="afterException"
                            pointcut="execution(* com..*.*Service.*(..))"
                            throwing="ex" />
    <!-- 配置 Around 增强，以切面中的 around()方法作为增强处理方法 -->
                    <aop:around method="around"
                            pointcut="execution(* com..*.*Service.*(..))" />
            </aop:aspect>
    </aop:config>
    <!-- 配置日志切面 -->
    <bean id="myAspect" class="com.dh.ch08.aspect.MyAspect" />
    <!-- 配置 heshenService 类 -->
    <bean id="heshenService" class="com.dh.ch08.service.HeShenService" />
......//省略已有配置
```

上述配置中，配置了 Before 增强、After 增强、AfterReturning 增强、AfterThrowing 增强和 Around 增强。在每个增强元素中 method 属性值都设定为切面中的方法，例如，在 Before 增强中 method 属性值为"before"，对应切面 MyAspect 中的 before()方法，表示当满足条件时会调用切面 MyAspect 的 before()方法；pointcut 属性的值为切入点表达式：

execution(* com..*.*Service.*(..))

表示"com"包或其子孙包中，名称以"Service"结尾的接口/类中任意的方法，如果被调用的方法满足上述条件，则会被增强。

当<aop:config.../>中 proxy-target-class 属性值设置为 true 时，表示其中声明的切面均使用 CGLib 动态代理技术；当设置为 false 时，使用 JDK 动态代理技术，一个配置文件可以同时定义多个<aop:config.../>，不同的<aop:config.../>可以采用不同的代理技术。

为上述配置创建一个测试类 AspectTest，当试图调用 HeShenService 的 write()方法时，查看 MyAspect 类中各种方法的执行情况。

```
public class AspectTest {
    public static void main(String[] args) throws Exception {
        ApplicationContext ctx = new ClassPathXmlApplicationContext("bean-aop.xml");
        // 从 IOC 容器中获取 HeShenService 对象
        HeShenService service = (HeShenService)ctx.getBean("heshenService");
        // 调用添加方法
        service.write();
        System.out.println("---------------------");
    }
}
```

上述代码中，首先创建 ApplicationContext 对象，然后从该对象中获取 HeShenService 实例，最后调用该对象的 write()方法。执行结果如下所示：

```
佣人准备笔墨纸砚...
开始创作...
张三写字
结束创作...
佣人装裱后挂于墙上...
佣人撤去笔墨纸砚...
---------------------
```

上述结果显示，当调用 HeShenService 的 write()方法时，切面 MyAspect 中的 before()方法首先会被调用，然后调用 around()方法，接着调用 write()方法来模拟执行写字(业务)操作，在写字操作完成后结束创作，最后调用 after()方法来释放资源，由此可见，当在业务逻辑类中调用业务方法时，一些外围的工作，例如，事务管理、权限检查、日志记录和资源的释放等非业务操作都可以由 AOP 框架来完成。

3. 配置切入点

如配置文件 bean-aop.xml 所示，配置 Before 增强时，同时给属性"pointcut"指定了切入点表达式：

```
execution(* com..*.*Service.*(..))
```

此外，还可以通过使用<aop:pointcut.../>元素在<aop:config.../>内部单独定义切入点，所谓定义切入点，实际上就是为一个切入点表达式起一个名字，从而允许在多个增强中重用该名称。

对于<aop:pointcut.../>元素，它包含两个属性：

◇ id：该属性是当前切入点唯一性标识。

◇ expression：切入点表达式。它是在配置切入点的时候需要指定的一个表达式，该表达式的作用就是定义切入点与连接点的匹配规则，Spring 会利用切入点表达式来判断所定义的切入点与当前执行的连接点是否匹配。

在 XML 配置文件中配置切入点，配置信息如下：

```
......省略
    <aop:config proxy-target-class="true">
        <aop:pointcut id="mypointcut"
        expression="execution(* com..*.*Service.*(..))" />
        <aop:aspect id="adviceAspect" ref="myAspect">
            <!--配置 before 增强 -->
            <aop:before method="before" pointcut-ref="mypointcut" />
        </aop:aspect>
    </aop:config>
......省略
```

上述配置中，通过<aop:pointcut.../>定义了一个 id 为"mypointcut"的切入点，然后在 Before 增强中通过 pointcut-ref 属性引用 mypointcut 切入点，运行效果和在增强中直接指定 pointcut 属性相同。

4．切入点指示符

Spring AOP 提供了多种切入点指示符(pointcut designators)来定义切入点的规则。切入点指示符用于标明一个连接点在什么条件下关联到切入点。切入点表达式就是通过切入点指示符来进行定义的，例如：execution 就是一种切入点指示符。在 Spring 中主要支持如表 8-3 所示的切入点指示符。

表 8-3　Spring 支持的切入点指示符

名称	描　述
execution	用来匹配执行方法的连接点，它是 Spring AOP 中最主要的切入点指示符
within	限定匹配特定类型的连接点，当使用 Spring AOP 的时候，只能匹配方法执行的连接点
this	用于限定 AOP 代理必须是指定类型的实例，用于匹配该对象的所有连接点。当使用 Spring AOP 的时候，只能匹配方法执行的连接点
target	用于限定目标对象必须是指定类型的实例，用于匹配该对象的所有连接点。当使用 Spring AOP 的时候，只能匹配方法执行的连接点
args	用于对连接点的参数类型进行限制，要求参数类型是指定类型的实例。当使用 Spring AOP 的时候，只能匹配方法执行的连接点

下面分别通过具体示例来说明表 8-3 中的切入点指示符。

1) execution

execution 表达式的语法格式如下：

execution(modifiers-pattern? return-type-pattern declaring-type-pattern? name-pattern(param-pattern) throws-pattern?)

上面格式中 execution 是不变的，用于作为 execution 表达式的开头，整个表达式中各部分的含义如表 8-4 所示。

表 8-4　execution 表达式中各部分的含义说明

名称	描述
modifiers-pattern	指定方法的修饰符，支持通配符，可省略
return-type-pattern	指定方法的返回值类型，支持通配符，可使用"*"通配符来匹配所有返回值类型
declaring-type-pattern	指定方法所属的类，支持通配符，可省略
name-pattern	指定匹配的方法名，支持通配符，可以使用"*"通配符来匹配所有方法
param-pattern	指定方法中声明的形参列表，支持两个通配符： ◇　"*"：代表一个任意类型的参数； ◇　".."，代表零个或多个任意类型的参数。 例如，()匹配一个无参方法，而(..)匹配一个可接受任意数量和类型的参数的方法，(*)匹配了一个接受一个任意类型参数的方法，如(*,Integer)匹配了一个接受两个参数的方法，第一个可以是任意类型，第二个必须是 Integer 类型
throws-pattern	指定方法声明抛出的异常，支持通配符，该部分可以省略

通过下述示例来演示各种使用 execution 切入点指示符的方法。

(1) 通过方法签名定义切入点。

◇　execution(public * *(..))：匹配所有目标类的 public 方法。其中第一个"*"代表返回类型；第二个"*"代表方法名；".."代表任意类型和个数的参数。

◇　execution(* find*(..))：匹配目标类所有以 find 为前缀的方法。第一个"*"代表返回类型；而"find*"代表任意以 find 为前缀的方法。

(2) 通过类定义切入点。

◇　execution(* com.dh.ch08.service.HeShenService.*(..))：匹配 HeShenService 及其实现子类中的所有方法，例如，匹配了 HeShenService 类中的 write()、draw()等方法。第一个"*"代表方法修饰符；com.dh.ch08.service.HeShenService.*(..)代表 HeShenService 接口中的所有方法。

◇　execution(* com.dh.ch08.service. HeShenService+.*(..))：匹配 HeShenService 接口中所有的方法，此外，如果其实现子类中有其他方法(该方法并没有在接口中声明)，那么也会被匹配。

(3) 通过类包定义切入点。

在类名的模式串中，"*"表示包下的所有类，而"..*"表示包、子孙包下的所有类。

◇　execution(* com.dh.ch08.*(..))：匹配 com.dh.ch08 包下所有类的所有方法，不包括子包中类的方法。

◇　execution(* com.dh.ch08..*(..))：匹配 com.dh.ch08 包、子孙包下所有类的所有方法。当".."出现在类名中时，后面必须跟"*"，表示包、子孙包下的所有类。

◇ execution(* com..*.*Service.find*(..))：匹配 com 包或其子孙包下所有类名后缀为 Service，方法名前缀是 find 的方法。

◇ execution(* com..ch08..*Service.find*(..))：匹配 com 包且 com 的子孙包名中有 ch08 的且在 ch08 包或其子孙包中以 Service 为后缀的类中方法名以 find 为前缀的所有方法。

(4) 通过方法形参定义切入点。

可以使用"*"和".."通配符来表示方法的形参，其中"*"表示任意类型的参数；而".."表示任意类型参数且参数个数是零个或多个。

◇ execution(* foo(String,int))：匹配任意包下的 foo()方法，且 foo()方法第一个形参是 String，第二个形参为 int 类型。如果方法中的形参类型是 java.lang 包下的类，可以直接使用类名，否则必须使用全限定类名，如 foo(java.util.List)。

◇ execution(* foo(String,..))：匹配任意包下的 foo()方法，且 foo()方法第一个形参是 String 类型，后面可以有任意个且类型不限的形参。

2) within

通过类匹配模式声明切入点。within 只能通过类型匹配连接点的执行方法，而不能根据方法的特征(如方法签名、访问修饰符或返回类型)来匹配。

within(com.dh.ch08..*)：表示匹配包 ch08 及其子孙包中任意类的方法。

与 execution 相比，within 具有很大的局限性。execution 不仅能够匹配任意包中类的方法，还可以通过方法的特征来匹配特定的方法。因此实际上，execution 的功能覆盖了 within 的功能。

3) this

用于限定 AOP 代理必须是指定类型的实例，用于匹配该对象的所有连接点，当使用 Spring AOP 的时候，只能匹配方法的连接点。

this(com.dh.ch08.service.UserService)：匹配实现了 UserService 接口的代理对象的所有连接点。

4) target

通过判断目标类是否按类型匹配指定的类从而决定连接点是否匹配，而 this 则通过判断代理类是否按类型匹配指定的类来决定是否和切入点匹配。两者限定的对象都是指定类型的实例。

target(com.dh.ch08.service.UserService)：匹配了实现 UserService 接口的目标对象的所有连接点。

5) args

用于对连接点的参数类型进行限制，要求参数类型是指定类型的实例。

args(com.dh.ch08.pojos.User)：表示匹配运行时传入的参数类型是 User 的方法，其中 User 类是一个实体类，它的一个子类是 MyUser。

上述表达式与 execution(* *(com.dh.ch08.pojos.User))的区别在于后者针对的是方法签名，而前者则针对的是运行时的传入参数类型。如 args(com.dh.ch08.pojos.User)既匹配 addUser (User user)，也匹配于 addMyUser(MyUser myUser)；而 execution(* *(com.dh.ch08.pojos.User)) 只匹配 addUser(User user)方法。

5．组合切入点表达式

Spring 支持使用 3 个逻辑运算符来组合切入点表达式，分别为

◇ &&：要求连接点同时匹配两个切入点表达式。

◇ ||：只要求连接点匹配任意一个切入点表达式。

◇ !：要求连接点不匹配指定切入点表达式。

举例如下：

```
execution(* com.dh..*(..))&&args(com.dh.ch08.pojos.User)
```

上面切入点表达式需要同时匹配如下两个条件：

(1) 执行 com.dh 包及其子包下的任何方法。

(2) 该方法只有一个参数，并且是 User 类型。

8.1.5 基于 Annotation 配置的 AOP

AspectJ 是一个基于 Java 语言的 AOP 框架，它扩展了标准 Java，从语言层面提供了强大的 AOP 功能。AspectJ 是最早且功能比较强大的 AOP 实现之一，对整套 AOP 机制都有较好地实现，很多其他语言的 AOP 实现都借鉴或采纳其中的一些思想。在 Java 领域，AspectJ 的很多语法结构基本上都成为 AOP 领域的标准。即使不使用 Spring 框架，也可以直接使用 AspectJ 进行 AOP 编程。

从 Spring2.0 开始，Spring AOP 已经引入了对 AspectJ 的支持，并允许直接使用 AspectJ 对 AOP 进行编程，此外，Spring3.2 中的 AOP 与 AspectJ 也进行了良好的集成。

AspectJ 允许使用 Annotation 来定义切面、切入点和增强，而 Spring 框架则可以识别并根据这些 Annotation 来生成 AOP 代理。Spring3.2 只是使用了与 AspectJ1.5 一样的注解，但并没有使用 AspectJ 的编译器或织入器，底层依然使用的是 Spring AOP，且仍是在运行时动态生成 AOP 代理，并非依赖 AspectJ 的编译器或者织入器。

 本章没有对 AspectJ 的配置和使用进行讲解，只讲解 Spring3.2 中使用的 AspectJ1.5 提供的注解。相对于 Spring AOP，AspectJ 提供了更强大也更复杂的 AOP 功能，有兴趣的读者可以查阅相关资料。

1．配置切面

通过在配置文件中的相关配置来启动 AspectJ 后，在 Spring 中就可以使用 AspectJ 中的注解，配置如下：

```
<aop:aspectj-autoproxy/>
```

增加了上述配置后，Spring 会根据注解判断一个 Bean 是否使用了一个或多个切面，然后自动生成相应的 AOP 代理以拦截其方法调用，并且确认增强是否如期进行。

 在使用 AspectJ 的注解时，需要在应用的类加载路径中增加两个 AspectJ 类库：aspectjweaver.jar 和 aspectjrt.jar。

【示例 8.2】 使用@Aspect 来配置类 MyAspect2，当纪晓岚写字或画画时，由杜小月准备笔墨纸砚、装裱等其他操作。

创建 MyAspect2 切面类，代码如下：

```
@Aspect
public class MyAspect2 {
        ......省略其他内容
}
```

上述代码中，MyAspect2 类声明了@Aspect 注解，所以 MyAspect2 类将会作为切面
Bean 被 Spring 处理。

 　声明@Aspect 注解的类和声明其他类一样，可以有方法、属性定义，还可以包括切入点、
注 意　增强定义等。

2. 配置增强

在 8.1.3 节中介绍了在 XML 配置文件中使用的增强元素，AspectJ 也为各种增强类型
提供了不同的注解类，都位于 org.aspectj.lang.annotation.*包中。这些注解类拥有若干个成
员，可以通过这些成员完成定义切入点信息，绑定连接点参数等操作。此外，这些注解的
存留期限都是 RetentionPolicy.RUNTIME，标注目标都是 ElementType.METHOD。关于
AspectJ 提供的几个主要的增强注解如表 8-5 所示。

表 8-5　AspectJ 提供的主要增强注解

名　称	描　述
@Before	前置增强，该注解的成员 value 用于指定一个切入点表达式，也可以指定一个已有的切入点，用于指定该增强将被织入到哪些连接点
@AfterReturning	返回后增强，该注解的成员 value 功能同@Before 的成员 value 功能相同；pointcut 表示切点的信息，如果显式指定 pointcut 值，它将覆盖 value 的设置值；returning 用于将目标对象的返回值绑定给增强的方法
@Around	环绕增强，该注解的成员 value 的功能同@Before 的成员 value 功能相同
@AfterThrowing	抛出增强，该注解的成员 value 功能同@Before 的成员 value 功能相同；pointcut 功能同@AfterReturning 的成员 pointcut 功能相同；throwing 将抛出的异常绑定到增强方法
@After	后置增强，该注解的成员 value 功能同@Before 的 value 成员功能相同

通过使用@Before、@AfterReturning、@Around、@AfterThrowing 和@After 注解来
配置各种增强，代码如下：

```
@Aspect
public class MyAspect2{
    /**
     * 模拟前置增强(适用于方法调用前的权限检查)
     */
    @Before("execution(* com..*.JiXiaoLanService.*(..))")
    public void before() {
            System.out.println("杜小月准备笔墨纸砚...");
    }
    /**
```

```
         * 模拟后置增强(适用于方法执行完毕后释放资源,如关闭数据库连接等)
         */
        @After("execution(* com..*.JiXiaoLanService.*(..))")
        public void after() {
                System.out.println("杜小月撤去笔墨纸砚...");
        }
        /**
         *模拟返回后增强(适用于日志记录)
         */
        @AfterReturning(returning="result",pointcut="execution(*     com..*.JiXiaoLanService.select(..))")
        public void afterReturn(Object result){
                if (result == null) {
                        System.out.println("什么都没做,杜小月无所适从...");
                } else {
                        System.out.println("杜小月装裱后挂于墙上...");
                }
        }
        /**
         * 模拟异常处理增强(适用于日志记录)
         */
        @AfterThrowing(pointcut="execution(* com..*.JiXiaoLanService.*(..))",throwing="ex")
        public void afterException(Throwable ex) {
                System.out.println("异常信息为:" + ex.getMessage());
                System.out.println("杜小月将其焚毁...");
        }
        /**
         * 模拟环绕增强(适用于事务控制)
         */
        @Around("execution(* com..*.JiXiaoLanService.*(..))")
        public Object around(ProceedingJoinPoint joinpoint) throws Throwable{
                System.out.println("开始创作...");
                Object object = joinpoint.proceed();
                System.out.println("结束创作...");
                return object;
        }
}
```

上述代码中,分别使用@Before、@Around 等注解修饰了切面中的方法,并且直接指定了切入点表达式,用以匹配满足条件的所有方法。

下述配置文件中,首先通过<aop:aspectj-autoproxy.../>启动 AspectJ 注解的支持,然后配置切面类。配置信息如下:

```
......//省略已有配置
    <!-- 启动 AspectJ 注解的支持  -->
    <aop:aspectj-autoproxy/>
    <!-- 配置切面 Bean -->
    <bean id="myAspect2" class="com.dh.ch08.aspect.MyAspect" />
    <!-- 配置 UserService 类 -->
    <bean id="jixiaolanService" class="com.dh.ch08.service.JiXiaoLanService" />
......//省略已有配置
```

实现 IDrawing 和 IHandwriting 接口的类 JiXiaoLanService，代码如下：

```java
public class JiXiaoLanService implements IDrawing, IHandwriting {
    /**
     * 模拟写字操作
     */
    public Object write() {
            System.out.println("纪晓岚写字");
    }
    /**
     * 模拟画画操作
     */
    public Object draw() {
            System.out.println("纪晓岚画画");
    }
    /**
     * 模拟写字出错操作，即抛出运行时异常
     */
    public Object writeWithException() {
            throw new RuntimeException("纪晓岚写字出错");
    }
}
```

上述代码中，定义了一个 IDrawing、IHandwriting 接口的实现类 JiXiaoLanService，该接口实现了 write()、draw()、和 writeWithException()方法。

使用在 AspectTest 类进行测试，调用 JiXiaoLanService 的 write()方法，测试 MyAspect2 类中方法的执行情况。运行结果如下所示：

```
杜小月准备笔墨纸砚...
开始创作...
纪晓岚写字
结束创作...
杜小月装裱后挂于墙上...
杜小月撤去笔墨纸砚...
--------------------
```

上述结果和使用 XML 配置时生成的结果完全相同。

　　如果使用 JDK5.0，那么可以使用 AspectJ 提供的注解声明切入点、增强及切面，如果 JDK 的版本较低，则只能使用 XML 配置的方式来配置增强及切面，因为 JDK5.0 之前不支持注解。

3．配置切入点

切入点可以通过@Pointcut 进行声明。一个切入点的声明由两部分组成：

(1) 包含名字和任意参数的签名。

(2) 切入点表达式。

实际上使用@Pointcut 时，切入点签名就是一个普通方法的定义，且该方法的返回类型必须是 void。

【示例 8.3】　以 AspectBean 为例，通过使用@Pointcut 来配置切入点，代码如下：

```
@Aspect
public class AspectBean {
    /**
     * 使用@Pointcut 来配置切入点
     */
    @Pointcut("execution(* com..*.*Service.*(..))")
    private void crud(){};
    /**
     * 模拟进行权限检查
     */
    @Before("crud()")
    public void checkAuth() {
        System.out.println("权限检查...");
    }
......//省略已有配置
}
```

上述代码中，首先使用@Pointcut 定义了一个切入点，名称为 crud()，然后通过 @Before 来引用该切入点，调用测试类 AspectTest 的执行效果与前面相同。

8.2　Spring 事务管理

Spring 框架对事务处理有良好的支持。Spring 不但提供了和底层事务源无关的事务抽象，还提供了声明式事务，这样可以使得开发人员从事务处理的繁琐代码中解放出来，把精力用到业务逻辑的处理上，从而极大地提高了编程效率。

8.2.1　Spring 的事务策略

Java EE 应用的事务策略有全局事务和局部事务两种。全局事务通常由应用服务器管理，需要底层应用服务器(例如 WebLogic 和 WebSphere 等)的 JTA 支持，EJB 事务就是建立在 JTA 的基础上，而 JTA 又必须通过 JNDI 获取，这就意味着无论用户的应用是跨多个事务性资源(如关系型数据库和消息队列等)的使用还是单一事务性资源的使用，EJB 都要求使用全局事务加以处理，这样基于 EJB 的应用就无法脱离应用服务器的环境。

局部事务是基于单一事务性资源的，通常和底层的持久化技术有关，例如，当采用 JDBC 时，需要使用 Connection 对象来操作事务，当采用 Hibernate 持久化技术时，需要使用 Session 对象操作事务。当使用局部事务时，应用服务器不需要参与事务管理，因此不能保证跨多个事务性资源的事务的正确性，不过绝大部分应用都是基于单一事务性资源的，只有很少的应用需要使用多事务性资源的 JTA 事务。

在单一事务性资源的情况下，Spring 直接使用底层的数据源管理事务。在面对多个事务性资源时，Spring 会寻求 Java EE 应用服务器的支持，通过引用应用服务器的 JNDI 资源来完成 JTA 事务。

 在实际应用中，如果脱离 Java EE 应用服务器也可以使用 JTA 事务，例如，通过配合使用 ObjectWeb 的 JOTM 开源项目，Spring 也可以完成 JTA 的配置。

Spring 事务管理 SPI(Service Provider Interface)主要包括 PlatformTransactionManager、TransactionDefinition 和 TransactionStatus 三个接口。

1．PlatformTransactionManager

Spring 的事务策略是通过 PlatformTransactionManager 接口来体现的，该接口是 Spring 事务策略的核心，它根据 TransactionDefinition 提供的事务属性配置信息创建事务，并用 TransactionStatus 来描述该事务激活的状态。

在 PlatformTransactionManager 接口中定义了 3 个方法，这些方法都没有与 JNDI 绑定，可以像 Spring 中普通的 Bean 一样来对待 PlatformTransactionManager 的实现类，PlatformTransactionManager 接口中的方法功能描述如表 8-6 所示。

表 8-6　PlatformTransactionManager 的接口方法

名　称	描　述
Transaction getTransaction(TransactionDefinition def)	该方法根据事务定义信息从事务环境中返回一个已存在的事务，或者创建一个新的事务，并用 TransactionStatus 来描述这个事务的状态
void commit(TransactionStatus status)	根据事务的状态提交事务，如果事务状态已经被标识为 rollback-only，该方法将执行一个回滚事务的操作
void rollback(TransactionStatus status)	将事务回滚。当 commit()方法抛出异常时，rollback()会被隐式调用

表 8-6 描述了 PlatformTransactionManager 接口中的方法及其功能，实际上，Spring 会将事务的管理委托给底层具体的持久化实现框架完成，因此 Spring 为不同的持久化框架提供了 PlatformTransactionManager 接口的实现类，如表 8-7 所示。

表 8-7　Spring 提供的事务管理器实现类

名　　称	描　　述
org.springframework.orm.jpa.JpaTransactionManager	使用 JPA 进行持久化时，使用该事务管理器
org.springframework.orm.hibernate3.HibernateTransactionManager	使用 Hibernate3.0 版本进行持久化时，使用该事务管理器
org.springframework.jdbc.datasource.DataSourceTransactionManager	使用 Spring JDBC 或 iBatis 等 DataSource 数据源的持久化技术时，使用该事务管理器
org.springframework.orm.toplink.ToplinkTransactionManager	使用 TopLink 进行持久化时，使用该事务管理器
org.springframework.transaction.jta.JtaTransactionManager	具有多个数据源的全局事务使用该事务管理器

表 8-7 所列举的事务管理器都是特定事务实现框架的代理，这样就可以通过 Spring 提供的高级抽象对不同种类的事务实现相同方式的代理，而不必关心具体的实现。

Spring 的事务管理机制是一种典型的策略模式，PlatformTransactionManager 代表事务管理接口，但它并不知道底层如何管理事务，它只要求事务管理器实现类提供开始事务、提交事务和回滚事务的三个方法，但具体如何实现则交给其实现类来完成(不同的实现类则代表不同的事务管理策略)。

2. TransactionDefinition

TransactionDefinition 定义了 Spring 兼容的事务属性，这些属性对事务管理控制的若干方面进行配置，例如，事务隔离级别、事务传播、事务超时和只读状态，分别介绍如下。

1) 事务隔离级别

该级别表示当前事务和其他事务的隔离程度。例如，当前事务能否看到其他事务未提交的数据等。TransactionDefinition 所定义的事务隔离级别如表 8-8 所示。

表 8-8　TransactionDefinition 定义的事务隔离级别

名　　称	描　　述
ISOLATION_READ_UNCOMMITED	读未提交，一个事务在执行过程中可以看到其他事务没有提交的新插入记录，而且能看到其他事务没有提交的对已有记录的更新
ISOLATION_READ_COMMITED	读已提交，一个事务在执行过程中可以看到其他事务已经提交的新插入记录，而且能够看到其他事务已经提交的对已有记录的更新
ISOLATION_REPEATABLE_READ	可重复读，一个事务在执行过程中可以看到其他事务已经提交的新插入记录，但是不能看到其他事务对已有记录的更新
ISOLATION_SERIALIZABLE	序列化读，一个事务只能操作(select,insert,update 和 delete)在该事务开始之前已经提交的数据，并且可以在该事务中操作这些数据
ISOLATION_DEFAULT	表示使用底层数据库的默认隔离级别

从名称可以看出，TransactionDefinition 定义的隔离级别与 ANSI/ISO SQL92 标准中的定义是一一对应的，此外，隔离级别值可以通过 TransactionDefinition 接口中的 getIsolationLevel()方法获得。

2) 事务传播

通常在事务中执行的代码都会在当前事务中运行。但是如果一个事务上下文已经存在，有几个选项可指定该事务性方法的执行行为。例如，可以简单地在现有的事务上下文中运行，或者挂起现有事务，创建一个新事务。

Spring 在 TransactionDefinition 接口规定了 7 种类型的事务传播行为，它们规定了事务方法和事务方法发生嵌套调用时事务如何进行传播，事务的传播性及其含义如表 8-9 所示。

表 8-9　事务的传播性及其含义

名　称	描　述
PROPAGATION_REQUIRED	要求在事务环境中执行该方法，如果当前执行线程已处于事务中，则直接调用；如果当前执行线程不处于事务中，则启动新的事务后执行该方法
PROPAGATION_SUPPORTS	如果当前执行线程处于事务中，则使用当前事务，否则不使用事务
PROPAGATION_MANDATORY	要求调用该方法的线程必须处于事务环境中，否则抛出异常
PROPAGATION_REQUIRES_NEW	该方法要求在新的事务环境中执行，如果当前执行线程已处于事务中，则先暂停当前事务，启动新事务后执行该方法；如果当前调用线程不处于事务中，则启动新的事务后执行该方法
PROPAGATION_NOT_SUPPORTED	如果调用该方法的线程处于事务中，则先暂停当前事务，然后执行该方法
PROPAGATION_NEVER	不允许调用该方法的线程处于事务环境下，如果调用该方法的线程处于事务环境下，则抛出异常
PROPAGATION_NESTED	如果执行该方法的线程已处于事务环境下，依然启动新的事务，方法在嵌套的事务里执行。如果执行该方法的线程并未处于事务中，也启动新的事务，然后执行该方法，此时与 PROPAGATION_REQUIRED 相同

通过 TransactionDefinition 接口中的 getPropagationBehavior()方法可以获得事务的传播性。

3) 事务超时

事务超时表示事务在超时前能运行多久，也就是事务的最长持续时间。如果事务一直没有被提交或回滚，那么超出该时间后，系统将自动回滚事务。通过 TransactionDefinition 接口中的 getTimeout()方法可以获得事务的超时时间。

4) 只读事务

只读事务不修改任何数据。在某些情况下，只读事务是非常有用的优化。通过 TransactionDefinition 接口中的 isReadOnly()方法判断一个事务是否为只读事务。

3. TransactionStatus

TransactionStatus 代表一个事务的具体运行状态。事务管理器通过该接口获取事务的运行期状态信息，也可以通过该接口间接地回滚事务，它相比于在抛出异常时回滚事务的方式更具有可控性，该接口的主要方法及描述见如表 8-10 所示。

在实际开发中，对于 PlatformTransactionManager、TransactionDefinition 和 TransactionStatus 三个接口，开发人员并不直接使用，在大多数情况下通过配置方式使用 Spring 提供的子类，本书讲解这三个接口的目的是为了使读者能够更好地理解 Spring 的事务策略。

表 8-10　TransactionStatus 接口的主要方法

名　称	描　述
boolean hasSavePoint()	当前事务是否在内部创建了一个保存点，保存点是为了支持 Spring 的嵌套事务而创建的
boolean isNewTransaction()	判断当前的事务是否是一个新的事务，如果返回 false，表示当前事务是一个已经存在的事务，或者当前操作未运行在事务环境中
boolean isCompleted()	当前的事务是否已经结束即已经回滚或提交
boolean isRollbackOnly()	当前事务是否已经被标识为 rollback-only
void setRollbackOnly()	将当前的事务设置为 rollback-only。通过该标识通知事务管理器只能将事务回滚，事务管理器将通过显示调用回滚命令或抛出异常的方式回滚事务

8.2.2　使用 XML 配置声明式事务

事务的管理方式通常分为两种：编程式和声明式。对于编程式事务管理，需要在代码中手工编写与事务相关的操作代码，而对于声明式事务管理则无需在 Java 程序中编写任何与事务相关的代码。

大多数 Spring 用户选择声明式事务管理的功能，这种方式对代码的侵入性最小，可以让事务管理代码完全从业务代码中移除，非常符合非侵入式轻量级容器的理念。

Spring 的声明式事务管理是通过 Spring AOP 实现的，通过事务的声明性信息，Spring 负责将事务管理增强逻辑动态织入到业务方法相应的连接点上。这些逻辑包括获取线程绑定资源、开始事务、提交/回滚事务、进行异常转换和处理等工作。

下面以 JDBC 数据源为例，介绍 Spring 框架中声明式事务的配置。

1．配置数据源及事务管理对象

数据源的配置是必不可少的，在配置数据源时，需要传递的参数有数据库的驱动名、连接数据库的 URL、访问数据库的用户名和密码等。

【示例 8.4】　通过 XML 配置 DBCP 数据源，同时配置 Spring 提供的事务管理对象来配置数据源，演示声明式事务的配置。

```
......//省略已有配置
    <!-- 数据源的配置 -->
    <bean id="dataSource" class="org.apache.commons.dbcp.BasicDataSource"
        destroy-method="close">
        <!-- 指定连接数据库的驱动 -->
        <property name="driverClassName" value="com.mysql.jdbc.Driver" />
        <!-- 指定连接数据库的 URL -->
        <property name="url" value="jdbc:mysql://localhost:3306/test" />
        <!-- 指定连接数据库的用户名 -->
        <property name="username" value="root" />
        <!-- 指定连接数据库的密码-->
        <property name="password" value="root" />
        <!-- 指定连接数据库的连接池的初始化大小-->
        <property name="initialSize" value="5" />
```

```
            <!-- 指定连接数据库的连接池最大连接数-->
            <property name="maxActive" value="100" />
            <!-- 指定连接数据库的连接池最大空闲时间-->
            <property name="maxIdle" value="30" />
            <!-- 指定连接数据库的连接池最大等待时间-->
            <property name="maxWait" value="1000" />
    </bean>
    <!-- 事务管理器的配置 -->
    <bean id="txManager"
    class="org.springframework.jdbc.datasource.DataSourceTransactionManager">
            <property name="dataSource" ref="dataSource" />
    </bean>
......//省略已有配置
```

上述配置文件中，配置了一个名为 dataSource 的 DBCP 类型的数据源，该数据源提供了数据库连接池的功能；同时配置了一个名为 txManager 的事务管理器，Spring 负责把 dataSource 数据源装配到 txManager 对象中。所以要实现事务管理，首先要在 Spring 中配置好相应的事务管理器，并为事务管理器指定数据源以及一些其他的事务管理控制属性。

 　　不同的数据访问方式使用的配置管理对象不同，但配置的方式类似。在开发过程中，根据
注意　实际情况选择合适的 TransactionManager，并进行正确的初始化。

2．配置事务增强

在 Spring 中，事务的增强是通过<tx:advice...../>元素来进行配置的。在该元素中，可以针对每一个方法或者每一批(通过通配符进行方法名称的匹配)的方法来配置事务的增强。

在 XML 配置文件中通过<tx:advice...../>元素进行事务增强的配置代码如下：

```
<?xml version="1.0" encoding="UTF-8"?>
<beans xmlns="http://www.springframework.org/schema/beans"
        xmlns:xsi="http://www.w3.org/2001/XMLSchema-instance"
        xmlns:aop="http://www.springframework.org/schema/aop"
        xmlns:tx="http://www.springframework.org/schema/tx"
        xsi:schemaLocation="
                http://www.springframework.org/schema/beans
                http://www.springframework.org/schema/beans/spring-beans.xsd
                http://www.springframework.org/schema/tx
                http://www.springframework.org/schema/tx/spring-tx.xsd
                http://www.springframework.org/schema/aop
                http://www.springframework.org/schema/aop/spring-aop.xsd">
......//省略已有配置
    <!-- 事务增强配置 -->
    <tx:advice id="txAdvice" transaction-manager="txManager">
            <!-- 事务属性定义 -->
```

```
            <tx:attributes>
                  <tx:method name="get*" read-only="true" />
                  <tx:method name="add*" rollback-for="Exception" />
                  <tx:method name="update*" />
                  <tx:method name="del*" />
            </tx:attributes>
      </tx:advice>
......//省略已有配置
</beans>
```

上述配置中，首先在配置文件中引入 tx 命名空间的声明，如<beans>元素粗体部分所示。然后利用<tx:advice.../>元素配置事务增强，接着在<tx:attributes.../>元素中通过配置<tx:method.../>子元素来为一批方法指定所需的语义，包括事务传播属性、事务隔离属性等内容。例如，上述配置中对名称以 get 开头的方法配置了只读型事务。

在声明式事务配置中，<tx:advice.../>元素用于配置事务增强，它共有两个属性：

✧ id：提供唯一的 id 标识。

✧ transaction-manager：根据该元素指定的名称引用已经配置的事务管理器，如果事务管理器 Bean 的 id 值为 transactionManager，则配置<tx:advice.../>元素时可以省略 transaction-manager 属性，只有当为事务管理器 Bean 指定了其他 id 值时，才需要为该元素指定该属性。

通过配置文件可以得知，配置<tx:advice.../>元素的重点就是配置<tx:method.../>子元素，<tx:method.../>子元素为一批方法指定了所需的事务语义。例如，事务传播属性、事务隔离属性、事务超时属性、只读事务、对指定异常回滚和对指定异常不回滚等。<tx:method.../>元素的各种属性如表 8-11 所示。

表 8-11   <tx:method.../>元素属性表

名称	是否必须	默认值	描 述
name	是	与事务属性关联的方法名。可使用通配符(*)	如"get*"、"handle*"等
propagation	否	REQUIRED	事务传播行为，可选值为：REQUIRED、SUPPORTS、MANDATORY、REQUIRES_NEW、NOT_SUPPORTED、NEVER、NESTED
isolation	否	DEFAULT	事务隔离级别，可选值为：DEFAULT、READ_UNCOMMITED、READ_COMMITED、REPEATABLE_READ、SERIALIZABLE
timeout	否	-1	事务超时的时间(以秒为单位)，如果设置为 -1，意味着不超时，这时事务超时的时间由底层的事务系统决定
read-only	否	false	事务是否只读，设为 true 时，对于查询有一定的优化作用
rollback-for	否	所有运行期异常回滚	触发事务回滚的 Exception(应使用全限定类名)，可以设置多个，以逗号分开。如：Exception1,Exception2
no-rollback-for	否	所有检查型异常不回滚	不触发事务回滚的 Exception(应使用全限定类名)，可以设置多个，以逗号分开。如：Exception1,Exception2

在开发的过程中，根据事务的使用情况，应该对需要进行事务增强的方法规范命名方式，这样就可以使事务增强配置变得非常简单，同时开发人员也比较好理解。

3. 配置事务增强切面

通过事务增强切面的配置来实现方法级的事务管理，配置的方法与普通的切面配置相同。配置如下：

```
<!-- 通过 AOP 配置事务增强切面 -->
<aop:config>
        <aop:pointcut expression="execution(* com..*.*Service.*(..))"
                id="allMethods" />
        <aop:advisor advice-ref="txAdvice" pointcut-ref="allMethods" />
</aop:config>
```

上述配置中，配置了一个 id 为 allMethods 的切入点，匹配 com 包及其子孙包中所有以 Service 为后缀的类的所有方法，然后使用一个<aop:advisor…/>元素把该切入点与事务增强 txAdvice 绑定在一起，表示当 allMethods 执行时，txAdvice 定义的增强将被织入特定的连接点。

 <aop:advisor…/>元素比较特殊，它用于配置一个 Advisor，但标准的 AOP 概念中并没有 Advisor，实际上 Advisor 表示切面的概念，它同时包含了横切代码和连接点信息。<aop:advisor…/>元素作用非常简单：将增强和切入点(可以通过 pointcut-ref 指定一个已有的切入点，也可以通过 pointcut 指定切入点表达式)绑定在一起，保证增强所包含的横切逻辑在特定的连接点被织入。

4. 运行结果

在配置文件中依次配置了数据源、事务管理器对象、事务增强，并且对事务的增强切面进行了配置，接下来分别创建一个 UserDao 接口和其实现类 UserDaoImpl 来验证声明式事务的作用。

【示例 8.5】 通过创建 UserDao 接口和 UserDaoImpl 类，并且修改 UserServiceImpl 类，使其能够调用 UserDao 接口的实例。

```
public interface UserDao {
    /**
     * 添加方法
     */
    public void add() ;
}
```

上面代码中，在 UserDao 接口中声明了 add()方法，用来往数据库中添加记录。

UserDaoImpl.java 代码如下：

```
public class UserDaoImpl implements UserDao {
    //数据源
    DataSource dataSource;
    public DataSource getDataSource() {
```

```
                return dataSource;
        }
        public void setDataSource(DataSource dataSource) {
                this.dataSource = dataSource;
        }
        public void add() {
                //创建 Jdbc 模板类
                JdbcTemplate template = new JdbcTemplate(dataSource);
                template.execute("insert into users(id,name)
                                values(1,'zhangsan')");
                //两次插入相同的数据，将违反主键约束
                template.execute("insert into users(id,name)
                                values(1,'zhangsan')");
                //如果增加事务控制，则第一条记录插入不进去
                //如果没有事务控制，则第一条记录可以被插入
        }
}
```

在上述代码中，dataSource 对象是通过 Spring 容器注入的；JdbcTemplate 是 Spring JDBC 核心包的核心类，它是包含了 JDBC 处理流程的模板类，通过 JdbcTemplate 类可以方便地执行数据的增加、修改、查询和删除语句，并且可以完成对存储过程的调用。

UserServiceImpl.java 类的代码，修改如下：

```
public class UserServiceImpl implements UserService {
        UserDao userDao = null;
        public UserDao getUserDao() {
                return userDao;
        }
        public void setUserDao(UserDao userDao) {
                this.userDao = userDao;
        }
        public void add() {
                userDao.add();
                System.out.println("添加一个 User 对象");
        }
......代码省略
}
```

上述代码中，userDao 对象是通过 Spring 容器注入的，在 add()方法中通过调用 userDao 中的 add()方法来实现记录的添加。

在 applicationContext.xml 中 userDao 和 userService 的配置如下：

```
    <!-- 配置 UserService 类 -->
    <bean id="userService" class="com.dh.ch08.service.UserServiceImpl">
```

```
        <property name="userDao" ref="userDao" />
    </bean>
    <bean id="userDao" class="com.dh.ch08.dao.UserDaoImpl">
        <property name="dataSource" ref="dataSource" />
    </bean>
```

上述配置中，配置了 id 为 userService 和 id 为 userDao 的 Bean，并对这两个 Bean 的属性进行参数注入。

进行了上述修改后，运行 AspectTest 类，运行结果如下：

```
Caused by: com.mysql.jdbc.exceptions.jdbc4.
MySQLIntegrityConstraintViolationException: Duplicate entry '1' for key 1
```

上述结果中，可以看到程序会抛出主键重复的异常，数据库中没有插入任何记录；如果去掉事务增强有关的配置，则数据库中可以添加一行记录，由此可见，声明式事务的配置起到了作用。

8.2.3　使用 Annotation 配置声明式事务

注解式事务管理是通过@Transactional 注解来定义对象或方法的事务策略的。这种直接在 Java 源码中声明事务语义的方式可以使得事务声明和受其影响的业务方法之间更加紧密，既可以保证开发过程中思维的连贯性，又避免了因事务定义和业务方法相脱离而造成的潜在匹配错误。

【示例 8.6】　在 Spring 框架中使用注解式的事务管理。

首先需要在 IoC 容器的配置文件进行配置，配置如下：

```
<?xml version="1.0" encoding="UTF-8"?>
<beans xmlns="http://www.springframework.org/schema/beans"
        xmlns:xsi="http://www.w3.org/2001/XMLSchema-instance"
        xmlns:aop="http://www.springframework.org/schema/aop"
        xmlns:tx="http://www.springframework.org/schema/tx"
        xsi:schemaLocation="
            http://www.springframework.org/schema/beans
            http://www.springframework.org/schema/beans/spring-beans.xsd
            http://www.springframework.org/schema/tx
            http://www.springframework.org/schema/tx/spring-tx.xsd
            http://www.springframework.org/schema/aop
            http://www.springframework.org/schema/aop/spring-aop.xsd">
......//数据源的配置省略
......//事务管理器的配置省略
    <tx:annotation-driven transaction-manager="txManager"/>
    <!-- 配置 UserService 类 -->
    <bean id="userService" class="com.dh.ch08.service.UserServiceImpl">
        <property name="userDao" ref="userDao" />
```

```
        </bean>
    <!--    配置 UserDao -->
    <bean id="userDao" class="com.dh.ch08.dao.UserDaoImpl">
            <property name="dataSource" ref="dataSource" />
    </bean>
</beans>
```

上述配置中，通过对<tx:annotation-driven.../>元素的配置来启动容器对注解型事务管理功能的支持。默认情况下，该元素会自动使用名称为"transactionManager"的事务管理器，所以如果用户的事务管理器 id 为"transactionManager"，则该元素的 transaction-manager 属性可以不加指定。对于<tx:annotation-driven.../>元素，它还有另外两个属性 proxy-target-class 和 order，分别介绍如下：

◆ proxy-target-class：如果为 true，Spring 将通过创建子类来代理业务类；如果为 false，则使用基于接口的代理。如果使用子类代理，需要在类路径中添加 CGLIB 类库。

◆ order：如果业务类除事务切面外，还需要织入其他的切面，通过该属性可以控制事务切面在目标连接点的织入顺序。

此外，通过配置文件可以看出，使用了注解配置后，在配置文件中减少了数十行代码，例如<aop:config.../>和<tx:advice.../>元素不需要配置。

1. 使用@Transactional 注解

在配置文件中配置完毕后，接着使用@Transactional 来对业务类进行注解，代码如下：

```
@Transactional
public class UserDaoImpl implements UserDao {
......代码同上，此处省略
}
```

上述代码中，利用@Transactional 对 UserDaoImpl 类的事务属性进行了配置。因为注解本身具有一组常用的默认事务属性，所以往往只要为需要事务管理的业务类中添加一个@Transactional 注解就完成了业务类事务属性的配置。当运行 AspectTest 类后，运行效果与使用 XML 配置时相同。

2. @Transactional 注解的属性

基于@Transactional 注解的配置和基于 XML 的配置方式一样，拥有一组适用性很强的默认事务属性，在实际应用中直接使用这些默认的属性即可，如下所述。

◆ 事务传播行为：PROPAGATION_REQUIRED。

◆ 事务隔离级别：ISOLATION_DEFAULT。

◆ 读写事务属性：读/写事务。

◆ 超时时间：依赖于底层事务系统的默认值。

◆ 回滚设置：任何运行期异常都引发回滚，任何检查型异常不会引发回滚。

对于上述默认设置，在大多数情况下都是适用的，一般不需要手工设置事务注解的属性。@Transactional 注解的属性说明如表 8-12 所示。

表 8-12　@Transactional 注解的属性说明

名　称	类　型	默认值	说　　明
propagation	枚举：Propagation	REQUIRED	事务传播行为，通过枚举类 Propagation 提供与表 8-9 中 propagation 属性对应的值，例如：@Transactional(propagation=Propagation.REQUIRED_NEW)
isolation	枚举：Isolation	DEFAULT	事务隔离行为，通过枚举类 Isolation 提供与表 8-9 中 isolation 属性对应的值，例如：@Transactional(isolation=Isolation.READ_COMMITED)
readOnly	boolean	false	事务读写性，其中 false 表示读写型事务，true 表示只读型事务，例如：@Transactional(readOnly=true)
timeout	整型	−1	超时时间，以秒为单位，例如：@Transactional(timeout=10)
rollbackFor	Class 类型实例数组	{}	一组异常类，遇到时进行回滚，类型为 Class<? Extends Throwable>[]，例如：@Transactional(rollbackFor={SQLException.class})，多个异常之间可用逗号隔开
noRollbackFor	Class 类型实例数组	{}	一组异常类，遇到时不回滚，类型为 Class<? Extends Throwable>[]，例如：@Transactional(rollbackFor={SQLException.class})，多个异常之间可用逗号隔开
rollbackForClassName	String[]	{}	一组异常类名，遇到时回滚，类型为 String[]，例如：@Transactional(rollbackForClassName ={"Exception"})，多个异常之间可用逗号隔开
noRollbackForClassName	String[]	{}	一组异常类名，遇到时不回滚，类型为 String[]，例如：@Transactional(noRollbackForClassName ={"Exception"})，多个异常之间可用逗号隔开

注意　　@Transactional 注解可以被应用于接口定义和接口方法、类定义和类的 public 方法上。Spring 建议在业务实现类上使用 @Transactional 注解。

本 章 小 结

通过本章的学习，学生应该能够学会：

◇　AOP 也就是面向切面编程，AOP 将分散在各个业务逻辑中的相同代码，通过横向切割的方式抽取成一个独立的模块，使得业务逻辑类更加简洁明了。

◇　Advice 是 AOP 框架在特定的连接点上执行的动作，包括 around、before、throws 等类型。

◇　AOP 代理就是由 AOP 框架动态生成的一个对象，该对象可作为目标对象使用，AOP 代理包含了目标对象的全部方法。

◇　Spring 提供了自动代理机制，由容器自动生成代理。

◇　Spring 的 AOP 可以采用 XML 文件配置和 Annotation 两种方式。

◇　Spring 事务策略是通过 PlatformTransactionManager 接口实现的，该接口是

Spring 事务的核心。

◇ 在应用中通常选择声明式事务管理的功能，这种方式对代码的侵入性最小，可以让事务管理代码完全从业务代码中移除，符合非侵入式轻量级容器概念。

◇ 配置声明式事务可以采用 XML 文件配置和 Annotation 两种方式。

本 章 练 习

1. 下面选项对 AOP 术语描述错误的一项是_____。

    A. 连接点就是程序执行的某个特定位置，Spring AOP 仅支持对方法的连接点

    B. 织入是将增强添加到目标类具体连接点上的过程，Spring 采用编译期织入的方式

    C. AOP 通过"切入点"定位到特定的连接点，当某个连接点满足指定的条件时，该连接点将被添加增强(Advice)

    D. 增强时织入到目标类特定连接点上的一段程序代码

2. 无论在何种情况下都要执行的增强是_____。

    A. 前置增强

    B. 后置增强

    C. 返回后增强

    D. 环绕增强

3. 下面用于配置环绕增强的标签元素是_____。

    A. <aop:before…/>

    B. <aop:after…/>

    C. <aop:after-returning…/>

    D. <aop:around…/>

4. 给定切点表达式"execution(* com..*.*Service.*(..))"，下述选项描述正确的一项是_____。

    A. 匹配 com 中所有以 Service 结尾的接口中的任意方法

    B. 匹配 com(不包括 com)的子孙包中，名称以 Service 结尾的接口中的任意方法

    C. 匹配 com 包或其子孙包中，名称以 Service 结尾的接口/类中任意的方法

    D. 上述选项都错误

5. 给定切点表达式"execution(* com.dh.ch08..*(..))"，下述选项描述正确的一项是_____。

    A. 匹配 com 中所有类的任意方法

    B. 匹配 com.dh.ch08 包、子孙包下所有类的所有方法

    C. 匹配 com(不包括 com)的子孙包中，所有类的所有方法

    D. 上述选项都错误

6. 简单描述分别使用 XML 和注解配置声明式事务的特点。

第9章　框架集成

本章目标

- ■ 掌握 Struts2 和 Spring 的集成原理
- ■ 掌握 Struts2 和 Spring 的集成步骤
- ■ 掌握 Hibernate 和 Spring 的集成原理
- ■ 掌握 Hibernate 和 Spring 的集成步骤
- ■ 掌握 Struts2、Hibernate 和 Spring 三者之间的集成方式

9.1 Spring 集成 Struts2

从理论上讲，Struts2 可以与任何框架集成，因为 Struts2 提供了一种插件机制，可以进行灵活的扩展。通过各种插件，Struts2 可以与任何 Java EE 框架进行整合。对于 Struts2 和 Spring 的整合，Struts2 框架提供了针对 Spring 的插件。

9.1.1 整合原理

Struts2 与 Spring 的集成要用到 Spring 插件包 struts2-spring-plugin-x-x-x.jar，这个包是同 Struts2 一起发布的。Spring 插件会覆盖 Struts2 的 ObjectFactory 接口，从而改变 Struts2 创建 Action 实例的方式。当创建一个 Action 实例的时候，该插件会用 Struts2 配置文件中对应 Action 的 class 属性去和 Spring 配置文件中 Bean 的 id 属性进行匹配，如果能找到，则使用 Spring 创建的对象；否则由 Struts2 框架自身创建，然后由 Spring 来装配。

Struts2 和 Spring 集成后，处理用户请求的 Action 并不是 Struts2 框架创建的，而是由 Spring 插件创建的。创建实例配置 Action 时指定的 class 属性值不再是类名，而是 Spring 配置文件中 bean 的 id，Spring 插件根据此 id 从 Spring 容器中获得相应的实例。

9.1.2 集成步骤

Struts2 和 Spring 之间的集成比较简单，步骤如下：

(1) 添加集成插件的类库。

把 struts2-spring-plugin-2.3.20.jar 复制到 WEB-INF/lib 下，其中 lib 文件夹中已经包含了 Struts2 和 Spring 的相关包，如图 9-1 所示。

commons-fileupload-1.3.1.jar
commons-io-2.2.jar
commons-lang3-3.2.jar
commons-logging-1.0.4.jar
dom4j-1.6.1.jar
freemarker-2.3.19.jar
ognl-3.0.6.jar
spring-aop-3.2.5.RELEASE.jar
spring-beans-3.2.5.RELEASE.jar
spring-context-3.2.5.RELEASE.jar
spring-core-3.2.5.RELEASE.jar
spring-expression-3.2.5.RELEASE.jar
spring-jdbc-3.2.5.RELEASE.jar
spring-orm-3.2.5.RELEASE.jar
spring-tx-3.2.5.RELEASE.jar
spring-web-3.2.5.RELEASE.jar
struts2-core-2.3.20.jar
struts2-spring-plugin-2.3.20.jar
xwork-core-2.3.20.jar

图 9-1　Struts2 与 Spring 集成所需包

在插件包 struts2-spring-plugin-2.3.20.jar 中包含一个 struts-plugin.xml 配置文件，Struts2 应用启动时将加载该配置文件，该配置文件让 Struts2 中的 Action 由 Spring IoC 容器进行委托管理，使 Struts2 中的 Action 与 Spring IoC 容器中的 Bean 自动装配，完成 Struts2 和 Spring 的整合。

　　struts-plugin.xml 插件配置文件中的配置信息如下：

```xml
<?xml version="1.0" encoding="UTF-8" ?>
<!DOCTYPE struts PUBLIC
        "-//Apache Software Foundation//DTD Struts Configuration 2.3//EN"
        "http://struts.apache.org/dtds/struts-2.3.dtd">
<struts>
    <bean type="com.opensymphony.xwork2.ObjectFactory" name="spring"
            class="org.apache.struts2.spring.StrutsSpringObjectFactory" />
    <!--   Make the Spring object factory the automatic default -->
    <constant name="struts.objectFactory" value="spring" />
    <constant name="struts.class.reloading.watchList" value="" />
    <constant name="struts.class.reloading.acceptClasses" value="" />
    <constant name="struts.class.reloading.reloadConfig" value="false" />
    <package name="spring-default">
        <interceptors>
            <interceptor name="autowiring" class="com.opensymphony.xwork2.
                    spring.interceptor.ActionAutowiringInterceptor"/>
        </interceptors>
    </package>
</struts>
```

　　上述配置文件中，声明了 struts.objectFactory 常量，其值为"spring"，从而使 Struts2 框架使用 Spring 容器提供的 Action 实例。

　　(2) 配置 applicationContext.xml 文件。

　　当把 Struts2 和 Spring 框架进行集成时，通常需要让 Struts2 中的 Action 由 Spring IoC 容器进行委托管理。

　　【示例 9.1】　在示例 3.7 基础上，修改 RegAction 的配置，改为通过 Spring 创建，然后 Struts2 调用的方式，从而使用 Struts2 与 Spring 框架集成的方式完成用户注册功能。

　　在 Spring 配置文件 applicationContext.xml 中配置 RegAction，其 id 为"reg"，代码如下：

```xml
......省略
    <!-- Struts2 Action 配置 -->
    <bean id="reg" class="com.dh.ch09.action.RegAction"
    scope="prototype" />
......省略
```

　　(3) 配置 struts.xml 文件。

　　修改 Struts2 配置文件 struts.xml 中 Action 的配置，将其改为调用 Spring IoC 容器中提

供的 Action 实例，修改配置文件 struts.xml，代码如下：

```xml
<?xml version="1.0" encoding="UTF-8" ?>
<!DOCTYPE struts PUBLIC
        "-//Apache Software Foundation//DTD Struts Configuration 2.3//EN"
        "http://struts.apache.org/dtds/struts-2.3.dtd">
<struts>
        <package name="reg" extends="struts-default">
                <action name="reg" class="reg">
                        <result name="success">/pages/regsuccess.jsp</result>
                        <result name="input">/reg.jsp</result>
                </action>
        </package>
</struts>
```

上述配置文件中，配置了一个名为"reg"的 Action，其中 class 属性值为"reg"，那么 Struts2 框架将在 Spring 配置文件中查找 id 属性值为"reg"的 Bean。当请求的 url 为"reg.action"时，Struts2 框架会从 Spring IoC 容器中获取 RegAction 类型的实例进行响应。此外，因为设置了 scope 属性值为"prototype"，所以对于每一次请求 Spring 容器都会创建一个新的实例来进行响应。

(4) 配置 web.xml。

在示例 3.3 的 web.xml 基础上进行修改，添加 Spring 框架的上下文加载监听器，代码如下：

```xml
<?xml version="1.0" encoding="UTF-8"?>
<web-app xmlns:xsi="http://www.w3.org/2001/XMLSchema-instance"
     xmlns="http://java.sun.com/xml/ns/javaee"  xmlns:web="http://java.sun.com/xml/ns/javaee/web-app_2_5.xsd"
     xsi:schemaLocation="http://java.sun.com/xml/ns/javaee  http://java.sun.com/xml/ns/javaee/web-app_2_5.xsd"
     id="WebApp_ID" version="2.5">
     <!-- 用来定位 Spring 框架配置文件 -->
     <context-param>
            <param-name>contextConfigLocation</param-name>
            <param-value>classpath*:applicationContext.xml</param-value>
     </context-param>
     <!-- 配置 Spring 监听器 -->
     <listener>
            <listener-class>
                    org.springframework.web.context.ContextLoaderListener
            </listener-class>
     </listener>
     <filter>
```

```
        <display-name>struts2的配置</display-name>
        <filter-name>struts2</filter-name>
        <filter-class>    org.apache.struts2.dispatcher.ng.filter.StrutsPrepareAndExecuteFilter
    </filter-class>
    </filter>
    <filter-mapping>
        <filter-name>struts2</filter-name>
        <url-pattern>/*</url-pattern>
    </filter-mapping>
    <welcome-file-list>
            <welcome-file>index.jsp</welcome-file>
    </welcome-file-list>
</web-app>
```

上述配置中，通过初始化参数 contextConfigLocation 指定了 Spring 配置文件的位置，然后配置了 ContextLoaderListener 监听器来启动 Spring 容器。Spring 框架可以从 WEB-INF 文件夹或类路径下加载配置文件。在默认情况下，Spring 的配置文件名为 applicationContext.xml，该文件可以保存到 classpath 或 WEB-INF 文件下。实际上 Spring 框架可以使用多个配置文件，下述代码演示了这种方式：

```
<!-- 用来定位 Spring XML 文件的上下文配置 -->
<context-param>
        <param-name>contextConfigLocation</param-name>
        <param-value>/WEB-INF/applicationContext-*.xml,classpath*:
        applicationContext-*.xml
        </param-value>
</context-param>
```

上述代码中，contextConfigLocation 的值是逗号分隔的两个值，表示使用 WEB-INF 目录下所有以“applicationContext-”开头的 xml 文件和类路径下所有以“applicationContext-”开头的 xml 文件作为 Spring 的配置文件。

通过上面 4 个步骤的配置，Struts2 和 Spring 就可以正确地进行集成。

随着项目的增大，Spring 的配置文件也会变得很庞大，此时可以根据已定的原则分为几个配置文件，从而使配置更加清晰，提高可维护性。

9.2　Spring **集成** Hibernate

Spring 框架为集成各种 ORM 方案提供了全面的支持，其中针对 Hibernate 框架提供的支持主要体现在以下 4 个方面：

✦　使用 Spring 的配置文件来对 Hibernate 的 SessionFactory 进行配置；

✦　使用 Spring 提供的 HibernateTemplate 类和 HibernateDaoSupport 类降低了单纯使用 Hibernate API 的复杂程度，并简化了 Dao 类的编写；

◇ 使用 Spring 的声明式事务能方便的配置 Hibernate 中的事务；

◇ Spring 提供了 OpenSessionInViewFilter 过滤器类，可以解决由于 session 关闭导致的延迟加载失败问题。

在 Struts2 和 Spring 集成的基础上再集成 Hibernate，其操作步骤如下：

(1) 添加 Hibernate 的类库。

由于 Struts2 和 Spring 集成完毕后，在 WEB-INF/lib 文件夹中已经包含了 Struts2 和 Spring 的相关包，因此只需要再添加 Hibernate3.5.2 所需的包即可。三者集成所需的包共 29 个 jar 包，如图 9-2 所示。

(2) 配置 SessionFactory。

在 S2SH 集成后，SessionFactory 对象不再需要由开发者编码提供，而是通过在 Spring 配置文件中配置后，在 Spring IoC 容器中获取，详细配置见 9.2.1 节。

(3) 增加依赖注入。

在配置完 SessionFactory 后，根据具体情况，把 SessionFactory 对象注入相关的 DAO 中，具体见示例 9.2 相关配置。

(4) 配置声明式事务。

通过配置声明式事务，在开发过程中，可以不在程序中添加事务控制代码，由声明式事务进行统一管理，详细配置见 9.2.4 节。

(5) 配置 OpenSessionInViewFilter 过滤器。

由于 Hibernate 的延迟加载的特性，当表示层 (JSP)访问被延迟加载数据时，可能会导致数据读取失败，通过配置 OpenSessionInViewFilter 过滤器可以解决该问题，具体见 9.2.5 节。

- antlr-2.7.6.jar
- aopalliance-1.0.jar
- aspectjweaver-1.6.2.jar
- commons-collections-3.1.jar
- commons-dbcp-1.4.jar
- commons-fileupload-1.3.1.jar
- commons-io-2.2.jar
- commons-lang3-3.2.jar
- commons-logging-1.0.4.jar
- commons-pool-1.5.4.jar
- dom4j-1.6.1.jar
- freemarker-2.3.19.jar
- hibernate-core-3.5.0-Final.jar
- javassist-3.18.1-GA.jar
- jta-1.1.jar
- log4j-1.2.14.jar
- log4j-api-2.2.jar
- log4j-core-2.2.jar
- mysql-connector-java-5.1.20.jar
- ognl-3.0.6.jar
- slf4j-api-1.5.8.jar
- slf4j-log4j12-1.5.8.jar
- spring-aop-3.2.5.RELEASE.jar
- spring-beans-3.2.5.RELEASE.jar
- spring-context-3.2.5.RELEASE.jar
- spring-core-3.2.5.RELEASE.jar
- spring-expression-3.2.5.RELEASE.jar
- spring-jdbc-3.2.5.RELEASE.jar
- spring-orm-3.2.5.RELEASE.jar
- spring-tx-3.2.5.RELEASE.jar
- spring-web-3.2.5.RELEASE.jar
- struts2-core-2.3.20.jar
- struts2-spring-plugin-2.3.20.jar
- xwork-core-2.3.20.jar

图 9-2　S2SH 集成所需包

9.2.1　配置 SessionFactory

在前面章节编写 Hibernate 应用程序时都是在程序中直接编码构造 SessionFactory 对象。Hibernate 和 Spring 集成后可以通过在 Spring 的 IoC 容器中获取该对象。首先要在 Spring 的配置文件中配置一个 SessionFactory 的 Bean，并且需要配置该对象依赖的 DataSource 类型的 Bean。

【示例 9.2】 在【示例 9.1】的基础上，通过在配置文件中添加数据源和 SessionFactory 的配置，演示 Spring 和 Hibernate 的集成配置。

```xml
<?xml version="1.0" encoding="UTF-8"?>
```

```
<beans xmlns="http://www.springframework.org/schema/beans"
    xmlns:xsi="http://www.w3.org/2001/XMLSchema-instance"
    xsi:schemaLocation="http://www.springframework.org/schema/beans
    http://www.springframework.org/schema/beans/spring-beans-3.2.xsd">
    <!-- 配置数据源 -->
    <bean id="dataSource" class="org.apache.commons.dbcp.BasicDataSource"
        destroy-method="close">
        <!-- 指定连接数据库的驱动 -->
        <property name="driverClassName" value="com.mysql.jdbc.Driver" />
        <!-- 指定连接数据库的 URL -->
        <property name="url" value="jdbc:mysql://localhost:3306/test" />
        <!-- 指定连接数据库的用户名 -->
        <property name="username" value="root" />
        <!-- 指定连接数据库的密码-->
        <property name="password" value="root" />
        <!-- 指定连接数据库的连接池的初始化大小-->
        <property name="initialSize" value="5" />
        <!-- 指定连接数据库的连接池最大连接数-->
        <property name="maxActive" value="100" />
        <!-- 指定连接数据库的连接池最大空闲时间-->
        <property name="maxIdle" value="30" />
        <!-- 指定连接数据库的连接池最大等待时间-->
        <property name="maxWait" value="1000" />
    </bean>
    <!-- 配置 SessionFactory -->
    <bean id="sessionFactory"
    class="org.springframework.orm.hibernate3.LocalSessionFactoryBean">
        <property name="dataSource" ref="dataSource" />
        <property name="hibernateProperties">
            <props>
                <prop key="hibernate.dialect">
                    org.hibernate.dialect.MySQLDialect
                </prop>
                <prop key="hibernate.show_sql">
                    true
                </prop>
            </props>
        </property>
        <property name="mappingResources">
            <list>
```

```
                            <value>com/dh/ch09/pojo/User.hbm.xml</value>
                    </list>
                </property>
            </bean>
......//省略已有配置
</beans>
```

上述配置中，首先配置了名为 dataSource 的数据源，该数据源使用 Commons DBCP 连接池，需要在当前项目的 WEB-INF/lib 文件夹下添加 commons-dbcp.jar 和 commons-pool.jar 类库。此外，由于 BaseDataSource 类提供了 close()方法用来关闭数据源，所以需要设置 destroy-method="close"，以便 Spring 容器关闭时能够正常关闭数据源对象。然后配置了名为 sessionFactory 的 Bean，这个 Bean 的类型是 Spring 提供的 LocalSessionFactoryBean。因为 Spring 要为 SessionFactory 对象添加功能，所以不能直接配置和使用 org.hibernate.SessionFactory。最后使用 Spring 的依赖注入为 SessionFactory 对象注入其所依赖的 dataSource 对象。

注意

Spring 框架提供了对 Hibernate2.x 和 Hibernate3.x 的支持，有些类和接口的名称相同，但包名不同。当集成 Hibernate3.x 时，应该使用 org.springframework.orm.hibernate3 包中的类和接口。此外，Hibernate 的配置文件 hibernate.cfg.xml 或 hibernate.properties 已不再需要，因为在 Spring 配置文件中已经包含了它们的内容。

9.2.2　使用 HibernateTemplate

Spring 框架提供的 HibernateTemplate 类为 Hibernate 应用提供了模板化的访问机制，使用 HibernateTemplate 无需实现特定接口，它只需要获取一个 SessionFactory 的引用，就可以执行持久化操作。HibernateTemplate 类使用模板(Template)模式，该模式在 Spring 中大量使用。该类提供了多个方便的方法，借助这些方法操作 Hibernate，可以省略获取 Session 对象、启动事务及提交和回滚事务等繁琐且重复的代码。HibernateTemplate 类中的核心方法如表 9-1 所示。

表 9-1　HibernateTemplate 类中的核心方法

名　称	描　述
load()	根据标识符属性值获取对应的持久化对象，如果未找到记录则抛出异常
find()	执行 HQL 语句获取持久化对象的集合
get()	根据标识符属性值获取对应的持久化对象，如果未找到记录则返回 null
delete()	删除已经存在的持久化对象
save()	保存持久化对象对应的数据到数据库中
saveOrUpdate()	保存或更新持久化对象对应的数据到数据库中
update()	更新持久化对象对应的表中的数据
refresh()	刷新持久化对象
persist()	保存持久化对象到数据库中

上表中的方法可以直接对数据库进行 CRUD 操作，而不需要访问任何 Hibernate 的 API。当需要执行的操作非常复杂时，可能必须使用 Hibernate 的 Session 来完成，此时可

以使用 HibernateTemplate 提供的一种更加灵活的回调方式，这种方式主要通过下面两个方法来完成：

(1) Object execute(HibernateCallback callback)。

(2) List executeFind(HibernateCallback callback)。

上述两个方法都需要一个 HibernateCallback 类型的实例，HibernateCallback 是 Spring 框架提供的一个接口，其包含一个方法 doInHibernate(Session session)，该方法只有一个参数 Session。当在开发中提供 HibernateCallback 实现类时，必须实现该接口里的 doInHibernate() 方法，在该方法体内即可获得 Hibernate Session 的引用，一旦获得 Session 引用，就可以完全以 Hibernate 的方式进行数据库操作。

9.2.3　使用 HibernateDaoSupport

HibernateDaoSupport 类是一个帮助类，用其可以更加方便的实现 Dao 模式。使 Dao 类继承 HibernateDaoSupport，即可获取并使用 HibernateTemplate。

【示例 9.3】　创建 Service 层(业务逻辑层)的 UserService 类和 DAO 层的 UserDao 类，并使 UserDao 继承 HibernateDaoSupport 类，进而完成添加用户和返回用户列表的功能。

UserDao 类继承 HibernateDaoSupport 类，实现业务逻辑，代码如下：

```
public class UserDao extends HibernateDaoSupport {
    /**
     * 添加用户对象
     */
    public void add(User user) {
        getHibernateTemplate().save(user);
    }
    /**
     * 获取用户列表
     */
    @SuppressWarnings("unchecked")
    public List<User> findUsers() {
        //使用 HibernateCallback 回调接口，完成灵活的操作方式
        List<User> list = (List<User>)getHibernateTemplate().execute(
                new HibernateCallback() {
                    @Override
                    public Object doInHibernate(Session session)
                            throws HibernateException, SQLException {
                        Query query = session.createQuery("from User");
                        return query.list();
                    }
                });
        return list;
```

```
        }
}
```

上述代码中，UserDao 继承了 HibernateDaoSupport 类后，可以通过所继承的 setSessionFactory()方法接受注入的 SessionFactory 对象，并通过继承的 getHibernateTemplate() 方法获取 HibernateTemplate 对象，完成对数据的 CRUD 操作，例如：

```
getHibernateTemplate().save(user);
```

上面语句先使用 getHibernateTemplate()方法获取 HibernateTemplate 对象，再通过该对象的 save()方法对数据进行保存操作。

在 findUsers()方法中，创建了一个 HibernateCallback 类型的匿名类，然后在 doInHibernate()方法中利用 Session 进行查询操作。可以看出 HibernateCallback 是一个回调接口，传递到 doInHibernate()方法中的 Session 对象被 HibernateTemplate 对象管理，不需要考虑获取与关闭 Session 以及事务处理等操作。

UserService 类代码如下：

```
public class UserService {
        private UserDao userDao;
        ......//省略 getter/setter 方法
        /**
         * 添加用户
         */
        public void add(User user) {
                userDao.add(user);
        }
        /**
         * 返回用户列表
         */
        public List<User> findUsers() {
                return userDao.findUsers();
        }
}
```

上述代码中，创建了 UserService 类，该类中包含一个 UserDao 类型的属性，并提供 get/set 方法以便于注入 UserDao 类型的 Bean。

一般而言，DAO 层用来对数据库进行 CRUD 等操作，如在 UserDao 类中定义的 add() 方法等。而 Service 层是面向具体业务的，通常一个 Service 类对应一个功能模块中所有功能。例如，银行登记并完成一次存款，表示层(Action)要把请求传给业务逻辑层(Service)，然后业务逻辑层会将这个操作分解成许多数据库操作步骤，转而调用 Dao 层的实现，最终完成这次存款。一个业务类可能会涉及多个 DAO 类，一个 Action 也可能会涉及多个业务类。有时业务类的方法和 DAO 的方法会有雷同，这是因为业务逻辑比较简单，没有包含复杂的功能，此时在 Action 中也可以直接调用 DAO 的方法来完成请求处理，例如，要保存一个对象，可以直接调用 DAO 的 add()方法即可。当然，从可扩展性来考虑，单独抽取出一个业务层是比较好的实现方式。

注意 本章在示例 9.3 中添加了 Service 层进行演示，由于该业务逻辑比较简单，读者也可以去掉该 Service 层，直接在 Action 中调用 DAO 层的相应方法来完成功能。

在 applicationContext.xml 中，配置 UserService、UserDao，配置代码如下：

```xml
......//省略已有配置
    <!-- Struts2 Action 配置 -->
    <bean id="reg" class="com.dh.ch09.action.RegAction" scope="prototype">
        <property name="userService" ref="userService" />
    </bean>
    <!-- Service 配置 -->
    <bean id="userService" class="com.dh.ch09.service.UserService">
        <property name="userDao" ref="userDao"/>
    </bean>
    <!-- Dao 配置 -->
    <bean id="userDao" class="com.dh.ch09.dao.UserDao">
        <property name="sessionFactory" ref="sessionFactory" />
    </bean>
......//省略已有配置
```

上述配置中，配置了一个 id 为 userDao 的 Bean，并为该 Bean 注入 sessionFactory 对象；同时配置了 id 为 userService 的 Bean，为该 Bean 注入 userDao 对象；对于 id 为 reg 的 Bean，则注入 userService 对象，并完成注册和列表的功能，其代码如下：

```java
public class RegAction extends ActionSupport {
    private UserService userService;
    private List<User> list = new ArrayList<User>();
    /* 用户名 */
    private String userName;
    /* 密码 */
    private String password;
    /* 姓名 */
    private String name;
......//省略 getter/setter 方法
    /**
     * 用户注册，成功后返回列表
     */
    public String execute() {
        User user = new User();
        user.setPassword(password);
        user.setUserName(userName);
        user.setName(name);
```

```
            userService.add(user);
            return list();
    }
    /**
     * 返回列表
     */
    public String list() {
            List<User> list = userService.findUsers();
            this.list.addAll(list);
            return SUCCESS;

    }

}
```

在 IE 中访问 http://localhost:8088/ch09/reg.jsp，运行结果如图 9-3 所示。

图 9-3   注册界面

在三个文本框中分别输入"zhangsan"、"123456"、"张三"，点击"注册"按钮，运行结果如图 9-4 所示。

图 9-4   列表界面

集成了 Spring、Struts2 和 Hibernate 三个框架后，成功实现了上述用户注册功能。

9.2.4   事务处理

在 Spring 的 applicationContext.xml 配置文件中，已经部署了控制器组件 RegAction、业务逻辑组件 UserService、DAO 组件 UserDao 等，还需要配置 Hibernate 事务管理。

【示例 9.4】　在示例 9.3 的基础上，在 applicationContext.xml 中配置 Spring 的声明式事务。

打开 applicationContext.xml，配置 Spring 的声明式事务，配置代码如下：

```xml
<!-- 配置 Hibernate 的事务管理器 -->
<bean id="txManager"
class="org.springframework.orm.hibernate3.HibernateTransactionManager">
        <property name="sessionFactory" ref="sessionFactory" />
</bean>
<!-- 配置事务增强，指定事务管理器 -->
<tx:advice id="txAdvice" transaction-manager="txManager">
        <!-- 配置详细的事务定义 -->
        <tx:attributes>
                <!-- 所有以 get 开头的方法时 read-only 的 -->
                <tx:method name="get*" read-only="true" />
                <!-- 其他方法使用默认的事务设置 -->
                <tx:method name="*" />
        </tx:attributes>
</tx:advice>
<aop:config>
<!--该切入点匹配 com 的子孙包中的 service 包中的以 Service 结尾的类中所有的方法 -->
        <aop:pointcut
        expression="execution(* com..*.service.*Service.*(..))"
                id="allMethods" />
        <!-- 指定在 allMethods 切入点应用 txAdvice 切面 -->
        <aop:advisor advice-ref="txAdvice" pointcut-ref="allMethods" />
</aop:config>
```

上述配置中，首先使用 Spring 提供的 HibernateTransactionManager 配置了 id 为 txManager 的 Hibernate 事务管理器，然后配置了 id 为 txAdvice 的事务增强，在该增强中对业务方法的事务规则进行了配置，并指定 txManager 作为该事务增强的事务管理器。最后在<aop:config…/>元素中配置了切入点 allMethods，该切入点匹配 com 及其子孙包下的 service 包中以 Service 结尾的类中的所有方法，最后通过<aop:advisor…/>定义了包含 txAdvice 增强和 allMethods 切入点的切面。

在实际应用中，系统的事务管理应负责业务逻辑组件里的业务逻辑方法，只有对业务逻辑方法添加事务管理才有实际意义，对于单个的 DAO 方法(基本的 CRUD 方法)增加事务管理没有实际的意义，在本章中就是为业务逻辑类 UserService 中的方法配置了事务管理。

9.2.5　OSIV 模式

在实际开发中为了获得较好的性能，一般会使用 Hibernate 的延迟加载(lazy loading)特性。但是在分层的 Java Web 项目中，延迟加载的运用有时会由于使用不当而出现错误。例如，通常会在业务逻辑中通过 Hibernate 获取持久化对象，由于 Hibernate 使用延迟加载，当前不需要在业务逻辑层查询的持久化对象的属性和它所关联的对象，不会填充到这个持久化对象中。业务逻辑层通过 Hibernate 读取完数据后，就会关闭 Hibernate 的 Session 对象，转向表示层输出数据。在表示层不仅要显示持久化对象加载的属性，可能还要显示没有加载的属性或关联对象的属性，由于此时 Session 对象已经关闭，在程序运行到表示层时，就有可能抛出异常。

要解决由于延迟加载而导致的问题，通常有两种方案，一是不使用延迟加载特性；二是使用 OSIV(Open Session In View)模式。因为 Hibernate 的延迟加载可以改善应用程序的性能，所以一般使用第二种方案。

OSIV 模式的核心就是控制 Session 对象在表示层所有数据(包括需要延迟加载的数据)输出结束后再关闭，这样就可以避免在表示层中读取被延迟加载的对象时，抛出"org.hibernate.LazyInitializationException"异常。

Spring 为此专门提供了一个 OpenSessionInViewFilter 过滤器，其主要功能是使每个请求过程绑定一个 Hibernate Session，即使最初的事务已经完成了，也可以在 Web 层进行延迟加载的操作。

OpenSessionInViewFilter 过滤器将 Hibernate Session 绑定到请求线程中，它将自动被 Spring 的事务管理器探测到。所以 OpenSessionInViewFilter 特别适用于 Service 层使用 HibernateTransactionManager 或 JtaTransactionManager 进行事务管理的环境。

【示例 9.5】 在示例 9.4 的基础上，在 web.xml 中添加 OpenSessionInViewFilter 过滤器的配置。

打开 web.xml，添加 OpenSessionInViewFilter 过滤器的配置，配置代码如下：

```
......省略
    </filter-mapping>
    <!-- 配置 OpenSessionInViewFilter -->
    <filter>
        <filter-name>OpenSessionInViewFilter</filter-name>
        <filter-class> org.springframework.orm.hibernate3.support.OpenSessionInViewFilter
        </filter-class>
    </filter>
    <filter-mapping>
        <filter-name>OpenSessionInViewFilter</filter-name>
        <url-pattern>*.action</url-pattern>
    </filter-mapping>
......//省略已有配置
```

在不使用 Spring 的 Web 应用中，可以通过自定义类似的过滤器来实现 OSIV 模式。

本 章 小 结

通过本章的学习，学生应该能够学会：

◇ 通过 Struts2 提供的插件可以方便的集成 Struts2 和 Spring 框架。

◇ Struts2 和 Spring 集成后，Action 的实例由 Spring 创建，Struts2 从 Spring 容器中查找 Action 实例来使用。

◇ Spring 提供的 HibernateTemplate 代理 Hibernate Session 的大多数持久化操作，并以一种更简洁的方式提供调用。

◇ HibernateCallback 接口配合 HibernateTemplate 进行工作，该接口不需要关心 Hibernate Session 的打开和关闭，仅需要定义数据操作和访问逻辑即可。

◇ Spring 提供了 HibernateDaoSupport 类，使用它可以方便地实现 Dao。

◇ Spring 和 Hibernate 框架集成后，可以方便地使用 Spring 提供的声明式事务来管理 Hibernate 的事务处理。

◇ OSIV 模式的核心就是控制 Hibernate Session 对象在表示层所有数据输出结束之后再关闭，这样就可以避免在表示层中读取被延迟加载的对象时抛出异常。

本 章 练 习

1. 下列关于 Struts2 与 Spring 框架集成的说法正确的是_____。(多选)

   A. Struts2 框架提供了插件机制，可以方便地与其他框架集成

   B. Struts2 与 Spring 集成时，使用了 Spring 提供的插件

   C. Struts2 与 Spring 集成后，Action 的实例由 Struts2 创建

   D. Struts2 与 Spring 集成后，struts.xml 中 Action 不再需要指定类名

2. 下列关于 Hibernate 与 Spring 框架集成的说法正确的是_____。(多选)

   A. 可以去掉 Hibernate 配置文件，需要的信息在 Spring 配置文件中配置

   B. 降低了单纯使用 Hibernate API 的复杂程度，并简化了 Dao 类的编写

   C. 使用 Spring 的声明性事务可以方便的配置 Hibernate 中的事务

   D. 可以使用 Spring 提供的 OpenSessionInViewFilter 过滤器解决 Hibernate 延迟加载导致的表示层数据加载失败问题

3. 下列关于 HibernateTemplate 类的说法正确的是_____。(多选)

   A. HibernateTemplate 类需要一个 SessionFactory 对象来连接数据库

   B. HibernateTemplate 类提供了若干持久化操作的方法，这些方法无须访问 HibernateAPI

   C. 当持久化操作非常复杂时，HibernateTemplate 类将无法使用，这时应该自己构造 Hibernate 的 Session 来完成操作

   D. 当持久化操作非常复杂时，可以通过 HibernateTemplate 提供的回调方式得到 Hibernate 的 Session 来完成操作

4. 下列关于 HibernateDaoSupport 类的说法正确的是_____。(多选)

   A. 为了使用 Spring 框架提供的便利，所有的 Dao 都应该继承 HibernateDaoSupport 类

B. HibernateDaoSupport 类中有 setSessionFactory()方法，可以注入 SessionFactory 对象

C. HibernateDaoSupport 类提供了 getHibernateTemplate()方法，可以得到已关联 Session 的 HibernateTemplate 对象

D. 继承 HibernateDaoSupport 类后将无法得到 Hibernate 的 Session 对象

5. 下列关于 Spring 声明式事务的说法正确的是_____。(多选)

A. 使用声明式事务后，无需在代码中管理事务，而是通过配置文件进行配置

B. 需要在 Spring 配置文件中配置一个事务管理器

C. 需要在 Spring 配置文件中配置一个事务增强，并关联事务管理器

D. 需要在 Spring 配置文件中配置一个切点，并关联事务增强

E. Spring 的声明式事务实际上是使用 AOP 实现的

6. 简述 Open Session in View 的原理。

7. 说明声明式事务带来的益处。

8. 新建一个项目，整合三个框架，并配置 Open Session in View 模式。

实践篇

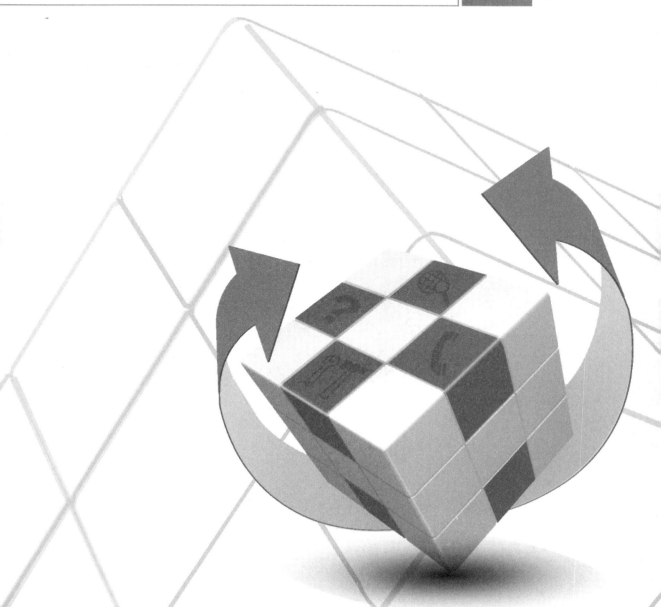

实践 1　Struts2 基础

 实践指导

本书的实践篇部分将一个网上购物系统作为一个完整的项目，该项目贯穿整本书的技术知识点。

该项目是按照功能模块以及读者掌握的技术依次累加，在学习实践篇时，是以掌握理论篇中的章节为前提。理论篇与实践篇之间的对应关系及学习顺序如表 S1-1 所示。

表 S1-1　理论篇和实践篇对应关系

理　论　篇	实　践　篇
第 1 章　Java EE 应用	
第 2 章　Struts2 基础	实践 1 Struts2 基础
第 3 章　Struts2 深入	实践 2 Struts2 深入
第 4 章　Struts2 标签库	实践 3 Struts2 标签
第 5 章　Hibernate 基础	
第 6 章　Hibernate 核心技能	实践 4 实体类及映射文件、实践 5 业务类及 DAO
第 7 章　Spring 基础	
第 8 章　Spring 深入	
第 9 章　框架集成	实践 6 框架集成、实践 7 AOP 应用、实践 8 项目完善

本章完成开发环境搭建、系统需求分析、系统架构设计等工作。

实践 1.1　环境搭建

完成基于 Struts2 的 Java Web 开发环境的安装部署，包括 JDK、Eclipse、Tomcat，并搭建开源的 Java 企业开发环境平台。

【分析】

(1) JDK 是整个 Java 平台的核心，搭建 Java 开发环境的第一步，就是下载并安装 JDK。

(2) JDK 可以在 Oracle 官方网站上下载，本书所用 JDK 下载地址如下：http://www.oracle. com/technetwork/java/javase/downloads/jdk8-downloads-2133151.html

(3) Eclipse 是著名的跨平台的免费集成开发环境(IDE)。最初主要用作 Java 语言开发，目前也可通过插件使其作为其他语言如 C++和 Python 等的开发工具。Eclipse 本身只是一个框架平台，但是众多插件的支持使其拥有其他功能相对固定的 IDE 软件很难具有的灵活性。许多软件开发商以 Eclipse 为框架开发出了自己的 IDE。

(4) 本书使用的是 Luna 版本，可在 http://www.eclipse.org/downloads 下载。

(5) Tomcat 是一个免费的开放源代码的 Web 应用服务器。因为 Tomcat 技术先进、性能稳定且免费，所以深受 Java 爱好者的喜爱并得到了大量软件开发商的认可，成为目前比较流行的 Web 应用服务器。本书使用 Tomcat 7.0.55 版本，可在 http://tomcat.apache.org 下载。

(6) Struts2 框架用到的类库可在 http://struts.apache.org/download.cgi 下载。

【参考解决方案】

1. 安装 JDK

图 S1-1　我的电脑

获取 JDK8.X 安装包的官方网址是 http://www.oracle.com/，下载 jdk-8u25-windows-i586.exe(32 位)或 jdk-8u25-windows-x64.exe(64 位)安装文件，建议大家在学习本课程时，安装 JDK8 版本。

2. 配置 Java 环境变量

右击"我的电脑"->"属性"，如图 S1-1 所示。弹出"系统属性"窗口，如图 S1-2 所示。

图 S1-2　系统属性

选择"高级"选项卡，单击"环境变量"按钮，出现如图 S1-3 所示界面。

在系统变量中单击"新建"按钮，建立 JAVA_HOME 变量，并设置值为 JDK 的安装目录，如"C:\Program Files\Java\jdk1.8.0_25"，如图 S1-4 所示。

图 S1-3　环境变量

图 S1-4　编辑系统变量 JAVA_HOME

单击"确定"后，再继续新建 CLASSPATH 变量，并设置值为".;%JAVA_HOME%\lib\dt.jar;%JAVA_HOME%\lib\tools.jar"（Java 类、包的路径），如图 S1-5 所示。

单击"确定"后，选中系统变量 Path，把 JDK 的 bin 路径设置进去，如图 S1-6 所示。

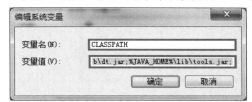

图 S1-5　编辑系统变量 CLASSPATH

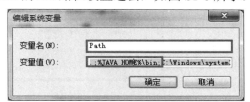

图 S1-6　编辑系统变量 Path

注 意　　修改已有的环境变量"Path"值时，一定先使用";"号跟前面的路径隔开，再把路径"%JAVA_HOME% /bin"添加上。

3．安装 Eclipse4.4

获取 Eclipse4.4 压缩包的官方网址是 http://www.eclipse.org/downloads，在官方网站上找到版本是 Eclipse IDE for Java EE Developers 的压缩包，下载此压缩包。将 Eclipse4.4 压缩包解压后无需安装，可直接运行。将该文件夹中的 eclipse.exe 在桌面创建快捷方式，双击运行 eclipse，并设置工作目录。

4．安装并配置 Tomcat

获取 Tomcat7.X 的网址是 http://tomcat.apache.org，下载 apache-tomcat-7.0.XX.zip 版本的压缩包。将 Tomcat7.X 压缩包解压后无需安装，可直接运行。

在 eclipse 中配置 tomcat 的步骤如下：

(1) 单击 window -> preferences 菜单；

(2) 在弹出的窗口中展开 Server->Runtime Environments，单击"Add"按钮；

(3) 在弹出窗口中，选择 Apache Tomcat v7.0；

(4) 单击"Next"按钮，进入下一步，在弹出窗口中，设置 Tomcat 的安装目录；

（5）单击"Finish"按钮，完成 Tomcat 服务器的配置。

到目前，搭建开源的 Java EE 开发环境平台的所有步骤已经完成。在这些步骤中，需要注意如何在 Eclipse 中配置 Tomcat 服务器。在学习 Java SE 时，不需要配置服务器；现在学习 Java EE，所有的程序都是运行在 Web 服务器上，因此一定要配置正确，否则会影响程序的正常运行。

5. 下载 Struts2 框架的类库

获取 Struts2 框架类库的官方网址是 http://struts.apache.org/download.cgi，在该网站找到 struts-2.3.20 版本，单击 struts-2.3.20-all.zip 压缩包并下载，如图 S1-7 所示。

图 S1-7　struts 下载

下载完成并解压后有一个 lib 目录，此目录存放了 Struts2 框架用到的所有类库，如图 S1-8 所示。

图 S1-8　struts 类库

从中找出 Struts2 框架 9 个核心 .jar 文件：commons-fileupload-1.3.1.jar、commons-io-2.2.jar、commons-lang3-3.2.jar、javassist-3.11.0.GA.jar、commons-logging-1.1.3.jar、freemarker-2.3.19.jar、ognl-3.0.6.jar、struts2-core-2.3.20.jar 和 xwork-core-2.3.20.jar。使用时只需将 Struts2 框架的 9 个核心 .jar 文件复制到 Web 应用的 lib 路径下即可。

实践 1.2　项目分析

网上购物系统的应用背景介绍及需求分析。

【分析】

(1) 网上购物系统对于销售者来讲，优势体现在不受营业时间和地域的限制，随时可以进行交易，也不必支付任何现场所产生的各种费用。

(2) 网上购物系统对于消费者来讲，优势体现在足不出户就可以浏览全国各地的商品，可以使用信用卡网上支付，送货上门的服务更是节约时间和成本。

【参考解决方案】

(1) 网上购物系统分为两部分：前台购物系统和后台管理系统。前台购物系统提供给客户使用，完成浏览商品、收藏、添加到购物车、支付、收货并评论等功能；后台管理系统供系统管理员使用，负责客户、商品、订单的管理等功能。具体功能结构图如图 S1-9 所示。

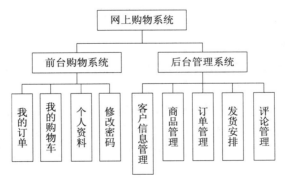

图 S1-9　功能结构图

(2) 客户进入网上购物系统，完成注册功能，登录后，修改个人信息和密码。

(3) 客户进入网上购物系统，浏览商品，加入购物车，使用第三方支付工具完成支付，收货并评论。

(4) 管理员登录后，管理客户注册信息，管理商品，查询订单，安排发货，维护评论。

实践 1.3　项目设计

完成在线购物系统的架构设计。

【分析】

(1) 系统采用基于网站的 B/S 结构。

(2) 使用 Struts2 作为 MVC 框架实现模型、视图、控制器的分层。

(3) 使用 Hibernate 框架实现对象的持久化，数据库采用 MySql。

(4) 使用 Spring 框架作为基础骨架，完成三个框架的集成。

【参考解决方案】

1. 表示层设计

本系统表示层主要由 JSP 充当。JSP 负责收集用户的请求信息，并提交到指定的控制器。系统处理完请求后，JSP 还负责将处理结果呈现给用户。因为使用了 Struts2 框架，所以在 JSP 页面上尽量不要使用 Java 脚本，而是使用 Struts2 的标签库来完成数据的展示和提交。复杂的页面可以结合 JavaScript 来完成。

本系统中表示层 JSP 页面的目录层如图 S1-10 所示。

2. 控制器设计

使用 Struts2 框架，我们还需要实现针对每类用户操作的具体控制器，也就是 Action，并在 Struts2 的配置文件中配置好。在 Action 中，调用相应的业务逻辑类来完成特定的业务。控制器依赖于业务逻辑类，这种依赖关系可以通过 Spring 框架的依赖注入实现。

```
WebContent
  admin
    cate
    order
    product
    styles
    user
    login.jsp
    menu.jsp
    top.jsp
    welcome.jsp
  common
  front
    register
    styles
    upload
    user
    foot.jsp
    login.jsp
    top.jsp
    welcome.jsp
  META-INF
  WEB-INF
  index.jsp
```

图 S1-10 目录层结构

3. 业务逻辑层设计

业务逻辑层负责封装用户的业务。针对每个业务操作在业务逻辑类中都应该有一个方法与之对应。当控制器接受用户请求后，负责调用对应的业务方法。业务方法如果需要修改数据库中的数据，则需要调用数据访问层的相关类和方法来实现。业务逻辑类依赖于数据访问层，这种依赖关系可以通过 Spring 框架的依赖注入实现。系统中的业务方法如果需要关联事务，可以利用 Spring 框架的 AOP 功能，采用声明的方式在 Spring 配置文件中配置。

4. 数据访问层设计

系统使用 Hibernate 框架实现数据持久层，所以在数据访问层将采用 Hibernate 的方式来访问数据库。因为使用了 Spring 框架，所以访问数据库时，不再直接使用 Hibernate 的 Session，而是结合 Spring 框架的 DAO 支持，让系统中的 Dao 类都继承 Spring 框架提供的 HibernateDaoSupport 类，访问数据库通过 HibernateTemplate 模板类来实现。在 Spring 框架的配置文件中，需要声明 DataSource、SessionFactory、所有的 Dao 类，并配置好依赖关系。

5. 数据持久层设计

本系统的数据持久层使用 Hibernate 框架实现。针对每个业务实体声明一个 POJO，在 Hibernate 框架的映射文件中配置好 POJO 和数据库的表之间的映射关系。如果系统的业务实体之间存在一对多、多对多等关联关系，也通过 Hibernate 框架的关联映射功能来实现。

6．实体类设计

根据需求分析，在线购物系统需要用到的实体类如表 S1-2 所示。

表 S1-2　在线购物系统实体类列表

类　　名	说　　明
User	购买商品的客户
Admin	后台管理员
Cate	商品分类
Product	商品
Album	商品图片
Order	订单
OrderItem	订单详细

实体类的代码如下：

（1）User 类。

```
public class User {
        private Integer id;                    //主键
        private String userName;               //用户名
        private String password;               //密码
        private Integer gender;                //性别
        private String email;                  //邮箱
        private String face;                   //头像路径
        private Date regTime;                  //注册时间
        private boolean activeFlag;            //激活标志
        //......各属性的 get、set 方法
}
```

（2）Admin 类。

```
public class Admin {
        private Integer id;                    //主键
        private String userName;               //用户名
        private String password;               //密码
        private String email;                  //邮箱
        ......// 各个属性的 get、set 方法
}
```

（3）Cate 类。

```
public class Cate {
        private Integer id;                    //主键
        private String name;                   //分类名称
        ......// 各个属性的 get、set 方法
```

```
            }
```

(4) Product 类。

```
public class Product {
        private Integer id;                    //主键
        private String name;                   //商品名称
        private String sn;                     //商品编号
        private Integer num;                   //数量
        private Float mprice;                  //市场价格
        private Float iprice;                  //网站价格
        private String desc;                   //描述
        private Date pubTime;                  //上架时间
        private boolean isShow;                //是否上架
        private boolean isHot;                 //是否热卖
        private Integer cateId;                //分类 id
        ......// 各个属性的 get、set 方法
}
```

(5) Album 类。

```
public class Album {
        private Integer  id;                   //主键
        private String proId;                  //商品 id
        private boolean albumPath;             //相册路径
        ......// 各个属性的 get、set 方法
}
```

本系统采用 S2SH 框架集成，为使项目结构清晰、便于管理，需要将代码放在不同层次的包中，包的目录层次结构及功能如图 S1-11 所示。

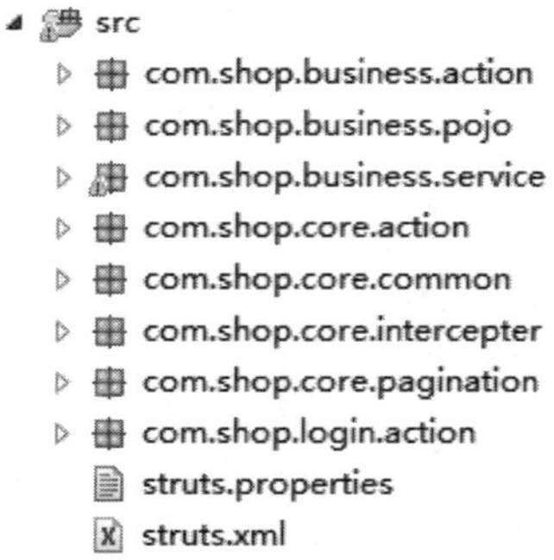

```
▲ 🐵 src
    ▷ ⊞ com.shop.business.action
    ▷ ⊞ com.shop.business.pojo
    ▷ 🐵 com.shop.business.service
    ▷ ⊞ com.shop.core.action
    ▷ ⊞ com.shop.core.common
    ▷ ⊞ com.shop.core.intercepter
    ▷ ⊞ com.shop.core.pagination
    ▷ ⊞ com.shop.login.action
        📄 struts.properties
        Ⓧ struts.xml
```

图 S1-11　目录层次结构

 知识拓展

Struts2 框架的 Action 类主要有两个功能：封装请求和响应的数据、执行控制逻辑。常见的 Action 代码大致如下面的 LoginAction 类所示：

```
public class LoginAction {
     private String name;
     private String password;
     public String getName() {
          return name;
     }
     ...... //各个属性的 get、set 方法
     public String execute() {
          ...... //处理请求
     }
}
```

　　LoginAction 中的 name 和 password 属性的唯一作用就是为了传递表单提交的数据，而这与 Action 本身的控制器功能是不太一致的，并且当这种属性很多时，Action 中会充斥大量的 get、set 方法，使得 Action 的结构变得很不清晰。为了解决这个问题，Struts2 框架提供了模型驱动的 Action 处理方式。

　　所谓模型驱动，就是使用一个单独的类来封装请求参数和处理的结果，而不是一些零散的属性。与之对应的是属性驱动方式，即上面提到的 LoginAction 的方式，属性驱动方式使用 Action 一个类来封装请求参数和处理结果。

　　使用模型驱动方式，需要一个专门的类来封装数据，针对上面的 LoginAction，可以抽取出一个 Model 类，对于登录功能来说，Model 一般就是 User，代码如下：

```
public class User {
     private String name;
     private String password;
     public void getName() {
          return name;
     }
     ...... // 各个属性的 get、set 方法
}
```

　　相应的 LoginAction 类也需要做出修改，Struts2 框架要求使用模型驱动方式的 Action 必须实现 com.opensymphony.xwork2.ModelDriven 接口(这是一个泛型接口，泛型类型应该是对应的 Model 类型)，ModelDriven 接口要求实现一个方法 getModel()，返回封装数据的 Model 实例。修改后的 LoginAction 代码如下：

```
public class LoginAction implements ModelDriven<User>{
     private User user;
     public User getUser() {
          return user;
     }
     public void setUser(User user){
          this.user = user;
     }
```

```
<!--  ModelDriven 接口要求实现一个方法 getModel(),返回封装数据的 Model 实例  -->
public User getModel(){
        return user;
}
public String execute() {
        // 测试数据是否封装成功
        System.out.println(user.getName());
        ...... // 处理请求

}
}
```

在页面上，表单中输入控件的 name 比较特殊，需要改成"对应 Model 名.具体属性名"的形式，代码如下：

```
<input type="text" name="user.name"/>
<input type="password" name="user.password"/>
```

表单提交后，Struts2 负责解析客户端的请求参数，并将数据封装到对应的 Model 实例中，这样在 LoginAction 的 execute()方法中就能够得到客户端提交的数据。

模型驱动与属性驱动各有利弊，模型驱动的方式提供了一种更清晰的结构，但是要求有一个额外的模型类来封装数据。模型驱动的方式特别适合于针对某个业务实体的添加、修改操作。在这种情况下，模型类可以直接使用早就存在的业务实体类，无需另外声明。而 Struts2 完成客户端提交的零散数据填充实体类的工作，在 execute()方法中能够一步到位的得到已经填充完毕的实体类实例，并将其传给业务逻辑层相应的业务方法进行执行。这样避免了大量机械重复的 setXXX()方法的调用代码。

 拓展练习

使用模型驱动的 Action 完成理论篇第 2 章中的加法器功能。

实践指导

设计登录 Action 即 LoginAction，用于后台管理员的登录和退出，设计后台管理员登录页面 login.jsp 和系统主页面 main.jsp。

【分析】

(1) 设计一个通用的 Action 即 BaseAction，把所有 Action 公共的部分放在 BaseAction 类中。

(2) 由于本系统分为前台的购物系统和后台的购物管理系统，其中前台登录为会员登录，后台登录为管理员登录，所以在 LoginAction 中根据角色的不同，可以进行会员登录和管理员登录，本实践练习用以实现后台管理员登录和退出。

(3) 创建实体类 User，用于封装管理员基本信息。

(4) 设计后台登录页面 login.jsp 和系统主页面 main.jsp。

【参考解决方案】

1. 创建基类 BaseAction 类

在 com.shop.core.action 包中创建基类 BaseAction，该类包含了所有 Action 最基本的功能，其代码如下：

```java
public class BaseAction extends ActionSupport {
    /* 基础操作 */
    private String action = "index";
    /* 获取 action 属性值 */
    public String getAction() {
            return action;
    }
    /* 设置 action 属性值 */
    public void setAction(String action) {
            this.action = action;
    }
    /* 基础 execute 方法 */
    public String execute() {
            try {
```

```
                return this.executeMethod(this.getAction());
            } catch (Exception e) {
                    e.printStackTrace();
                    return INPUT;
            }
        }
        /* 根据 UI 传入参数，动态调用方法 */
        private String executeMethod(String method) throws Exception {
            Class[] c = null;
            Method m = this.getClass().getMethod(method, c);
            Object[] o = null;
            String result = (String) m.invoke(this, o);
            return result;
        }
    }
```

上述代码中，BaseAction 类是通用 Action，系统中所有 Action 都继承该 Action。属性 action 表示不同的操作，例如，当 action 的值为"del"时，系统会通过 executeMethod()方法利用反射机制动态的调用 del()方法以响应用户请求。

2．定义 LoginAction 类

在 com.shop.core.login.action 包中创建 LoginAction 类，该类主要用于用户的登录，代码如下：

```
public class LoginAction extends BaseAction {
        /* 考号 */
        private String studentNo;
        /* 用户名 */
        private String userName;
        /* 姓名 */
        private String name;
        /* 密码 */
        private String password;
        /* 登录时间 */
        private String loginTime;
        /* 用户 Service */
        ......省略 getter/setter 方法
        // 管理员登录
        @SuppressWarnings("unchecked")
        public String login() {
            if ("admin".equals(userName) && "123456".equals(password)) {
                    ActionContext context = ActionContext.getContext();
                    // 格式化日期
```

```
                    loginTime = Util.formatDateTime(new Date());
                    context.getSession().put(Constant.LOGIN_TIME, loginTime);
                    context.getSession().put(Constant.CURRENT_USER,
                                new User(userName, password));
                    return SUCCESS;
                }
                return INPUT;
            }
        }
```

上述代码中，login()方法用于实现管理员的登录，由于没有连接数据库，所以该登录为模拟登录，用户名和密码分别为 admin 和 123456。此外，在用户名、密码验证成功后，通过使用 ActionContext 类向会话中保存登录信息，如登录时间，当前登录用户等信息。

3．创建实体类 User

在 com.shop.business.pojo 包中创建 User 类，代码如下：

```java
public class User {
        private Integer id;
        /* 用户名 */
        private String userName;
        /* 密码 */
        private String password;
        /* 性别 */
        private Integer gender;
        /* 邮箱 */
        private String email;
        /* 头像 */
        private String face;
        /* 注册时间 */
        private Date regTime;
        private boolean activeFlag;
        ......省略 getter/setter 方法
        public User(String userName, String password) {
                this.userName = userName;
                this.password = password;
        }
}
```

4．配置 struts.xml

LoginAction 类主要用于用户的登录，在 struts.xml 中配置 LoginAction，代码如下：

```xml
<?xml version="1.0" encoding="UTF-8"?>
```

```
<!DOCTYPE struts PUBLIC "-//Apache Software Foundation//DTD Struts Configuration 2.3//EN"
"http://struts.apache.org/dtds/struts-2.3.dtd" >
<struts>
        <!-- 登录模块 -->
        <package name="login" extends="struts-default" namespace="/admin">
                <action name="login"
                        class="com.shop.login.action.LoginAction">
                        <result name="success">/admin/main.jsp</result>
                        <result name="input">/admin/login.jsp</result>
                </action>
        </package>
</struts>
```

上述配置中，定义了 LoginAction，当请求的 url 为 login.action?action=login 时，该 Action 接受请求，并且调用 login()方法，验证用户名和密码的正确性，如果验证成功，则转发到 main.jsp 页面，验证失败则转发到 login.jsp 页面。

5. 创建 login.jsp

login.jsp 页面主要用于后台管理用户的登录，在"WebContent/admin"文件夹下创建 login.jsp 文件，代码如下：

```html
<form action="login.action" method="post">
        <input type="hidden" name="action" value="login" />
        <table cellspacing="3" cellpadding="0" width="100%" border="0"
                style="line-height: 25px; height: 100px">
        <tr><td align="right"></td>    <td></td></tr>
        <tr>
                <td align="right" height="25"><b>用户名：</b></td>
                <td height="25" align="left">  
                <input type="text" name="userName" style="width: 150px;
                 height: 20px;" />
                </td>
        </tr>
        <tr>
                <td align="right" height="25"><b>密 码：</b></td>
                <td height="25" align="left"> 
                <input type="password" name="password" style="width: 150px;
                 height: 20px;" />
                </td>
        </tr>
        <tr>
                <td align="center" colspan="2">
                <input type="submit" value="登 录" />
```

```
                <input type="reset" value="重新填写" />
            </td>
        </tr>
    </table>
</form>
```

上述代码运行效果如图 S2-1 所示。

图 S2-1　登录页面

6. 创建主页面 main.jsp

main.jsp 页面主要分为左侧导航栏、内容操作区等部分，在"WebContent/admin"文件夹下创建 main.jsp 文件，其核心代码如下：

```
<div style="width: 1024px;margin:0 auto;"   valign="top">
    <jsp:include page="top.jsp"></jsp:include>
    <div class="main-content">
        <table>
            <tr>
                <td style="border-right:1px solid black;">
                    <jsp:include page="menu.jsp"></jsp:include>
                </td>
                <td style="width:100%;heigth:100%;">
                    <h1>欢迎访问本系统！</h1>
                </td>
            </tr>
        </table>
    </div>
</div>
```

当在登录窗口分别输入 admin 和 123456 后，显示主页面的运行效果图，如图 S2-2 所示。

图 S2-2　系统主页面

7．实现"退出系统"功能

为了实现"退出系统"功能，需要在 LoginAction 类中添加 loginout()方法，该方法的代码如下：

```
// 转到登录页面
public String logout() {
        // 销毁用户信息
        ActionContext context = ActionContext.getContext();
        // 销毁登录时间
        context.getSession().remove(Constant.LOGIN_TIME);
        // 销毁当前登录用户
        context.getSession().remove(Constant.CURRENT_USER);
        return INPUT;
}
```

上述代码为后台管理系统的"退出"功能，当单击"退出系统"时，系统首先会销毁会话中与用户相关的信息，然后转到后台登录页面。在系统中单击"退出系统"时，弹出如图 S2-3 所示窗口。

图 S2-3　退出系统

此外，"退出系统"功能在 main.jsp 页面中对应的代码如下：

```
<a href="javascript:void(0)" onclick="if(confirm('确实要退出系统？'))
location.href='login.action?action=loginout';">退出系统</a>
```

知识拓展

1. 拦截器

拦截器(Interceptor)是 Struts2 的重要组成部分。Struts2 中的很多功能都构建在拦截器基础之上，例如文件的上传和下载、国际化、转换器和数据校验等等，Struts2 利用内建的拦截器，完成了框架内的大部分操作。

Struts2 框架提供了许多拦截器，并且这些内建拦截器实现了 Struts2 大部分功能，例如，大部分 Web 应用的通用功能都可以直接使用 Struts2 提供的拦截器来完成，但有时与系统逻辑相关的通用功能，仍然需要自定义拦截器来完成。

1) 自定义拦截器

用户要开发自己的拦截器类，需要实现 com.opensymphony.xwork2.interceptor.Interceptor 接口，该接口的代码定义如下：

```java
public interface Interceptor extends Serializable {
    // 销毁该拦截器之前的调用方法
    void destroy();
    // 初始化该拦截器的回调方法
    void init();
    // 拦截器实现拦截的逻辑方法
    String intercept(ActionInvocation invocation) throws Exception;
}
```

通过上面的接口可以看出，该接口包含三个方法：

(1) init()：在拦截器执行拦截之前，系统将回调该方法。对于每个拦截器而言，该方法只执行一次。该方法体主要用于打开一些一次性资源，例如数据初始化、读取配置文件等。

(2) destroy()：该方法与 init()方法对应。在拦截器实例被销毁之前，系统将回调该方法，该方法通常用于销毁在 init()方法里打开的资源。

(3) interceptor(ActionInvocation invocation)：该方法是用户需要实现的拦截动作。和 Action 的 execute()方法一样，该方法返回一个字符串作为逻辑视图。如果该方法直接返回了一个字符串，系统将会跳转到该字符串对应的实际视图资源，不会调用被拦截的 Action。参数 ActionInvocation 包含了被拦截的 Action 的引用，可以通过调用该参数的 invoke()方法，将控制权转给下一个拦截器或转给 Action 的 execute()方法。

此外，Struts2 还提供了一个 AbstractInterceptor 类，该类提供了 init()和 destroy()方法的空实现，如果自定义的拦截器不需要申请资源，则无需实现这两个方法，此时可以直接继承 AbstractInterceptor 抽象类。

下述代码在实践 2 的基础之上，实现了一个简单的拦截器 LoginInterceptor，在被拦截方法之前打印开始执行 Action 的时间，并记录 Action 执行的时间；执行被拦截 Action 的方法之后，再次打印当前时间，并输出执行 Action 耗费的时间。

LoginInterceptor 拦截器代码如下：

```
public class LoginInterceptor extends AbstractInterceptor {
    private String name;
    public String getName() {
        return name;
    }
    public void setName(String name) {
        this.name = name;
    }
    // 拦截 Action 方法
    public String intercept(ActionInvocation invocation)
        throws Exception {
            SimpleDateFormat outFormat =
                    new SimpleDateFormat("yyyy-MM-dd HH:mm:SS");
            System.out.println("开始执行 Action 时的时间为:" +
                        outFormat.format(new Date()));
            // 取得开始执行 Action 的时间
            long start = System.currentTimeMillis();
            String result = invocation.invoke();
            System.out.println("执行完 Action 时的时间为:" +
                        outFormat.format(new Date()));
            // 取得结束执行 Action 的时间
            long end = System.currentTimeMillis();
            System.out.println("执行完 Action 共耗时为:" + (end - start)
                        + "毫秒");
            return result;
        }
}
```

在上述代码中，当实现 interceptor()方法时，可以获得 ActionInvocation 参数，该参数可以获得被拦截的 Action 实例，一旦得到 Action 实例，就获得了 Action 的所有控制权，例如，可以实现将 Http 请求中的参数解析出来并设置为 Action 的属性，也可以实现与应用相关的逻辑。

2）配置拦截器

在 struts.xml 文件中配置拦截器只需为拦截器指定一个拦截器名，就完成了拦截器的配置。通常在配置文件中使用<interceptor.../>元素来定义拦截器，格式如下：

```
<interceptor name="拦截器名" class="拦截器实现类"/>
```

如果需要在配置拦截器时传入拦截器参数，可以在<interceptor.../>元素中通过使用<param.../>子元素来实现。此外，还可以把多个拦截器连在一起组成拦截器栈。可以通过在<interceptors.../>元素中使用<interceptor-stack.../>子元素来定义拦截器栈。拦截器栈由多个拦截器组成，因此需要在<interceptor-stack.../>元素中使用<interceptor-ref.../>元素来定义多个拦截器引用，即该拦截器栈由多个<interceptor-ref.../>元素指定的拦截器组成。

配置拦截器栈的语法示例代码如下：

```
<interceptor-stack name="拦截器栈 1">
        <interceptor-ref name="拦截器 1" />
        <interceptor-ref name="拦截器 2" />
</interceptor-stack>
```

上述配置中，配置了一个名为"拦截器栈 1"的拦截器栈，该拦截器栈由"拦截器 1"和"拦截器 2"组成。

注意　　在配置了拦截器栈后，完全可以像使用普通拦截器一样使用拦截器栈，因为拦截器和拦截器栈功能完全一样。此外，在拦截器栈中除了包含拦截器之外，还可以包含其他的拦截器栈，用于生成功能更加强大的拦截器栈。

对于 LoginInterceptor 拦截器的配置代码如下：

```
<package name="loginout" extends="exam-default" namespace="/admin">
        <interceptors>
                <interceptor name="loginCheck"
                        class="com.dh.ph02.interceptor.LoginInterceptor">
                        <param name="name">登录拦截器</param>
                </interceptor>
        </interceptors>
        <action name="login"
                class="com.dh.ph02.web.action.LoginAction">
                <result name="success">/admin/main.jsp</result>
                <result name="input">/admin/login.jsp</result>
                ……省略
                <!-- 此处需手动配置默认拦截器栈，详见下一小节：默认拦截器　-->
                <interceptor-ref name="defaultStack" />
                <interceptor-ref name="loginCheck" />
        </action>
</package>
```

通过上面的配置，将 LoginInterceptor 拦截器定义成名称为 loginCheck 的拦截器，并在名为 login 的 Action 中使用该拦截器。

当用户登录系统时，在控制台中显示的结果如下：

```
开始执行 Action 时的时间为:2010-08-30 14:09:562
执行完 Action 时的时间为:2010-08-30 14:09:593
执行完 Action 共耗时为:31 毫秒
```

上述结果中，LoginInterceptor 已经执行，在控制台下打印了该 Action 处理用户请求的时间。

3) 默认拦截器

当配置一个包时，可以为其指定默认拦截器。一旦为某个包指定了默认的拦截器，如果该包中的 Action 没有显式指定拦截器，则默认拦截器将会起作用。不过一旦为该包的 Action 指定了某个拦截器，则默认的拦截器不会起作用，如果该 Action 需要使用默认的拦截器，则必须手动配置该拦截器的引用。

在配置文件中，通过<default-interceptor-ref.../>配置默认拦截器，在配置时，只需指定 name 属性，该属性是一个已经存在的拦截器名字。

默认拦截器的配置格式如下：

```
<package name="包名">
    <interceptors>
            <!--定义拦截器 -->
            <interceptor.../>
            <!--定义拦截器栈 -->
            <interceptor-stack.../>
    </interceptors>
    <default-interceptor-ref name="拦截器或拦截器栈名称"/>
</package>
```

注 意　每个包只能指定一个默认拦截器。如果指定了多个拦截器，那么系统将无法确定哪个才是默认拦截器。

例如，在 struts.xml 配置文件的 LoginAction 配置中，配置片段如下：

```
<interceptor-ref name="defaultStack" />
<interceptor-ref name="loginCheck" />
```

当为 LoginAction 指定拦截器 loginCheck 时，这时系统默认的拦截器将会失去作用，为了继续使用默认拦截器，所以在上面配置文件中引入了默认拦截器。

此外，随着系统中配置拦截器的顺序不同，系统执行拦截器的顺序也不一样，先配置的拦截器，会先获得执行的机会。例如，defaultStack 拦截器栈配置在 loginCheck 前，会首先获得执行的机会。

通过前面的介绍，可以得知与拦截器相关的配置元素有：

✧ <interceptors.../>：该元素用于定义拦截器，所有的拦截器和拦截器栈都在该元素中定义。该元素包含<interceptor.../>和<interceptor-stack.../>子元素，分别用于定义拦截器和拦截器栈。

✧ <interceptor.../>：该元素用于定义拦截器，定义拦截器时需要指定两个属性：name 和 class，它们分别用于指定拦截器的名字和实现类。

✧ <interceptor-stack.../>：该元素用于定义拦截器栈，该元素中包含多个<interceptor-ref.../>元素，用于将多个拦截器或拦截器栈组合成一个新的拦截器栈。

✧ <interceptor-ref.../>：该元素用于引用一个拦截器和拦截器栈，该元素只需指定一个 name 属性，该属性值为一个已经定义的拦截器或拦截器栈。该元素可以作为<interceptor…/>和<action…/>元素的子元素使用。

❖ <param…/>：该元素用于为拦截器指定参数，可以作为<interceptor…/>和 <interceptor-ref…/>元素的子元素使用。

4）内置拦截器

在 Struts2 框架中，拦截器几乎完成了整个框架的 70%的工作，包括解析请求参数、将请求参数赋值给 Action 属性、执行数据校验、文件上传等等。Struts2 的设计之所以灵巧，很大程度得益于拦截器的设计，当需要扩展 Struts2 功能时，只需要提供对应的拦截器，并将它配置在 Struts2 容器中即可；如果不需要该功能时，只需要取消该拦截器的配置即可。

Struts2 内建了大量的拦截器，这些拦截器以 key-value 的形式在 struts-default.xml 文件中配置，其中 name 是拦截器的名称，在 struts.xml 配置文件中引用拦截器时，可以直接引用该名称；value 则指定了该拦截器的实现类，如果自定义的 package 继承了 Struts2 默认的 struts-default 包，则可以自由使用下面定义的拦截器，否则必须自定义实现这些拦截器。表 S2-1 列举了 Struts2 框架中的内置拦截器。

表 S2-1　Struts2 内置拦截器

名　　　称	默认值	描　　　述
AliasInterceptor	alias	实现在不同请求中相似参数别名的转换
ActionAutowiringInterceptor	autowiring	负责自动装配，主要用于 Struts2 与 Spring 整合时，Struts2 可以使用自动装配的方式访问 Spring 容器中的 Bean
ChainingInterceptor	chain	构建一个 Action 链，让前一个 Action 的属性可以被后一个 Action 访问，一般 chain 类型的 result(<result type="chain">)结合使用
CheckboxInterceptor	checkbox	添加了 checkbox 自动处理代码，将没有选中的 checkbox 的内容设定为 false，而 html 默认情况下不提交没有选中的 checkbox
ConversionErrorInterceptor	conversionError	该拦截器负责处理类型转换错误，将错误从 ActionContext 中取出，并转换成 Action 的 FieldError 错误
CookiesInterceptor	cookies	通过配置 name 和 value 来指定 cookie
CreateSessionInterceptor	createSession	自动创建 HttpSession，用来为需要使用到 HttpSession 的拦截器服务
DebuggingInterceptor	debugging	在 Struts2 开发模式下，提供不同的调试页面来展现内部的数据状况
ExecuteAndWaitInterceptor	execAndWait	在后台执行 Action，负责将等待画面发送给用户
ExceptionInterceptor	exception	负责处理异常，将异常映射为结果，并定位到一个画面
FileUploadInterceptor	fileUpload	提供文件上传功能，负责解析表单中文件域的内容
I18nInterceptor	i18n	支持国际化，负责将 Locale 对象放入用户 Session 中
LoggerInterceptor	logger	负责日志记录，主要用来输出 Action 的名字
ModelDrivenInterceptor	modelDriven	如果一个类实现了 ModelDriven，将 getModel 得到的结果放在 ValueStack 中
ScopedModelDriven	scopedModelDriven	如果一个 Action 实现了 ScopedModelDriven，则这个拦截器会从相应的 Scope 中取出 model，并调用 Action 的 setModel 方法将其放入 Action 实例中

名　称	默认值	描　述
ParametersInterceptor	params	负责解析 HTTP 请求中的参数，并将参数值设置为 Action 对应的属性值
PrepareInterceptor	prepare	如果 Acton 实现了 Preparable，则该拦截器调用 Action 类的 prepare()方法
ScopeInterceptor	scope	负责进行范围转换，可以将 Action 状态信息保存到 HttpSession 范围或 ServletContext 范围
ServletConfigInterceptor	servletConfig	提供直接访问 Servlet API 的方式
StaticParametersInterceptor	staticParams	从 struts.xml 文件中将<action>中的<param>中的内容传入到对应的 Action 中
RolesInterceptor	roles	确定用户是否具有 JAAS 指定的 Role，否则不予执行
TimerInterceptor	timer	输出 Action 执行的时间
TokenInterceptor	token	用于阻止重复提交，它负责检查传到 Action 中的 token，从而防止多次提交
TokenSessionInterceptor	tokenSession	和 token 一样，只是把 token 保存到 HttpSession 中
ValidationInterceptor	validation	使用 action-validation.xml 文件中定义的内容校验提交的数据
WorkflowInterceptor	workflow	调用 Action 的 validate 方法，一旦有错误返回，重新定位到 INPUT 画面

在开发过程中，开发者在大部分时候不需要手动控制这些拦截器，因为 struts-default.xml 文件中已经配置了这些拦截器，只需要继承 struts-default 包，就可以使用这些拦截器。

通常不推荐为每个 Action 分别定义拦截器，而是推荐直接使用系统的 defaultStack 拦截器栈。

2．输入校验

在 Web 应用中，由于输入数据的复杂性，通常会使用输入校验技术对输入的各种数据进行有效的验证，输入校验的方式通常有两种：客户端校验和服务器端校验。对于客户端校验，通常采用 javascript 的方式。由于客户端校验的主要作用是防止正常浏览者的误输入，仅能对输入进行初步过滤；对于某些用户的恶意行为，客户端校验无能为力。因此客户端校验绝对不能替代服务器端校验。当然客户端的校验也绝不可少，因为对于普通用户的输入，客户端的校验会把错误阻止在客户端，从而降低了服务器的压力。

对于服务器端校验，在 Struts2 中可以通过重写 ActionSupport 的 validate()方法来实现校验功能，不过这种方式需要手工编写大量的代码，编程比较繁琐，代码复用性不高。Struts2 还提供了基于验证框架的输入校验，在这种验证方式下，所有的输入校验只需要通过指定简单的配置文件即可。

1）Struts2 框架的校验器

Struts2 提供了大量的内建校验器，这些校验器可以满足大部分应用的校验需求，编程人员只需要使用这些校验器即可。如果应用中需要特别复杂的校验需求，内建校验器无法满足应用，编程人员可以进行自定义校验器。读者可以展开 xwork-2.0.7.jar 包，在

com\opensymphony\xwork2\validator\validators 目录下找到 default.xml 文件，该文件定义了 Struts2 框架内建的校验器，代码如下：

```xml
<validators>
    <!-- 必填校验器-->
    <validator name="required" class="com.opensymphony.xwork2.validator
        .validators.RequiredFieldValidator"/>
    <!-- 必填字符串校验器-->
    <validator name="requiredstring"
        class="com.opensymphony.xwork2.validator
        .validators.RequiredStringValidator"/>
    <!-- 整型校验器-->
    <validator name="int" class="com.opensymphony.xwork2.validator
        .validators.IntRangeFieldValidator"/>
    <!-- 浮点型校验器-->
    <validator name="double" class="com.opensymphony.xwork2.validator
        .validators.DoubleRangeFieldValidator"/>
    <!-- 日期校验器-->
    <validator name="date" class="com.opensymphony.xwork2.validator
        .validators.DateRangeFieldValidator"/>
    <!-- 表达式校验器-->
    <validator name="expression" class="com.opensymphony.xwork2.validator
        .validators.ExpressionValidator"/>
    <!-- 字段表达式校验器-->
    <validator name="fieldexpression"
        class="com.opensymphony.xwork2.validator
        .validators.FieldExpressionValidator"/>
    <!-- 电子邮件校验器-->
    <validator name="email" class="com.opensymphony.xwork2.validator
        .validators.EmailValidator"/>
    <!-- 网址校验器-->
    <validator name="url" class="com.opensymphony.xwork2.validator
        .validators.URLValidator"/>
    <!--复合类型校验器-->
    <validator name="visitor" class="com.opensymphony.xwork2.validator
        .validators.VisitorFieldValidator"/>
    <!-- 类转换型校验器-->
    <validator name="conversion" class="com.opensymphony.xwork2.validator
        .validators.ConversionErrorFieldValidator"/>
    <!--字符串长度校验器-->
    <validator name="stringlength"
```

```
                class="com.opensymphony.xwork2.validator
                .validators.StringLengthFieldValidator"/>
        <!-- 正则表达式校验器-->
        <validator name="regex" class="com.opensymphony.xwork2.validator
                .validators.RegexFieldValidator"/>
</validators>
```

上面代码中注册的校验器，就是 Struts2 全部的内建校验器。在 Struts2 框架中允许使用字段校验和非字段校验，格式分别如下：

(1) 字段校验器配置格式：

```
<field name="被校验的字段">
        <field-validator type="校验器名">
        <!--此处需要为不同校验器指定数量不等的校验规则-->
        <param name="参数名">参数值</param>
        ......
        <!--校验失败后的提示信息，其中 key 指定国际化信息的 key-->
        <message key="I18Nkey">校验失败后的提示信息</message>
        <!--校验失败后的提示信息:建议用 getText("I18Nkey"),否则可能出现 Freemarker template Error-->
        </field-vallidator>
<!-- 如果校验字段满足多个规则，下面可以配置多个校验器-->
</field>
```

(2) 非字段校验器配置格式：

```
<validator type="校验器名">
        <param name="fieldName">需要被校验的字段</param>
        <!--此处需要为不同校验器指定数量不等的校验规则-->
        <param name="参数名">参数值</param>
        <!--校验失败后的提示信息，其中 key 指定国际化信息的 key-->
        <message key="I18Nkey">校验失败后的提示信息</message>
        <!--校验失败后的提示信息:建议用 getText("I18Nkey"),否则可能出现 Freemarker template Error-->
</validator>
```

下面以字段校验为例分别讲解 Struts2 的主要内置校验器。

(1) 必填校验器。

必填校验器的名字为 required，该校验器要求指定的字段必须有值，该校验器可以接受如下一个参数：

✧ fieldName：该参数指定校验的 Action 属性名，如果采用字段校验器风格，则无需指定该参数。

该校验器的配置示例代码如下：

```
<!-- 校验 username 属性 -->
<field name="username">
        <field-validator type="required">
            <!-- 指定校验失败的提示信息 -->
```

```
            <message>username 不能为 null</message>
        </field-validator>
    </field>
```

(2) 必填字符串校验器。

必填字符串校验器的名字为 requiredstring，该校验器要求字段值必须非空且长度大于 0，即该字符串不能是" "。该校验器可以接受如下参数：

◇　fieldName：该参数指定校验的 Action 属性名，如果采用字段校验器风格，则无需指定该参数。

◇　trim：是否在校验前截断被校验属性值前后的空白，该属性可选，默认值为 true。

该校验器的配置示例代码如下：

```
<!-- 校验 username 属性 -->
<field name="username">
    <field-validator type="requiredstring">
            <param name="trim">true</param>
            <!-- 指定校验失败的提示信息 -->
            <message>username 是必须的</message>
    </field-validator>
</field>
```

(3) 整数校验器。

整数校验器的名字为 int，该校验器要求字段的整数值必须在指定范围内。该校验器可以接受如下参数：

◇　fieldName：该参数指定校验的 Action 属性名，如果采用字段校验器风格，则无需指定该参数。

◇　min：指定该属性的最小值，该参数可选，如果没有指定，则不检查最小值。

◇　max：指定该属性的最大值，该参数可选，如果没有指定，则不检查最大值。

该校验器的配置示例代码如下：

```
<!-- 检验 age 属性 -->
<field name="age">
    <field-validator type="int">
            <param name="min">18</param>
            <param name="max">65</param>
            <message>age 在${min}和${max}之间</message>
    </field-validator>
</field>
```

(4) 日期校验器。

日期校验器的名字为 date，该校验器要求字段的日期值必须在指定范围内。该校验器可以接受如下参数：

◇　fieldName：该参数指定校验的 Action 属性名，如果采用字段校验器风格，则无需指定该参数。

✧ min：指定该属性的最小值，该参数可选，如果没有指定，则不检查最小值。

✧ max：指定该属性的最大值，该参数可选，如果没有指定，则不检查最大值。

该校验器的配置示例代码如下：

```
<!-- 检验 birthday 属性 -->
<field name="birthday">
        <field-validator type="date">
                <param name="min">2010-01-01</param>
                <param name="max">2012-01-01</param>
                <message>birthday 在${min}和${max}之间</message>
        </field-validator>
</field>
```

 系统默认使用 XworkBasicConverter 完成日期转换，除非指定日期转换器。

(5) 邮件地址校验器。

邮件地址校验器的名字为 email，该校验器要求被检查字段的字符如果非空，则必须是合法的邮件地址，该校验器实际上是基于正则表达式进行校验的。该校验器可以接受如下参数：

✧ fieldName：该参数指定校验的 Action 属性名，如果采用字段校验器风格，则无需指定该参数。

该校验器的配置示例代码如下：

```
<!-- 检验 email 是否合法 -->
<field name="email">
        <field-validator type="email">
                <message>电子邮件必须是一个合法的地址</message>
        </field-validator>
</field>
```

(6) 网址校验器。

网址校验器的名字为 url，该校验器要求被检查字段的字符如果非空，则必须是合法的 url 地址，该校验器实际上是基于正则表达式进行校验的。该校验器可以接受如下参数：

✧ fieldName：该参数指定校验的 Action 属性名，如果采用字段校验器风格，则无需指定该参数。

该校验器的配置示例代码如下：

```
<!-- 检验网址是否合法 -->
<field name="URL">
        <field-validator type="url">
                <message>地址必须是一个有效的地址</message>
        </field-validator>
</field>
```

(7) 字符串长度校验器。

字符串长度校验器的名字为 stringlength，该校验器要求字段的长度必须在指定范围之内，否则就校验失败。该校验器可以接受如下参数：

◇ fieldName：该参数指定校验的 Action 属性名，如果采用字段校验器风格，则无需指定该参数。

◇ minLength：指定该属性的最小值，该参数可选，如果没有指定，则不检查最小值。

◇ maxLength：指定该属性的最大值，该参数可选，如果没有指定，则不检查最大值。

◇ trim：是否在校验前截断被校验属性值前后的空白，该属性可选，默认值为true。

该校验器的配置示例代码如下：

```
<!-- 检验密码长度是否合法 -->
<field name="password">
    <field-validator type="stringlength">
        <param name="minLength">6</param>
        <param name="manLength">20</param>
        <message>密码的长度必须在${minLength}和${maxLength}之间</message>
    </field-validator>
</field>
```

(8) 正则表达式校验器。

正则表达式校验器的名字为 regex，该校验器要求字段必须匹配一个正则表达式，否则就校验失败。该校验器可以接受如下参数：

◇ fieldName：该参数指定校验的 Action 属性名，如果采用字段校验器风格，则无需指定该参数。

◇ expression：该参数是必需的，用于指定匹配用的正则表达式。

◇ caseSensitive：该参数指明进行正则表达式匹配时，是否区分大小写，该字段可选，默认 true。

该校验器的配置示例代码如下：

```
<field name="password">
    <field-validator type="regex">
        <!-- 执行匹配的正则表达式 -->
        <param name="expression">
            <![CDATA[(\w{4,20}]]></param>
        <message>密码长度必须在 4 到 20 之间，且必须是字母和数字</message>
    </field-validator>
</field>
```

2) 配置校验器

基于 Struts2 框架的输入校验配置步骤如下：

（1）编写校验规则文件，为需要校验的 Action 指定一个校验文件，校验文件是 XML 格式的文件，该文件指定了 Action 的属性必须满足怎样的规则，命名规则如下：

<Action名字>-validation.xml

前面的 Action 名字是可以改变的，而后面的"-validation.xml"部分总是固定的。

（2）该文件被保存在与 Action 类的文件相同的路径下。

（3）在该文件中针对不同的 Action 属性编写对应的校验规则。

下述代码在实践 2.1 的基础之上，对登录的输入信息进行校验，只针对 login()方法进行校验，配置文件代码如下：

```xml
<?xml version="1.0" encoding="UTF-8"?>
<!DOCTYPE validators PUBLIC
        "-//OpenSymphony Group//XWork Validator Config 1.0.2//EN"
        "http://www.opensymphony.com/xwork/xwork-validator-config-1.0.2.dtd">
<validators>
        <!-- 校验 userName 属性 -->
        <field name="userName">
                <field-validator type="required">
                        <!-- 指定校验失败的提示信息 -->
                        <message>userName 不能为空</message>
                </field-validator>
        </field>
        <!-- 校验 password 属性 -->
        <field name="password">
                <field-validator type="requiredstring">
                        <param name="trim">true</param>
                        <!-- 指定校验失败的提示信息 -->
                        <message>password 是必须的</message>
                </field-validator>
                <field-validator type="stringlength">
                        <param name="minLength">6</param>
                        <param name="maxLength">20</param>
                        <message>password 的长度必须在${minLength}和${maxLength}之间
        </message>
                </field-validator>
        </field>
</validators>
```

通过配置好以上校验规则，在登录时，就会针对校验规则来验证用户输入的信息是否合法，后台登录页面如图 S2-4 所示。

图 S2-4　登录页面

当输入姓名为空和密码为空并单击"登录"按钮时，运行结果如图 S2-5 所示。

图 S2-5　输入校验

拓展练习

练习 2.1

创建一个权限拦截器，当用户没有登录而试图访问系统时，拒绝访问并转向登录页面。

练习 2.2

对用户的登录信息进行输入校验，其中，用户名至少 6 位，最多 20 位，并且仅为任意数字和字母的组合；密码至少 6 位，最多 15 位，可以为任何字符。

实践 3　Struts2 标签库

 实践指导

实践 3.1　注册及客户列表功能

设计客户注册页面和客户列表页面。

【分析】

(1) 首先确定客户注册页面 register.jsp 的必要输入项，如用户名，密码，邮箱等信息，使用 Struts2 的 Form 标签元素来创建客户注册表单。

(2) 创建分页公共页面 pagelist.jsp，使用 Struts2 标签实现客户列表页面。

(3) 创建 UserService 类，在 UserService 类中提供针对学生信息的增删改和按照客户姓名查询的功能，并且显示客户列表的页面需要分页显示查询结果。

(4) 在 UserService 类中，实现模拟的业务操作和"假数据"的提供。

(5) 创建 UserAction 类，实现各种请求转发功能。

【参考解决方案】

1．创建 register.jsp 页面

register.jsp 页面用于客户注册，在"WebContent/front/register"文件夹下创建 register.jsp 文件，其核心代码如下：

```
<s:form action="user.action" method="post">
    <s:hidden name="action" value="register"></s:hidden>
    <p>
        <s:label for="userNameTextField">用户名</s:label>
        <s:textfield name="userName"   id="userNameTextField"></s:textfield>
    </p>
    <p>
        <s:label for="passwordTextField">密码</s:label>
        <s:password name="password" id="passwordTextField"></s:password>
    </p>
    <p>
        <s:label for="genderTextField">性别</s:label>
        <s:radio list="genderList" id="genderTextField" name="gender">
```

```
                    </s:radio>
          </p>
          <p>
                    <s:label for="emailTextField">邮箱</s:label>
                    <s:textfield name="email" id="emailTextField"></s:textfield>
          </p>
          <p>
                    <s:submit id="submit-btn" value="确定"></s:submit>
                    <s:reset id="reset-btn" value="重新填写"></s:reset>
          </p>
</s:form>
```

上述代码中，由于篇幅的原因，省略了非 Struts2 标签元素，只保留了 Struts2 标签元素。页面的运行效果图如图 S3-1 所示。

图 S3-1　客户注册页面

2．实现分页功能类 Pagination

Pagination 类用以实现分页功能，在 com.shop.core.pagination 包中创建 Pagination 类，其代码如下：

```
public class Pagination {
          //开始位置
          private int start;
          //一次取得的数量
          private int size;
          //要取得页数
          private int currentPage = 1;
          //总的记录页数
          private int totalPage = 0;
          //总的记录条数
```

```
private int totalRecord;
public int getTotalRecord() {
        return totalRecord;
}
//获取开始记录
public int getStart() {
        this.start = (currentPage - 1) * size;
        return start;
}
//设置所有记录，并且根据所有记录计算所有页码
public void setTotalRecord(int totalRecord) {
        this.totalRecord = totalRecord;
        //获取页数
        this.totalPage = totalRecord % size == 0 ? totalRecord / size
                        : totalRecord / size + 1;
}
......省略其他 getter/setter 方法
```

3. 创建分页公共页面 pagelist.jsp

在"WebContent/common"文件夹下，创建分页公共页面 pagelist.jsp，在此页面中使用 Struts2 标签，并结合 Pagination 类的实例，实现分页的功能。pagelist.jsp 页面的核心代码如下：

```
<s:if test="pagination.totalPage != 0">
<table width="100%" border="0" cellpadding="5" cellspacing="0">
        <tr>
                <td valign="bottom" align="left" nowrap="nowrap" style="width:
40%;">
                        总记录:
                        <s:property value="pagination.totalRecord" />
                        条   每页:
                        <s:property value="pagination.size" />
                        条    页码: 第
                        <s:property value="pagination.currentPage" />
                        页/共
                        <s:property value="pagination.totalPage" />
                        页
                </td>
                <td valign="bottom" align="right" nowrap="nowrap" style="width:
60%;">
                        <s:url action="%{url}" id="first">
                                <s:param name="action" value="action"></s:param>
                                <s:param name="pagination.currentPage" value="1">
```

```
                </s:param>
            </s:url>
            <s:url action="%{url}" id="next">
                <s:param name="action" value="action"></s:param>
                <s:param name="pagination.currentPage"
                    value="pagination.currentPage+1">
                </s:param>
            </s:url>
            <s:url action="%{url}" id="prior">
                <s:param name="action" value="action"></s:param>
                <s:param name="pagination.currentPage"
                    value="pagination.currentPage-1"></s:param>
            </s:url>
<s:url action="%{url}" id="last">
<s:param name="action" value="action"></s:param>
<s:param name="pagination.currentPage"
value="pagination.totalPage"></s:param>
            </s:url>
            <s:if test="pagination.currentPage == 1">
                <span class="current">首页</span>
                <span class="current">上一页</span>
            </s:if>
            <s:else>
            <s:a href="%{first}" cssStyle="margin-right: 5px;">
            首页</s:a>
            <s:a href="%{prior}" cssStyle="margin-right: 5px;">
            上一页</s:a>
            </s:else>
<s:if    test="pagination.currentPage == pagination.totalPage
|| pagination.totalPage == 0">
                <span class="current">下一页</span>
                <span class="current">末页</span>
            </s:if>
            <s:else>
            <s:a href="%{next}" cssStyle="margin-right: 5px;">
            下一页
            </s:a>  
            <s:a href="%{last}"    cssStyle="margin-right: 5px;">
            末页</s:a>
            </s:else>
    </td>
</tr>
```

```
        </table>
</s:if>
```

4．创建 UserService 类

UserService 类模拟实现对 User 进行业务操作的方法，在 com.shop.business.service 包中创建 UserService 类，其代码如下：

```
public class UserService {
        //客户列表
        public static List<User> list = new ArrayList<User>();
        static {
                //提供假数据
                for (int i = 1; i < 11; i++) {
                        User u = new User();
                        u.setId(i);
                        u.setUserName("张三" + i);
                        u.setEmail("iuustudy" + i + "@dong-he.com.cn");
                        u.setGender("男");
                        u.setPassword("123456");
                        list.add(u);
                }
        }
        //根据 id 查找客户对象
        public User findUserById(Integer id) {
                User user = null;
                for (User u : list) {
                        if (u.getId().equals(id)) {
                                user = u;
                                break;
                        }
                }
                return user;
        }
        //根据 name 进行客户的分页查询
        public List<User> findUsersByName(String name, Pagination pagination)        {
                //根据假数据，进行分页
                List<User> l = new ArrayList<User>();
                if (name != null && !name.trim().equals("")) {
                        //根据 name 值进行条件查询
                        for (User user: list) {
                                if (user.getUserName() != null &&
                                        user. getUserName ().contains(name)) {
```

```
                                    l.add(user);
                            }
                    }
            } else {
                    l.addAll(list);
            }
            pagination.setTotalRecord(l.size());
            if (pagination.getSize() < l.size()) {
                    int range = pagination.getStart() + pagination.getSize();
                    if (range <= l.size()) {
                            //判断是否超出范围
                            l = l.subList(pagination.getStart(),
                                    pagination.getStart() + pagination.getSize());
                    } else {
                            l = l.subList(pagination.getStart(), l.size());
                    }
            }
            return 1;
    }
    //保存客户对象
    public void saveUser(User user) {
            //封装所有记录 Id
            List<Integer> ids = new ArrayList<Integer>();
            //假数据,如果 list 中没有包含该对象,就添加
            if (!list.contains(user)) {
                    for (User u : list) {
                            ids.add(u.getId());
                    }
                    //在最大记录上加 1
                    Integer newId = Collections.max(ids) + 1;
                    user.setId(newId);
                    list.add(user);
            }
    }
    //根据 id 在 list 对象中删除客户
    public void removeUserById(Integer id) {
            User user = null;
            for (User u : list) {
                    if (u.getId().equals(id)) {
                            user = u;
```

```
                    }
                }
                if (user!= null) {
                        list.remove(user);
                }
        }
        //删除客户对象
        public void removeUser(User User) {
                list.remove(User);
        }
}
```

5．在 Action 类中编写处理分页的代码

在 com.shop.business.action 包中创建 UserAction，并添加用于分页查询的方法 list()，其代码如下：

```
public class UserAction extends BaseAction {
        private UserService userService = new UserService();
        private Integer id;
        /* 用户名 */
        private String userName;
        /* 密码 */
        private String password;
        /* 性别 */
        private String gender;
        /* 邮箱 */
        private String email;
        /* 头像 */
        private String face;
        private List<String> genderList;
        private Pagination pagination;
        private String url;
        /* 分页查询列表 */
        public String list() {
                this.setAction("list");
                int size = 10;
                if(pagination == null) {
                        pagination = new Pagination(size);
                }
                pagination.setSize(size);
                if(pagination.getCurrentPage() <= 0) {
                        pagination.setCurrentPage(1);
```

```
            }
            if (pagination.getTotalPage() != 0
                    && pagination.getCurrentPage() > pagination.getTotalPage()){
                pagination.setCurrentPage(pagination.getTotalPage());
            }
            url = "user.action";
            //分页查询后，返回特定记录
            List<User> temp = this.userService
                                    .findUsersByName(userName, pagination);
            pagination.getList().addAll(temp);
            if (temp.size() == 0 && pagination.getCurrentPage() != 1) {
                pagination.setCurrentPage(pagination.getCurrentPage() - 1);
                temp.addAll(this.userService
                                    .findUsersByName(userName, pagination));
            }
            return "list";
        }
}
```

上述代码中，首先根据每页指定的显示数量 size 来创建 Pagination 对象，再根据条件设置"当前页"、"首页"或"下一页"等功能的 url，最后调用 UserService 对象的 findUsersByName()方法来进行分页查询，其中在 findUsersByName()方法中并没有真正查询数据库，而是从 list 对象中获取相关数据，其中，list 对象中预先填充了多条"假数据"。

6．创建客户列表页面 userlist.jsp

userlist.jsp 页面负责客户的列表查看，在"WebContent/admin/user"文件夹下创建 userlist.jsp，核心代码如下：

```
<table cellspacing="1" border="0" id="GridView1" style="color: #333333; width: 100%;">
    <tr class="GridHeader" style="height: 25px;">
        <th scope="col">客户编号</th>
        <th scope="col">性别</th>
        <th scope="col">邮箱</th>
        <th scope="col">操作</th>
    </tr>
    <s:if test="%{pagination.list.size()!=0}">
        <s:iterator value="%{pagination.list}" id="user" status="status">
            <tr align="center">
                <td align="center"> <s:property
                                    value="#status.count" /></td>
                <td> <s:property value="#user.userName" /></td>
                <td align="center">
                     <s:property value="#user.gender" /></td>
```

```
                    <td align="center">
                             <s:property value="#user.email" /></td>
                    <td><a style="cursor: hand;" onclick="location.href=
                            'user.action?action=edit
                            &id=<s:property value="#user.id"/>'">修改</a>
                                <a style="cursor: hand;"
                            onclick="location.href=
                            'user.action?action=del
                            &id=<s:property value="#user.id"/>'">删除</a>
                    </td>
                </tr>
            </s:iterator>
        </s:if>
        <s:else>
            <tr>
                    <td align="center" width="100%" colspan="5">
                    无任何客户信息！ </td>
            </tr>
        </s:else>
</table> <br /> <!-- 分页部分 -->
<div id="page">
        <jsp:include page="/common/pagelist.jsp" />
</div>
```

上述代码中，利用 Struts2 标签实现了客户列表页面，并添加了分页功能，该页面的
运行效果如图 S3-2 所示。

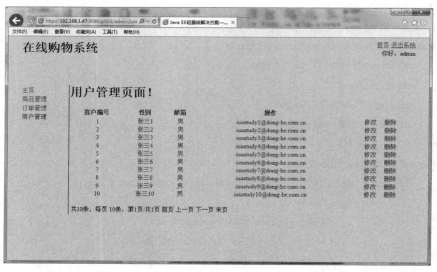

图 S3-2　客户列表页面

实践 3.2　商品的添加和显示

设计商品页面和商品列表页面。

【分析】

(1) 确定每个商品中必要的输入项，如商品名称。

(2) 创建商品添加页面和商品列表页面。

(3) 创建 ProductService 类，在该类中实现模拟的业务操作和"假数据"的提供。

(4) 创建 ProductAction 类，实现各种请求转发功能。

【参考解决方案】

1. 创建添加商品页面 addProduct.jsp

addProduct.jsp 页面中使用 Struts2 标签元素，在"WebContent/admin/product"文件夹下创建 addProduct.jsp，其核心代码如下：

```
<s:form action="product.action">
    <s:hidden name="action" value="add"></s:hidden>
    <table>
        <tr>
            <td>名称</td>
            <td><s:textfield name="name"></s:textfield></td>
        </tr>
        <tr>
            <td>类型</td>
            <td>
                <s:select list="cateList" id="cateId" name="cateId"
                listKey="id" listValue="name"></s:select>
        </tr>
        <tr>
            <td>数量</td>
            <td><s:textfield name="num"></s:textfield></td>
        </tr>
        <tr>
            <td>市场价格</td>
            <td><s:textfield name="mprice"></s:textfield></td>
        </tr>
        <tr>
            <td>网站价格</td>
            <td><s:textfield name="iprice"></s:textfield></td>
        </tr>
        <tr>
            <td>描述</td>
```

```
                <td><s:textarea name="desc" rows="3" cols="30"></s:textarea>
                </td>
            </tr>
            <tr>

                <td>是否上架</td>
                <td>

                    <s:radio list="isShowList" id="isShow" name="isShow"
                    listKey="key" listValue="value" value="0" />
                </td>
            </tr>
            <tr>

                <td colspan="2">
                    <s:submit value="确定"></s:submit>
                    <s:reset value="重新填写"></s:reset></td>
            </tr>
        </table>
</s:form>
```

添加商品页面 addProduct.jsp 的运行效果如图 S3-3 所示。

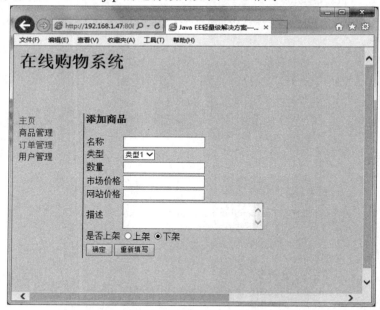

图 S3-3　添加商品页面

2. 创建 ProductService 类

ProductService 类模拟实现了所有对 Product 进行业务操作的方法，在
com.shop.business.service 包中创建 QuestionService 类，其代码如下：

```
public class ProductService {
    //商品列表
```

```java
public static List<Product> list = new ArrayList<Product>();
static {
        //提供假数据
        for (int i = 1; i < 11; i++) {
                Product p = new Product();
                p.setId(i);
                p.setName("商品" + i);
                p.setIprice(6.11f);
                p.setMprice(6.11f);
                p.setCateId(1);
                p.setDesc("商品" + i + "描述");
                p.setSn("asfasdfasfas" + i);
                p.setNum(50000);
                p.setShow(true);
                p.setPubTime(new Date());
                p.setHot(false);
                list.add(p);
        }
}
//根据 id 查找商品对象
public Product findProductById(Integer id) {
        Product product = null;
        for (Product p : list) {
                if (p.getId().equals(id)) {
                        product = p;
                        break;
                }
        }
        return product;
}
//根据 name 进行商品的分页查询
public List<Product> findProductsByName(String name,
        Pagination pagination) {
        //根据假数据，进行分页
        List<Product> l = new ArrayList<Product>();
        if (name != null && !name.trim().equals("")) {
                //根据 name 值进行条件查询
                for (Product product : list) {
                        if (product.getName() != null
                                        && product.getName().contains(name)) {
                                l.add(product);
                        }
```

```
                }
            } else {
                    l.addAll(list);
            }
            pagination.setTotalRecord(l.size());
            if (pagination.getSize() < l.size()) {
                    int range = pagination.getStart() + pagination.getSize();
                    if (range <= l.size()) {
                            //判断是否超出范围
                            l = l.subList(pagination.getStart(),
                                    pagination.getStart() + pagination.getSize());
                    } else {
                            l = l.subList(pagination.getStart(), l.size());
                    }
            }
            return l;
    }
    //保存商品对象
    public void saveProduct(Product product) {
            //封装所有记录 Id
            List<Integer> ids = new ArrayList<Integer>();
            //假数据，如果 list 中没有包含该对象，就添加
            if (!list.contains(product)) {
                    for (Product p : list) {
                            ids.add(p.getId());
                    }
                    //在最大记录上加 1
                    Integer newId = Collections.max(ids) + 1;
                    product.setId(newId);
                    list.add(product);
            }
    }
    //根据 id 在 list 对象中删除商品
    public void removeProductById(Integer id) {
            Product product = null;
            for (Product p : list) {
                    if (p.getId().equals(id)) {
                            product = p;
                    }
            }
            if (product != null) {
                    list.remove(product);
```

```
            }
        }
    //删除商品对象
    public void removeProduct(Product product) {
            list.remove(product);
    }
    ......省略部分方法
}
```

上述代码中的方法分别是在 ProductService 接口方法中实现的，这些方法并没有真正的操作数据库，只是模拟了数据库的增删改查操作。

3. 创建 ProductAction 类

ProductAction 类用于实现基本的转发功能，在 com.shop.business.action 包中创建 ProductAction 类，其核心代码如下：

```
private CateService cateService = new CateService();
    private ProductService productService = new ProductService();
    private Integer id;
    private String name;
    private String sn;
    private Integer num;
    private Float mprice;
    private Float iprice;
    private String desc;
    private Date pubTime;
    private boolean isShow;
    private boolean isHot;
    private Integer cateId;
    private List<Cate> cateList = new ArrayList<Cate>();
    private List<OptionString> isShowList = new ArrayList<OptionString>();
    private Pagination pagination;
    private String url;
    private List<Product> productList;
    //商品列表
    public String list() {
            //设置首页或下一页等对应的 url
            this.setAction("list");
            this.setUrl("product.action");
            //设置每一页多少记录
            int size = 10;
            if (pagination == null) {
                    pagination = new Pagination(size);
```

```
            }
            pagination.setSize(size);
            if (pagination.getCurrentPage() <= 0) {
                    pagination.setCurrentPage(1);
            }
            if (pagination.getTotalPage() != 0
                    && pagination.getCurrentPage() > pagination.getTotalPage()) {
                    pagination.setCurrentPage(pagination.getTotalPage());
            }
            //分页查询后，返回特定记录
this.productList.addAll(this.productService.findProductsByName(name,
                        pagination));
            if (this.productList.size() == 0
                    && pagination.getCurrentPage() != 1) {
                    pagination.setCurrentPage(pagination.getCurrentPage() - 1);
                    this.productList.addAll(
                    this.productService.findProductsByName(name, pagination));
            }
            return "list";
    }
    //跳转到添加页面
    public String toAdd() {
            cateList = cateService.findByName("");
            isShowList = new ArrayList<OptionString>();
            OptionString os1 = new OptionString("1", "上架");
            OptionString os0 = new OptionString("0", "下架");
            isShowList.add(os1);
            isShowList.add(os0);
            return "add";
    }
    //保存商品
    public String save() {
            Product product = new Product();
            product.setName(name);
            product.setSn(sn);
            product.setNum(num);
            product.setMprice(mprice);
            product.setIprice(iprice);
            product.setDesc(desc);
            product.setCateId(cateId);
```

```
                productService.saveProduct(product);
                return list();
        }
        //编辑
        public String edit(){
                this.setAction("update");
                Product product = productService.findProductById(id);
                this.setName(product.getName());
                this.setSn(product.getSn());
                this.setNum(product.getNum());
                this.setMprice(product.getMprice());
                this.setIprice(product.getIprice());
                this.setDesc(product.getDesc());
                this.setCateId(product.getCateId());
                return "edit";
        }
        //更新
        public String update(){
                Product product = productService.findProductById(id);
                product.setName(name);
                product.setSn(sn);
                product.setNum(num);
                product.setMprice(mprice);
                product.setIprice(iprice);
                product.setDesc(desc);
                product.setCateId(cateId);
                productService.updateProduct(product);
                return "edit";
        }
        //删除商品
        public String del(){
                Product product = productService.findProductById(id);
                if(product == null){
                        this.addActionError("该商品不存在。");
                }else{
                        productService.removeProduct(product);
                }
                return list();
        }
        //上传商品图片
```

```
    public String uploadImgs() {
        //待开发
        return SUCCESS;
    }
    ......省略部分方法
}
```

上述代码中，分别有 list()、toAdd()、save()、edit()、update()、del()和 uploadImgs()方法。其中，用户单击"添加商品"按钮时，系统会调用 toAdd()方法进入"商品添加页面"，并进行初始化操作，例如，初始化商品类型下拉菜单；用户在"商品添加页面"上填充完数据后单击"确定"按钮时，系统会调用 save()方法保存数据；当用户单击"编辑"按钮编辑某条记录时，系统会调用 edit()方法，进入编辑页面，同时进行初始化操作，例如，在编辑页面内填充已有的数据信息；用户单击"确定"按钮时，就会保存已编辑好的数据；当用户单击"删除"按钮时，系统会调用 del()方法根据条件删除选中的记录；用户单击"商品管理"时，系统会调用 list()方法列举出所有的商品信息。

　　上述代码中，介绍了 ProductAction 中基本的 CRUD 方法，由于其他 Action 的 CRUD 方法与之相似，在后面的实践中不再赘述。

4．配置 struts.xml 文件

在 struts.xml 文件中对 ProductAction 进行配置并实现页面转发，配置代码如下：

```xml
<!-- 商品管理 -->
<action name="product"
    class="com.shop.business.action.ProductAction">
    <result name="list">/admin/product/productList.jsp</result>
    <result name="add">/admin/product/addProduct.jsp</result>
    <result name="edit">/admin/product/editProduct.jsp</result>
    <result name="input">/index.jsp</result>
</action>
```

其中：

(1) 当 ProductAction 返回 "list" 字符串时，系统转发到 productList.jsp 页面；

(2) 当返回 "add" 字符串时，系统转发到 addProduct.jsp 页面；

(3) 当返回 "edit" 字符串时，系统转发到 editProduct.jsp 页面。

5．创建商品列表页面 productList.jsp

productList.jsp 页面利用 Struts2 标签实现了商品列表页面，并添加了分页功能。在"WebContent/admin/product"文件夹中创建 productList.jsp 页面，其核心代码如下：

```jsp
    ......省略
<h1>商品管理页面</h1>
<a href="product.action?action=toAdd">添加商品</a>
<table cellspacing="1" border="0"
    style="color: #333333; width: 100%;">
```

```
<tr class="GridHeader" style="height: 25px;">
        <th>编号</th>
        <th>商品题目</th>
        <th>商品类型</th>
        <th>市场价格</th>
        <th>网站价格</th>
        <th>库存数量</th>
        <th>商品描述</th>
        <th>是否上架</th>
        <th>是否热卖</th>
        <th>操作</th>
</tr>
<s:if test="%{productList.size()!=0}">
        <s:iterator value="%{productList}" id="product" status="status">
                <tr>
                        <td align="center">  <s:property
                                        value="#status.count" />
                        </td>
                        <td><s:property value="#product.name" /></td>
                        <td align="center">
                                <s:property value="#product.cateId" />
                        </td>
                        <td align="center">
                                <s:property value="#product.mprice" />
                        </td>
                        <td align="center">
                                <s:property value="#product.iprice" />
                        </td>
                        <td align="center">
                                <s:property value="#product.num" />
                        </td>
                        <td align="center">
                                <s:property value="#product.desc" />
                        </td>
                        <td align="center">
                                <s:if test="%{#product.isShow==true}">上架</s:if>
                                <s:else>-</s:else>
                        </td>
                        <td align="center">
                                <s:if test="%{#product.isShow==true}">热卖</s:if>
```

```
                                    <s:else>-</s:else>
                        </td>
                        <td>

                            <a style="cursor:hand;" onclick="
                            location.href='product.action?action=edit
                            &id=<s:property value="#product.id"/>'">编辑</a>
                                <a style="cursor: hand;" onclick="
                            location.href='product.action?action=del
                            &id=<s:property value="#product.id"/>'">删除 </a>
                        </td>
                </tr>
            </s:iterator>
        </s:if>
        <s:else>
            <tr>
                <td align="center" width="100%" colspan="4">
                无任何商品信息！</td>
            </tr>
        </s:else>
</table> <br /> <!-- 分页部分 -->
<div id="page">
        <jsp:include page="/common/pagelist.jsp" />
</div>
        ......省略
```

productList.jsp 的运行效果如图 S3-4 所示。

图 S3-4　商品列表页面

知识拓展

文件上传是 Web 应用程序中经常使用的功能之一，此外在 Web 系统中实现文件上传功能是比较复杂的。在 HTML 中，文件上传需要通过在表单中使用<input type="file" />控件来实现，并且必须设置表单的 method 值为"post"，enctype 值为"multipart/form-data"。当设置 enctype 值为"multipart/form-data"后，浏览器会以二进制数据流的方式向服务器提交请求，提交的二进制数据流中包含了上传的文件数据和一般的表单输入数据，因此，用 HttpServletRequest 的 getParameter()方法是无法得到客户端提交过来的数据的。此时需要按照 HTTP 协议的格式规范来解析请求中包含的数据流，分别提取出上传的文件流和表单的一般性输入数据，这需要熟悉 HTTP 协议的规范才能实现。

有很多开源的工具提供了解析"multipart/form-data"类型请求数据的功能，可以方便地实现文件上传需求。

对于 Java 应用而言，比较常用的上传框架有两个：FileUpload 和 COS，不管使用哪个上传框架，都是负责解析出 HttpServletRequest 请求包含的所有的域(文件域或普通表单域)。

本节主要介绍 FileUpload 的使用，该框架是 Apache 组织下 commons 项目组下的一个子项目，该框架可以方便地将 multipart/form-data 类型请求中的各种表单域解析出来，此外使用该框架时，还要引入 commons 项目中 IO 子项目中的包。

为了让项目能够支持 Common-FileUpload 上传框架，需要进行环境搭建，其具体步骤如下：

(1) 下载 FileUpload 项目。

登录 http://commons.apache.org/fileupload 站点，下载 FileUpload 项目的最新发布版本，截止本书出版时，该项目的最新版本是 1.4，这里下载一个稳定的 1.3.1 版本，将文件夹解压后，把其中的 commons-fileupload-1.3.1.jar 文件复制到 ph03 应用的 WEB-INF/lib 路径下。

(2) 下载 IO 项目。

登录 http://commons.apache.org/io 站点，下载 IO 项目的最新发布版本，截止本书出版时，该项目的最新版本是 2.5，这里下载一个稳定的 2.2 版本，将文件夹解压后，把其中的 commons-io-2.2.jar 文件复制到 ph03 应用的 WEB-INF/lib 路径下。

经过上述两个步骤，就可以在 Web 应用中使用该框架来实现文件上传了。

在 Struts2 项目中使用 FileUpload 框架实现文件的上传功能，可参考如下所述的具体步骤。

1) Struts2 对文件的上传支持

Struts2 并没有提供自己的请求解析器，即 Struts2 不会自行去处理 multipart/form-data 的请求，而是去调用其他的请求解析器对 HTTP 请求中的表单域进行解析。在 Struts2 的 default.properties 文件中有如下代码：

```
### Parser to handle HTTP POST requests,encoded
### using the MIME-type multipart/form-data
```

```
# struts.multipart.parser=cos
# struts.multipart.parser=pell
struts.multipart.parser=jakarta
```

可见 Struts2 默认使用的是 jakarta 的 Common-FileUpload 的文件上传框架。如果使用其他上传框架，则可以把相关请求解析器的注释取消掉即可。

2) 实现上传 Action

假设在网上购物系统中需要为客户提供上传头像照片的功能，可通过下述操作来实现这一需求。

在客户的编辑个人信息页面(editUser.jsp 页面)中，为表单添加一个 enctype 属性，该属性值必须是"multipart/form-data"；并且在表单中添加一个文件上传控件和一个显示已有照片的<img... />控件，代码如下：

```
<s:form action="User" enctype="multipart/form-data">
......
<table>
    <tr>
        <td>用户名</td>
        <td><s:textfield name="userName"></s:textfield></td>
        <td rowspan="4">
            <s:if test="face != null && face != "">
                <img alt="头像" style="max-width:100px;max-height:160px;"
                    src='<s:property value="face"/>' />
            </s:if>
            <s:else>
                <img alt="头像" style="max-width:100px;max-height:160px;"
                    src='../upload/face/face.jpg' />
            </s:else>
        </td>
    </tr>
    ......
    <tr>
        <td>头像</td>
        <td>
            <s:file name="face"></s:file>
        </td>
    </tr>
    <tr>
        <td colspan="3">
            <s:submit value="确定"></s:submit>
            <s:reset value="重新填写"></s:reset></td>
    </tr>
```

```
</table>
......
</s:form>
```

上述代码运行结果如图 S3-5 所示。

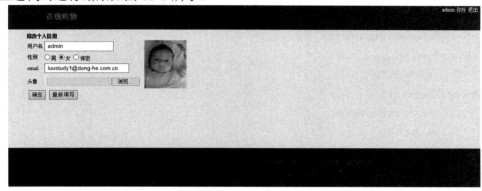

图 S3-5　上传图片

修改 UserAction 并添加 face 属性，同时在 User 类中添加对应的 face 属性，此外还需要在 UserAction 中添加另外两个属性：

◇　类型为 File 的 xxx 属性封装了该文件域的信息；

◇　类型为 String 的 xxxFileName 属性封装了该文件域对应的文件的文件名。

其中，xxx 的值就是文件域的 name 的属性值，例如，editUser.jsp 中的文件域的 name 属性值为 faceImg，那么 xxx 的值就是 faceImg。

　　　File 属性的名称必须与页面表单中文件上传控件的 name 一致，而保存上传文件原名称的属
注 意　　性名必须是在 File 属性名的基础上加上 "FileName"。

在提交表单时，Struts2 框架就会自动将上传的文件保存在 faceImg 属性中，而将文件原名称保存在 faceImgFileName 属性中，文件的类型则保存在 faceImgContentType 属性中。修改后的 UserAction 代码如下：

```
public class UserAction extends BaseAction {
    private UserService userService = new UserService();
    private Integer id;
    /* 用户名 */
    private String userName;
    /* 密码 */
    private String password;
    /* 性别 */
    private Integer gender;
    /* 邮箱 */
    private String email;
    /* 头像 */
    private String face;
```

```java
    /* 封装文件域的信息 */
    private File faceImg;
    /* 文件名 封装文件域对应的文件名 */
    private String faceImgFileName;
    private List<OptionString> genderList = new ArrayList<OptionString>(2);
    private Pagination pagination;
    private String url;
    /* 分页查询列表 */
    public String list() {
            this.setAction("list");
            int size = 10;
            if (pagination == null) {
                    pagination = new Pagination(size);
            }
            pagination.setSize(size);
            if (pagination.getCurrentPage() <= 0) {
                    pagination.setCurrentPage(1);
            }
            if (pagination.getTotalPage() != 0
                    && pagination.getCurrentPage() > pagination.getTotalPage()) {
                    pagination.setCurrentPage(pagination.getTotalPage());
            }
            url = "user.action";
            // 分页查询后，返回特定记录
            List<User> temp = this.userService
                            .findUsersByName(userName, pagination);
            try {
                    pagination.getList().addAll(temp);
            } catch (Exception e) {
                    e.printStackTrace();
            }
            if (temp.size() == 0 && pagination.getCurrentPage() != 1) {
                    pagination.setCurrentPage(pagination.getCurrentPage() - 1);
                    temp.addAll(this.userService.findUsersByName(
                    userName, pagination));
            }
            return "list";
    }
    /跳转到编辑页面
    public String edit() {
```

```java
            this.setAction("update");
            ActionContext context = ActionContext.getContext();
            Integer currentUserId = (Integer) context.getSession().get(
                        "CURRENT_USER_ID_FRONT");
            User user = userService.findUserById(currentUserId);
            this.setId(user.getId());
            this.setUserName(user.getUserName());
            this.setPassword(user.getPassword());
            this.setGender(user.getGender());
            this.setFace(user.getFace());
            this.setEmail(user.getEmail());
            genderList = new ArrayList<OptionString>(2);
            for (Gender g : Gender.values()) {
                    genderList.add(new OptionString(g.getValue(), g.getValue()));
            }
            return "edit";
    }
    public String update() {
            try {
                    User user = userService.findUserById(id);
                    user.setUserName(userName);
                    user.setGender(gender);
                    user.setEmail(email);
                    savePhoto(user);
                    user.setFace(face);
                    userService.updateUser(user);
            }catch(Exception e){
                    e.printStackTrace();
            }
            return edit();
    }
    //跳转到注册页面，准备数据
    public String toRegister() {
            genderList = new ArrayList<OptionString>(2);
            for (Gender g : Gender.values()) {
                    genderList.add(new OptionString(g.getValue(), g.getValue()));
            }
            return "register";
    }
    //注册
```

```java
public String register() {
    try {
        User user = new User();
        user.setUserName(userName);
        user.setPassword(password);
        user.setGender(gender);
        user.setEmail(email);
        savePhoto(user);
        userService.saveUser(user);
        return "loginFront";
    } catch (Exception e) {
        e.printStackTrace();
    }
    return toRegister();
}
//得到文件的保存路径
private String getPhotoSavePath() {
    //保存在网站根目录下的 front/upload/face/目录
    return ServletActionContext.getServletContext().getRealPath("/")
            + "front/upload/face/";
}
//保存照片
private void savePhoto(User s) throws Exception {
    if (faceImg == null)
        return;
    //文件重命名为"User_ + id + 后缀"的形式
    face = "User_" + id
    + faceImgFileName.substring(faceImgFileName.lastIndexOf("."));
    //将上传后 Struts2 保存的临时文件 faceImg 复制到指定的文件
    FileOutputStream fos = new FileOutputStream(getPhotoSavePath()
    + face);
    FileInputStream fis = new FileInputStream(faceImg);
    byte[] b = new byte[512];
    int length = 0;
    while ((length = fis.read(b)) > 0)
        fos.write(b, 0, length);
    fis.close();
    fos.close();
    s.setFace(face);
}
```

```
        ......省略
}
```

照片文件上传到服务器上后，可以规定所有客户的照片统一保存在某个指定的目录下，比如网站根目录下的 front/upload/face/目录。为了避免文件重名，可以在上传后将文件重命名为某种固定的格式，比如"User_"拼接客户 ID 的形式。

对添加过照片的客户进行编辑时，效果如图 S3-6 所示。

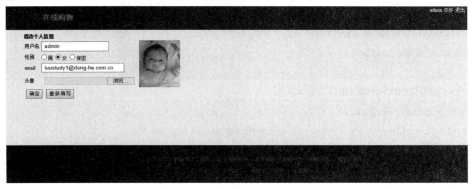

图 S3-6   客户编辑页面

3) 在配置文件中配置上传 Action

在 UserAction 类的 getPhotoSavePath()方法中，获取图片保存的路径的代码如下：

```
// 得到文件的保存路径
private String getPhotoSavePath() {
        return ServletActionContext.getServletContext().getRealPath("/")
            + "front/upload/face/"; // 保存在网站根目录下的 front/upload/face/目录
}
```

由此可见，路径"front/upload/face/"硬编码在类中，在 Struts2 中通过为 Action 配置<param>元素，可以为 Action 动态分配属性值。

下面在配置文件中为 UserAction 动态配置图片上传的路径，配置信息如下：

```
......省略
<!-- 客户管理 -->
<action name="user"
        class="com.shop.business.action.UserAction">
        <param name="savePath">/front/upload/face/</param>
        <result name="register">/front/register/register.jsp</result>
        <result name="edit">/front/user/editUser.jsp</result>
        <result name="loginFront">/front/login.jsp</result>
        <result name="input">/index.jsp</result>
......省略
</action>
......省略
```

在上述配置文件中，除了使用<param>元素设置了 UserAction 的 savePath 属性外，与前面的 Action 几乎完全一样。然后在 UserAction 中添加如下代码：

```
private String savePath;//图片保存路径
//getter 方法
public String getSavePath() {
        return savePath;
}
//setter 方法
public void setSavePath(String savePath) {
        this.savePath = savePath;
}
```

此外，getPhotoSavePath()方法改为

```
private String getPhotoSavePath() {
 return ServletActionContext.getServletContext().getRealPath(savePath)+"/";
}
```

上述配置完成后运行效果与没有配置时完全相同，不过此时图片的保存路径不需要硬编码到 UserAction 类中，从而体现了 Struts2 配置的灵活性。

4）实现文件过滤

在大部分 Web 应用中，不允许浏览者自由上传文件，例如，如果用户恶意上传一些可执行文件，有可能造成整个系统的崩溃。通常情况下，可以允许浏览者上传图片、压缩文件等；除此之外，还必须对浏览者上传的文件大小进行限制。因此必须在文件上传中进行文件过滤。

为了让 UserAction 增加文件过滤的功能，在该 Action 中添加如下方法：

```
/**
 * 过滤文件类型
 *
 * @param types 系统所有允许的上传文件类型
 * @return 如果上传的文件类型允许上传，返回 true，否则返回 false
 */
public boolean filterFileType(String[] types) {
        //获取上传的文件的名称
        String fileName = getFaceImgFileName();
        int index = fileName.lastIndexOf (".");
        String fileType = "";
        //取得上传文件的后缀类型
        if (index > 0) {
                fileType = fileName.substring(index+1);
        }
        //循环判断
        for (String type : types) {
                if (type.equals(fileType)) {
```

```
            return true;
        }
    }
    return false;
}
```

上面方法判断了上传文件的类型是否在允许上传的文件类型列表中，为了让应用程序可以动态的配置允许上传的文件列表，可以为 UserAction 增加一个 allowedTypes 属性，该属性值列出了所有允许上传的文件类型。如果在 struts.xml 文件中配置 allowedTypes 属性值，同时必须在 UserAction 类中添加如下代码：

```
private String allowedTypes;//允许上传的文件类型
    //getter 方法
    public String getAllowedTypes() {
        return allowedTypes;
    }
    //setter 方法
    public void setAllowedTypes(String allowedTypes) {
        this.allowedTypes = allowedTypes;
    }
}
```

然后在 struts.xml 中配置动态参数，配置如下：

```
<!-- 客户管理 -->
<action name="User" class="com.shop.business.action.UserAction">
    <!-- 图片保存的路径 -->
    <param name="savePath">/photo</param>
    <!-- 允许上传文件的类型 -->
    <param name="allowedTypes">
        bmp,png,gif,jpeg,jpg
    </param>
......省略
</action>
```

下面可以在 UserAction 的 update()方法中添加相应的逻辑代码，从而判断上传文件的类型是否允许上传，代码如下：

```
public String update() {
    try {
        User user = userService.findUserById(id);
        user.setUserName(userName);
        user.setGender(gender);
        user.setEmail(email);
        // 获取上传文件的类型列表
        String[] types = getAllowedTypes().split(",");
        // 获取判断结果
```

```
                boolean result = filterFileType(types);
                if (!result) {
                        ActionContext.getContext().put("typeError",
                                "要上传的文件类型不正确, 请检查! ");
                        //如果添加不成功, 仍然回到添加页面
                        return edit();
                }
                savePhoto(user);
                user.setFace(user.getFace());
                userService.updateUser(user);
        }catch(Exception e){
                e.printStackTrace();
        }
        return "update";
}
```

下面试图添加一个 txt 类型的文件, 如图 S3-7 所示。

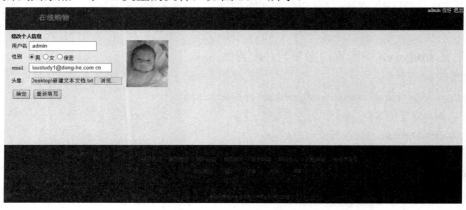

图 S3-7　添加 txt 类型文件

单击"确定"后, 效果如图 S3-8 所示。

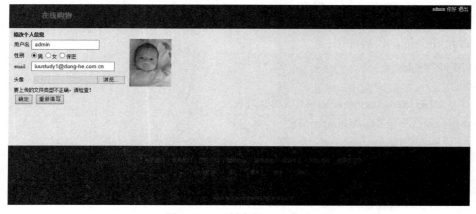

图 S3-8　限制上传文件类型

5) 限制上传文件的大小

实现文件大小过滤，与实现文件类型过滤的方法类似，对于 UserAction 类，通过调用其 File 类型的属性 faceImg 的 length()方法来获取上传文件的大小，与允许上传的文件大小进行比较，从而决定是否允许上传。为了让应用程序可以动态的配置系统所允许的上传文件的大小，可以为 UserAction 增加一个 maxSize 属性及相应的 getter 和 setter 方法，该属性值表示允许上传文件的大小，单位为 Kb。同时需要在 struts.xml 文件中配置名称相同的属性，在 struts.xml 文件中配置如下：

```xml
<!-- 用户管理 -->
<action name="user" class="com.shop.business.action.UserAction">
        <!-- 头像上传路径 -->
        <param name="savePath">/front/upload/face</param>
        <!-- 允许上传的文件类型 -->
        <param name="allowedTypes">bmp,png,gif,jpeg,jpg</param>
        <result name="register">/front/register/register.jsp</result>
        <result name="edit">/front/user/editUser.jsp</result>
        <result name="update" type="redirect">
        /user.action?action=edit</result>
        <result name="loginFront">/front/login.jsp</result>
        <result name="input">/index.jsp</result>
        <interceptor-ref name="defaultStack"></interceptor-ref>
</action>
```

由于 Struts2 框架在对上传文件进行处理时，有一个默认的限制大小，可以把该默认值设置大一些，否则在 Action 中设置的大小限制可能不起作用。在 struts.properties 文件中添加如下常量：

```
#配置默认的大小 100M
struts.multipart.maxSize=104857600
```

下面可以在 UserAction 的 update()方法中添加相应的逻辑代码，从而判断上传文件的大小是否小于预设定的文件的大小，核心代码如下：

```java
//获取文件的大小
Long fileSize = photoImg.length();
//判断是否满足条件
if((fileSize/1024)>getMaxSize()){
        ActionContext.getContext().put("sizeError", "要上传的文件太大，超出
        "+getMaxSize()+"K");
        return edit();
}
```

下面试图上传一个大小为 2M 的文件，效果如图 S3-9 所示。

图 S3-9　限制上传文件大小

 拓展练习

练习 3.1

在网上购物系统中实现商品类型添加、修改功能。要求每个商品类型的名称、描述为必填字段，商品类型描述在 5～200 个字符之间。

练习 3.2

在网上购物系统中实现商品图片上传的功能。要求每个商品可以上传 1～5 张图片，也可以删除已上传的图片，图片容量不能大于 2M。

实践 4　实体类及映射文件

 实践指导

学习完理论篇的第 6 章后，可以进行本实践。本实践内容包括确定网上购物系统中的实体类及实体类之间的关联关系，完成数据库设计和实体类的编码，编写完成 Hibernate 的配置文件和映射文件。

实 践 4.1

在项目中配置 Hibernate 类库，并分析网上购物系统中的实体类及其关联关系。

【分析】

(1) 下载 Hibernate 类库，并配置到项目环境中。

(2) 分析网上购物系统中用到的实体类，以及实体类之间的关联关系。

【参考解决方案】

1. 下载 Hibernate 类库

Hibernate 类库可以到 http://sourceforge.net/projects/hibernate/files/hibernate3/ 开源网站中下载，如图 S4-1 所示，下载 Hibernate 3.5.2 版本。

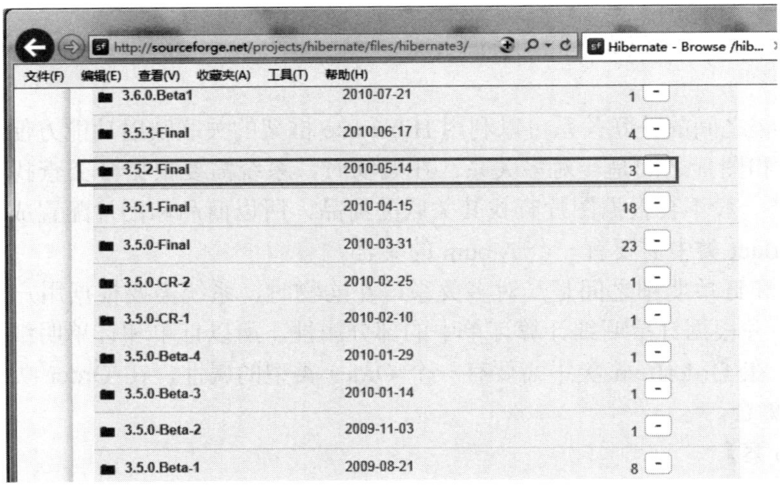

图 S4-1　Hibernate 下载

将压缩包解压，找到 Hibernate 需要的 hibernate3.jar，并复制到 Web 应用的 lib 路径下即可。在 lib/required 文件夹下有 hibernate 依赖的部分 jar 包：antlr-*.jar、commons-collections-*.jar、dom4j-*.jar、javassist-*.GA.jar、jta-*.jar、slf4j-api-*.jar，如工程内已有则不用复制，建议保留高版本。

2. 实体类分析

根据网上购物系统中的需求分析，整个系统需要用到的实体类如表 S4-1 所示。

表 S4-1　网上购物系统实体类列表

类　　名	说　　明
User	购买商品的客户
Admin	后台管理员
Cate	商品分类
Product	商品
Album	商品图片
Order	订单
OrderItem	订单明细

实体类之间的关系如下：

◇ 一个商品只有一种类型，而一种类型可以被多个商品使用，所以商品和类型是多对一的关联关系。

◇ 一个商品有多张图片，所以商品和图片是一对多的关联关系。

◇ 一个订单可以有多个订单明细，每个订单明细只属于一个订单；一个订单只属于一个用户，一个用户可以有多个订单。所以订单和订单明细、用户和订单都是一对多的关联关系。

实践 4.2

创建实体类，并体现类之间的关联关系。

【分析】

(1) 实体类之间的关联关系可以利用 Hibernate 框架的关联映射功能方便地完成。

(2) 商品和图片之间是一对多关系，在购物时，系统需要根据分类查找其所有商品以及图片，但是一般不会根据图片查找其关联的商品，所以商品和图片配置成单向的一对多关系，在 Product 类中需要有一个 Album 的集合。

(3) 订单和订单明细之间是一对多关系，在购物时，系统需要根据用户购买的商品生成订单明细，并根据订单明细计算订单中的部分属性，所以订单和订单明细配置成双向的一对多关系，在 OrderItem 类中需要有一个 Order 类型的属性，在 Order 类中需要有一个 OrderItem 的集合。

【参考解决方案】

1. User 类

在实践 2 中的 User 类的基础上，添加部分属性，其中 User 类位于 com.shop.business.

pojo 包中，代码如下：

```
public class User implements java.io.Serializable {
        private Integer id;                    //主键
        private String userName;               //用户名
        private String password;               //密码
        private Integer gender;                //性别
        private String email;                  //邮箱
        private String face;                   //头像
        private Date regTime;                  //注册时间
        private boolean activeFlag;            //激活状态
        ......// 省略各个属性的 get、set 方法
}
```

2．Product 类

Product 类代表一个商品，其中 Product 类位于 com.shop.business.pojo 包中，代码如下：

```
public class Product implements java.io.Serializable {
        private Integer id;                    //主键
        private String name;                   //名称
        private String sn;                     //商品序列号
        private Integer num;                   //库存数量
        private Float mprice;                  //市场价格
        private Float iprice;                  //网站价格
        private String desc;                   //商品描述
        private Date pubTime;                  //发布日期
        private boolean isShow;                //上架状态
        private boolean isHot;                 //是否热卖
        private Cate cate;                     //商品类型
        private List<Album> images;            //商品图片
        ......//省略各个属性的 get、set 方法
}
```

3．Cate 类

Cate 类代表商品分类，其中 Cate 类位于 com.shop.business.pojo 包中，代码如下：

```
public class Cate implements java.io.Serializable {
        private Integer id;                    //主键
        private String name;                   //分类名称
        private String description;            //分类描述
        ......//省略各个属性的 get、set 方法
}
```

4. Album 类

Album 类代表商品图片，其中 Album 类位于 com.shop.business.pojo 包中，代码如下：

```
public class Album implements java.io.Serializable {
        private Integer id;                    //主键
        private Product product;               //商品
        private String albumPath;              //图片路径
        ......//省略各个属性的 get、set 方法
}
```

5. Order 类

Order 类代表订单，其中 Order 类位于 com.shop.business.pojo 包中，代码如下：

```
public class Order implements java.io.Serializable {
        private Integer id;                    //主键
        private String orderNo;                //订单编号
        private User user;                     //付款人
        private Float price;                   //订单金额(人民币)
        private String payTime;                //付款时间
        private String createTime;             //订单生成时间
        private String expiredTime;            //订单过期时间
        private Integer status;                //订单状态
        private String statusName;             //订单状态名称
        private String orderInfo;              //订单状态信息
        private String attachInfo;             //订单附加信息
        private Integer deleted;               //订单删除
        private List<OrderItem> items = new ArrayList<OrderItem>();
        //订单 Item 集合
        private String confirmTime;            //确认收货时间
        private String leaveWords;             //留言
        private Integer orderType;             //订单类型
        ......//省略各个属性的 get、set 方法
}
```

6. OrderItem 类

OrderItem 类代表订单明细，其中 OrderItem 类位于 com.shop.business.pojo 包中，代码如下：

```
public class OrderItem implements java.io.Serializable{
        private Integer id;                    //主键
        private Order order;                   //所属订单
        private Product product;               //商品
        private Integer count;                 //购买商品数量
        private String remark;                 //备注
```

```
}
```

实　践 4.3

编写实体类的 Hibernate 映射文件。

【分析】

(1) 针对每个实体类都创建一个 Hibernate 的映射文件，映射文件一般与实体类放在同一个包内。映射文件编写完毕后，需要在 Hibernate 的配置文件 hibernate.cfg.xml 中通过 mapping 元素指定映射文件的引用路径。

(2) 商品和分类之间存在单向的多对一关系，在 Product 类的映射文件中需要使用 \<many-to-one\>元素配置与 Cate 类的关联关系。

(3) 商品和商品图片之间存在双向的一对多关系，在 Product 类的映射文件中需要使用\<set\>元素配置一个 Album 的集合，在\<set\>元素中通过\<one-to-many\>子元素指定关联关系；在 Album 类的映射文件中需要通过\<many-to-one\>元素配置与 Product 类的关联关系。

(4) 订单和订单明细之间是双向的一对多关系，所以在 Order 类的映射文件中需要使用\<set\>元素配置一个 OrderItem 的集合，在\<set\>元素中通过\<one-to-many\>子元素指定关联关系；在 OrderItem 类的映射文件中需要通过\<many-to-one\>元素配置 Order 类的关联关系。

【参考解决方案】

1．User 类

User 类的映射文件为 User.hbm.xml，该文件位于 com.shop.business.pojos 包中，代码如下：

```xml
<hibernate-mapping>
    <class name="com.shop.business.pojo.User" table="t_user" schema="shop">
        <id column="id" name="id" type="int">
            <generator class="native" />
        </id>
        <property name="userName" column="user_name" type="string" />
        <property name="password" column="password" type="string" />
        <property name="num" column="num" type="string" />
        <property name="gender" column="gender" type="int" />
        <property name="email" column="email" type="string" />
        <property name="face" column="face" type="string" />
        <property name="regTime" column="reg_time" type="date" />
        <property name="activeFlag" column="active_flag" type="boolean"/>
    </class>
</hibernate-mapping>
```

2．Product 类

Product 类的映射文件为 Product.hbm.xml，该文件位于 com.shop.business.pojos 包中，

代码如下：

```xml
<hibernate-mapping>
    <class name="com.shop.business.pojo.Product" table="t_pro" schema="shop">
        <id column="id" name="id" type="int">
            <generator class="native" />
        </id>
        <property name="name" column="name" type="string" />
        <property name="sn" column="sn" type="string" />
        <property name="num" column="num" type="int" />
        <property name="mprice" column="mprice" type="float" />
        <property name="iprice" column="iprice" type="float" />
        <property name="desc" column="desc" type="string" />
        <property name="pubTime" column="pubTime" type="date" />
        <property name="isShow" column="isShow" type="boolean" />
        <property name="isHot" column="isHot" type="boolean" />
        <many-to-one name="cate" column="cate_id" lazy="false"
            class="com.shop.business.pojo.Cate"  />
        <set name="images">
            <key column="product_id"></key>
            <one-to-many class="com.shop.business.pojo.Album"/>
        </set>
    </class>
</hibernate-mapping>
```

3．Album 类

Album 类的映射文件为 Album.hbm.xml，该文件位于 com.shop.business.pojos 包中，代码如下：

```xml
<hibernate-mapping>
    <class name="com.shop.business.pojo.Album" table="t_album" schema="shop">
        <id column="id" name="id" type="int">
            <generator class="native" />
        </id>
        <many-to-one name="product" column="product_id"
            class="com.shop.business.pojo.Product"></many-to-one>
        <property name="albumPath" column="album_path" type="string" />
    </class>
</hibernate-mapping>
```

4．Cate 类

Cate 类的映射文件为 Cate.hbm.xml，该文件位于 com.shop.business.pojos 包中，代码如下：

```xml
<hibernate-mapping>
    <class name="com.shop.business.pojo.Cate" table="t_cate" schema="shop">
        <id column="id" name="id" type="int">
            <generator class="native" />
        </id>
        <property name="name" column="name" type="string" />
        <property name="description" column="description" type="string" />
    </class>
</hibernate-mapping>
```

5．Order 类

Order 类的映射文件为 Order.hbm.xml，该文件位于 com.shop.business.pojos 包中，代码如下：

```xml
<hibernate-mapping>
    <class name="com.shop.business.pojo.Order" table="t_order" schema="shop">
        <id column="id" name="id" type="int">
            <generator class="native" />
        </id>
        <property name="orderNo" column="order_no" type="string" />
        <many-to-one name="user" column="user_id"
                     class="com.shop.business.pojo.User"></many-to-one>
        <property name="price" column="price" type="float" />
        <property name="payTime" column="pay_time" type="date" />
        <property name="createTime" column="create_time" type="date" />
        <property name="expiredTime" column="expired_time" type="date"/>
        <property name="status" column="status" type="int" />
        <property name="statusName" column="status_name" type="string"/>
        <property name="orderInfo" column="order_info" type="string" />
        <property name="attachInfo" column="attach_info" type="string"/>
        <property name="deleted" column="deleted" type="int" />
        <property name="confirmTime" column="confirmTime" type="date" />
        <set name="items">
            <key column="order_id"></key>
            <one-to-many class="com.shop.business.pojo.OrderItem"/>
        </set>
    </class>
</hibernate-mapping>
```

6．OrderItem 类

OrderItem 类的映射文件为 OrderItem.hbm.xml，该文件位于 com.shop.business.pojos 包中，代码如下：

```
<hibernate-mapping>
    <class name="com.shop.business.pojo.OrderItem" table="t_order_item"
        schema="shop">
        <id column="id" name="id" type="int">
            <generator class="native" />
        </id>
        <many-to-one name="order" column="order_id"
            class="com.shop.business.pojo.Order"></many-to-one>
        <many-to-one name="product" column="product_id"
            class="com.shop.business.pojo.Product"></many-to-one>
        <property name="count" column="count" type="int"></property>
        <property name="remark" column="remark" type="string"></property>
    </class>
</hibernate-mapping>
```

 知识拓展

1. Hibernate 的性能优化

Hibernate 框架是建立在 JDBC 基础之上的对象持久化技术，为了提供通用的面向对象方式操作，Hibernate 对 JDBC 进行了更高层次地封装。相对于 JDBC，Hibernate 为开发带来了极大的方便性，能够提高开发效率，但是毕竟关系模型和对象模型是不一致的，为了以更加面向对象的方式来操作关系型数据库，Hibernate 隐藏了一些 JDBC 中的底层细节，从一定程度上来讲，如果开发者不注意，这些细节会影响数据库操作的性能。幸运的是，Hibernate 框架提供了一些性能优化的选项，结合实际情况利用这些功能，能够在访问数据库时得到与 JDBC 几乎一样的效率。下面介绍常用的一些性能优化技术，包括动态插入与更新、延迟加载、关联对象检索策略。另外，Hibernate 的缓存技术将会在实践 8 中介绍。

1）dynamic-update 和 dynamic-insert

Hibernate 框架在解析完毕实体类的映射文件后，会为每个实体类预先构造好 insert、delete、update、select 的 SQL 语句并保存下来，可以想象得到，此时构造的 insert、delete、update、select 语句必然是包含表中的所有字段的，因为 Hibernate 不知道后续的操作会访问哪些字段。在需要进行持久化操作时，Hibernate 直接使用预先构造的 SQL 语句，而不需要在每次操作时都重新构造，这样提高了效率。但是很多情况下，程序只需要操作某几个字段，如果每次都是操作所有字段，并且这个表中的字段又比较多时，这种方式会对性能造成一定的影响。下列代码修改 ID 为 1 的客户的姓名：

```
Session session = getSession(); // 以某种方式得到 Session
Transaction trans = session.beginTransaction();
User user = (User) session.get(User.class, 1);
user.setName("新名称");
```

```
trans.commit();
session.close();
```

运行后控制台输出了 Hibernate 使用的 SQL 语句如下：

```
Hibernate:    update user set user_name = ?, password = ?, gender = ?, email = ?, face = ?, reg_time = ?,
active_flag = ? where id = ?
```

可以看到，即使只修改一个字段，Hibernate 也把所有字段都更新了一遍(当然，这对数据的正确性是没有影响的)。

为了避免这样的问题，可以在 User 类的映射文件中修改 class 元素的 dynamic-update 属性值为 true，修改后的映射文件代码如下：

```
<hibernate-mapping>
    <class name="com.shop.business.pojos.User" table="user"
        dynamic-update="true">
......
```

重新运行刚才的代码后，输出的 SQL 语句如下：

```
update user set user_name=? where id=?
```

此时 Hibernate 就只会更新值发生过变化的字段了。dynamic-insert 属性的使用方式与 dynamic-update 属性是一样的，只不过是针对 insert 语句，在此不再赘述。

是否使用 dynamic-update 和 dynamic-insert 需要具体问题具体分析，因为使用之后虽然不会操作所有字段了，但是每次都需要重新构造 SQL 语句，这本身也会影响效率。大部分情况下是不需要使用的，一般只有遇到性能瓶颈时，才考虑使用以上两个属性。

2) 延迟加载

延迟加载(也称为懒加载)功能是指在程序需要读取数据时 Hibernate 才去查询数据库，目的是为了提高查询操作的性能。比如 Product 类中有一个 Album 类的集合，当程序需要查询一个客户的信息时，如果只是需要查看商品的名称、价格等，而不关注此商品的图片，这种情况下把关联的 Album 集合查询出来就是多余的，会影响查询速度。使用延迟加载功能后，只有在需要读取商品图片信息时，Hibernate 才会去数据库中查询商品图片信息。

Hibernate 提供了针对持久化对象的属性、持久化对象本身、持久化对象的关联对象三种情况下的延迟加载功能，因为属性的延迟加载使用的场合比较少，所以下面只介绍针对持久化对象及其关联对象的延迟加载功能。

　　　　Hibernate3.0 版本之前默认配置是关闭延迟加载功能的，而 3.0 版本后延迟加载功能是默认开启的(针对属性的依然是默认关闭)。

(1) 针对持久化对象本身的延迟加载功能。

下列代码通过 load()方法查询主键为 1 的客户：

```
Session session = HibernateUtil.getSession();
User user = (User) session.load(User.class, 1);
System.out.println(user.getClass().getName());
System.out.println("ID:" + user.getId());
```

```
System.out.println("USERNAME:" + user.getUserName());
```

运行后得到下列输出结果：

com.shop.business.pojo.User_$$_jvst3ec_0

ID:1

Hibernate: select user0_.id as id1_0_0_, user0_.user_name as user_nam2_0_0_, user0_.password as password3_0_0_, user0_.gender as gender4_0_0_, user0_.email as email5_0_0_, user0_.face as face6_0_0_, user0_.reg_time as reg_time7_0_0_, user0_.active_flag as active_f8_0_0_ from shop.t_user user0_ where user0_.id=?

USERNAME:李欣阳

由此可知，在运行 User 的 getName()方法之前，Hibernate 是不会查询数据库的，因为这时并不需要使用数据库中的数据，查询反而是多余的；而直到需要使用数据时，比如上面调用 getUserName()方法时，Hibernate 才去查询数据库，这就是 Hibernate 的持久化对象延迟加载功能。

另外，可以看到实例输出类名是"User_$$_jvst3ec_0"，而不是 User。此处的 Javassist 是一个 Java 字节码生成工具，可以动态的在内存中构造某个类的子类。Hibernate 利用 Javassist 构造了 User 的一个子类的实例作为 User 的代理对象(代理模式)，这个对象中包含了 User 的所有属性和方法。在 load()方法执行完毕后，代理对象中只有主键属性是已赋值的，其他属性都是默认初始值。在执行完 getUserName()方法后，Hibernate 查询了数据库，代理对象的所有属性才用查询结果全部赋值。被代理的真实对象实际上是代理对象的 handler.target 属性。利用 Eclipse 的调试功能，可以看到程序运行中代理对象的实际内容。load()方法刚执行完毕后代理对象的内容如图 S4-2 所示。

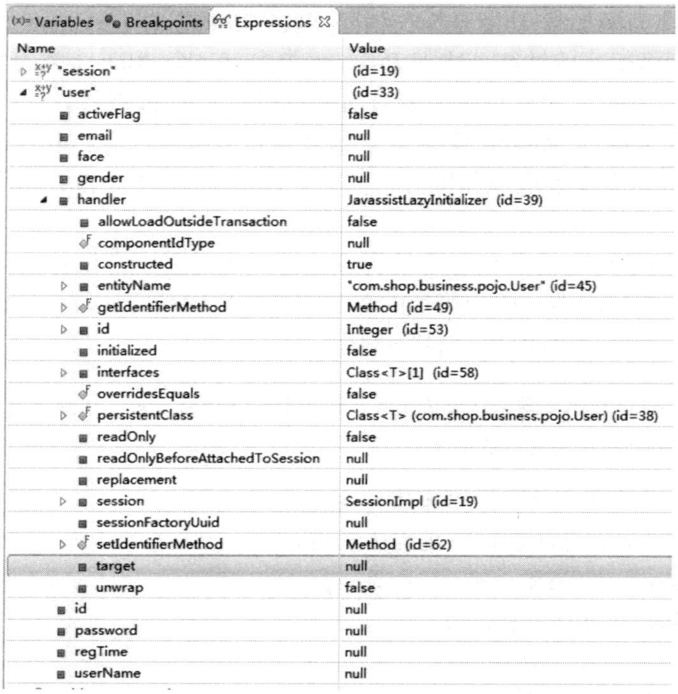

图 S4-2　load()执行完后代理对象内容

可以看到，代理对象的 handler 属性中，id 属性有值，而 target 属性是 null。当执行完 User 的 getUserName()方法后，再来观察代理对象，如图 S4-3 所示。

Name	Value
▷ "session"	(id=19)
⊿ "user"	(id=33)
activeFlag	false
email	null
face	null
gender	null
⊿ handler	JavassistLazyInitializer (id=39)
allowLoadOutsideTransaction	false
componentIdType	null
constructed	true
▷ entityName	"com.shop.business.pojo.User" (id=45)
▷ getIdentifierMethod	Method (id=49)
▷ id	Integer (id=53)
initialized	true
▷ interfaces	Class<T>[1] (id=58)
overridesEquals	false
▷ persistentClass	Class<T> (com.shop.business.pojo.User) (id=38)
readOnly	false
readOnlyBeforeAttachedToSession	null
replacement	null
▷ session	SessionImpl (id=19)
sessionFactoryUuid	null
▷ setIdentifierMethod	Method (id=62)
▷ target	User (id=63)
unwrap	false
id	null
password	null
regTime	null
userName	null

图 S4-3　getUserName()执行完后代理对象内容

可以看到，此时 Hibernate 已使用查询结果对 target 属性填充完毕。

针对持久化对象的延迟加载在仅仅需要得到某个持久化对象的引用，但是并不需要得到此对象的所有属性值时比较有用。以网上购物系统为例，假如需要构造一个 Order 的实例，此实例对应 ID 是 1 的客户，代码如下：

```
User user = (User)session.load(User.class, 1);
Order order = new Order();
order.setUser(user);
session.save(order);
```

因为对保存一个 order 的操作来说，只需要 User 的 ID 即可，User 的其他属性并不需要，所以这种情况下可以利用延迟加载功能达到更好的性能。并且在后续代码中需要用到这个 User 实例的其他属性时，Hibernate 会自动查询数据库得到(实际上，如果仅仅是为了保存 Order 的实例，User 的实例完全可以通过 new 直接构造，只要给 ID 赋值成 1 即可，但是这样做在真正需要 User 的其他属性时，Hibernate 就不会查询数据库了)。

持久化对象的延迟加载功能默认是启用的，如果需要关闭，需要在映射文件的 class

元素中通过指定 "lazy" 属性的值为 false 来设置,下列代码关闭了 User 类的延迟加载功能:

```
<hibernate-mapping>
        <class name="com.shop.business.pojos.User" table="t_user" lazy="false">
......
```

注 意　针对持久化对象的延迟加载只在使用 Session 的 load()方法时有效,在使用 get()方法和利用 HQL 进行查询时都不起作用。

(2) 针对关联对象的延迟加载。针对关联对象的延迟加载是更有价值的功能,能够极大提高程序的运行效率。

在 User 类中有一个 Order 的集合代表客户的所有订单。下列代码查询 ID 是 1 的客户,并输出其所有订单:

```
User user = (User)session.get(User.class, 1);
System.out.println(user.getName());
for (Order order : user.getOrders())
        System.out.println(order.getPrice());
```

运行后得到如下输出:

```
Hibernate: select user0_.id as id1_5_0_, user0_.user_name as user_nam2_5_0_, user0_.password as
password3_5_0_, user0_.gender as gender4_5_0_, user0_.email as email5_5_0_, user0_.face as face6_5_0_,
user0_.reg_time as reg_time7_5_0_, user0_.active_flag as active_f8_5_0_ from shop.t_user user0_ where
user0_.id=?
```

李欣阳

```
Hibernate: select orders0_.user_id as user_id3_5_0_, orders0_.id as id1_2_0_, orders0_.id as id1_2_1_,
orders0_.order_no as order_no2_2_1_, orders0_.user_id as user_id3_2_1_, orders0_.price as price4_2_1_,
orders0_.pay_time as pay_time5_2_1_, orders0_.create_time as create_t6_2_1_, orders0_.expired_time as
expired_7_2_1_, orders0_.status as status8_2_1_, orders0_.status_name as status_n9_2_1_, orders0_.order_info
as order_i10_2_1_, orders0_.attach_info as attach_11_2_1_, orders0_.deleted as deleted12_2_1_,
orders0_.confirm_time as confirm13_2_1_ from shop.t_order orders0_ where orders0_.user_id=?
```

1.0

可以看到,在不需要用到关联的 Order 集合时,Hibernate 是不会查询 Order 表的数据的,直到使用时才去查询。

下列代码查询 ID 是 1 的价格:

```
Order order = (Order)session.get(Order.class, 1);
System.out.println(order.getPrice());
System.out.println(order.getUser().getUserName());
```

运行后得到如下输出:

```
Hibernate: select order0_.id as id1_2_0_, order0_.order_no as order_no2_2_0_, order0_.user_id as
user_id3_2_0_, order0_.price as price4_2_0_, order0_.pay_time as pay_time5_2_0_, order0_.create_time as
create_t6_2_0_, order0_.expired_time as expired_7_2_0_, order0_.status as status8_2_0_, order0_.status_name
as status_n9_2_0_, order0_.order_info as order_i10_2_0_, order0_.attach_info as attach_11_2_0_,
```

order0_.deleted as deleted12_2_0_, order0_.confirm_time as confirm13_2_0_ from shop.t_order order0_ where order0_.id=?

1.0

Hibernate: select user0_.id as id1_5_0_, user0_.user_name as user_nam2_5_0_, user0_.password as password3_5_0_, user0_.gender as gender4_5_0_, user0_.email as email5_5_0_, user0_.face as face6_5_0_, user0_.reg_time as reg_time7_5_0_, user0_.active_flag as active_f8_5_0_ from shop.t_user user0_ where user0_.id=?

李欣阳

可以看到，同样的道理，在不需要用到关联的 User 时，Hibernate 也不会查询 User 表，直到用到时才去查询。

关联对象的延迟加载功能默认也是启用的，如果需要关闭，需要在映射文件中通过指定 lazy 属性值为 false 来设置。<many-to-one>和<set>元素都有 lazy 属性，如下列代码：

```
<class name="com.shop.business.pojo.Order" table="t_order" schema="shop">
    <id column="id" name="id" type="int">
        <generator class="native" />
    </id>
    <property name="orderNo" column="order_no" type="string" />
    <many-to-one name="user" lazy="false" column="user_id"
        class="com.shop.business.pojo.User"></many-to-one>
    <property name="price" column="price" type="float" />
</class>
```

上述 Order 的映射文件中，关联的 user 属性指定了 lazy 值为 false，关闭了延迟加载功能，这样在查询 Order 时会同时查询 User 表以填充关联的 User 实例。

也可以在<set>元素中设置 lazy 属性，代码如下：

```
<hibernate-mapping package="com.shop.business.pojos">
    <class name="User" table="user">
        <id name="id" type="java.lang.Integer">
            <column name="id" />
            <generator class="native" />
        </id>
        ......
        <set name="orders" lazy="false">
            <key column="user_id" />
            <one-to-many class="Order" />
        </set>
    </class>
</hibernate-mapping>
```

上述 User 的映射文件中，关联的 Order 集合指定了 lazy 值为 false，关闭了延迟加载功能，这样在查询 User 时会同时查询 Order 表以填充关联的 Order 集合。

除了 true 和 false 外，在不同的场合下，lazy 属性还可以设置其他的值，限于篇幅在此不再介绍。另外在某些应用场景中，延迟加载功能可能带来负面的影响，这个问题在实践 8 框架集成中会详细介绍。

3) 关联对象的检索策略

当持久化对象之间存在一对多(多对一)或者多对多等关联关系时，Hibernate 需要查询关联表以填充关联对象或者关联对象的集合。针对如何来查询关联表，Hibernate 提供了查询抓取、子查询抓取、连接抓取、批量抓取等多种方式，下面分别介绍。

(1) 查询抓取。查询抓取指使用两条 SQL 语句分别查询当前对象和其关联的对象。如果不做任何配置，Hibernate 默认采用查询抓取策略。前面介绍的例子都是采用的查询抓取，在此不再举例。

(2) 子查询抓取。子查询抓取策略指采用子查询的方式来查询数据库得到关联对象的集合，比如要得到每个客户的订单列表，代码如下：

```
List<User> list = session.createQuery("from User").list();
for (User user : list) {
        System.out.println("客户：" + user.getUserName());
        for (Order order : user.getOrders())
                System.out.println(order.getPrice());
}
```

如果采用默认的查询抓取方式，那么在对客户的循环过程中，针对每个客户都会执行一次对 Order 表的 select 语句，这显然不是高效的。可以通过在 User 类映射文件中的 Order 集合上配置 fetch 属性并指定值为"subselect"来采用子查询抓取方式，映射文件代码如下：

```
<hibernate-mapping>
        <class name="com.shop.business.pojos.User" table="t_user">
                ......
                <set name="orders" fetch="subselect">
                        <key column="user_id"></key>
                        <one-to-many class="com.shop.business.pojo.Order" />
                </set>
        </class>
</hibernate-mapping>
```

运行上述代码，第二条 SQL 语句输出结果如下：

```
Hibernate: select orders0_.user_id as user_id3_5_0_, orders0_.id as id1_2_0_, orders0_.id as id1_2_1_,
orders0_.order_no as order_no2_2_1_, orders0_.user_id as user_id3_2_1_, orders0_.price as price4_2_1_,
orders0_.pay_time as pay_time5_2_1_, orders0_.create_time as create_t6_2_1_, orders0_.expired_time as
expired_7_2_1_, orders0_.status as status8_2_1_, orders0_.order_info as order_in9_2_1_, orders0_.attach_info as
attach_10_2_1_, orders0_.deleted as deleted11_2_1_, orders0_.confirm_time as confirm12_2_1_ from
shop.t_order orders0_ where orders0_.user_id=?
```

可以观察到 Hibernate 只会执行两条 SQL 语句：第一条查询 User 表；第二条查询 Order 表。在第二条 SQL 语句中，通过子查询的方式查询了所有满足第一条 SQL 语句查询结果的 Order 记录。

（3）连接抓取。连接抓取指的是 Hibernate 在 SQL 语句中使用 join 的方式将当前对象及其关联对象同时查询出来。连接查询通过在映射文件的<many-to-one>或者<set>元素中指定 fetch 属性的值为 join 来设置。下列映射文件指定了 User 关联的 Order 集合使用连接查询的抓取策略：

```
<hibernate-mapping>
    <class name="com.shop.business.pojos.User" table="t_user">
        ......
        <set name="orders" fetch="join">
            <key column="user_id"></key>
            <one-to-many class="com.shop.business.pojo.Order" />
        </set>
    </class>
</hibernate-mapping>
```

然后执行下列代码：

```
User user = (User)session.get(User.class, 1);
```

Hibernate 输出的 SQL 语句如下所示：

```
Hibernate : SELECT
        user0_.id AS id1_5_0_,
        user0_.user_name AS user_nam2_5_0_,
        user0_. PASSWORD AS password3_5_0_,
        user0_.gender AS gender4_5_0_,
        user0_.email AS email5_5_0_,
        user0_.face AS face6_5_0_,
        user0_.reg_time AS reg_time7_5_0_,
        user0_.active_flag AS active_f8_5_0_,
        orders1_.user_id AS user_id3_5_1_,
        orders1_.id AS id1_2_1_,
        orders1_.id AS id1_2_2_,
        orders1_.order_no AS order_no2_2_2_,
        orders1_.user_id AS user_id3_2_2_,
        orders1_.price AS price4_2_2_,
        orders1_.pay_time AS pay_time5_2_2_,
        orders1_.create_time AS create_t6_2_2_,
        orders1_.expired_time AS expired_7_2_2_,
        orders1_. STATUS AS status8_2_2_,
        orders1_.order_info AS order_in9_2_2_,
```

```
        orders1_.attach_info AS attach_10_2_2_,
        orders1_.deleted AS deleted11_2_2_,
        orders1_.confirm_time AS confirm12_2_2_
FROM
        shop.t_user user0_
LEFT OUTER JOIN shop.t_order orders1_ ON user0_.id = orders1_.user_id
WHERE
        user0_.id =?
```

可以观察到，程序只是查询 User，但是因为配置了连接查询抓取，Hibernate 会同时把关联的 Order 一起查询出来。

(4) 批量抓取。在查询关联对象时，如果关联对象过多，会造成 Hibernate 使用很多条 select 语句来查询数据库，为了提高查询速度，Hibernate 提供了批量抓取的方式，通过在映射文件中指定 batch-size 属性，可以设置分几次来查询关联对象。下列代码用于查询所有的客户(数据库中一共有两条订单记录)及其关联的订单数列表：

```
List<User> list = session.createQuery("from User").list();
for (User user : list) {
        System.out.println(user.getUserName() + ":" + user.getOrders().size());
}
```

在不使用批量检索时，得到下列输出结果：

```
Hibernate: select user0_.id as id1_5_, user0_.user_name as user_nam2_5_, user0_.password as password3_5_,
user0_.gender as gender4_5_, user0_.email as email5_5_, user0_.face as face6_5_, user0_.reg_time as
reg_time7_5_, user0_.active_flag as active_f8_5_ from shop.t_user user0_
Hibernate: select orders0_.user_id as user_id3_5_0_, orders0_.id as id1_2_0_, orders0_.id as id1_2_1_,
orders0_.order_no as order_no2_2_1_, orders0_.user_id as user_id3_2_1_, orders0_.price as price4_2_1_,
orders0_.pay_time as pay_time5_2_1_, orders0_.create_time as create_t6_2_1_, orders0_.expired_time as
expired_7_2_1_, orders0_.status as status8_2_1_, orders0_.order_info as order_in9_2_1_, orders0_.attach_info as
attach_10_2_1_, orders0_.deleted as deleted11_2_1_, orders0_.confirm_time as confirm12_2_1_ from
shop.t_order orders0_ where orders0_.user_id=?
李欣阳:2
Hibernate: select orders0_.user_id as user_id3_5_0_, orders0_.id as id1_2_0_, orders0_.id as id1_2_1_,
orders0_.order_no as order_no2_2_1_, orders0_.user_id as user_id3_2_1_, orders0_.price as price4_2_1_,
orders0_.pay_time as pay_time5_2_1_, orders0_.create_time as create_t6_2_1_, orders0_.expired_time as
expired_7_2_1_, orders0_.status as status8_2_1_, orders0_.order_info as order_in9_2_1_, orders0_.attach_info as
attach_10_2_1_, orders0_.deleted as deleted11_2_1_, orders0_.confirm_time as confirm12_2_1_ from
shop.t_order orders0_ where orders0_.user_id=?
李刚:1
```

可以观察到，Hibernate 针对每一个 User 都单独执行了一条 SQL 来查询其关联的 Order。在 Exam 类的映射文件中，给 Order 集合添加 batch-size 属性，代码如下：

```
<hibernate-mapping>
    <class name="com.shop.business.pojos.User" table="t_user">
```

```
......
    <set name="orders" batch-size="3">
        <key column="user_id"></key>
        <one-to-many class="com.shop.business.pojo.Order" />
    </set>
</class>
</hibernate-mapping>
```

重新运行代码，此时的输出结果变为

Hibernate: select user0_.id as id1_5_, user0_.user_name as user_nam2_5_, user0_.password as password3_5_, user0_.gender as gender4_5_, user0_.email as email5_5_, user0_.face as face6_5_, user0_.reg_time as reg_time7_5_, user0_.active_flag as active_f8_5_ from shop.t_user user0_

Hibernate: select orders0_.user_id as user_id3_5_1_, orders0_.id as id1_2_1_, orders0_.id as id1_2_0_, orders0_.order_no as order_no2_2_0_, orders0_.user_id as user_id3_2_0_, orders0_.price as price4_2_0_, orders0_.pay_time as pay_time5_2_0_, orders0_.create_time as create_t6_2_0_, orders0_.expired_time as expired_7_2_0_, orders0_.status as status8_2_0_, orders0_.order_info as order_in9_2_0_, orders0_.attach_info as attach_10_2_0_, orders0_.deleted as deleted11_2_0_, orders0_.confirm_time as confirm12_2_0_ from shop.t_order orders0_ where orders0_.user_id in (?, ?)

李欣阳:2

李刚:1

通过对上述的两次运行结果进行比较可见，Hibernate 在使用了批量检索后，对 Order 表只是用了一条 SQL 语句来查询。假如有 10 个订单，因为设置的 batch-size 属性值为 3，那么 Hibernate 会使用 4 条 SQL 来查询 Order 表，共得到 10 个 Order 的集合。其中，前三条 SQL 语句分别查询得到三个长度为 3 的 Order 集合，第四条 SQL 语句查询得到一个长度为 1 的 Order 集合。

2．映射继承关系

以面向对象方式设计的应用程序中，继承关系是十分普遍的。而关系型数据库中并没有继承的概念，即关系模型与对象模型无法匹配，使用 Hibernate 框架可以较好地解决这个问题。在 Hibernate 框架下针对继承关系进行映射，通常可以采用如下三种方式：

◇ 继承层次中的每个类对应一个表。

◇ 整个继承体系对应一个表。

◇ 每个子类对应一个表(父类不对应表)。

以网上购物系统为例，客户和管理员都有 ID、姓名、密码等属性。另外客户还有生日、地址、电话等特有的属性，而管理员具有登录名这一特有属性。所以抽象出一个用户类 User，包括客户和管理员的共有属性，而客户类 User 和管理员类 Admin 则都继承 User 类，设计完成后的类图如图 S4-4 所示。

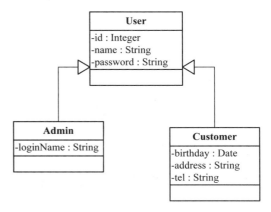

图 S4-4　User、Admin、Customer 类图

三个类的定义代码分别如下所示：

User.java 代码：

```
public class User {
        private Integer id;
        private String   userName;
        private String   password;
        //......省略 get、set 方法
}
```

Admin.java 代码：

```
public class Admin extends User {
        private String   loginName;

        //......省略 get、set 方法
}
```

User.java 代码：

```
public class Customer extends User {
        private Date birthday;
        private String address;
        private String tel;
        //......省略 get、set 方法
}
```

预先编写测试程序，代码如下：

```
Transaction trans = session.beginTransaction();
//创建管理员用户的实例
Admin a = new Admin();
a.setName("管理员");
a.setLoginName("admin");
a.setPassword("123456");
session.save(a);
//创建客户用户的实例
User s = new User();
s.setUserName("Mike");
s.setPassword("000000");
s.setAddress("China");
session.save(s);
//查询 ID 为 100 的客户
User s2 = (User)session.get(User.class, 100);
trans.commit();
```

上述测试代码中，新建了 Admin 和 User 的实例并保存，还查询了 ID 为 100 的 User。

针对上述设计，分别使用 Hibernate 框架下的三种针对继承关系的映射方式来进行映射。

1) 继承层次中的每个类对应一个表

这种方式下每个类都需要对应一个表，所以需要在数据库中创建 USERS、ADMIN、CUMSTOMER 三个表，但是只需要针对父类 User 编写一个映射文件，而 ADMIN 和 CUSTOMER 类不需要映射文件。表结构如图 S4-5 所示。

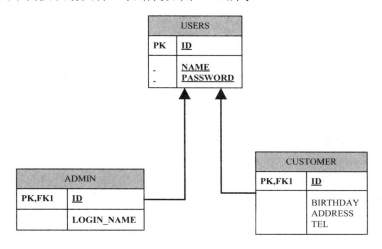

图 S4-5　USERS、ADMIN、CUSTOMER 表结构

上述表结构中，ADMIN 和 CUSTOMER 表的主键 ID 同时也是外键，引用 USERS 表的主键 ID。User 类的映射文件 User.hbm.xml，配置信息如下所示：

```xml
<?xml version="1.0" encoding="utf-8"?>
<!DOCTYPE hibernate-mapping PUBLIC "-//Hibernate/Hibernate Mapping DTD 3.0//EN"
"http://hibernate.sourceforge.net/hibernate-mapping-3.0.dtd">
<hibernate-mapping>
    <class name="com.shop.business.pojos.User" table="users">
        <id name="id" type="java.lang.Integer">
            <column name="id" />
            <generator class="native" />
        </id>
        <property name="name" type="java.lang.String" column="name" />
        <property name="password" type="java.lang.String"
        column="password" />
        <joined-subclass name="Admin" table="admin">
            <key column="id" />
            <property name="loginName" type="java.lang.String"
                        column="login_name" />
        </joined-subclass>
        <joined-subclass name="User" table="user">
            <key column="id" />
            <property name="birthday" type="java.util.Date"
```

```
                    column="birthday" />
                    <property name="address" type="java.lang.String"
                    column="address" />
                    <property name="tel" type="java.lang.String" column="tel" />
            </joined-subclass>
        </class>
</hibernate-mapping>
```

上述代码中，首先声明了父类 User 的属性，然后使用<joined-subclass>元素映射了 User 类的两个子类 Admin 和 Customer，且通过<property>子元素定义了子类的特有属性。

运行预先写好的测试程序，控制台输出 Hibernate 生成的 SQL 语句如下：

```
Hibernate: insert into users (name, password) values (?, ?)
Hibernate: insert into admin (login_name, id) values (?, ?)
Hibernate: insert into users (name, password) values (?, ?)
Hibernate: insert into customer (birthday, address, tel, id) values
(?, ?, ?, ?, ?)
Hibernate:
    select
        customer0_.id as id7_0_,
        customer0_1_.name as name7_0_,
        customer0_1_.password as password7_0_,
        customer0_.birthday as birthday9_0_,
        customer0_.address as address9_0_,
        customer0_.tel as tel9_0_
    from
        customer customer0_
    inner join
        users customer0_1_
            on customer0_.id= customer0_1_.id
    where
        customer0_.id=?
```

从输出的 SQL 语句可以看到，在插入 Admin 或 Customer 的实例时，会向 USERS 表和对应的子表同时插入记录；在获取实例时，也是需要同时查询 USERS 表及其相应的子表。

2）整个继承体系对应一个表

在这种方式下，继承体系中的所有类都对应到数据库中的同一个表上，所以这个表中会包含所有类的所有属性，并且还需要一个额外的字段来标志每条记录所属的子类。因此只需在数据库中创建一个 CUSTOMER 表即可，表结构如图 S4-6 所示。

USERS 表中包括了 User、Admin、Customer 三个类

CUSTOMER	
PK	ID
	NAME
	PASSWORD
	BIRTHDAY
	ADDRESS
	TEL

图 S4-6　CUSTOMER 表结构

的所有属性，并且添加了 TYPE 字段用以区分每条记录是 Admin 还是 User。

修改后的 User 类映射文件中的信息如下：

```xml
<?xml version="1.0" encoding="utf-8"?>
<!DOCTYPE hibernate-mapping PUBLIC "-//Hibernate/Hibernate Mapping DTD 3.0//EN"
"http://hibernate.sourceforge.net/hibernate-mapping-3.0.dtd">
<hibernate-mapping auto-import="false">
        <class name="test.User" table="users">
                <id name="id" type="java.lang.Integer">
                        <column name="id" />
                        <generator class="native" />
                </id>
                <discriminator column="type" type="java.lang.String" />
                <property name="name" type="java.lang.String" column="name" />
                <property name="password" type="java.lang.String"
                column="password" />
                <subclass name="Admin" discriminator-value="admin">
                        <property name="loginName" type="java.lang.String"
                                        column="login_name" />
                </subclass>
                <subclass name="Customer" discriminator-value="user">
                        <property name="birthday" type="java.util.Date"
                        column="birthday" />
                        <property name="address" type="java.lang.String"
                        column="address" />
                        <property name="tel" type="java.lang.String" column="tel" />
                </subclass>
        </class>
</hibernate-mapping>
```

上述代码中，使用<discriminator>元素声明了通过 TYPE 字段来区分记录的类型；使用<subclass>元素映射具体的子类及其属性，<subclass>元素的 discriminator-value 属性表示 TYPE 字段中保存的值，即 User 的记录其 TYPE 字段值为"user"，Admin 的记录其 TYPE 字段值为"admin"。

运行预先写好的测试程序，控制台输出 Hibernate 生成的 SQL 语句如下：

```
Hibernate:
        insert
        into
                users
                (name, password, login_name, type)
        values
                (?, ?, ?, 'admin')
```

```
Hibernate:
    insert
    into
            users
            (name, password, stuno, birthday, address, tel, type)
    values
            (?, ?, ?, ?, ?, ?, 'user')
Hibernate:
    select
            customer0_.id as id7_0_,
            customer0_.name as name7_0_,
            customer0_.password as password7_0_,
            customer0_.birthday as birthday7_0_,
            customer0_.address as address7_0_,
            customer0_.tel as tel7_0_
    from
            customer customer0_
    where
            customer0_.id=?
            and customer0_.type='customer'
```

从输出的 SQL 语句可以看到，在插入 Admin 或 Customer 的实例时，只会向 USERS 表中插入需要的字段，并且指定 TYPE 字段的值为"admin"或"customer"；在获取 User 实例时，也是只查询需要的字段，并通过指定 TYPE 字段值为"customer"来限定查询记录的范围。

3) 每个子类对应一个表（父类不对应表）

这种方式下需要针对每个子类建立一个表，而这些表之间是没有任何关系的，父类的共有属性在这些表中必需都有对应的字段。因此需要在数据库中创建 ADMIN 和 CUSTOMER 两个表，表结构如图 S4-7 所示。

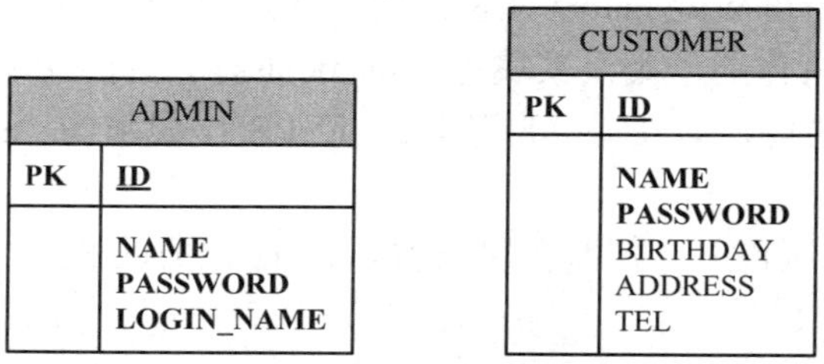

ADMIN	
PK	ID
	NAME
	PASSWORD
	LOGIN_NAME

CUSTOMER	
PK	ID
	NAME
	PASSWORD
	BIRTHDAY
	ADDRESS
	TEL

图 S4-7　ADMIN 和 CUSTOMER 表结构

此时需要针对 Customer 和 Admin 类都编写映射文件，代码如下：

User.hbm.xml 代码：

```xml
<?xml version="1.0" encoding="utf-8"?>
<!DOCTYPE hibernate-mapping PUBLIC "-//Hibernate/Hibernate Mapping DTD 3.0//EN"
```

```
"http://hibernate.sourceforge.net/hibernate-mapping-3.0.dtd">
<hibernate-mapping auto-import="false">
        <class name="test.User" table="user">
                <id name="id" type="java.lang.Integer">
                        <column name="id" />
                        <generator class="native" />
                </id>
                <property name="name" type="java.lang.String" column="name" />
                <property name="password" type="java.lang.String"
                column="password" />
                <property name="address" type="java.lang.String"
                column="address" />
                <property name="birthday" type="java.util.Date"
                column="birthday" />
                <property name="tel" type="java.lang.String" column="tel" />
        </class>
</hibernate-mapping>
```

Admin.hbm.xml 代码：

```
<?xml version="1.0" encoding="utf-8"?>
<!DOCTYPE hibernate-mapping PUBLIC "-//Hibernate/Hibernate Mapping DTD 3.0//EN"
"http://hibernate.sourceforge.net/hibernate-mapping-3.0.dtd">
<hibernate-mapping auto-import="false">
        <class name="test.Admin" table="admin">
                <id name="id" type="java.lang.Integer">
                        <column name="id" />
                        <generator class="native" />
                </id>
                <property name="name" type="java.lang.String" column="name" />
                <property name="password" type="java.lang.String"
                column="password" />
                <property name="loginName" type="java.lang.String"
                column="login_name" />
        </class>
</hibernate-mapping>
```

运行预先写好的测试程序，控制台输出 Hibernate 生成的 SQL 语句如下：

```
Hibernate:
        insert
        into
                admin
                (name, password, login_name)
```

```
        values
            (?, ?, ?)
Hibernate:
    insert
    into
            customer
            (name, password, stuno, address, birthday, tel)
        values
            (?, ?, ?, ?, ?, ?)
Hibernate:
    select
            customer0_.id as id8_0_,
            customer0_.name as name8_0_,
            customer0_.password as password8_0_,
            customer0_.stuno as stuno8_0_,
            customer0_.address as address8_0_,
            customer0_.birthday as birthday8_0_,
            customer0_.tel as tel8_0_
    from
            customer customer0_
    where
            customer0_.id=?
```

从输出的 SQL 语句可以看到，在插入 Admin 或 User 的实例时，分别向 ADMIN 和 STUDENT 表插入了记录；查询 User 的实例时，只是查询了 STUDENT 表。

4）三种继承映射方式的比较

第一种方式(继承层次中的每个类对应一个表)会存在很多的表，可能会存在性能问题，但是数据冗余是最小的，更符合面向对象的思想。

第二种方式(整个继承体系对应一个表)表中存在很多无用的字段，从而造成了空间的浪费，但是实现起来是最简单的。

第三种方式(每个子类对应一个表)存在数据冗余，修改父类的属性时，需要同时修改两个表的结构，另外对多角色(一个人既是管理员也是客户)的支持不好，但是这种方式实现起来也比较简单。

在具体开发中，可针对不同方式的特点，结合实际情况选择最合适的方式。

 拓展练习

在网上购物系统中，当某客户登录后查询其订单时，订单对应的详细内容都是需要同时查询出来的。请选择某种检索策略并修改映射文件，使得 Hibernate 在查询时会用一条 SQL 语句同时查询出关联的所有订单明细。

实践 5　业务类及 DAO

实践指导

根据业务需求确定 Service 类，根据 Service 类确定需要的 Dao 类，并编码完成实现类。需要完成客户、商品、订单的 Service 和 Dao。

实践 5.1　实现客户相关功能

设计并编码完成客户相关的 Service 和 Dao 类。

【分析】

(1) 在 UserDao 接口中，需要有增删改查和分页查询的相应方法。

(2) 编写 HibernateUtils 类，提供静态方法以获得 Session。

(3) 在 UserDao 类中，采用 Hibernate 的方式操作数据库，完成 User 类的增删改查以及分页的方法。

(4) 在 UserService 类中，通过调用 UserDao 中的方法完成业务逻辑。

【参考解决方案】

1.　编写 HibernateUtils 类

HibernateUtils 类主要提供了对 Session 对象的管理，如获取 Session 对象，关闭 Session 对象等操作。在 com.shop.utils 包中创建 HibernateUtils 类，其核心代码如下：

```
public class HibernateUtils {
    private static String CONFIG_FILE_LOCATION = "/hibernate.cfg.xml";
    private static final ThreadLocal<Session> threadLocal =
            new ThreadLocal<Session>();
    private static Configuration configuration = new Configuration();
    private static SessionFactory sessionFactory;
    private static String configFile = CONFIG_FILE_LOCATION;
        /** 静态代码块创建 SessionFactory,其中创建 SessionFactory 部分与之前的
    版本变化较大 **/
    static {
        try {
            configuration.configure(configFile);
```

```
                sessionFactory = configuration.buildSessionFactory();
        } catch (Exception e) {
                System.out.println("%%%% Error Creating SessionFactory %%%%");
                e.printStackTrace();
        }
}
public HibernateUtils(){ }
/**
 * 返回 ThreadLocal 中的 session 实例
 * @return
 */
public static Session getSession(){
        Session session = threadLocal.get();
        if(session == null || !session.isOpen()){
                if(sessionFactory == null) rebuildSessionFacroty();
                session = sessionFactory != null ?
                sessionFactory.openSession(): null;
                // 存入线程变量
                threadLocal.set(session);
        }
        return session;
}
/**
 * 重新加载 hibernate 配置文件，并创建 SessionFactory
 */
public static void rebuildSessionFacroty(){
        try {
                configuration.configure(configFile);
                sessionFactory = configuration.buildSessionFactory();
        } catch (Exception e) {
                System.out.println("%%%% Error Creating SessionFactory %%%%");
                e.printStackTrace();
        }
}
/**
 * 关闭 session 实例，并把 threadLocal 中的副本清除
 */
public static void closeSession(){
        Session session = (Session) threadLocal.get();
        threadLocal.set(null);
```

```
            if(session != null) session.close();
    }
    public static Configuration getConfiguration() {
            return configuration;
    }
    public static SessionFactory getSessionFactory() {
            return sessionFactory;
    }
    public static void setConfigFile(String configFile) {
            HibernateUtils.configFile = configFile;
    }
}
```

2．编写 UserDao 类

UserDao 类中实现了对 User 对象进行数据操作的方法，在 com.shop.business.dao 包中创建 UserDao 类，其代码如下：

```
public class UserDao {
    public long getCount(String name) {
            // 获取 Session 对象
            Session s = HibernateUtils.getSession();
            String hql = "select count(*) from User where userName like ?";
            // 根据 hql 查询满足条件的对象
            Query query = s.createQuery(hql);
            query.setString(0, "%" + name + "%");
            long c = (Long) query.uniqueResult();
            // 关闭 Session 对象
            s.close();
            return c;
    }
    // 删除对象
    public void delete(User user) {
            Session s = HibernateUtils.getSession();
            // 开启事务
            Transaction trans = s.beginTransaction();
            // 删除对象
            s.delete(user);
            // 提交事务
            trans.commit();
            // 关闭 Session 对象
            s.close();
    }
```

```java
    public void deleteById(Integer id) {
        Session s = HibernateUtils.getSession();
        // 开启事务
        Transaction trans = s.beginTransaction();
        String hql = "delete User where id = ?";
        // 根据 hql 返回 Query 对象
        Query query = s.createQuery(hql);
        // 绑定参数
        query.setInteger(0, id);
        // 执行 hql 语句
        query.executeUpdate();
        // 提交事务
        trans.commit();
        // 关闭 Session 对象
        s.close();
    }
    // 根据 id 返回 User 对象
    public User getById(Integer id) {
        Session s = HibernateUtils.getSession();
        // 使用 get()方法获取 User 对象
        User user = (User) s.get(User.class, id);
        // 关闭 Session 对象
        s.close();
        // 返回 User 对象
        return user;
    }
    @SuppressWarnings("unchecked")
    // 分页查询符合条件的 User 对象
    public User queryByName(String name) {
        Session s = HibernateUtils.getSession();
        String hql = "from User where name = ?";
        Query query = s.createQuery(hql);
        // 设定条件
        query.setString(0, name);
        // 设定第一条数据及最大记录数
        query.setMaxResults(1);
        // 返回 User 对象列表
        List<User> list = query.list();
        // 关闭 Session 对象
        s.close();
```

```
            if(list.isEmpty()){
                    return null;
            }else{
                    return list.get(0);
            }
    }
    @SuppressWarnings("unchecked")
    // 分页查询符合条件的 user 对象
    public List<User> queryByName(String name, Pagination pagination) {
            Session s = HibernateUtils.getSession();
            String hql = "from User where name like ?";
            Query query = s.createQuery(hql);
            // 设定条件
            query.setString(0, "%" + name + "%");
            // 设定第一条数据及最大记录数
            query.setFirstResult(pagination.getStart()).setMaxResults(
                            pagination.getSize());
            // 返回 User 对象列表
            List<User> list = query.list();
            // 关闭 Session 对象
            s.close();
            pagination.setTotalRecord((int) getCount(name));
            return list;
    }
    // 保存或更新 user 对象
    public void saveOrUpdate(User user) {
            Session s = HibernateUtils.getSession();
            // 开启事务
            Transaction trans = s.beginTransaction();
            // 保存或更新对象
            s.saveOrUpdate(user);
            // 提交事务
            trans.commit();
            s.close();
    }
}
```

3．升级 UserService 类

对实践 3.1 中的 UserService 类进行改进，把所有方法的模拟实现更改为实际实现，使得该类真正实现 UserService 接口中提供的所有对 User 进行业务操作的方法，在 com.shop.business.service 包中创建 UserService 类，其代码如下：

```java
public class UserService {
    private UserDao userDao = new UserDao();
    // 根据 id 获取 User 对象
    public User findUserById(Integer id) {
        return userDao.getById(id);
    }
    // 返回 User 对象列表
    public User findUserByName(String name) {
        return userDao.queryByName(name);
    }
    // 返回 User 对象列表
    public List<User> findUsersByName(String name, Pagination pagination){
        return userDao.queryByName(name, pagination);
    }
    // 删除 User 对象
    public void removeUser(User user) {
        userDao.delete(user);
    }
    // 根据 id 删除 User 对象
    public void removeUserById(Integer id) {
        userDao.deleteById(id);
    }
    // 保存 User 对象
    public void saveUser(User user) {
        if (user.getId() == null)
            user.setPassword("000000"); // 初始化密码
        userDao.saveOrUpdate(user);
    }
    // 更新 User 对象
    public void updateUser(User user) {
        if (user.getId() == null)
            user.setPassword("000000"); // 初始化密码
        userDao.saveOrUpdate(user);
    }
}
```

实践 5.2 实现商品相关功能

设计并编码完成商品相关的 Service 和 Dao 类。

【分析】

(1) 商品管理模块主要提供商品的增删改查功能，可以按照商品的名称进行模糊查询，查询结果需要分页。

(2) ProductDao 类提供相应的方法完成 Product 的增删改查功能。

(3) 在 ProductService 类中，通过调用 ProductDao 接口的方法完成业务逻辑。

(4) 在 ProductDao 类中，以 Hibernate 的方式完成数据持久化。

【参考解决方案】

1．编写 ProductDao 类

ProductDao 类中实现了对 Product 对象进行数据操作的方法，在 com.shop.business.dao 包中创建 ProductDao 类，其代码如下：

```java
public class ProductDao {
        // 获取符合条件的 Product 对象的数量
        public long getCount(String title) {
                Session s = HibernateUtils.getSession();
                String hql = "select count(*) from Product where name like ?";
                Query query = s.createQuery(hql);
                // 绑定条件
                query.setString(0, "%" + title + "%");
                // 返回唯一结果
                long c = (Long) query.uniqueResult();
                s.close();
                return c;
        }
        // 删除 Product 对象
        public void delete(Product Product) {
                Session s = HibernateUtils.getSession();
                // 开启事务
                Transaction trans = s.beginTransaction();
                // 删除对象
                s.delete(Product);
                // 提交事务
                trans.commit();
                s.close();
        }
        public void deleteById(Integer id) {
                Session s = HibernateUtils.getSession();
                Transaction trans = s.beginTransaction();
                String hql = "delete Product where id = ?";
                Query query = s.createQuery(hql);
```

```
        // 绑定参数
        query.setInteger(0, id);
        // 执行 hql
        query.executeUpdate();
        // 提交事务
        trans.commit();
        s.close();
    }
    // 根据 id 获取 Product 对象
    public Product getById(Integer id) {
        Session s = HibernateUtils.getSession();
        // 根据 id 获取 Product 对象
        Product product = (Product) s.get(Product.class, id);
        // 关闭 Session 对象
        s.close();
        return product;
    }
    @SuppressWarnings("unchecked")
    // 获取符合条件的 Product 对象列表
    public List<Product> queryByName(String name, Pagination pagination){
        Session s = HibernateUtils.getSession();
        String hql = "from Product where name like ?";
        Query query = s.createQuery(hql);
        query.setString(0, "%" + name + "%");
        query.setFirstResult(pagination.getStart()).setMaxResults(
                    pagination.getSize());
        List<Product> list = query.list();
        s.close();
        pagination.setTotalRecord((int) getCount(name));
        return list;
    }
    // 保存或更新 Product 对象
    public void saveOrUpdate(Product Product) {
        Session s = HibernateUtils.getSession();
        // 开启事务
        Transaction trans = s.beginTransaction();
        s.saveOrUpdate(Product);
        // 提交事务
        trans.commit();
        s.close();
```

```
        }
}
```

2. 升级 ProductService 类

对实践 3.2 中的 ProductService 类进行改进，把所有方法的模拟实现更改为实际实现，使得该类真正实现 ProductService 接口中提供的所有对 Product 进行业务操作的方法，在 com.shop.business.service 包中创建 ProductService 类，其代码如下：

```
public class ProductService {
        private ProductDao productDao = new ProductDao();
        // 根据 id 返回 Product 对象
        public Product findProductById(Integer id) {
                return productDao.getById(id);
        }
        // 分页查询出满足条件的 Product
        public List<Product> findProductsByName(String name,
                        Pagination pagination) {
                return productDao.queryByName(name, pagination);
        }
        // 删除 Product 对象
        public void removeProduct(Product Product) {
                productDao.delete(Product);
        }
        // 根据 id 删除 Product 对象
        public void removeProductById(Integer id) {
                productDao.deleteById(id);
        }
        // 保存或更新 Product 对象
        public void saveProduct(Product product) {
                productDao.saveOrUpdate(product);
        }
}
```

实践 5.3　实现订单相关功能

设计并编码完成订单相关的 Service 和 Dao 类。

【分析】

(1) 订单管理模块主要提供订单的增删改查功能。可以按照用户进行查询，查询结果需要分页。

(2) OrderDao 类提供相应的方法完成 Order 的增删改查功能。

(3) 在 OrderService 类中，通过调用 OrderDao 类的方法完成业务逻辑。

(4) 在 OrderDao 类中，以 Hibernate 的方式完成数据持久化。

【参考解决方案】

1．创建 OrderDao 类

OrderDao 类中实现了所有对 Order 对象进行数据操作的方法，在 com.shop.business.dao 包中创建 OrderDao 类，其代码如下：

```
public class OrderDao {
    public long getCount(Integer userId) {
        Session s = HibernateUtils.getSession();
        String hql = "select count(*) from Order o where o.user.id = ? "
                        + " and o.deleted = ? ";
        Query query = s.createQuery(hql);
        query.setInteger(0, userId);
        query.setInteger(1, DeleteStatus.show.getValue());
        long c = (Long) query.uniqueResult();
        s.close();
        return c;
    }
    // 删除 Order 对象(假删除)
    public void delete(Order order) {
        // 获取 Session 对象
        Session s = HibernateUtils.getSession();
        // 开启事务
        Transaction trans = s.beginTransaction();
        // 删除 Order 对象
        order.setDeleted(DeleteStatus.hidden.getValue());
        s.save(order);
        // 提交事务
        trans.commit();
        s.close();
    }
    // 假删除，订单是不可以执行真删除的，否则商家的销售数据无法准确统计
    public void deleteById(Integer id) {
        Session s = HibernateUtils.getSession();
        Transaction trans = s.beginTransaction();
        // String hql = "delete Order where id = ?";
        String hql = "update Order o set o.deleted = ? where o.id = ? ";
        // 根据 hql 创建 Query 对象
        Query query = s.createQuery(hql);
        // 绑定参数
        query.setInteger(0, DeleteStatus.hidden.getValue());
```

```
            query.setInteger(1, id);
            // 执行 hql
            query.executeUpdate();
            trans.commit();
            s.close();
    }
    public Order getById(Integer id) {
            Session s = HibernateUtils.getSession();
            Order order = (Order) s.get(Order.class, id);
            order.getItems().size(); // unlazy
            s.close();
            return order;

    }
    @SuppressWarnings("unchecked")
    public List<Order> queryByUser(Integer userId, Pagination pagination){
            // 获取 Session 对象
            Session s = HibernateUtils.getSession();
            String hql = "from Order o where o.user.id = ? and o.deleted = ? ";
            // 根据 hql 创建 Query 对象
            Query query = s.createQuery(hql);
            // 绑定参数
            query.setInteger(0, userId);
            query.setInteger(1, DeleteStatus.show.getValue());
            query.setFirstResult(pagination.getStart()).setMaxResults(
                            pagination.getSize());
            // 返回结果列表
            List<Order> list = query.list();
            s.close();
            pagination.setTotalRecord((int) getCount(userId));
            return list;
    }
    public void saveOrUpdate(Order order) {
            // 获取 Session 对象
            Session s = HibernateUtils.getSession();
            // 开启事务
            Transaction trans = s.beginTransaction();
            // 保存或更新对象
            s.saveOrUpdate(order);
            // 提交事务
            trans.commit();
```

```
            // 关闭 Session 对象
            s.close();
        }
}
```

在订单预览页面要显示某张订单的所有订单详细，可以使用 Order 实例得到关联的 OrderItem 集合。但是因为 Hibernate 的延迟加载功能，在 Action 中使用此集合时，Session 已经关闭，无法再查询数据库了。所以在 getById()方法中，主动取出了 OrderItem 的集合，这样进入 Action 后再使用此集合时已经是填充完毕的，就不需要再查询数据库了。

2. 创建 OrderService 类

在 OrderService 类实现所有对 Order 进行业务操作的方法，在 com.shop.business.service 包中创建 OrderService 类，其代码如下：

```java
public class OrderService {
        private OrderDao orderDao = new OrderDao();
        // 根据 id 获取 Order 对象
        public Order findOrderById(Integer id) {
                return orderDao.getById(id);
        }
        // 分页查询并返回符合条件的 Order 列表
        public List<Order> findOrdersByName(Integer userId, Pagination pagination){
                return orderDao.queryByUser(userId, pagination);
        }
        // 删除 Order 对象
        public void removeOrder(Order examPaper) {
                orderDao.delete(examPaper);
        }
        // 根据 id 删除 Order 对象
        public void removeOrderById(Integer id) {
                orderDao.deleteById(id);
        }
        // 保存 Order 对象
        public void saveOrder(Order order) {
                // 获取 Session 对象
                Session s = HibernateUtils.getSession();
                // 开启事务
                Transaction trans = s.beginTransaction();
                Calendar calendar = Calendar.getInstance();
                order.setDeleted(DeleteStatus.show.getValue());
                order.setCreateTime(calendar.getTime());
                // 使用 UUID 最为订单号
                UUID uuid = UUID.randomUUID();
```

```
        order.setOrderNo(uuid.toString());
        // 未支付的订单在 7 天后过期
        calendar.add(Calendar.DAY_OF_YEAR, 7);
        order.setExpiredTime(calendar.getTime());
        if (order.getStatus() == null
                || order.getStatus() < OrderStatus.unpay.getValue()
                || order.getStatus() > OrderStatus.reject.getValue()) {
                order.setStatus(OrderStatus.unpay.getValue());
        }
        orderDao.saveOrUpdate(order);
        // 提交事务
        trans.commit();
        // 关闭 Session 对象
        s.close();
    }
}
```

 知识拓展

1. 在 Hibernate 框架下使用 SQL 语句

Hibernate 框架提供了 HQL 和 Criteria 两种比较面向对象的查询方式,大部分情况下它们都能够满足查询的需要。但是在操作关系型数据的能力上,HQL 和 Criteria 与专门针对关系型数据模型设计的 SQL 相比还是有很大的差距,特别是在进行一些复杂的、关联大量表的查询(比如统计报表)时更是捉襟见肘,这时候应该使用 SQL 来完成查询。

在 Hibernate 框架下使用 SQL 语句,可以按照传统的 JDBC 方式来使用,也可以使用 Hibernate 框架提供的一种更加统一的方式,使用起来也非常简单。如下代码采用 SQL 语句来查询客户表中的所有记录:

```
Session session = HibernateUtils.getSession(); // 以某种方式得到 Session
String sql = "select id, user_name from t_user";
Query query = session.createSQLQuery(sql);
List<Object[]> list = query.list();
for (Object[] oo : list)
        System.out.println("id : " + oo[0] + ", user_name : " + oo[1]);
session.close();
```

可以观察到,使用 SQL 语句查询时与使用 HQL 语句是不同的,需要调用 Session 的 createSQLQuery()方法来创建 Query 对象,并且得到的查询结果中每条记录对应一个 Object 数组,此数组的元素存放对应记录的每个字段值。Hibernate 也提供了把查询结果封装成对象的功能,下列代码查询客户表的所有记录,并且把每条记录封装成一个 User 的实例:

```
Session session = HibernateUtils.getSession();
String sql = "select * from t_user";
Query query = session.createSQLQuery(sql).addEntity(User.class);
List<User> list = query.list();
for (User s : list)
        System.out.println("id : " + s.getId() + ", user_name : " + s.getUserName());
session.close();
```

Session 的 createSQLQuery()方法创建了一个 SQLQuery 类型的对象(SQLQuery 是 Query 的子接口)，通过 SQLQuery 接口中的 addEntity()方法可以将查询关联到某个已经配置好映射关系的实体类上，因为 Hibernate 已经通过映射文件了解了字段和属性的对应关系，所以就可以封装成实体类的实例了。需要注意的是，使用 addEntity()方法时必须保证 SQL 语句中包含了对应实体类的所有字段(属性)。

在 Hibernate 框架下也可以使用 SQL 语句来执行 insert、delete、update 等操作，如下代码修改了客户表中某条记录的用户名：

```
Session session = HibernateUtils.getSession();
String sql = "update t_user set user_name = 'abcdefg' where id = 2";
Query query = session.createSQLQuery(sql);
Transaction trans = session.beginTransaction();
query.executeUpdate();
trans.commit();
session.close();
```

可以观察到，与使用 HQL 类似，使用 SQL 时还是通过 Query 接口的 executeUpdate() 方法来完成 insert、delete、update 等操作。

Hibernate 框架还提供了一些更复杂的使用 SQL 的功能，比如带参数的 SQL、调用存储过程等，使用方式与传统的 JDBC 基本是一致的，在此不再讲解。

2. 设计类型安全的泛型 Dao

数据访问对象(Dao，Data access object)是一种常用的设计模式，可以提高数据库访问代码的重用性，使应用的逻辑层次更加清晰。大部分 Dao 中的方法最常见的就是对数据库表的增删改查操作，虽然每个 Dao 操作的表不一样，但是具体的增删改查方法在结构上都非常类似，我们自然希望能够把这些方法抽取到一个位置，实现更彻底的代码重用。在使用 JDBC 技术时，这种重用是很难实现的，关键原因是代码无从得知表和实体类、字段和实体类属性之间的对应关系，通常这都硬编码在 SQL 语句和成批的 get、set 方法调用中了。当然这些对应关系可以抽取出来，并在运行期以某种方式提供给 Dao，这可以解决问题，但这就相当于实现了一个 ORM 的功能。而使用 Hibernate 框架后，这种更加抽象的 Dao 就可以方便地实现了。

如下代码实现了一个简单的 Dao 父类，因为查询的方法比较复杂，所以首先只包含增删改三个方法，代码如下：

```
public class HibernateDao {
        //插入对象
```

```
public void insert(Object o) {
        Session s = getSession();
        Transaction t = s.beginTransaction();
        s.save(o);
        t.commit();
        s.close();
    }
    //删除对象
    public void delete(Object o) {
        Session s = getSession();
        Transaction t = s.beginTransaction();
        s.delete(o);
        t.commit();
        s.close();
    }
    //更新对象
    public void update(Object o) {
        Session s = getSession();
        Transaction t = s.beginTransaction();
        s.update(o);
        t.commit();
        s.close();
    }
    //获取 Session 对象
    public Session getSession() {
        return ......; // 以某种方式得到 Session
    }
}
```

此类中方法的参数都是 Object 类型的，所以可以传入任何实体类的实例。假设需要添加一个客户，现在的代码可以这样来写：

```
User User = ......; // 某个待添加的 User 实例
HibernateDao dao = new HibernateDao();
dao.insert(User);
```

如果整个应用中不需要查询功能，那么这一个 HibernateDao 就足够了，不再需要针对每个实体类都编写一个 XxxxDao。

几乎所有系统都需要查询功能，假设需要两种查询，分别是根据主键得到一个实体类的实例和得到某个表的所有记录并封装成实体类实例的 List。Hibernate 提供的查询方式中，无论是 get()、load()方法还是 HQL 和 Criteria 的方式都必须在运行期明确得知实体类的类型(至少是类名)。所以在查询方法中可以添加一个类型参数，如下列代码：

```
//根据 id，返回该类型对象
```

```
public Object getById(Class clazz, int id) { // 假设主键是整数
        Session s = getSession();
        Object o = s.get(clazz, id);
        s.close();
        return o;
}
//根据具体类型，返回该类型对象列表
public List get(Class clazz) {
        Session s = getSession();
        List list = s.createQuery("from " + clazz.getName()).list();
        s.close();
        return list;
}
```

添加类型参数可以解决问题，但是在每次调用的时候都需要传入实体类的类型，非常繁琐，并且 getById()和 get()方法不是类型安全的，因为返回类型是 Object 而不是具体的实体类类型。类型安全的问题可以通过泛型方法来解决，把 getById()和 get()改为泛型方法，代码如下：

```
public <T> T getById(Class<T> clazz, int id) {
......;
}
public <T> List<T> get(Class<T> clazz) {
......;
}
```

现在调用这两个方法时，根据传入的类型参数的不同，返回的值也会是不同的类型。

但是，每个实体类的 Dao 需要的方法是不同的，在 HibernateDao 类中不可能把所有可能的方法都实现，所以还是必须针对每个实体类写一个 Dao，把 HibernateDao 作为其他 Dao 的父类，HibernateDao 中提供最常用的方法，每个具体的 Dao 中实现特有的方法。现在针对客户写一个 UserDao 继承 HibernateDao，代码如下：

```
public class UserDao extends HibernateDao {
        public User login(String UserNo, String password) {
                return ......; // UserDao 的特有方法，查询数据库判断是否登录成功
        }
}
```

UserDao 从 HibernateDao 继承下来了 insert()、delete()、update()等方法，添加一个客户的代码如下：

```
User User = new User();
UserDao dao = new UserDao();
dao.insert(User);
dao.insert(new Product()); // 编译正常，运行也正常
```

可以观察到，即使传入一个 Product 的实例给 UserDao，也能正常运行，但这是不合

适的。解决这个问题的方法是在父类 HibernateDao 中声明泛型，在每个具体的子类 Dao 中确定具体的真实类型，修改后的 HibernateDao 代码如下：

```java
public abstract class HibernateDao<T> {
        private Class<T> clazz;
        //构造方法
        protected HibernateDao() {
                ParameterizedType type = (ParameterizedType)getClass()
                        .getGenericSuperclass();
                clazz = (Class<T>)type.getActualTypeArguments()[0];
        }
        //插入对象
        public void insert(T o) {
                Session s = getSession();
                Transaction t = s.beginTransaction();
                s.save(o);
                t.commit();
                s.close();
        }
        //删除对象
        public void delete(T o) {
                Session s = getSession();
                Transaction t = s.beginTransaction();
                s.delete(o);
                t.commit();
                s.close();
        }
        //更新对象
        public void update(T o) {
                Session s = getSession();
                Transaction t = s.beginTransaction();
                s.update(o);
                t.commit();
                s.close();
        }
        //根据 id 获取对象
        public T getById(int id) {
                Session s = getSession();
                T t = (T)s.get(clazz, id);
                s.close();
                return t;
```

```
        }
        //获取对象列表
        public List<T> get() {
                Session s = getSession();
                List<T> list = s.createQuery("from " + clazz.getName()).list();
                s.close();
                return list;

        }
        //获取 Session 对象
        public Session getSession() {
                return ......; // 以某种方式得到 Session

        }
}
```

在 UserDao 继承 HibernateDao 时，必须确定具体的类型，代码如下：

```
public class UserDao extends HibernateDao<User> {......}
```

这样在调用 UserDao 的方法时，参数和返回值就会限定为 User 类型了。HibernateDao 的构造方法中，通过反射获得了子类绑定的真实类型。

3. 自定义类型

面向对象程序设计的一个重要特点就是可以定义自己的数据类型，在 Hibernate 框架下，通过使用 UserType 接口可以方便的实现具有复杂功能的自定义数据类型。例如某些系统中，客户的性别会采用字符串类型，这不是一种好的做法，因为可以赋值为任意字符串，而更加安全的方法是使用枚举，定义枚举类型 Gender 代码如下：

```
public enum Gender {
        UNKNOWN(0, "保密"), MALE(1, "男"), FEMALE(2, "女");
        private int code;
        private String   name;
        Sex(int code, String name) {
                this.code = code;
                this.name = name;
        }
        public int getCode() {
                return code;
        }
        public String getName() {
                return name;
        }
}
```

修改 User 类代码，性别属性的类型改为 Gender 类型，代码如下：

```
public class User {
```

```
    Integer id;
    String  userName;
    Gender gender;
    ......省略 get、set 方法
}
```

修改完毕后，针对 User 实例中性别属性的操作就是类型安全的了，示例代码如下：

```
User s = new User();
s.setGender(Gender.MALE); // 只能接收 Sex 类型的参数
```

但是在 Hibernate 的映射文件中，无法简单的指定属性的类型为枚举，并且数据库中也没有枚举类型，User 表中的 gender 字段还是只能为字符串或者数字等类型。此时需要使用 Hibernate 的自定义类型，实现 UserType 接口，代码如下：

```
public class GenderType implements UserType {
    /**
     * 表示此自定义类型数据对应到数据库中的类型。 数据库中 gender 字段使用整数类型
     */
    private static final int[] SQL_TYPES = { Types.INTEGER };
    /**
     * 返回数据的 Copy。 Hibernate 将查询结果封装为此自定义类型的对象，然后调用此方法
     向用户返回一个 copy。
     * 而 Hibernate 保存原始对象以备检查对象是否发生了变化。
     */
    @Override
    public Object deepCopy(Object value) throws HibernateException {
            return value;
    }
    /**
     * 此自定义类型的对象是否是可变的。如果是不可变的对象，Hibernate 则可能做一些优化
     */
    @Override
    public boolean isMutable() {
            return false;
    }
    /**
     * Hibernate 调用此方法从 ResultSet 中读取数据然后封装为此自定义类型的对象
     */
    @Override
    public Object nullSafeGet(ResultSet arg0, String[] arg1,
            SessionImplementor arg2, Object arg3) throws HibernateException,
            SQLException {
            int code = arg0.getInt(arg1[0]);
```

```
            switch (code) {
            case 0:
                    return Gender.unknown;
            case 1:
                    return Gender.male;
            case 2:
                    return Gender.female;
            }
            return null;
    }
    /**
     * Hibernate 调用此方法将此自定义类型对象的数据保存到数据库中
     */
    @Override
    public void nullSafeSet(PreparedStatement arg0, Object arg1, int arg2,
            SessionImplementor arg3) throws HibernateException, SQLException{
            Gender gender = (Gender) arg1;
            if (gender == null)
                    arg0.setNull(arg2, SQL_TYPES[0]);
            else
                    arg0.setInt(arg2, gender.getCode());
    }
    /**
     * Hibernate 调用此方法来合并托管对象
     */
    @Override
    public Object replace(Object original, Object target, Object owner)
                    throws HibernateException {
        return original;
    }
    /**
     * 此自定义类型的真实类型
     */
    @Override
    public Class<?> returnedClass() {
        return Gender.class;
    }
    /**
     * 表示此自定义类型数据对应到数据库中的类型
     */
```

```
        @Override
        public int[] sqlTypes() {
                return SQL_TYPES;
        }
        /**
         * Hibernate 调用此方法判断此自定义类型的两个对象是否相等
         */
        @Override
        public boolean equals(Object value1, Object value2)
                        throws HibernateException {
                return value1 == value2; // 因为是枚举类型，所以直接用 == 判断
        }
        /**
         * 得到此自定义类型对象的 HASH 码
         */
        @Override
        public int hashCode(Object value) throws HibernateException {
                return value.hashCode();
        }
        /**
         * 从二级缓存中读取此自定义类型的数据时，Hibernate 会调用此方法
         */
        @Override
        public Object assemble(Serializable cached, Object owner)
                        throws HibernateException {
                return null;
        }
        /**
         * 向二级缓存中写入此自定义类型的数据时，Hibernate 会调用此方法
         */
        @Override
        public Serializable disassemble(Object arg0) throws HibernateException{
                return null;
        }
}
```

上述代码中，定义了 UserType 接口的实现类 GenderType，并实现了 UserType 接口中规定的方法，其中两个重要的方法如下：

(1) public Object nullSafeGet(ResultSet rs, String[] names, Object owner)。

当 Hibernate 从数据库中查询出结果时，会调用此方法将记录的字段封装为自定义类型的对象。

参数 ResultSet 是查询结果集,从中可以取得查询结果;names 是对应的字段名数组,根据字段名就可以从 ResultSet 中取得字段的值,使用数组是因为自定义类型可以对应多个字段;最后一个 Object 参数代表正在操作的实体类对象,即自定义类型的属性所属的对象,针对上例就是 User 的对象。

上述代码的 nullSafeGet()方法中,根据结果集的记录中 sex 字段的值,返回了不同的 Sex 枚举值。

(2) public void nullSafeSet(PreparedStatement ps, Object value, int index)。

当 Hibernate 将实体对象保存到数据库中时,会调用此方法将自定义类型的数据作适当转换,并填充到 PreparedStatement 对象中,最终执行 PreparedStatement 完成持久化。

参数 PreparedStatement 是待执行的 PreparedStatement;第二个参数 Object 是自定义类型的属性值,针对上例就是 Sex 类型的对象;第三个参数是自定义类型的属性对应的索引号。

上述代码的 nullSafeSet()方法中,根据 Sex 对象的不同值,将其 code 属性填充到 PreparedStatement 中,这样最终保存到数据库中时,就变为整数类型了。

修改 User 类的映射文件 User.hbm.xml,代码如下:

```xml
<?xml version="1.0" encoding="utf-8"?>
<?xml version="1.0" encoding="UTF-8"?>
<!DOCTYPE hibernate-mapping PUBLIC
        "-//Hibernate/Hibernate Mapping DTD 3.0//EN"
        "http://www.hibernate.org/dtd/hibernate-mapping-3.0.dtd">
<hibernate-mapping>
        <class name="com.shop.business.pojo.User" table="t_user" schema="shop">
                <id column="id" name="id" type="int">
                        <generator class="native" />
                </id>
                <property name="userName" column="user_name" type="string" />
                <property name="password" column="password" type="GenderType" />
                <property name="gender" column="gender" type="string" />
                <property name="email" column="email" type="string" />
                <property name="face" column="face" type="string" />
                <property name="regTime" column="reg_time" type="date" />
                <property name="activeFlag" column="active_flag" type="boolean"/>
                <set name="orders" batch-size="3">
                        <key column="user_id"></key>
                        <one-to-many class="com.shop.business.pojo.Order" />
                </set>
        </class>
</hibernate-mapping>
```

上述映射文件中,User 类的 gender 属性类型改为了实现 UserType 接口的 GenderType 类型(注意不是枚举 Gender)。可以发现,使用自定义类型后,映射文件中属性的配置是非常简单的，与一般类型的属性没有区别。

编写测试程序如下：

```
Transaction trans = session.beginTransaction();
User s1 = (User)session.get(User.class, 14);
System.out.println(s1.getName() + " : " + s1.getGender().getName());
User s2 = new User();
s2.setName("Alice");
s2.setStuNo("123456");
s2.setSex(Sex.FEMALE);
session.save(s2);
trans.commit();
```

上述代码中，从数据库中查询出 User 的对象，Hibernate 会调用自定义类型的 nullSafeGet()方法将表中的 gender 字段转化为 Gender 枚举类型；保存 User 的对象时，Hibernate 会调用 nullSafeSet()方法将 Gender 枚举类型转换为整数保存在 gender 字段中。

运行结果如下：

```
Hibernate : SELECT
        user0_.id AS id1_5_0_,
        user0_.user_name AS user_nam2_5_0_,
        user0_. PASSWORD AS password3_5_0_,
        user0_.gender AS gender4_5_0_,
        user0_.email AS email5_5_0_,
        user0_.face AS face6_5_0_,
        user0_.reg_time AS reg_time7_5_0_,
        user0_.active_flag AS active_f8_5_0_
FROM
        shop.t_user user0_
WHERE
        user0_.id =?
abcdefg：保密
Hibernate : INSERT INTO shop.t_user (
            user_name,
            PASSWORD,
            gender,
            email,
            face,
            reg_time,
            active_flag
        )
VALUES
        (?, ?, ?, ?, ?, ?, ?)
```

从运行结果可以看到，枚举类型的属性已经被正确的赋值，而 Hibernate 执行的 SQL 语句与一般类型的属性并没有区别。

注 意　　Hibernate 的自定义类型可以是任意的 Java 类，可以对应到表中的多个字段上。上例中使用枚举仅仅是一个示例。

 拓展练习

练习 5.1

在 HibernateDao 中添加一个通用的查询方法，方法声明如下：

```
public List<T> query(String hql, Object[] params) {......}
```

其中 params 参数代表 HQL 语句中的参数值，请完成此方法。

练习 5.2

使 UserDao 继承 HibernateDao，在 UserDao 中添加一个登录方法，根据学号和密码判断是否登录成功，此方法利用练习 5.1 中的 query()方法实现。

练习 5.3

User 类的 email 属性代表客户的电子邮箱，要求一个客户可以登记多个 email。通常这不值得专门为 email 建一张表，所以在 USER 表中还是只有一个 email 字段，但是可以记录使用逗号分隔的多个 email，同时要求 User 类的 email 属性不是 String 类型，而是 List<String>类型，List 中存放此客户的每个 email 字符串。请使用 Hibernate 的自定义类型实现上述功能。

实践 6 框 架 集 成

 实践指导

学习完理论篇的第 9 章后，可以进行本实践。本实践使用 Spring 框架的依赖注入功能，在网上购物系统中完成 Spring 与 Hibernate、Struts2 的整合。

实践 6.1 集 成 Spring 与 Hibernate

完成客户管理、商品管理、订单管理三个功能模块中 Spring 与 Hibernate 的整合。

【分析】

(1) 下载 Spring 类库，并在项目中配置 Spring 环境。

(2) 在 Spring 配置文件中需要声明数据源 DataSource。可以使用某种数据库连接池提供的数据源，本系统使用 Apache 的 DBCP 连接池。

(3) 在 Spring 配置文件中还需要声明一个 Hibernate 的 SessionFactory。可以使用 Spring 提供的 LocalSessionFactoryBean 类来声明，这个 SessionFactory 需要注入 DataSource。声明 SessionFactory 后，不再需要原来的 Hibernate 配置文件 hibernate.cfg.xml，因此可以将其删除。

(4) 系统中的每个 Dao 都需要继承 Spring 框架提供的 HibernateDaoSupport 类。继承下来的 setSessionFactory()方法可以为 Dao 设置 SessionFactory，这样 Dao 通过 SessionFactory 就可以得到 Session 对象来操作数据库了。每个 Dao 在 Spring 配置文件中都需要声明成一个 Bean，并注入 SessionFactory。

(5) 修改每个 Dao 的代码，将原来通过 Session 来操作数据库的方式改为调用从父类 HibernateDaoSupport 中继承来的 getHibernateTemplate()方法来实现。必须用到 Session 的部分可以通过覆盖回调接口 HibernateCallback 的 doInHibernate()方法来得到 Session。

(6) 修改每个业务类的代码，将原来通过 new 直接实例化 Dao 的代码删掉，只需要将用到的 Dao 声明为属性并提供 set 方法即可。所有的业务类都需要在 Spring 配置文件中声明成 Bean，并注入需要的 Dao。至此，从数据源至业务类的依赖注入编写完成。

(7) Hibernate 的延迟加载功能会造成在 JSP 页面无法读取实体类的关联数据，所以在实体类映射文件中存在这种问题的关联关系需要关闭延迟加载。在实践 8 中，结合 Spring 框架，可以使用 OpenSessionInView 的方式解决此问题。

【参考解决方案】

1. 下载 Spring 类库并配置

获取 Spring 框架类库的官方网址是 http://projects.spring.io/spring-framework/，在该网站可以找到最新版本，但提倡使用 Maven 构建工程，如果要下载 jar 包，到 GitHub 网站打开 http://maven.springframework.org/release/org/springframework/spring/，找到 Spring3.2.5 版本并下载，如图 S6-1 所示。

Index of release/org/springframework/spring

Name	Last modified	Size
../		
2.0/	21-Oct-2011 03:46	-
2.0.1/	21-Oct-2011 03:47	-
2.0.2/	21-Oct-2011 03:47	-
2.0.3/	21-Oct-2011 03:47	-
2.0.4/	21-Oct-2011 03:47	-
2.0.5/	21-Oct-2011 03:47	-
2.0.6/	21-Oct-2011 03:47	-
2.0.7/	21-Oct-2011 03:47	-
2.0.8/	21-Oct-2011 03:47	-
2.5/	21-Oct-2011 03:47	-
2.5.1/	21-Oct-2011 03:47	-
2.5.2/	21-Oct-2011 03:47	-
2.5.3/	21-Oct-2011 03:47	-
2.5.4/	21-Oct-2011 03:47	-
3.2.0.RELEASE/	05-May-2013 13:53	-
3.2.1.RELEASE/	05-May-2013 13:53	-
3.2.10.RELEASE/	15-Jul-2014 23:58	-
3.2.11.RELEASE/	04-Sep-2014 13:45	-
3.2.12.RELEASE/	11-Nov-2014 10:42	-
3.2.13.RELEASE/	30-Dec-2014 17:49	-
3.2.2.RELEASE/	05-May-2013 13:53	-
3.2.3.RELEASE/	20-May-2013 19:26	-
3.2.4.RELEASE/	06-Aug-2013 23:20	-
3.2.5.RELEASE/	06-Nov-2013 19:50	-
3.2.6.RELEASE/	12-Dec-2013 09:27	-
3.2.7.RELEASE/	28-Jan-2014 22:47	-
3.2.8.RELEASE/	19-Feb-2014 06:15	-
3.2.9.RELEASE/	20-May-2014 12:22	-
4.0.0.RELEASE/	12-Dec-2013 07:50	-
4.0.1.RELEASE/	28-Jan-2014 20:55	-
4.0.2.RELEASE/	19-Feb-2014 01:25	-
4.0.3.RELEASE/	27-Mar-2014 05:28	-
4.0.4.RELEASE/	01-May-2014 00:18	-
4.0.5.RELEASE/	20-May-2014 14:11	-
4.0.6.RELEASE/	08-Jul-2014 04:27	-
4.0.7.RELEASE/	04-Sep-2014 08:24	-
4.0.8.RELEASE/	11-Nov-2014 07:06	-
4.0.9.RELEASE/	30-Dec-2014 15:27	-
4.1.0.RELEASE/	04-Sep-2014 11:59	-
4.1.1.RELEASE/	01-Oct-2014 08:45	-

图 S6-1　Spring 下载

将下载完成的压缩包解压后有一个 dist/modules 目录，该目录中按照 Spring 的功能模块提供了 14 个 jar 文件，将这些 jar 文件复制到项目的 WEB-INF/lib 目录下。

建议大家从现在开始学习使用 Maven 方式构建工程，新版本的 Eclipse、MyEclipse 已经支持 Maven，老版本需要安装 Maven 插件。新建一个支持 Maven 的工程，在其 pom.xml 文件中添加 Maven 依赖的 jar 包名称，如添加 Struts2、Spring、Hibernate 等需要的 jar 包：

```
<project xmlns="http://maven.apache.org/POM/4.0.0" xmlns:xsi="http://www.w3.org/2001/XMLSchema-instance"

    xsi:schemaLocation="http://maven.apache.org/POM/4.0.0 http://maven.apache.org/maven-v4_0_0.xsd">
```

```xml
<modelVersion>4.0.0</modelVersion>
<groupId>com.shop</groupId>
<artifactId>ph06</artifactId>
<packaging>war</packaging>
<version>0.0.1-SNAPSHOT</version>
<name>ph06 Maven Webapp</name>
<url>http://maven.apache.org</url>
<properties>
        <project.build.sourceEncoding>UTF-8
        </project.build.sourceEncoding>
</properties>
<dependencies>
    <dependency>
            <groupId>junit</groupId>
            <artifactId>junit</artifactId>
            <version>3.8.1</version>
            <scope>test</scope>
    </dependency>
    <dependency>
            <groupId>org.apache.struts</groupId>
            <artifactId>struts2-core</artifactId>
            <version>2.3.20</version>
            <!-- 这里的 exclusions 是排除包，因为 Struts2 中有 javassist，
Hibernate 中也有 javassist，所以如果要整合 Hibernate，
            一定要排除掉 Struts2 中的 javassist，否则就冲突了。 -->
            <exclusions>
                <exclusion>
                        <groupId>javassist</groupId>
                        <artifactId>javassist</artifactId>
                </exclusion>
            </exclusions>
    </dependency>
    <dependency>
            <groupId>org.springframework</groupId>
            <artifactId>spring-context</artifactId>
            <version>3.2.5.RELEASE</version>
    </dependency>
    <dependency>
            <groupId>org.hibernate</groupId>
            <artifactId>hibernate-core</artifactId>
```

```xml
            <version>4.3.7.Final</version>
        </dependency>
        <!-- struts2 和 spring 结合  -->
        <dependency> <groupId>org.apache.struts</groupId>
                <artifactId>struts2-spring-plugin</artifactId>
        <version>2.3.20</version>
        </dependency>
        <!-- 日志 -->
        <dependency>
                <groupId>org.apache.logging.log4j</groupId>
                <artifactId>log4j-core</artifactId>
                <version>2.2</version>
        </dependency>
        <!-- 缓存 -->
        <dependency>
                <groupId>net.sf.ehcache</groupId>
                <artifactId>ehcache</artifactId>
                <version>1.5.0</version>
        </dependency>
        <!-- mysql -->
        <dependency>
                <groupId>mysql</groupId>
                <artifactId>mysql-connector-java</artifactId>
                <version>5.1.20</version>
        </dependency>
        <!-- c3p0 -->
        <dependency>
                <groupId>c3p0</groupId>
                <artifactId>c3p0</artifactId>
                <version>0.9.1</version>
        </dependency>
    </dependencies>
    <build>
        <finalName>ph06</finalName>
    </build>
</project>
```

2. 创建 Spring 配置文件

在项目的 src 根目录下创建 Spring 的配置文件 applicationContext.xml，该配置文件采用 Schema 格式，并在配置文件中声明 DataSource 和 SessionFactory。applicationContext. xml 配置文件的内容如下：

```xml
<?xml version="1.0" encoding="UTF-8"?>
<beans xmlns="http://www.springframework.org/schema/beans"
       xmlns:xsi="http://www.w3.org/2001/XMLSchema-instance"
       xmlns:aop="http://www.springframework.org/schema/aop"
       xmlns:tx="http://www.springframework.org/schema/tx"
       xsi:schemaLocation="http://www.springframework.org/schema/beans
            http://www.springframework.org/schema/beans/spring-beans-3.2.xsd
            http://www.springframework.org/schema/tx
            http://www.springframework.org/schema/tx/spring-tx-3.2.xsd
            http://www.springframework.org/schema/aop
            http://www.springframework.org/schema/aop/spring-aop-3.2.xsd">
       <!-- 数据源的配置 -->
    <bean id="dataSource" class="org.apache.commons.dbcp.BasicDataSource">
        <property name="driverClassName" value="com.mysql.jdbc.Driver" />
        <!-- ?useUnicode=true&amp;characterEncoding=UTF-8 -->
        <property name="url" value="jdbc:mysql://192.168.1.8:3306/shop"/>
        <property name="username" value="dev_user" />
        <property name="password" value="123456" />
    </bean>
    <!--Session 工厂的配置 -->
    <bean id="sessionFactory"
    class="org.springframework.orm.hibernate4.LocalSessionFactoryBean">
        <!-- 注入 dataSource 对象 -->
        <property name="dataSource" ref="dataSource" />
        <!-- 配置 Hibernate 的部分属性 -->
        <property name="hibernateProperties">
            <props>
                <!-- 配置 Hibernate 方言 -->
                <prop key="hibernate.dialect">
                    org.hibernate.dialect.MySQLDialect
                </prop>
                <!-- 显示 Hibernate 运行中产生的 sql，在开发阶段一般设置 true -->
                <prop key="hibernate.show_sql">true</prop>
            </props>
        </property>
        <!-- 指定 Hibernate 映射文件 -->
        <property name="mappingLocations" value="classpath:com/shop/business/pojo/*.hbm.xml" />
    </bean>
</beans>
```

上述配置信息中，配置了两个 Bean：

◇ 配置数据源，指明数据库的驱动、URL、用户名和密码；

◇ 配置 Hibernate 的 Session 工厂，因为 Hibernate 的 Session 工厂需要连接数据库，所以通过 Spring 来注入数据源，同时配置 Hibernate 需要的方言、映射文件路径等相关信息。

3．在 web.xml 中配置 Spring

Spring 框架需要在项目启动的时候读取其配置文件，以便构造配置文件中声明的各个 Bean。这可以通过 Servlet 监听器实现，org.springframework.web.context. ContextLoaderListener 是 Spring 框架提供的监听器类，专门用于加载配置文件并实例化 Bean，这个 Listener 需要在 web.xml 中配置。

在项目的 web.xml 中添加如下内容：

```
<context-param>
        <param-name>contextConfigLocation</param-name>
        <param-value>classpath:applicationContext.xml</param-value>
</context-param>
<listener>
        <listener-class>
                org.springframework.web.context.ContextLoaderListener
        </listener-class>
</listener>
```

上述代码中声明了两个元素：

◇ 名称为 contextConfigLocation 的<context-param>，其值为 Spring 配置文件的路径，"classpath:applicationContext.xml"代表类路径下的 applicationContext.xml；

◇ 类型为 org.springframework.web.context.ContextLoaderListener 的监听器。

当项目启动时，ContextLoaderListener 监听器会读取路径为"classpath:application Context.xml"的配置文件，按照规则实例化并装配此文件中配置的各个 Bean，从而将 Spring 的 IoC 容器建造完毕。

4．升级 UserDao 类

升级 ph05 工程中的 UserDao 类，使该类继承 HibernateDaoSupport 类，在 com.shop. business.dao 文件夹下创建 UserDao 类，代码如下：

```
public class UserDao extends HibernateDaoSupport {
        // 根据条件获取学员的数量
        public long getCount(String name) {
                // 定义 hql 根据姓名模糊查询学员的数量
                String hql = "select count(*) from User where userName like ?";
                return (Long) getHibernateTemplate().find(hql,
                                "%" + name + "%").get(0);
        }
        // 删除学员对象
        public void delete(User user) {
```

```
                getHibernateTemplate().delete(user);
    }
    public void deleteById(final Integer id) {
            // 通过回调接口来完成删除操作
            getHibernateTemplate().execute(new HibernateCallback<Object>() {
                    @Override
                    public Object doInHibernate(Session s) throws
                            HibernateException,SQLException {
                            // 创建 hql
                            String hql = "delete Student where id = ?";
                            // 根据 Hql 返回 Query 对象
                            Query query = s.createQuery(hql);
                            // 绑定参数
                            query.setInteger(0, id);
                            // 执行 hql
                            query.executeUpdate();
                            return null;
                    }
            });
    }
    // 根据 id，返回符合条件的学生对象
    public User getById(Integer id) {
            return getHibernateTemplate().get(User.class, id);
    }
    // 查询符合条件的 User 对象
    public User queryByName(String userName) {
            // 通过回调接口来完成查询操作
            String hql = "from User where userName = ?";
            return (User) getHibernateTemplate().find(hql, userName).get(0);
    }
    @SuppressWarnings("unchecked")
    // 分页查询符合条件的 User 对象
    public List<User> queryByName(final String name,
            final Pagination pagination) {
            // 通过回调接口来完成查询操作
            return getHibernateTemplate().execute(
                            new HibernateCallback<List<User>>() {
                                    @Override
                                    public List<User> doInHibernate(Session s)
                                            throws HibernateException, SQLException {
```

```
                                    // 创建 hql 语句
                                    String hql = "from User where userName like ?";
                                    // 根据 hql 语句返回 Query 对象
                                    Query query = s.createQuery(hql);
                                    // 绑定参数
                                    query.setString(0, "%" + name + "%");
                                    // 设置分页用的第一条记录位置和记录总数
                                    query.setFirstResult(pagination.getStart())
                                            .setMaxResults(pagination.getSize());
                                    pagination.setTotalRecord((int) getCount(name));
                                    // 返回符合条件的记录列表
                                    return query.list();
                            }
                    });
        }
        // 保存或更新 User 对象
        public void saveOrUpdate(User user) {
                // 保存或更新对象
                getHibernateTemplate().saveOrUpdate(user);
        }
}
```

5．升级 ProductDao 类

升级 ph05 工程中的 ProductDao 类，使该类继承 HibernateDaoSupport 类，在 com.shop.business.dao 文件夹下创建 ProductDao 类，代码如下：

```
public class ProductDao extends HibernateDaoSupport {
        // 获取符合条件的 Product 对象的数量
        public long getCount(String title) {
                String hql = "select count(*) from Product where name like ?";
                return (Long) getHibernateTemplate().find(hql,
                            "%" + title + "%").get(0);
        }
        // 删除 Product 对象
        public void delete(Product product) {
                getHibernateTemplate().delete(product);
        }
        public void deleteById(final Integer id) {
                // 通过回调接口来完成删除操作
                getHibernateTemplate().execute(new HibernateCallback<Object>() {
                        @Override
                        public Object doInHibernate(Session s) throws
```

```
                            HibernateException, SQLException {
                            // 创建 hql
                            String hql = "delete Product where id = ?";
                            // 根据 Hql 返回 Query 对象
                            Query query = s.createQuery(hql);
                            // 绑定参数
                            query.setInteger(0, id);
                            // 执行 hql
                            query.executeUpdate();
                            return null;
                        }
                });
    }
    // 根据 id 获取 Product 对象
    public Product getById(Integer id) {
            return getHibernateTemplate().get(Product.class, id);
    }
    @SuppressWarnings("unchecked")
    // 获取符合条件的 Product 对象列表
    public List<Product> queryByName(final String name,
                    final Pagination pagination) {
            // 通过回调接口来完成查询操作
            return getHibernateTemplate().execute(
                    new HibernateCallback<List<Product>>() {
                        @Override
                        public List<Product> doInHibernate(Session s)
                                throws HibernateException, SQLException {
                                // 创建 hql 语句
                                String hql = "from Product where name like ?";
                                // 根据 hql 语句返回 Query 对象
                                Query query = s.createQuery(hql);
                                // 绑定参数
                                query.setString(0, "%" + name + "%");
                                // 设置分页用的第一条记录位置和记录总数
                                query.setFirstResult(pagination.getStart())
                                        .setMaxResults(pagination.getSize());
                                pagination.setTotalRecord((int) getCount(name));
                                // 返回符合条件的记录列表
                                return query.list();
                        }
```

```
            });
    }
    // 保存或更新 Product 对象
    public void saveOrUpdate(Product product) {
            getHibernateTemplate().saveOrUpdate(product);
    }
}
```

6. 升级 OrderDao 类

升级 ph05 工程中的 OrderDao 类，使该类继承 HibernateDaoSupport 类，在 com.shop.business.dao 文件夹下创建 OrderDao 类，代码如下：

```
public class OrderDao extends HibernateDaoSupport {
    // 获取符合条件的 Order 对象的数量
    public long getCount(Integer userId) {
            String hql = "select count(*) from Order o where o.user.id = ? "
                    + " and o.deleted = ? ";
            return (Long) getHibernateTemplate().find(hql, userId,
                    DeleteStatus.show.getValue()).get(0);
    }
    // 删除 Order 对象
    public void delete(Order order) {
            getHibernateTemplate().delete(order);
    }
    // 假删除，订单是不可以执行真删除的，否则商家的销售数据无法准确统计
    public void deleteById(final Integer id) {
            // 通过回调接口来完成删除操作
            getHibernateTemplate().execute(new HibernateCallback<Object>() {
                    @Override
                    public Object doInHibernate(Session s) throws
                            HibernateException,SQLException {
                            // 创建 hql
                            String hql = "update Order o set o.deleted = ? "
    + " where o.id = ? ";
                            // 根据 Hql 返回 Query 对象
                            Query query = s.createQuery(hql);
                            // 绑定参数
                            query.setInteger(0, DeleteStatus.hidden.getValue());
                            query.setInteger(1, id);
                            // 执行 hql
                            query.executeUpdate();
                            return null;
```

```java
        }
    });
}
// 根据 id 获取 Order 对象
public Order getById(Integer id) {
    return getHibernateTemplate().get(Order.class, id);
}
@SuppressWarnings("unchecked")
public List<Order> queryByUser(final Integer userId,
            final Pagination pagination) {
    // 通过回调接口来完成查询操作
    return getHibernateTemplate().execute(
            new HibernateCallback<List<Order>>() {
                @Override
                public List<Order> doInHibernate(Session s)
                        throws HibernateException, SQLException {
                    // 创建 hql 语句
                    String hql = "from Order o where o.user.id = ?"
                                + " and o.deleted = ? ";
                    // 根据 hql 语句返回 Query 对象
                    Query query = s.createQuery(hql);
                    // 绑定参数
                    query.setInteger(0, userId);
                    query.setInteger(1,
                            DeleteStatus.show.getValue());
                    // 设置分页用的第一条记录位置和记录总数
                    query.setFirstResult(pagination.getStart())
                            .setMaxResults(pagination.getSize());
                    pagination.setTotalRecord(
                            (int) getCount(userId));
                    // 返回符合条件的记录列表
                    return query.list();
                }
            });
}
// 保存或更新 Order 对象
public void saveOrUpdate(Order order) {
    getHibernateTemplate().saveOrUpdate(order);
}
}
```

7．升级 OrderItemDao 类

升级 ph05 工程中的 OrderItemDao 类，使该类继承 HibernateDaoSupport 类，在 com.shop.business.dao 文件夹下创建 OrderItemDao 类，代码如下：

```java
public class OrderItemDao extends HibernateDaoSupport {
    // 删除 OrderItem 对象
    public void delete(OrderItem orderItem) {
        getHibernateTemplate().delete(orderItem);
    }
    public void deleteById(final Integer id) {
        // 通过回调接口来完成删除操作
        getHibernateTemplate().execute(new HibernateCallback<Object>() {
            @Override
            public Object doInHibernate(Session s) throws
                    HibernateException, SQLException {
                // 创建 hql
                String hql = "delete OrderItem where id = ?";
                // 根据 Hql 返回 Query 对象
                Query query = s.createQuery(hql);
                // 绑定参数
                query.setInteger(0, id);
                // 执行 hql
                query.executeUpdate();
                return null;
            }
        });
    }
    public OrderItem getById(Integer id) {
        return getHibernateTemplate().get(OrderItem.class, id);
    }
    public void saveOrUpdate(OrderItem orderItem) {
        getHibernateTemplate().saveOrUpdate(orderItem);
    }
}
```

8．Spring 配置文件声明 Dao

在 Spring 配置文件中声明 UserDao、ProductDao、OrderDao 和 OrderItemDao，并注入 SessionFactory，代码如下：

```xml
<!-- 配置 UserDao 对象 -->
<bean id="userDao" class="com.shop.business.dao.UserDao">
    <property name="sessionFactory" ref="sessionFactory" />
```

```
</bean>
<!-- 配置 ProductDao 对象 -->
<bean id="productDao" class="com.shop.business.dao.ProductDao">
        <property name="sessionFactory" ref="sessionFactory" />
</bean>
<!-- 配置 OrderDao 对象 -->
<bean id="orderDao" class="com.shop.business.dao.OrderDao">
        <property name="sessionFactory" ref="sessionFactory" />
</bean>
<!-- 配置 OrderItemDao 对象 -->
<bean id="orderItemDao" class="com.shop.business.dao.OrderItemDao">
        <property name="sessionFactory" ref="sessionFactory" />
</bean>
```

9．Spring 配置文件中声明 Service 类

在 Spring 配置文件中声明 StudentService、QuestionService 和 ExamPaperService，并注入相应的 Dao，代码如下：

```
<!-- UserService 的配置 -->
<bean id="UserService" class="com.shop.business.service.UserService">
        <property name="userDao" ref="userDao" />
</bean>
<!-- ProductService 的配置 -->
<bean id="productService" class="com.shop.business.service.ProductService">
        <property name="productDao" ref="productDao" />
</bean>
<!-- OrderService 的配置 -->
<bean id="orderService" class="com.shop.business.service.OrderService">
        <property name="orderDao" ref="orderDao" />
        <property name="orderItemDao" ref="orderItemDao" />
</bean>
```

实践 6.2　集成 Spring 与 Struts2

完成客户管理、商品管理、订单管理三个功能模块中 Spring 与 Struts2 的整合。

【分析】

(1) 使用 Struts2 提供的 Spring 插件实现两个框架的集成。

(2) 修改每个 Action 类的代码，将原来通过 new 直接实例化业务类的代码删掉，只需要将用到的业务类声明为属性并提供 set 方法即可。所有的 Action 都需要在 Spring 配置文件中声明成 Bean，并注入需要用到的业务类 Bean。

(3) 修改 Struts2 的配置文件，将每个 Action 的 class 属性值改为 Spring 中配置的相应

Bean 的 id 值。

【参考解决方案】

1. 添加集成插件的类库

Spring 与 Struts2 进行集成时，只需将 struts2-spring-plugin-2.3.20.jar 文件复制到项目的 WEB-INF/lib 目录下即可。

如果使用 Maven 方式构建工程，只需要在 pom.xml 文件中增加如下代码：

```xml
<dependency>
    <groupId>org.apache.struts</groupId>
    <artifactId>struts2-spring-plugin</artifactId>
    <version>2.3.20</version>
</dependency>
```

2. Spring 配置文件中声明 Action

在 Spring 配置文件 applicationContext.xml 中配置 UserAction、ProductAction 和 OrderAction，并注入需要的 Service 业务类。添加的配置信息如下：

```xml
<!-- UserAction 的配置 -->
<bean id="userAction" class="com.shop.business.action.UserAction">
    <property name="userService" ref="userService" />
</bean>
<!-- ProductAction 的配置 -->
<bean id="productAction" class="com.shop.business.action.ProductAction">
    <property name="productService" ref="productService" />
</bean>
<!-- OrderAction 的配置 -->
<bean id="orderAction" class="com.shop.business.action.OrderAction">
    <property name="orderService" ref="orderService" />
</bean>
```

3. 修改 Struts2 配置文件

在 Struts2 配置文件 struts.xml 中修改每个 Action 的 class 属性值为 Spring 中声明的对应 Bean 的 id，代码如下：

```xml
<!-- 用户管理 -->
<action name="user" class="userAction">
    <!-- 头像上传路径 -->
    <param name="savePath">/front/upload/face</param>
    <!-- 允许上传的文件类型 -->
    <param name="allowedTypes">bmp,png,gif,jpeg,jpg</param>
    <!-- 允许上传的文件大小 -->
    <param name="maxSize">2048</param>
    <result name="register">/front/register/register.jsp</result>
    <result name="edit">/front/user/editUser.jsp</result>
```

```
        <result name="update" type="redirect">/user.action?action=edit</result>
        <result name="loginFront">/front/login.jsp</result>
        <result name="input">/index.jsp</result>
        <interceptor-ref name="defaultStack"></interceptor-ref>
</action>
<!-- 用户管理 -->
<action name="user" class="userAction">
        <result name="list">/admin/user/userlist.jsp</result>
        <result name="input">/admin/login.jsp</result>
        <interceptor-ref name="defaultStack"></interceptor-ref>
        <interceptor-ref name="isOnline"></interceptor-ref>
</action>
<!-- 商品管理 -->
<action name="product" class="productAction">
        <result name="list">/admin/product/productList.jsp</result>
        <result name="add">/admin/product/addProduct.jsp</result>
        <result name="edit">/admin/product/editProduct.jsp</result>
        <result name="input">/admin/login.jsp</result>
        <interceptor-ref name="defaultStack"></interceptor-ref>
        <interceptor-ref name="isOnline"></interceptor-ref>
</action>
```

实践 6.3　完成商品展示模块

在三个框架集成的基础上完成商品展示模块。

【分析】

(1) 购物功能模块主要提供商品和订单的增删改查功能。可以按照商品类别进行查询，查询结果需要分页。

(2) Product 实体类代表商品。针对商品实体类与其他实体类关联关系的分析，参见实践 4.1。

(3) ProductService 类，通过调用 ProductDao 类的方法完成业务逻辑。通过 Spring 为 ProductService 注入 ProductDao 类的实例。

(4) ProductDao 类继承 Spring 的 HibernateDaoSupport 类，其中通过 Spring 提供的 HibernateTemplate 完成 Product 对象的持久化。通过 Spring 为 ProductDao 注入 SessionFactory 对象。

(5) ProductAction 类中针对客户端的操作调用 ProductService 类的相应业务方法完成。通过 Spring 为 ProductAction 注入 ProductService 类的实例。另外，在购买商品时，需要客户登录并生成订单，所以在 ProductAction 类中添加一个 OrderDao 类的实例，用来提供生成订单、支付等功能。关于 ProductAction 和 ProductAction 的分析参见实践 3.2。

(6) 在 Spring 配置文件中声明 ProductDao、ProductService、ProductAction 三个类的

Bean，并配置依赖关系。

（7）对应的页面有 productList.jsp、editProduct.jsp、addProduct.jsp、queryProduct.jsp 等。针对商品相关页面的分析参见实践 3.2。

【参考解决方案】

1. Product 实体类及映射文件

Product 类代码参见实践 4.2，映射文件参见实践 4.3。

2. ProductService 类

ProductService 类中实现了与 Product 对象相关的业务操作。在 com.shop.business. service 包中创建 ProductService 类，代码如下：

```
public class ProductService {
    private ProductDao productDao;
    // 根据 id 返回 Product 对象
    public Product findProductById(Integer id) {
        return productDao.getById(id);
    }
    // 分页查询出满足条件的 Product
    public List<Product> findProductsByName(String name,
                Pagination pagination) {
        return productDao.queryByName(name, pagination);
    }
    // 删除 Product 对象
    public void removeProduct(Product Product) {
        productDao.delete(Product);
    }
    // 根据 id 删除 Product 对象
    public void removeProductById(Integer id) {
        productDao.deleteById(id);
    }
    // 保存或更新 Product 对象
    public void saveProduct(Product product) {
        productDao.saveOrUpdate(product);
    }
    public ProductDao getProductDao() {
        return productDao;
    }
    public void setProductDao(ProductDao productDao) {
        this.productDao = productDao;
    }
}
```

3．ProductDao 类

ProductDao 类提供了与 Product 对象相关的增删改查等操作。在 com.shop.business.dao 包中创建 ProductDao 类，代码如下：

```java
public class ProductDao extends HibernateDaoSupport {
        // 获取符合条件的 Product 对象的数量
        public long getCount(String title) {
                String hql = "select count(*) from Product where name like ?";
                return (Long) getHibernateTemplate().find(hql, "%" + title + "%")
                                .get(0);
        }
        // 删除 Product 对象
        public void delete(Product product) {
                getHibernateTemplate().delete(product);
        }
        public void deleteById(final Integer id) {
                // 通过回调接口来完成删除操作
                getHibernateTemplate().execute(new HibernateCallback<Object>() {
                        @Override
                        public Object doInHibernate(Session s) throws
                                HibernateException, SQLException {
                                // 创建 hql
                                String hql = "delete Product where id = ?";
                                // 根据 Hql 返回 Query 对象
                                Query query = s.createQuery(hql);
                                // 绑定参数
                                query.setInteger(0, id);
                                // 执行 hql
                                query.executeUpdate();
                                return null;
                        }
                });
        }
        // 根据 id 获取 Product 对象
        public Product getById(Integer id) {
                return getHibernateTemplate().get(Product.class, id);
        }
        @SuppressWarnings("unchecked")
        // 获取符合条件的 Product 对象列表
        public List<Product> queryByName(final String name,
                final Pagination pagination) {
```

```
                    // 通过回调接口来完成查询操作
            return getHibernateTemplate().execute(
                        new HibernateCallback<List<Product>>() {
                            @Override
                            public List<Product> doInHibernate(Session s)
                                throws HibernateException, SQLException {
                                // 创建 hql 语句
                                String hql = "from Product where name like ?";
                                // 根据 hql 语句返回 Query 对象
                                Query query = s.createQuery(hql);
                                // 绑定参数
                                query.setString(0, "%" + name + "%");
                                // 设置分页用的第一条记录位置和记录总数
                                query.setFirstResult(pagination.getStart())
                                        .setMaxResults(pagination.getSize());
                                pagination.setTotalRecord(
                                        (int) getCount(name));
                                // 返回符合条件的记录列表
                                return query.list();
                            }
                    });
    }
    // 保存或更新 Product 对象
    public void saveOrUpdate(Product product) {
            getHibernateTemplate().saveOrUpdate(product);
    }
}
```

4. ProductAction 类

ProductAction 主要负责有关 Product 对象的各种请求操作的转发，在 com.shop.business.action 包中创建 ProductAction 类，代码如下：

```
public class ExamAction extends BaseAction {
    private CateService cateService;
    private ProductService productService;
    private Integer id;
    private String name;
    private String sn;
    private Integer num;
    private Float mprice;
    private Float iprice;
    private String desc;
```

```java
        private Date pubTime;
        private boolean isShow;
        private boolean isHot;
        private Integer cateId;
        private List<Cate> cateList = new ArrayList<Cate>();
        private List<OptionString> isShowList =
                        new ArrayList<OptionString>(0);
        private Pagination pagination;
        private String url;
        private List<Product> productList = new ArrayList<Product>(0);
        // 商品列表
        public String list() {
                // 设置首页或下一页等对应的 url
                this.setAction("list");
                this.setUrl("product.action");
                // 设置每一页多少记录
                int size = 10;
                if (pagination == null) {
                        pagination = new Pagination(size);
                }
                pagination.setSize(size);
                if (pagination.getCurrentPage() <= 0) {
                        pagination.setCurrentPage(1);
                }
                if (pagination.getTotalPage() != 0
                        && pagination.getCurrentPage() > pagination.getTotalPage()){
                        pagination.setCurrentPage(pagination.getTotalPage());
                }
                // 分页查询后，返回特定记录
                this.productList.addAll(
                        this.productService.findProductsByName(name, pagination));
                if (this.productList.size() == 0
                        && pagination.getCurrentPage() != 1){
                        pagination.setCurrentPage(pagination.getCurrentPage() - 1);
                        this.productList.addAll(
                        this.productService.findProductsByName(name,agination));
                }
                return "list";

        }
// 跳转到添加页面
```

```java
public String toAdd() {
        cateList = cateService.findByName("");
        isShowList = new ArrayList<OptionString>();
        OptionString os1 = new OptionString("1", "上架");
        OptionString os0 = new OptionString("0", "下架");
        isShowList.add(os1);
        isShowList.add(os0);
        return "add";
}
// 保存商品
public String save() {
        Product product = new Product();
        product.setName(name);
        product.setSn(sn);
        product.setNum(num);
        product.setMprice(mprice);
        product.setIprice(iprice);
        product.setDesc(desc);
        product.setCate(new Cate(cateId, ""));
        productService.saveProduct(product);
        reset();
        return list();
}
//编辑
public String edit(){
        this.setAction("update");
        Product product = productService.findProductById(id);
        this.setName(product.getName());
        this.setSn(product.getSn());
        this.setNum(product.getNum());
        this.setMprice(product.getMprice());
        this.setIprice(product.getIprice());
        this.setDesc(product.getDesc());
        this.setIsShow(product.getIsShow());
        this.setIsHot(product.getIsHot());
        this.setCateId(product.getCate().getId());
        cateList = cateService.findByName("");
        isShowList = new ArrayList<OptionString>(2);
        OptionString os1 = new OptionString("true", "上架");
        OptionString os0 = new OptionString("false", "下架");
```

```
            isShowList.add(os1);
            isShowList.add(os0);
            return "edit";
    }
    // 更新
    public String update(){
            Product product = productService.findProductById(id);
            product.setName(name);
            product.setSn(sn);
            product.setNum(num);
            product.setMprice(mprice);
            product.setIprice(iprice);
            product.setDesc(desc);
            product.setCate(new Cate(cateId, ""));
            productService.saveProduct(product);
            reset();
            return list();
    }
    // 删除商品
    public String del(){
            Product product = productService.findProductById(id);
            if(product == null){
                    this.addActionError("该商品不存在。");
            }else{
                    productService.removeProduct(product);
            }
            reset();
            return list();
    }
    …… 省略代码
}
```

5．Spring 配置

Spring 配置文件中 ProductDao、ProductService、ProductAction 的配置如下：

```xml
<!-- 配置 ProductDao 对象 -->
    <bean id="productDao" class="com.shop.business.dao.ProductDao">
            <property name="sessionFactory" ref="sessionFactory" />
    </bean>
<!-- ProductService 的配置 -->
    <bean id="productService" class="com.shop.business.service.ProductService">
            <property name="productDao" ref="productDao" />
```

```
        </bean>
<!-- ProductAction 的配置 -->
        <bean id="productAction" class="com.shop.business.action.ProductAction">
                <property name="productService" ref="productService" />
                <property name="cateService" ref="cateService" />
        </bean>
```

6. 页面

页面代码参见实践 3.2。

 知识拓展

在 Spring 配置文件中定义数据源时，可以将数据库的用户名、密码、连接字符串等信息直接写在配置文件中，如果将这些信息抽取到独立的属性文件中将是一种更好的方式。Spring 的配置文件主要是为了配置系统组件之间的依赖关系的，这些依赖关系在开发完成后基本就固定下来了，而数据源的信息在每次部署时一般都需要修改，如果将这些需要频繁修改的信息独立出来配置，那部署时就不需要修改结构复杂的 Spring 配置文件了，从而使部署更加简单。

在 Spring 配置文件中引用属性文件需要用到 PropertyPlaceholderConfigurer 类，把这个类声明成一个 Bean，并指定属性文件的路径，在其他的 Bean 中需要用到属性文件内的信息时，可以通过"${propertyKey}"的方式来引用。

例如，在源代码目录下定义了属性文件 mail.properties，其中配置了邮箱的相关信息：

```
mailbox=test@abcd.com
password=test
```

业务类 MailService 中需要用到邮箱地址和密码来发送邮件，代码如下：

```
public class MailService {
        String address;
        String password;
        //......省略 get、set 方法
        void send() {
                ......// 发送邮件
        }
}
```

在 Spring 配置文件中，声明了 MailService 的 Bean，其需要的地址和密码可以采用如下方式注入：

```
<bean  class="org.springframework.beans.factory.config.PropertyPlaceholderConfigurer">
        <property name="locations">
                <list>
                        <value>classpath:mail.properties</value>
```

```
            </list>
        </property>
</bean>
<bean id="mailService" class="com.shop.business.service.MailService">
        <property name="address" value="${mailbox}" />
        <property name="password" value="${password}" />
</bean>
```

首先需要声明一个 PropertyPlaceholderConfigurer 类的 Bean，通过 locations 属性指明属性文件的路径(属性文件可以有多个)，在需要用到属性文件中信息的地方，通过${}的方式就可以引用了。

由上述配置可见，PropertyPlaceholderConfigurer 的 locations 属性必不可少，此外，该类还有一些常用的属性，在一些高级应用中，这些属性可以提供帮助：

◇ location：如果只有一个属性文件，可以通过该属性进行设置，locations 属性用于设置多个属性文件。

◇ fileEncoding：属性文件的编码格式，Spring 默认使用操作系统的默认编码读取属性文件，如果属性文件采用了特殊编码，需要通过该属性显式指定。

◇ order：如果配置文件中定义了多个 PropertyPlaceholderConfigurer，通过设定 order 属性的值(整型数值)来指定其加载的顺序。

◇ placeholderPrefix：默认情况下，"${"为占位符前缀，可以根据需要改为其他的前缀符号。

◇ placeholderSuffix：默认情况下，"}"为占位符后缀，可以根据需要改为其他的后缀符号。

 拓展练习

练习 6.1

将 Spring 配置文件中数据源需要的 driverClassName、url、username、password 四个信息以属性文件的方式抽取出来，Spring 配置文件中通过 PropertyPlaceholderConfigurer 类来引用属性文件得到相关信息。

练习 6.2

根据以上指导，完成对 CateDao、CateService、CateAction 类的编写或升级，并将其配置到 Spring 和 Struts2 的配置文件中。

实践 7　AOP 应用

实践指导

使用 Spring 框架提供的 AOP 功能，采用声明式事务的方式完成网上购物系统中业务方法的事务配置，完成调用删除数据的业务方法时自动记录日志的功能。

实践 7.1　声明式事务的配置

采用声明式事务的方式完成网上购物系统中业务方法的事务配置。

【分析】

(1) 事务的边界应该在业务方法而不是在 Dao 的方法中确定。本系统的业务类都位于 com.shop.business.service 包下，并且业务方法采用了规范的命名方式：

① 添加、修改数据的方法名以"save"开头；

② 删除数据的方法名以"remove"开头；

③ 查询数据的方法名以"find"开头。

通过规范的命名方式可以在 Spring 配置文件中方便的区分业务方法所涉及的不同数据库操作，进而配置使用不同的事务策略。

(2) Spring 配置文件中需要引入 aop 和 tx 两个新的 xml 命名空间，并且声明它们需要用到的 schemaLocation。

(3) Spring 配置文件中需要配置一个事务管理器的 Bean。结合 Hibernate 框架，可以采用 Spring 提供的 HibernateTransactionManager 类作为事务管理器。还需要给事务管理器注入已经配置过的 SessionFactoryBean。

(4) Spring 配置文件中需要配置一个 tx 命名空间下的 <advice> 元素，并通过 transaction-manager 属性引用已配置过的事务管理器 Bean。在<advice>元素中需要声明针对不同的方法所采用的事务传播策略。本例中，"remove"、"save"开头的方法采用 "REQUIRED"，其他方法采用只读事务。

(5) Spring 配置文件中需要配置一个 aop 命名空间下的<config>元素。通过<pointcut>子元素配置需要加上事务控制的类的位置，通过 <advisor> 子元素关联 <advice> 和 <pointcut>。至此，完成了通过 Spring 框架实现声明式事务的配置过程。

【参考解决方案】

1．在 Spring 配置文件中引入命名空间

由于在配置文件中需要使用 AOP 和声明式事务相关的功能，因此需要在 Spring 配置文件 applicationContext.xml 中引入 tx 和 aop 命名空间，代码如下：

```xml
<beans xmlns="http://www.springframework.org/schema/beans"
       xmlns:xsi="http://www.w3.org/2001/XMLSchema-instance"
       xmlns:p="http://www.springframework.org/schema/p"
       xmlns:aop="http://www.springframework.org/schema/aop"
       xmlns:tx="http://www.springframework.org/schema/tx"
       xsi:schemaLocation="
            http://www.springframework.org/schema/beans
            http://www.springframework.org/schema/beans/spring-beans-3.0.xsd
            http://www.springframework.org/schema/aop
            http://www.springframework.org/schema/aop/spring-aop-3.0.xsd
            http://www.springframework.org/schema/tx
            http://www.springframework.org/schema/tx/spring-tx-3.0.xsd">
```

2．在 Spring 配置文件中配置 Hibernate 事务管理器

在 Spring 配置文件 applicationContext.xml 中配置 Hibernate 事务管理器，添加的代码如下：

```xml
<bean id="transactionManager"
      class="org.springframework.orm.hibernate3.HibernateTransactionManager">
    <property name="sessionFactory" ref="sessionFactory" />
</bean>
```

3．在 Spring 配置文件中配置事务增强通知

在 Spring 配置文件 applicationContext.xml 中配置事务增强通知，添加的代码如下：

```xml
<tx:advice id="txAdvice" transaction-manager="transactionManager">
    <tx:attributes>
        <tx:method name="save*" propagation="REQUIRED" />
        <tx:method name="remove*" propagation="REQUIRED" />
        <tx:method name="*" propagation="REQUIRED" read-only="true" />
    </tx:attributes>
</tx:advice>
```

4．在 Spring 配置文件中关联业务类和事务增强通知

在 Spring 配置文件 applicationContext.xml 中添加代码如下：

```xml
<aop:config>
    <aop:pointcut id="serviceMethods"
                  expression="execution(* com.shop.business.service.*.*(..))" />
    <aop:advisor advice-ref="txAdvice" pointcut-ref="serviceMethods" />
```

```
</aop:config>
```

实践 7.2　AOP 实践

使用 Spring 框架的 AOP 支持完成在调用删除数据的业务方法时自动记录日志的功能。网上购物系统要求在执行任何删除数据的操作时都要记录日志，包括操作者、操作时间、操作的表名、删除记录的主键等，系统还要提供日志的查询功能。

【分析】

（1）系统要求提供日志查询功能，所以文件类型的日志是不合适的，可以在数据库中保存日志记录，为此设计日志表，包括操作者、操作时间、操作的对象名、删除记录的主键、说明等字段。

（2）编写日志实体类 Log，并配置 Hibernate 映射文件。

（3）编写 LogDao 类。日志一般是不需要删除的，所以 LogDao 只需声明并实现保存和查询的方法。LogDao 类需要注入 SessionFactory。

（4）编写 LogService 类。业务逻辑需要通过调用注入的 LogDao 中的方法实现。

（5）编写 LogAction 实现日志的查询操作。LogAction 需要注入 LogService，通过调用 LogService 的业务方法完成操作。

（6）编写 log.jsp 页面供用户录入查询条件和显示查询结果，查询结果需要分页显示。

（7）在 Spring 配置文件中配置 LogDao、LogService、LogAction 的依赖关系。

（8）在 Struts2 配置文件中配置 LogAction。

（9）编写日志的切面类 LogAspect。因为需要记录删除操作针对的表名和删除记录的 ID，这些信息只能从被调用的业务方法参数等处获得，所以采用环绕类型的增强方式。

（10）业务类中删除数据的业务方法一般有接收实体类的实例和接收实体类的主键值两种方式，在日志切面类中也需要分别有不同的处理方式：如果是删除实体类实例的业务方法，参数就是删除的实例，通过 Hibernate 中 SessionFactory 的 getClassMetadata()方法可以得到实体类的一些元信息，其中包括对应的表名和主键值；如果是根据实体类主键值来删除的业务方法，主键值就是业务方法参数，可以直接得到，但是在不对原有代码做任何修改的情况下，删除操作对应的表名是无法得到的，可通过预先规定好的业务方法名约定或者添加自定义注解等方式来为业务方法绑定表名，限于篇幅，本例中在此种情况下不再保存表名，而是保存业务方法名。另外，在业务类中，删除数据的方法名都是以"remove"开头的，遵守这种约定后可以方便地在 Spring 配置文件中关联日志切面。

（11）在 Spring 配置文件中，声明 LogAspect 类型的 Bean，并通过 aop 命名空间下的 <config>元素关联需要记录日志的业务对象。至此，通过 Spring 的 AOP 支持为网上购物系统添加了自动记录日志的功能。

【参考解决方案】

1．在 MySql 数据库中添加日志表 log

SQL 代码如下：

```
CREATE TABLE　log (
```

```
        id int(10) unsigned NOT NULL auto_increment,
        operator varchar(45) NOT NULL,
        operate_time datetime NOT NULL,
        operate_target varchar(300) default NULL,
        operate_id int(10) unsigned default NULL,
        operate_type varchar(45) default NULL,
        remark varchar(1000) default NULL,
        PRIMARY KEY   (id)
)
```

2. 创建 Log 类

在 com.shop.business.pojo 包中创建 Log 类，代码如下：

```
public class Log {
        private Integer id;//主键 id
        private String    operator;//操作者
        private Date      operateTime;//操作时间
        private String    operateTarget;//操作对象
        private Integer operateId;//操作员 id
        private String    operateType;//操作类型
        private String    remark;//备注
...... // 省略各个属性的 get、set 方法
}
```

3. 创建 Log 类的映射文件

在 com.shop.business.pojo 包中创建 Log 类的映射文件 Log.hbm.xml，代码如下：

```
<hibernate-mapping package="com.shop.business.pojo">
    <class name="Log" table="log">
        <id name="id" type="java.lang.Integer">
            <column name="id" />
            <generator class="native" />
        </id>
        <property name="operator" type="java.lang.String"
            column="operator"/>
        <property name="operateTime" type="java.util.Date"
            column="operate_Time" />
        <property name="operateTarget" type="java.lang.String"
            column="operate_Target" />
        <property name="operateId" type="java.lang.Integer"
            column="operate_Id" />
        <property name="operateType" type="java.lang.String"
            column="operate_Type" />
```

```
            <property name="remark" type="java.lang.String"
                    column="remark" />
        </class>
</hibernate-mapping>
```

4．编写 LogService 类

LogService 类实现了对日志的保存和查询功能，在 com.shop.business.service 中创建 LogService 类，代码如下：

```
public class LogService {
        // 引用LogDao对象
        private LogDao logDao;
        // 根据条件返回Log对象
        public List<Log> findLogs(String operator, Date operateTimeFrom,
                    Date operateTimeTo, String operateTarget, Integer operateId,
                    String operateType, String remark, Pagination pagination){
                // 创建StringBuilder对象，生成动态查询语句
                StringBuilder where = new StringBuilder();
                List<Object> paramList = new ArrayList<Object>();
                // 添加操作员查询条件
                if (operator != null && operator.trim().length() != 0) {
                        where.append(" and operator like ?");
                        paramList.add("%" + operator + "%");
                }
                // 添加操作开始时间
                if (operateTimeFrom != null) {
                        where.append(" and operateTime >= ?");
                        paramList.add(operateTimeFrom);
                }
                // 添加操作结束时间
                if (operateTimeTo != null) {
                        where.append(" and operateTime <= ?");
                        paramList.add(operateTimeTo);
                }
                // 添加操作对象条件
                if(operateTarget != null && operateTarget.trim().length() != 0){
                        where.append(" and operateTarget like ?");
                        paramList.add("%" + operateTarget + "%");
                }
                // 添加操作员id
                if (operateId != null) {
                        where.append(" and operateId = ?");
```

```
                            paramList.add(operateId);
                    }
                    // 添加操作类型
                    if (operateType != null && operateType.trim().length() != 0) {
                            where.append(" and operateType = ?");
                            paramList.add(operateType);
                    }
                    // 添加备注条件
                    if (remark != null && remark.trim().length() != 0) {
                            where.append(" and remark like ?");
                            paramList.add("%" + remark + "%");
                    }
                    // 进行查询
                    Object[] params = new Object[paramList.size()];
                    paramList.toArray(params);
                    return logDao.find(where.toString(), params, pagination);
            }
            // 保存或更新日志对象
            public void doAddLog(Log log) {
                    logDao.saveOrUpdate(log);
            }
            public LogDao getLogDao() {
                    return logDao;
            }
            public void setLogDao(LogDao logDao) {
                    this.logDao = logDao;
            }
    }
```

5．编写 LogDao 类

LogDao 类实现了对日志的保存和查询功能，在 com.shop.business.dao 包中创建 LogDao 类，代码如下：

```
public class LogDaoHib extends HibernateDao {
        // 根据条件获取Log对象的数量
        public long findCount(final String whereClause, final Object[] params){
                String hql = "select count(*) from Log where 1=1 " + whereClause;
                Session session = getSession();
                Query query = session.createQuery(hql);
                for (int i = 0; i < params.length; i++)
                        query.setParameter(i, params[i]);
                return (Long) query.uniqueResult();
```

```
    }
    // 查询符合条件的日志对象
    @SuppressWarnings("unchecked")
    public List<Log> find(final String whereClause, final Object[] params,
                final Pagination pagination) {
        Session session = getSession();
        String hql = "from Log where 1=1 " + whereClause;
        pagination.setTotalRecord((int) findCount(whereClause, params));
        Query query = session.createQuery(hql);
        for (int i = 0; i < params.length; i++)
                query.setParameter(i, params[i]);
        query.setFirstResult(pagination.getStart()).setMaxResults(
                        pagination.getSize());
        pagination.setTotalRecord((int) findCount(whereClause, params));
        return query.list();
    }
    // 保存或更新Log对象
    public void saveOrUpdate(Log log) {
        getSession().saveOrUpdate(log);
    }
}
```

6．编写 LogAction 类

LogAction 负责处理有关 Log 对象操作的所有请求转发操作，在 com.shop.business. action 包中创建 LogAction 类，代码如下：

```
public class LogAction extends BaseAction {
    static final int PAGE_SIZE = 10;
    Integer id;
    String operator;
    String operateTimeFrom;
    String operateTimeTo;
    String operateTarget;
    Integer operateId;
    String operateType;
    String remark;
    Pagination pagination;
    String url;
    List<Log> logList = new ArrayList<Log>(0);
    LogService logService;
    public String list() {
        this.setAction("list");
```

```
                this.setUrl("log.action");
                if (pagination == null)
                        pagination = new Pagination(PAGE_SIZE);
                pagination.setSize(PAGE_SIZE);
                if (pagination.getCurrentPage() <= 0)
                        pagination.setCurrentPage(1);
                if (pagination.getTotalPage() != 0
                        && pagination.getCurrentPage() > pagination.getTotalPage())
                        pagination.setCurrentPage(pagination.getTotalPage());
                logList = logService.findLogs(operator,
                        StringUtils.isEmpty(operateTimeFrom)?null:
                                StringUtils.string2Date(operateTimeFrom),
                        StringUtils.isEmpty(operateTimeTo)?null:
                                StringUtils.string2Date(operateTimeTo),
                        operateTarget,operateId, operateType, remark,
                        pagination);
                return "list";
        }
......//省略各个属性的 get、set 方法
}
```

7. 创建 log.jsp 页面

log.jsp 页面主要是实现了 Log 对象的查询和查看。在"WebContent/admin"文件夹下创建 log.jsp 页面，核心代码如下：

```
......//省略
<s:form action="log" id="myform" name="myform">
        <s:hidden name="action" value="list" />
        <s:hidden name="pagination.currentPage" />
        <table>
                <tr>
                        <td align="right">操作者：</td>
                        <td><s:textfield name="operator"/></td>
                        <td align="right">操作类型：</td>
                        <td><s:textfield name="operateType"/></td>
                </tr>
                <tr>
                        <td align="right">操作对象：</td>
                        <td><s:textfield name="operateTarget"/></td>
                        <td align="right">记录 ID：</td>
                        <td><s:textfield name="operateId"/></td>
                </tr>
```

```
                <tr>
                        <td align="right">说明：</td>
                        <td colspan=3><s:textfield name="remark" size="61"/></td>
                </tr>
        </table>
        <s:reset cssClass="button_b" value="清空" />
        <s:submit value="查询" cssClass="button_b" />
</s:form>
......//省略
<table cellspacing="1" border="0"style="color: #333333; width: 100%;"
        align="center">
        <tr class="GridHeader" style="height: 25px;">
                <th></th>
                <th>操作者</th>
                <th>操作日期</th>
                <th>操作对象</th>
                <th>记录 ID</th>
                <th>操作类型</th>
                <th>说明</th>
        </tr>
<s:if test="%{logList.size()!=0}">
        <s:iterator value="%{logList}" id="log" status="status">
                <tr <s:if test="#status.odd">class="GridDataRow"</s:if>
                        <s:else>class="GridAltRow"</s:else>
                        onmouseover="currentcolor=this.style.backgroundColor;
                        this.style.backgroundColor='#eaf9d1';style.cursor='hand';"
                        onmouseout="this.style.backgroundColor=currentcolor;"
                        align="center">
                        <td width="20"><s:property value="#status.count" /></td>
                        <td width="100"><s:property value="#log.operator" /></td>
                        <td width="110">
                                <s:date name="#log.operateTime"
                                 format="yyyy-MM-dd HH:mm:ss" />
                        </td>
                        <td align="left" width="300">
                                <s:property value="#log.operateTarget" />
                        </td>
                        <td width="70"><s:property value="#log.operateId" /></td>
                        <td width="100"><s:property value="#log.operateType"/></td>
                        <td align="left"><s:property value="#log.remark" /></td>
```

```
                </tr>
        </s:iterator>
</s:if>
</table>
......//省略
```

8. 在 Spring 配置文件中配置 LogDao、LogService、LogAction

在 Spring 配置文件 applicationContext.xml 中添加如下配置信息:

```xml
<bean id="logDao" class="com.shop.business.dao.LogDao">
<property name="sessionFactory" ref="sessionFactory" />
</bean>
<bean id="logService" class="com.shop.business.service.LogService">
<property name="logDao" ref="logDao" />
</bean>
<bean id="logAction" class="com.shop.business.action.LogAction"
scope="prototype">
<property name="logService" ref="logService" />
</bean>
```

9. 在 Struts2 配置文件中配置 LogAction

在 Struts2 配置文件 struts.xml 中添加如下配置信息:

```xml
<action name="log" class="logAction">
<result name="list">/admin/log/list.jsp</result>
</action>
```

10. 编写 LogAspect 类

当其他业务类执行业务对象的删除操作时,LogAspect 类负责自动记录日志的功能。该日志记录功能其实就是一个切面,在其他业务类中不会出现有关日志的任何代码,统一在 LogAspect 切面类中进行处理。在 com.shop.business.advice 包中创建 LogAspect 类,其代码如下:

```java
public class LogAspect {
    LogService logService;
    public void setLogService(LogService logService) {
        this.logService = logService;
    }
    public void aroundDelete(ProceedingJoinPoint pjp) {
        try {
            pjp.proceed();
        } catch (Throwable e) {
            e.printStackTrace();
        }
        ActionContext ac = ActionContext.getContext();
```

```
        Object[] params = pjp.getArgs();
        if (params.length == 0)
                return;
        Object param = params[0];
        User user = (User)ac.getSession().get("CURRENT_USER");
        String operator = "";
        if(user != null){
                operator= user.getUserName();
        }
        Date operateTime = new Date();
        String operateTarget = "";
        Integer operateId = 0;
        String operateType = "DELETE";
        String remark = "";
        if (param instanceof Integer) { // delete by id
                operateTarget = "METHOD : "
                + pjp.getTarget().getClass().getName()
                + "#" + pjp.getSignature().getName()
                + "(" + param + ")";
                operateId = (Integer) param;
                remark = "调用的业务方法及参数";
        } else { // delete entity
                ServletContext sc = (ServletContext) ac
                                .get(StrutsStatics.SERVLET_CONTEXT);
                WebApplicationContext wac = WebApplicationContextUtils
                                .getRequiredWebApplicationContext(sc);
                SessionFactory sf = (SessionFactory)
                                 wac.getBean("sessionFactory");
                SingleTableEntityPersister step =
                                (SingleTableEntityPersister) sf
                                .getClassMetadata(param.getClass());
                operateTarget = "TABLE : " + step.getTableName();
                operateId = (Integer) step.getIdentifier(
                                param, EntityMode.POJO);
                remark = "操作的表及删除记录的ID";
        }
        Log log = new Log();
        log.setOperator(operator);
        log.setOperateTime(operateTime);
        log.setOperateTarget(operateTarget);
```

```
                    log.setOperateId(operateId);
                    log.setOperateType(operateType);
                    log.setRemark(remark);
                    logService.doAddLog(log);
    }
    public void aroundSave(ProceedingJoinPoint pjp) {
            try {
                        pjp.proceed();
            } catch (Throwable e) {
                        e.printStackTrace();
            }
            ActionContext ac = ActionContext.getContext();
            Object[] params = pjp.getArgs();
            if (params.length == 0)
                        return;
            Object param = params[0];
            User user = (User)ac.getSession().get("CURRENT_USER");
            String operator = "";
            if(user != null){
                        operator= user.getUserName();
            }
            Date operateTime = new Date();
            String operateTarget = "";
            Integer operateId = 0;
            String operateType = "SAVE";
            String remark = "";
            if (param instanceof Integer) { // save
                        operateTarget = "METHOD : "
                        + pjp.getTarget().getClass().getName()
                        + "#" + pjp.getSignature().getName()
                        + "(" + param + ")";
                        operateId = (Integer) param;
                        remark = "调用的业务方法及参数";
            } else { // save entity
                        ServletContext sc = (ServletContext) ac
                                    .get(StrutsStatics.SERVLET_CONTEXT);
                        WebApplicationContext wac = WebApplicationContextUtils
                                    .getRequiredWebApplicationContext(sc);
                        SessionFactory sf =
                            (SessionFactory) wac.getBean("sessionFactory");
```

```
                    SingleTableEntityPersister step =
                           (SingleTableEntityPersister) sf
                                   .getClassMetadata(param.getClass());
                    operateTarget = "TABLE：" + step.getTableName();
                    operateId = (Integer) step.getIdentifier(param,
                                   EntityMode.POJO);
                    remark = "操作的表及添加记录的ID";
                }
                Log log = new Log();
                log.setOperator(operator);
                log.setOperateTime(operateTime);
                log.setOperateTarget(operateTarget);
                log.setOperateId(operateId);
                log.setOperateType(operateType);
                log.setRemark(remark);
                logService.doAddLog(log);
        }
}
```

11．在 Spring 配置文件中配置日志切面

在 Spring 配置文件 applicationContext.xml 中，配置 LogAspect 类以及日志切面，添加的配置信息如下：

```xml
<!-- 日志增强 -->
<bean id="logAspect" class="com.shop.business.advice.LogAspect">
        <property name="logService" ref="logService"></property>
</bean>
<aop:config>
        <aop:pointcut expression="execution(* com.shop.business.service.*.save*(..))" id="afterSave"/>
        <aop:aspect ref="logAspect">
                <aop:around method="aroundSave" pointcut-ref="afterSave"/>
        </aop:aspect>
</aop:config>
<aop:config>
        <aop:pointcut expression="execution(*
com.shop.business.service.*.remove*(..))" id="afterRemove"/>
        <aop:aspect ref="logAspect">
                <aop:around method="aroundDelete" pointcut-ref="afterRemove"/>
        </aop:aspect>
</aop:config>
```

运行系统后，日志查询页面如图 S7-1 所示。

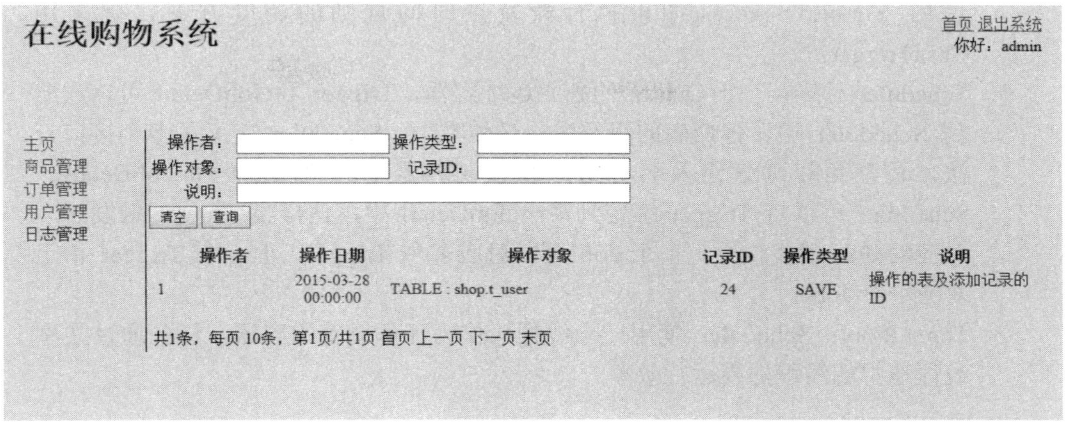

在线购物系统

主页
商品管理
订单管理
用户管理
日志管理

操作者:		操作类型:	
操作对象:		记录ID:	
说明:			

清空　查询

操作者	操作日期	操作对象	记录ID	操作类型	说明
1	2015-03-28 00:00:00	TABLE : shop.t_user	24	SAVE	操作的表及添加记录的ID

共1条，每页 10条，第1页/共1页 首页 上一页 下一页 末页

图 S7-1　日志查询页面

 知识拓展

任务调度是大多数应用系统常见的需求之一。各种企业应用几乎都会碰到任务调度的需求，例如对于 BBS 系统，每天都要定时统计论坛用户的排名情况，或每隔半个小时生成精华的 RSS 文件。对于典型的 MIS 系统而言，在每月 1 号的凌晨都要统计上月各部门的业务数据，从而生成相应报表，或每隔半小时查询用户是否有待审批的信息等任务。

上面所举的调度场景的核心都是有关时间的调度，即在特定的时间点安排运行指定的任务。任务调度本身涉及多线程并发、运行时间规则指定和解析、场景保持与恢复、线程池维护等多方面的工作。OpenSymphony 社区提供的 Quartz 自 2001 年发布以来已经被众多项目作为任务调度的解决方案，Quartz 使用起来十分简单，但却具备了很大的灵活性，其所提供的功能可以应付绝大多数的调度需求。

1. Quartz 基础结构

Quartz 对任务调度的领域问题进行了高度抽象，提出了调度器、任务和触发器等核心概念，并在 org.quartz 包中通过接口和类对核心概念进行描述。

  ◇ Job：该接口只有一个 void excute(JobExecutionContext context)方法，开发者通过实现该接口来定义运行任务，JobExecutionContext 类提供了调度上下文的各种信息。

  ◇ JobDetail：Quartz 在每次执行 Job 时，都重新创建一个 Job 实例，所以它并不直接接受一个 Job 的实例，相反它接受一个 Job 实现类以便通过 newInstance()反射机制实例化 Job。JobDetail 类负责描述 Job 的实现类及其他相关信息，如 Job 名称、描述和关联监听器等信息。JobDetail 类的构造方法为 JobDetail(java.lang.String name,java.lang.String group,java.lang.Class jobClass)，该构造方法指定了 Job 的实现类以及任务在 Scheduler 中的组名和 Job 名称。

  ◇ Trigger：该类描述触发 Job 执行的时间触发规则，主要有 SimpleTrigger 和 CronTrigger 两个子类。如果需要触发一次或者以固定时间间隔周期执行，则使用 SimpleTrigger；如果执行较复杂时间规则的调度方案，则采用 CronTrigger。

◆ Scheduler：表示一个 Quartz 的独立运行容器，Trigger 和 JobDetail 可以注册到 Scheduler 中，但两者的组及名称必须唯一。Scheduler 定义了多个接口方法，程序可以通过组及名称访问和控制容器中的 Trigger 和 JobDetail。Scheduler 可以将 Trigger 绑定到某一 JobDetail 中，这样当 Trigger 触发时，对应的 Job 就被执行。一个 Job 可以对应多个 Trigger，但一个 Trigger 指定对应一个 Job。

◆ ThreadPool：Scheduler 使用一个线程池作为任务调度的容器，任务通过共享线程池中的线程提高运行效率。

2. 使用 CronTrigger

在实际应用中，CronTrigger 使用较为广泛，其调度规则基于 Cron 表达式，CronTrigger 支持日历相关的重复时间间隔(例如每个月第四周的周二执行)。

1) Cron 表达式

Cron 表达式由 6 或 7 个空格分隔的时间段组成，如表 S7-1 所示。

表 S7-1 Cron 表达式时间字段

位置	时间段名	范围	允许的特殊字符
1	秒	0~59	, - * /
2	分钟	0~59	, - * /
3	小时	0~23	, - * /
4	日	1~31	, - * ? / L W C
5	月	1~12 或 JAN~DEC	, - * /
6	星期	1~7 或 SUN~SAT	, - * ? / L C #
7	年(可选)	空或 1970~2099	, - * /

月份和星期的名称不区分大小写，例如 FRI 和 fri 效果相同。

如表 S7-1 所示，Quartz Cron 表达式支持用特殊字符来创建更为复杂的执行计划，解释如下：

◆ 星号(*)：表示在该域上包含所有合法的值。例如，在月份域上使用星号意味着每个月都会触发该 trigger。例如，"0 * 17 * * ?"表示每天从下午 5 点到下午 5:59 中的每分钟激发一次 trigger。它之所以停在下午 5:59，是因为值 17 在小时域上，到下午 6 点时，小时变为 18，也就不会再调用该 trigger，直到下一天的下午 5 点。如果需要 trigger 在该域的所有有效值上被激发，这时使用*字符。

◆ 问号(?)：只能用在日域或周域上，但不能在这两个域上同时使用，如果在其中一个域指定了值，那就必须在另一个域上放一个"?"。它与星号不同，星号是指示该域上的每一个值，而问号则不为该域指定值，只是一个占位符。例如："0 10,44 14 ? 3 WED"表示在三月中的每个星期三的下午 2:10 和下午

2:44 被触发。

◇ **逗号(,)**：用在给某个域上指定一个值列表。例如，使用值"0,15,30,45"在秒域上意味着每 15 秒触发一个 trigger。而"0 0,15,30,45 * * * ?"则意味着每刻钟触发一次 trigger。

◇ **斜杠(/)**：用于时间表的递增。上面使用了逗号来表示每 15 分钟的递增，也可以写成 0/15。例如，"0/15 0/30 * * * ?"在整点和半点时每 15 秒触发 trigger。

◇ **中划线 (-)**：用于指定一个范围。例如，在小时域上的"3-8"意味着"3,4,5,6,7 和 8 点"。域的值不允许从大到小，例如"50-10"。"0 45 3-8 ? * *"表示在上午的 3 点至上午的 8 点的 45 分时触发 trigger。

◇ **L**：某域上允许的最后一个值。它仅被日域和周域支持。当用在日域上，表示的是在月域上指定的月份的最后一天。例如，当月域上指定了 JAN 时，在日域上的 L 会促使 trigger 在 1 月 31 号被触发。假如月域上是 SEP，那么 L 会预示着在 9 月 30 号触发。换句话说，就是不管指定了哪个月，都是在相应月份的最后一天触发 trigger。例如，表达式"0 0 8 L * ?"的含义是在每个月最后一天的上午 8:00 触发 trigger。在月域上的"*"表示"每个月"。当 L 字母用于周域上，指示为周的最后一天，就是星期六(或者数字 7)。所以如果需要在每个月的最后一个星期六下午的 11:59 触发 trigger，可以用这样的表达式"0 59 23 ? * L"。当使用于周域上，可以用一个数字与 L 连起来表示月份的最后一个星期几。例如，表达式"0 0 12 ? * 2L"表示在每个月的最后一个星期一的 12 点触发 trigger。

◇ **W**：该字符只能出现在日域中，表示离该日期最近的工作日。例如，15W 表示离该月 15 号最近的工作日，如果该月 15 号为星期六，则匹配 14 号星期五；如果 15 号为星期日，则匹配 16 号星期一；如果 15 号是星期三，则匹配结果就是星期三。

◇ **LW 组合**：在日域中可以组合使用 LW，表示当月的最后一个工作日。

◇ **井号(#)**：该字符只在星期字段中使用，表示当月某个工作日。例如 5#1 表示当月的第一个星期四(5 表示星期四，#1 表示当前第一个)，而 4#5 表示当月的第五个星期三，如果当月没有第五个星期三，则忽略不触发。

◇ **C**：该字符只用在日域和星期字段中，表示"日历"的含义，例如，8C 在日域中表示 8 日后的第一天。2C 在星期字段中表示星期一后的第一天，即星期二。

2) CronTrigger 实例

下面定义一个 **MyJob** 类，该类实现了 Job 接口，代码如下：

```
public class MyJob implements Job {
    // 重写 execute 方法
    public void execute(JobExecutionContext context)
            throws JobExecutionException {
        // Job 名称
        String jobName = context.getJobDetail().getFullName();
```

```
            // Job 组名称
            String jobGroupName = context.getJobDetail().getGroup();
            // 调用 Trigger 的名称及调用时间
            String triggerName = context.getTrigger().getName();
            //格式化输出时间
            SimpleDateFormat format = new SimpleDateFormat("yyyy-MM-dd
                    HH:mm:ss");
            String date = format.format(new Date());
            //打印信息
            System.out.println("Job 名称： " + jobName);
            System.out.println("触发器的名称： " + triggerName
                    + " ;任务调用时间： " + date);
    }
}
```

上述代码定义了 Job 的实现类，该实现类主要完成基本信息的打印。定义一个测试类用于调用该 Job，代码如下：

```
public class CronTriggerTest {
    public static void main(String[] args)throws Exception {
            // 根据 job 名称，组名和 Job 类型创建 JobDetail 对象
            JobDetail jobDetail = new JobDetail("job_1",
                    "jGroup1", MyJob.class);
            // 创建 Cron 表达式
            String cron = "0/5 * * * * ?";
            // 根据 trigger 名称和组名创建 Trigger 对象
            CronTrigger cronTrigger = new CronTrigger("trigger_1",
                    "tGroup1", cron);
            //获取调度工厂对象
            SchedulerFactory factory = new StdSchedulerFactory();
            //获取调度实例
            Scheduler scheduler = factory.getScheduler();
            //绑定 Job 和触发器
            scheduler.scheduleJob(jobDetail, cronTrigger);
            scheduler.start();
            //必须有下面代码，否则，主线程运行完毕，任务不会被调用
            Thread.currentThread().sleep(100000);//休眠 100 秒
    }
}
```

运行上述代码后，在 10 秒内打印如下结果：

```
Job 名称：jGroup1.job_1
触发器的名称：trigger_1 ;任务调用时间： 2011-02-11 16:49:40
```

Job 名称：jGroup1.job_1

触发器的名称：trigger_1 ;任务调用时间：2011-02-11 16:49:45

3. 在 Spring 中使用 Quartz

Spring 为创建 Quartz 的 Scheduler、Trigger 和 JobDetail 提供了便利的 Bean 类以便能够在 Spring 容器中实现依赖注入。

1) 创建 JobDetail

Spring 通过扩展 JobDetail 提供了一个名为 JobDetailBean 的类，该类可以完成 JobDetail 相同的工作。使用 JobDetailBean 时，首先需要了解一下该类的属性：

- ◇ jobClass：类型为 Class，实现 Job 接口的任务类。
- ◇ beanName：默认为 Bean 的 id 名，通过该属性显式指定 Bean 名称，它对应任务的名称。
- ◇ jobDataAsMap：类型为 Map，为任务所对应的 jobDataMap 提供值。Spring 通过 jobDataAsMap 为 jobDataMap 设置值。
- ◇ applicationContextJobDataKey：开发者可以将 Spring ApplicationContext 的引用保存到 JobDataMap 中，以便在 Job 的代码中访问 ApplicationContext。因此，开发者需要指定一个 Key，用于在 JobDataMap 中保存 ApplicationContext 对象。
- ◇ jobListenerNames：类型为 String[]，指定注册在 Scheduler 中的 JobListeners 的名称，以便让这些监听器对本任务的事件进行监听。

下面配置片段使用 JobDetailBean 在 Spring 中配置一个 JobDetail，配置如下：

```xml
<!-- 配置 jobDetail -->
<bean name="jobDetail"
      class="org.springframework.scheduling.quartz.JobDetailBean">
    <!-- 配置任务的名称 -->
    <property name="name" value="job_1" />
    <!-- 配置组的名称 -->
    <property name="group" value="jGroup1" />
    <!-- 配置 jobDataAsMap 属性，填充 "name-zhangsan"键值对 -->
    <property name="jobDataAsMap">
        <map>
            <entry key="name" value="zhangsan" />
        </map>
    </property>
    <!-- 指定任务的类型 -->
    <property name="jobClass"
            value="com.shop.business.quartz.MyJob" />
    <!-- 指定 ApplicationContext 对象的 Key，以便在 jobDetail 中获取，Key 可以是任意合法值 -->
    <property name="applicationContextJobDataKey"
            value="applicationContext" />
```

```
</bean>
```

通过上述配置，在 Job 运行时就可以通过 JobDataMap 访问到 name 的值和 ApplicationContext 对象了。

2）创建 CronTrigger

Quartz 的另一个重要组件为 CronTrigger。Spring 提供了 CronTriggerBean，它扩展于 CronTrigger，并保存在默认组中。下面配置片段使用 CronTriggerBean 配置一个 Trigger，配置如下：

```
<!-- 配置 CronTriggerBean -->
<bean name="cronTrigger"
      class="org.springframework.scheduling.quartz.CronTriggerBean">
    <!-- 定义触发器名称，默认为 Bean 的 id 名称 -->
    <property name="name" value="trigger_1" />
    <!-- 定义触发器的组名称，默认为 Scheduler.DEFAULT_GROUP -->
    <property name="group" value="tGroup1" />
    <!-- 定义 Cron 表达式，每隔 5 秒调用一次 job -->
    <property name="cronExpression" value="0/5 * * * * ?" />
    <!-- 引用前面定义的 job ，即与 Job 进行绑定-->
    <property name="jobDetail" ref="jobDetail" />
</bean>
```

上述配置的作用是每隔 5 秒调用并执行 MyJob 任务。

3）创建 Scheduler

Quartz 的 SchedulerFactory 是标准的工厂类，不太适合在 Spring 环境下使用。此外，为了保证 Scheduler 能够感知 Spring 容器的生命周期，完成自动启动和关闭的操作，必须让 Scheduler 和 Spring 容器的生命周期相关联，从而当 Spring 容器启动后，Scheduler 自动开始工作，在 Spring 容器关闭前，自动关闭 Scheduler。因而 Spring 提供了 SchedulerFactoryBean，该类不仅以 Bean 风格的方式为 Scheduler 提供配置信息，还可以让 Scheduler 和 Spring 容器的生命周期建立关联。SchedulerFactoryBean 类的主要属性如下：

- ◇ calendars：类型为 Map，通过该属性向 Scheduler 注册 Calendar。
- ◇ jobDetails：类型为 JobDetail[]，通过该属性向 Scheduler 注册 JobDetail。
- ◇ autoStartup：判断 SchedulerFactoryBean 在初始化后是否马上启动 Scheduler，默认为 true；如果设置为 false，则需要手工启动 Scheduler。
- ◇ startupDelay：表示在 SchedulerFactoryBean 初始化完成后，延迟多少秒启动 Scheduler，默认为 0，表示马上启动，通常情况下通过该属性让 Scheduler 延迟一小段时间后启动，以便让 Spring 能够更快初始化容器中剩余的 Bean。

下面配置片段是配置 SchedulerFactoryBean 的例子，代码如下：

```
<!-- 配置 SchedulerFactoryBean -->
<bean name="scheduler"
      class="org.springframework.scheduling.quartz.SchedulerFactoryBean">
    <!-- 注册触发器 -->
```

```
        <property name="triggers">
            <list>
                    <ref bean="cronTrigger" />
            </list>
        </property>
    <!-- 配置手工启动 -->
    <property name="autoStartup" value="false"/>
    <!-- 让 Spring 初始化完 Bean 后再调度,10 秒延迟 -->
    <property name="startupDelay" value="10"/>
</bean>
```

上述代码中配置了 autoStartup 属性，目的是为了演示在程序中可以自行获取 Scheduler 对象，进而调用。

下面定义一个 SchedulerTest 类，在该类中用于调用 scheduler，从而执行任务，代码如下：

```
public static void main(String[] args) throws Exception {
    //创建 ApplicationContext 实例
    ApplicationContext context = new ClassPathXmlApplicationContext(
                    "applicationContext.xml");
    //从容器中获取 Scheduler 对象
    Scheduler scheduler = (Scheduler) context.getBean("scheduler");
    //启动
    scheduler.start();
}
```

运行结果如下：

```
Job 名称：jGroup1.job_1
触发器的名称：trigger_1 ;任务调用时间：2011-02-12 09:44:45
Job 名称：jGroup1.job_1
触发器的名称：trigger_1 ;任务调用时间：2011-02-12 09:44:50
```

由结果可知，通过对 Spring 提供的 Bean 进行配置，其运行结果与前面直接使用 org.quartz 包中的类的运行结果完全相同。

　　在实际应用中，并不总是确定在系统部署的时候需要立即启动哪些任务，往往需要在运行期根据业务数据动态产生触发器和任务。开发者完全可以在系统运行期间通过代码调用 SchedulerFactoryBean 来获取 Scheduler 实例，进行动态的任务注册和调度。

 拓展练习

利用 AOP 原理，实现当方法执行时，打印指定方法的执行时间，如打印以 "Service" 结尾的类的所有方法的执行时间。

实践 8　项目完善

 实践指导

实践 8.1　DetachedCriteria

利用 DetachedCriteria 实现离线动态查询客户信息。

【分析】

(1) 升级 productList.jsp 页面，增加查询条件。

(2) 在 ProductAction 中创建 DetachedCriteria 对象，并传至 Dao 中进行查询。

(3) 把查询出的结果以列表的方式显示。

【参考解决方案】

1．升级 productList.jsp 页面

在客户列表页面 productList.jsp 的基础上，增加查询条件，增加的核心代码如下：

```
<s:form action="%{url}" method="get">
    <s:hidden name="action" value="list" />
    <table class="query-table">
        <tr>
            <td align="right">商品名称：</td>
            <td><s:textfield name="name" /></td>
            <td align="right">商品类型：</td>
            <td>
                <s:select list="cateList" name="cateId" listKey="id"
                listValue="name" cssStyle="min-width: 130px;">
                </s:select>
            </td>
        </tr>
        <tr>
            <td align="right">上架：</td>
            <td><s:radio list="isShowList" listKey="key"
                            listValue="value" name="isShowForQuery" /></td>
            <td align="right">热卖：</td>
```

```
                <td><s:radio list="isHotList" listKey="key"
                            listValue="value" name="isHotForQuery" /></td>
        </tr>
        <tr>
            <td align="right">描述：</td>
            <td colspan=3><s:textfield name="desc" size="61" />
            </td>
        </tr>
        <tr>
            <td colspan="4" align="right">
                <s:reset value="清空" /> <s:submit value="查询"  />
            </td>
        </tr>
    </table>
</s:form>
```

增加上述条件后，productList.jsp 页面的运行效果如图 S8-1 所示。

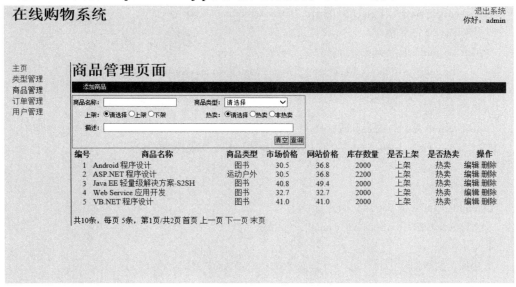

图 S8-1　查询列表页面

2．升级 ProductAction 类

升级 ProductAction 中的 list()方法并添加 isShowForQuery 和 isHotForQuery 用于查询符合上架、热卖的商品信息，list()方法改进后的代码如下：

```
/* 分页查询列表 */
public String list() {
    cateList = cateService.findByName("");
    cateList.add(0, new Cate(-1, "请选择"));
```

```java
isShowList = new ArrayList<OptionString>();
OptionString os1 = new OptionString("1", "上架");
OptionString os0 = new OptionString("0", "下架");
OptionString osEmpty = new OptionString("-1", "请选择");
isShowList.add(osEmpty);
isShowList.add(os1);
isShowList.add(os0);
isHotList = new ArrayList<OptionString>();
OptionString os2 = new OptionString("1", "热卖");
OptionString os3 = new OptionString("0", "非热卖");
isHotList.add(osEmpty);
isHotList.add(os2);
isHotList.add(os3);
// 设置首页或下一页等对应的 url
this.setAction("list");
this.setUrl("product.action");
DetachedCriteria dc = DetachedCriteria.forClass(Product.class);
// 模糊查询商品名称
if(name != null && !name.equals("")){
        dc.add(Restrictions.ilike("name", name, MatchMode.ANYWHERE));
}
// 模糊查询描述
if(desc != null && !desc.equals("")){
        dc.add(Restrictions.ilike("desc", desc, MatchMode.ANYWHERE));
}
// 根据类型查询
if(cateId != null && cateId != -1){
        dc.add(Restrictions.eq("cate.id", cateId));
}
// 根据上架查询
if(isShowForQuery != null && isShowForQuery != -1){
        dc.add(Restrictions.eq("isShow", isShowForQuery==1));
}
// 根据热卖查询
if(isHotForQuery != null && isHotForQuery != -1){
        dc.add(Restrictions.eq("isHot", isHotForQuery==1));
}
// 设置每一页多少记录
int size = 5;
if (pagination == null) {
```

```
            pagination = new Pagination(size);
        }
        pagination.setSize(size);
        if (pagination.getCurrentPage() <= 0) {
            pagination.setCurrentPage(1);
        }
        if (pagination.getTotalPage() != 0
            && pagination.getCurrentPage() > pagination.getTotalPage()) {
            pagination.setCurrentPage(pagination.getTotalPage());
        }
        // 分页查询后，返回特定记录
        productList = productService.queryByCriteria(dc, pagination);
        if (this.productList.size() == 0
            && pagination.getCurrentPage() != 1) {
            pagination.setCurrentPage(pagination.getCurrentPage() - 1);
            productList = productService.queryByCriteria(dc, pagination);
        }
        return "list";
    }
}
```

上述代码中，利用 DetachedCriteria 对象，封装了页面传递过来的数据，然后调用
queryByCriteria()方法进行动态查询。

3. 升级 ProductDao 类

分别添加 getCount()方法和 queryByCriteria()方法，其中 queryByCriteria()方法的代码
如下：

```
// 分页查询出满足条件的 Product
public List<Product> queryByCriteria(DetachedCriteria dc,
                Pagination pagination) {
    Session session = getSession();
    // 获取所有符合条件的记录数
    pagination.setTotalRecord(findCount(dc, pagination));
    Criteria cri = dc.getExecutableCriteria(session);
    cri.setFirstResult(pagination.getStart());
    cri.setMaxResults(pagination.getSize());
    // 必须设置为 null,否则记录查询不出来
    dc.setProjection(null);
    List<Product> temp = (List<Product>) cri.list();
    return temp;
}
```

上面代码中，利用 DetachedCriteria 对象进行分页查询，其中利用 findCount()方法来
返回符合条件的记录的总数，findCount()方法的核心代码如下：

```java
public Integer findCount(final DetachedCriteria dc, final Pagination p) {
        Session session = getSession();
        Criteria cri = dc.getExecutableCriteria(session);
        cri.setProjection(Projections.rowCount());
        List l = cri.list();
        return (Integer) l.get(0);

}
```

实践 8.2　使用 Javascript 改进查询

对于实践 8.1，在列表中当单击"下一页"时，原先填入的所有条件就会消失，这时再查询是没有查询条件的，改进实践 8.1，当单击"下一页"时，能够保存条件继续进行条件查询，此外，利用 Javascript 实现必要时清空查询条件。

【分析】

(1) 当单击"下一页"时，由于填写的条件没有提交至 Action，并且由于 Action 对象每次都重新被创建，所以每次填写的条件都会消失，要实现条件的保存，需要单击下一页时能够进行表单提交。

(2) 在实践 8.1 中，单击"清空"时，由于该标签是 reset 类型的标签，该类型的标签只是还原至默认值，并不是真正清空数据，所以通过自定义 javascript 函数，可以实现真正意义的清空内容。

【参考解决方案】

1．升级 pagelist.jsp 页面

改进 pagelist.jsp 分页页面中的代码，代码如下：

```jsp
<%@ page language="java" contentType="text/html; charset=UTF-8"
        pageEncoding="UTF-8"%>
<%@ include file="/common/base.jsp"%>
<script type="text/javascript">
        function trim(str) {
                return str.replace(/(^\s*)|(\s*$)/g, "");
        }
        function selectPage(input) {
                var value = trim(input.value);
                if (value == "") {
                        return;
                }
                if (/\d+/.test(value)) {
                        input.form.submit();
                        return;
                }
```

```
                alert("请输入正确的页数");
                input.focus();
        }
    function toUrl(url) {
            //获取 pagination.currentPage 的位置
            var pos = url.indexOf("pagination.currentPage");
            //取得 pagination.currentPage=xxx
            var v1 = url.substring(pos + 1);
            //取得=的位置
            var pos1 = v1.indexOf("=");
            var f = document.getElementById("queryform");
            if (f == null) {
                    alert("不存在名为 queryform 的 Form 表单，请检查！");
            }
            var p = document.getElementById("pagination.currentPage");
            //获取 pagination.currentPage 的值
            p.value = v1.substring(pos1 + 1);
            //提交表单
            f.submit();

        }
</script>
<s:if test="pagination.totalPage != 0">
    <table>
        <tr>
                <td valign="bottom" align="left" nowrap="nowrap"
                    style="width: 40%;">
                    总记录： <s:property value="pagination.totalRecord"/> 条
                      每页： <s:property value="pagination.size"/> 条
                       页码：第
                    <s:property value="pagination.currentPage" /> 页/共
                    <s:property value="pagination.totalPage" /> 页
                </td>
                <td valign="bottom" align="right" nowrap="nowrap"
                    style="width: 60%;">
                    <s:url action="%{url}" id="first">
                            <s:param name="action" value="action"></s:param>
                            <s:param name="pagination.currentPage" value="1">
                            </s:param>
                    </s:url> <s:url action="%{url}" id="next">
                            <s:param name="action" value="action"></s:param>
```

```
                            <s:param name="pagination.currentPage"
                                    value="pagination.currentPage+1">
                            </s:param>
        </s:url> <s:url action="%{url}" id="prior">
                    <s:param name="action" value="action"></s:param>
                    <s:param name="pagination.currentPage"
                            value="pagination.currentPage-1"></s:param>
        </s:url> <s:url action="%{url}" id="last">
                    <s:param name="action" value="action"></s:param>
                    <s:param name="pagination.currentPage"
                    value="pagination.totalPage"></s:param>
        </s:url> <s:if test="pagination.currentPage == 1">
                    <span class="current">首页</span>
                    <span class="current">上一页</span>
        </s:if> <s:else>
                    <s:a href="javascript:toUrl('%{first}')"
                            cssStyle="margin-right: 5px;">首页</s:a>
                    <s:a href="javascript:toUrl('%{prior}')"
                            cssStyle="margin-right: 5px;">上一页</s:a>
        </s:else> <s:if test="pagination.currentPage ==
        pagination.totalPage || pagination.totalPage == 0">
                    <span class="current">下一页</span>
                    <span class="current">末页</span>
        </s:if> <s:else>
                    <s:a href="javascript:toUrl('%{next}')"
                            cssStyle="margin-right: 5px;">下一页
                            </s:a>  
                    <s:a href="javascript:toUrl('%{last}')"
                                cssStyle="margin-right: 5px;">末页</s:a>
        </s:else>
            </td>
        </tr>
    </table>
</s:if>
```

从上面代码中可以看出，超级链接中利用 javascript 函数 toUrl()进行跳转。

对于 userlist.jsp 页面，只需要在名称为 queryform 的表单中添加如下代码：

```
<s:hidden name="pagination.currentPage" />
```

通过上面内容的添加，就可以实现当单击"下一页"时，继续进行条件查询。

2．升级 productlist.jsp 页面

为实现条件的清空，将 productlist.jsp 中名为 queryform 的<s:reset…/>按钮进行改进，

更改代码如下：

```
<s:reset value="清空" onclick="clearForm('queryform')" />
```

其中，clearForm()函数用来清空表单中的元素，代码如下：

```
function clearForm(queryform){
var x=document.getElementById(queryform);
//根据输入标签的类型，来判断清空时的默认值
for (var i=0;i<x.length;i++){
        var input = x.elements[i];
        if(input.type=='text'){
                input.value='';
        }
        if(input.type=='textarea'){
                input.value='';
        }
        if(input.type=='select'){
                input.selectedIndex=0;
        }
        if(input.type=='radio'){
                input.checked=false;
        }
}
x.submit();
}
```

通过在 JSP 页面中引用上面定义的 clearForm()函数，就可以达到清空条件的目的。

 知识拓展

1．配置 Hibernate 二级缓存

使用缓存是进行应用系统性能优化的一种重要手段，合理使用缓存可以极大地提高应用系统的运行效率。在持久层框架中也会通过缓存技术提高持久层的运行效率，这是因为应用程序访问数据库时，读写数据的代价非常高，而利用持久层的缓存可以减少应用程序与数据库之间的交互，即把访问过的数据保存到缓存中，当应用程序再次访问已经访问过的数据时，这些数据可以从缓存中获取，而不必再次访问数据库。此外，如果数据库中的数据被修改或删除，那么该数据所对应的缓存数据也会被同步修改或删除，进而保持缓存数据的一致性。

Hibernate 中的缓存分为一级缓存和二级缓存。Hibernate 的一级缓存是内置缓存，无法通过配置来取消该缓存。Hibernate 一级缓存通过 Session 对象实现缓存，也称为"Session 缓存"。一级缓存是事务级别的缓存，事务结束后缓存中的所有数据失效。使用一级缓存可以在一个事务中减少查询数据表的操作。

Hibernate 二级缓存由 SessionFactory 对象管理，是应用级别的缓存。它可以缓存整个应用的持久化对象，所以又称为"SessionFactory 缓存"。

使用 Hibernate 二级缓存后，进行数据查询时，Session 对象首先会在一级缓存中查找有无缓存数据被命中。如果没有，则查找二级缓存，如果数据在二级缓存中存在，则直接返回所命中的数据；否则查询数据库。

Hibernate 框架本身没有提供产品级别的二级缓存，而是利用第三方成熟的缓存组件实现。为了集成不同的第三方缓存组件，Hibernate 提供了 org.hibernate.cache.CacheProvider 接口用来作为缓存组件与 Hibernate 之间的适配器。在实际开发中常用的 Hibernate 二级缓存组件如表 S8-1 所示。

表 S8-1　Hibernate 二级缓存组件

名　称	对应的适配器类
EHCache	org.hibernate.cache.EhCacheProvider
OSCache	org.hibernate.cache.OSCacheProvider
SwarmCache	org.hibernate.cache.SwarmCacheProvider

其中：

✧ EHCache：是一个容易上手且轻量级的缓存组件，它使用内存或硬盘保存缓存数据，不支持分布式缓存。

✧ OSCache：功能强大，不仅支持对持久层数据的缓存，还可以缓存表现层的动态网页，例如 JSP，它使用内存或硬盘保存缓存中的数据。

✧ SwarmCache：是一个支持集群缓存的缓存组件，使用 JavaGroups 实现分布式缓存的同步，特别适合缓存读取频繁但更新不频繁的持久化对象。

由于二级缓存中的缓存数据也存在并发访问控制的问题，因此需要设置适当的缓存策略。二级缓存的缓存策略有以下几种：

1）只读策略(read-only)

如果应用程序的持久化对象只需要读取而不需要进行修改，可以使用 read-only 缓存。这是最简单，也是实用性最好的策略。对于从来不会修改的数据，如权限数据，可以使用这种并发访问策略。

2）读/写(read-write)

如果应用程序需要更新数据，read-write 缓存比较合适。如果需要序列化事务隔离级别，那么就不能使用这种缓存策略。对于经常被读但很少修改的数据，可以采用这种隔离类型，因为它可以防止脏读的并发问题。

3）不严格的读/写缓存(nonstrict-read-write)

不严格的读/写缓存策略适合读取频繁但极少更新的 Hibernate 应用，它不保证两个事务并发修改同一个缓存数据的一致性，在性能上要比读/写缓存效率高。

4）事务缓存(transactional)

事务缓存策略提供对缓存数据的全面的事务支持，只能用于 JTA 环境中。

各种缓存组件对缓存策略的支持如表 S8-2 所示。

表 S8-2　各种缓存组件对缓存策略的支持

名　称	read-only	read-write	nonstrict-read-write	transactional
EHCache	✓	✓	✓	
OSCache	✓	✓	✓	
SwarmCache	✓		✓	

下面以 EHCache 为例，基于实践 8.2，讲解二级缓存的配置和使用，缓存的对象为 User 对象。

（1）配置步骤。

① 把 EHCache 的核心库 ehcache-1.5.0.jar 复制到项目的 WEB-INF/lib 目录中，此外还需要复制 EHCache 需要用到的 backport-util-concurrent-3.0.jar、commons-logging-1.0.4.jar 和 jsr107cache-1.0.jar。

② 在 Spring 配置文件的 Hibernate 配置部分加入 EhCache 缓存插件的提供类和启用查询缓存，代码如下：

```
<!--配置缓存插件 -->
<prop key="hibernate.cache.provider_class">
        org.hibernate.cache.EhCacheProvider
</prop>
<prop key="hibernate.cache.use_query_cache">
        true
</prop>
```

③ 拷贝 ehcache.xml 文件到类路径(项目工程的 src 目录下)。

④ 修改 Hibernate 映射文件：Hibernate 允许在类和集合的粒度上设置第二级缓存。在映射文件中，<class>和<set>元素都有一个<cache>子元素，这个子元素用来配置二级缓存。在 User.hbm.xml 文件中配置如下：

```
<hibernate-mapping package="com.shop.business.pojo">
        <class name="User" table="t_user">
        <!-- 配置缓存，必须紧跟在class元素后面，对缓存中的User对象采用读写型的并发访问策略-->
        <cache usage="read-write"/>
...省略
</hibernate-mapping>
```

⑤ 编辑 ehcache.xml 文件，配置 User 类的数据过期策略，代码如下：

```
<ehcache>
        <diskStore path="c:\\ehcache\" />
        <defaultCache maxElementsInMemory="10000" eternal="false"
                timeToIdleSeconds="120" timeToLiveSeconds="120"
                overflowToDisk="true" />
        <!-- 设置User类的缓存的数据过期策略 -->
        <cache name="com.shop.business.pojo.User"
                maxElementsInMemory="100" eternal="true"
```

```
                timeToIdleSeconds="0" timeToLiveSeconds="0"
                overflowToDisk="true" />
</ehcache>
```

⑥ 在 DAO 中，调用查询方法查询之前，设置使用缓存，代码如下：

```
// 查询符合条件的User对象
public User findByName(String userName) {
        // 通过回调接口来完成查询操作
        String hql = "from User where userName = ?";
        Query query = getSession().createQuery(hql);
        // 激活查询缓存
        query.setCacheable(true);
        return (User) query.setParameter(0, userName).list().get(0);
}
```

> 如果不设置"查询缓存"，那么 hibernate 只会缓存使用 load()方法获得的单个持久化对象，而如果需要缓存使用 list()、iterator()等方法获得的数据结果集，就需要设置 hibernate.cache.use_query_cache 属性，配置格式见步骤②。

(2) ehcache.xml 文件详解。

配置 ehcache.xml 文件时，首先需要了解<cache>元素的核心属性，如表 S8-3 所示。

表 S8-3 <cache>元素核心属性

名　称	描　述
name	Cache 的唯一标识
maxElementsInMemory	内存中最大缓存对象数
maxElementsOnDisk	磁盘中最大缓存对象数，若是 0 表示无穷大
eternal	对象是否永久有效，一但设置了，timeout 将不起作用
overflowToDisk	配置此属性，当内存中对象数量达到 maxElementsInMemory 时，Ehcache 将会把对象写到磁盘中
timeToIdleSeconds	设置对象在失效前的允许闲置时间。仅当对象不是永久有效时使用，可选属性，默认值是 0，也就是可闲置时间无穷大
timeToLiveSeconds	设置对象在失效前允许存活时间。最大时间介于创建时间和失效时间之间。仅当对象不是永久有效时使用，默认是 0，也就是对象存活时间无穷大
diskPersistent	是否缓存虚拟机重启期数据
diskExpiryThreadIntervalSeconds	磁盘失效线程运行时间间隔，默认是 120 秒
diskSpoolBufferSizeMB	这个参数设置 DiskStore(磁盘缓存)的缓存区大小。默认是 30 MB。每个 Cache 都应该有自己的一个缓冲区
memoryStoreEvictionPolicy	当达到 maxElementsInMemory 限制时，Ehcache 将会根据指定的策略去清理内存。默认策略是 LRU(最近最少使用)，可以设置为 FIFO(先进先出)或是 LFU(较少使用)

上表详细介绍了<cache/>元素的核心属性含义。此外，在步骤⑤中所示的 ehcache.xml 文件中，<ehcache>元素是 ehcache.xml 文件的根元素；<diskStore>元素的 path 属性设置了

保存 User 对象数据的路径，当内存中缓存对象的数量超过设置的最大缓存对象数量时，系统会把缓存对象保存在该路径下；<defaultCache>标签设置了默认的缓存参数，每个需要缓存的持久化类一般都需要通过<cache>标签设置缓存参数配置，否则会使用<defaultCache>标签设置默认的缓存参数；<cache>标签为不同的缓存区域设置不同的缓存参数。

2. 使用 JavaMail 收发邮件

JavaMail 是 Sun 公司发布的用来处理 email 的类库，但是并没有加入标准的 JDK。使用 JavaMail 可以编写收发电子邮件的程序，支持各种协议，支持各种邮件格式。

下述代码演示了如何直接使用 JavaMail 发送和收取邮件。

```java
public class MailDemo {
    // 发送邮件
    public static void send() throws Exception {
        String senderHost = "smtp.126.com"; // 发送邮件服务器
        String senderUser = "abc"; // 发送者用户名
        String senderPassword = "123"; // 发送者密码
        String fromMail = senderUser + "@126.com"; // 发送者邮箱
        String toMail = "def@126.com"; // 接收者邮箱
        Properties props = new Properties();
        Session session = Session.getInstance(props);
        Message message = new MimeMessage(session);
        message.setSubject("测试"); // 邮件主题
        message.setText("你好"); // 邮件正文
        message.setSentDate(new Date()); // 邮件发送日期
        message.setFrom(new InternetAddress(fromMail)); // 发送者地址
        message.addRecipient(Message.RecipientType.TO,
                new InternetAddress(toMail));// 接收者地址
        message.saveChanges();
        // 使用 SMTP 协议传输
        Transport transport = session.getTransport("smtp");
        // 连接服务器
        transport.connect(senderHost, senderUser, senderPassword);
        // 发送
        transport.sendMessage(message, message.getAllRecipients());
        transport.close();
    }
    // 接收邮件
    public static void receive() throws Exception {
        String receiveHost = "pop.126.com"; // 接收邮件服务器
        String receiverUser = "abc";// 接收者用户名
```

```
            String receiverPassword = "123";// 接收者密码
            Properties props = new Properties();
            Session session = Session.getInstance(props);
            Store store = session.getStore("pop3");// 使用 POP3 协议接收
            // 连接服务器
            store.connect(receiveHost,receiverUser,receiverPassword);
            Folder folder = store.getFolder("INBOX"); // 得到收件箱
            folder.open(Folder.READ_ONLY); // 打开收件箱
            Message[] msgs = folder.getMessages(); // 得到所有邮件
            for (int i = 0; i < msgs.length; i++) { // 遍历所有邮件
                    System.out.println(msgs[i].getSentDate()); // 邮件发送日期
                    System.out.println(msgs[i].getSubject()); // 邮件主题
                    System.out.println(msgs[i].getContent()); // 邮件内容
            }
            folder.close(false);
            store.close();
        }
}
```

 JavaMail 虽然是 Sun 发布的，但是并没有包含在标准的 JDK 中，所以使用 JavaMail 需要下载并引用其类库才能使用。JavaMail 可在 Java 官方网站 http://www.oracle.com/ technetwork/java/javamail/index.html 中下载。

上述代码实现了发送和接收简单的文本格式邮件，从中可以看到，JavaMail API 比较复杂，直接使用 JavaMail 开发邮件程序是一件繁琐的工作，如果需要收发 HTML 格式的邮件，或者带有附件的邮件，则代码会变得更加繁琐。Spring 框架对 JavaMail 进行了封装，在保留 JavaMail 强大功能的同时，提供了一组方便易用的 API，使得编写发送邮件的程序变得非常简单。

 Spring 只对发送邮件进行了封装，如果需要接收邮件，还是需要直接使用 JavaMail 完成。

针对发送各种格式的邮件，Spring 框架都提供了支持，核心接口是 JavaMailSender，此接口提供了发送各种邮件的方法，通常可以直接使用其实现类 JavaMailSenderImpl。下面介绍发送各种邮件的方法。

1) 发送文本格式邮件

发送文本格式邮件示例代码如下：

```
// 发送文本格式的邮件
public void sendTxtMail() {
        // Spring 提供的邮件发送类。可以使用 Spring 的依赖注入来注入实例
        JavaMailSenderImpl sender = new JavaMailSenderImpl();
        Properties props = new Properties();
```

```
        props.setProperty("mail.smtp.auth", "true");//设置 SMTP 服务器需要身份验证
        sender.setHost("smtp.126.com"); // SMTP 邮件服务器
        sender.setUsername("fnnzyp"); // 发送者用户名
        sender.setPassword("********"); // 发送者密码
        sender.setJavaMailProperties(props);
        SimpleMailMessage msg = new SimpleMailMessage();
        msg.setFrom("fnnzyp@126.com"); // 发送者邮箱
        msg.setTo("zypfnn@126.com"); // 接收者邮箱
        msg.setReplyTo("fnnzyp@126.com"); // 回复邮箱
        msg.setCc("zypfnn@126.com"); // 抄送邮箱
        msg.setBcc("zypfnn@126.com"); // 密送邮箱
        msg.setSentDate(new Date()); // 发送日期
        msg.setSubject("使用 Spring 发送的文本格式邮件"); // 邮件主题
        msg.setText("文本格式 测试成功! "); // 邮件内容
        sender.send(msg); // 发送
}
```

上述代码中，首先创建了 JavaMailSenderImpl 的一个实例，并且指定了邮件发送者的一些相关信息；然后构造 SimpleMailMessage 的实例，SimpleMailMessage 表示文本格式的邮件，可以设置邮件的发送者、接收者、抄送者、标题、内容等；最后调用 JavaMailSenderImpl 的 send()方法将邮件发送出去。程序运行后，在接收者邮箱中就会收到这封邮件，如图 S8-2 所示(图中使用了 Foxmail 邮件客户端查看邮件)。

图 S8-2　文本格式邮件

2) 发送 HTML 格式邮件

发送 HTML 格式邮件示例代码如下：

```
// 发送 HTML 格式的邮件
public void sendHtmlMail() throws MessagingException {
        // Spring 提供的邮件发送类。可以使用 Spring 的依赖注入来注入实例
        JavaMailSenderImpl sender = new JavaMailSenderImpl();
        Properties props = new Properties();
```

```
        props.setProperty("mail.smtp.auth", "true");//设置 SMTP 服务器需要身份验证
        sender.setHost("smtp.126.com"); // SMTP 邮件服务器
        sender.setUsername("fnnzyp"); // 发送者用户名
        sender.setPassword("********"); // 发送者密码
        sender.setJavaMailProperties(props);
        MimeMessage msg = sender.createMimeMessage();
        // 使用 Spring 提供的帮助类 MimeMessageHelper
        MimeMessageHelper helper
                = new MimeMessageHelper(msg, "UTF-8"); // 指定 HTML 使用 UTF-8 编码
        helper.setFrom("fnnzyp@126.com"); // 发送者邮箱
        helper.setTo("zypfnn@126.com"); // 接收者邮箱
        helper.setReplyTo("fnnzyp@126.com"); // 回复邮箱
        helper.setCc("zypfnn@126.com"); // 抄送邮箱
        helper.setBcc("zypfnn@126.com"); // 密送邮箱
        helper.setSentDate(new Date()); // 发送日期
        helper.setSubject("使用 Spring 发送的 HTML 格式邮件"); // 邮件主题
        // HTML 代码
        String html = "<font size='5' color='red'>HTML 格式测试成功！</font>";
        helper.setText(html, true); // 邮件内容，参数 true 表示是 HTML 代码
        sender.send(msg); // 发送
}
```

上述代码中，还是使用 JavaMailSenderImpl 类来发送邮件，但是 HTML 格式的邮件需要使用 MimeMessage 类的对象来表示，MimeMessage 类是 JavaMail 库中的类，使用比较复杂，所以 Spring 框架为其提供了帮助类 MimeMessageHelper，MimeMessageHelper 的使用非常简单直观，与发送文本格式的邮件几乎没有区别。程序运行后，在接收者邮箱中就会收到这封邮件，并且其内容是 HTML 格式的，如图 S8-3 所示。

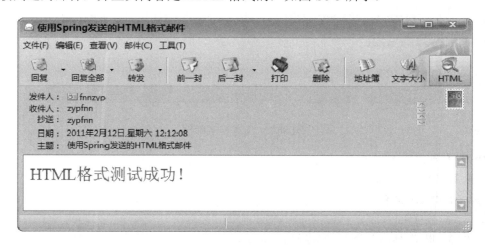

图 S8-3　HTML 格式邮件

3) 发送带内嵌文件的 HTML 格式邮件

在邮件的 HTML 中使用图片、声音等文件可以使邮件内容更加丰富多彩，此时就需要使邮件可以内嵌文件，代码如下：

```
// 发送带有内部文件的邮件
public void sendIncludeFileMail() throws MessagingException {
        // Spring 提供的邮件发送类。可以使用 Spring 的依赖注入来注入实例
        JavaMailSenderImpl sender = new JavaMailSenderImpl();
        Properties props = new Properties();
        props.setProperty("mail.smtp.auth", "true");//设置 SMTP 服务器需要身份验证
        sender.setHost("smtp.126.com"); // SMTP 邮件服务器
        sender.setUsername("fnnzyp"); // 发送者用户名
        sender.setPassword("********"); // 发送者密码
        sender.setJavaMailProperties(props);
        MimeMessage msg = sender.createMimeMessage();
        // 使用 Spring 提供的帮助类 MimeMessageHelper
        // 指定 HTML 使用 UTF-8 编码，参数 true 表示邮件为 multipart 形式
        MimeMessageHelper helper = new MimeMessageHelper(msg, true, "UTF-8");
        helper.setFrom("fnnzyp@126.com"); // 发送者邮箱
        helper.setTo("zypfnn@126.com"); // 接收者邮箱
        helper.setReplyTo("fnnzyp@126.com"); // 回复邮箱
        helper.setCc("zypfnn@126.com"); // 抄送邮箱
        helper.setBcc("zypfnn@126.com"); // 密送邮箱
        helper.setSentDate(new Date()); // 发送日期
        // 邮件主题
        helper.setSubject("使用 Spring 发送的带有内部文件的 HTML 格式邮件");
        String html = "<font size='5' color='red'>HTML 格式测试成功！</font>"
                        + "<img src='cid:testimg' />"; // HTML 代码
        helper.setText(html, true); // 邮件内容，参数 true 表示是 HTML 代码
        ClassPathResource resource = new ClassPathResource("earth.png");
        helper.addInline("testimg", resource);
        sender.send(msg); // 发送
}
```

上述代码中，在创建 MimeMessageHelper 实例时，构造方法的第二个参数设为 true，表示此邮件的内容为 multipart 形式，这样才能够嵌入文件；邮件的 HTML 代码中使用 img 元素显示一个图片，其 src 属性值为 “cid：testimg”，cid 是一个固定前缀，testimg 是一个资源的名称，然后需要使用 MimeMessageHelper 的 addInline()方法将某个资源绑定到此名称上。程序运行后，在接收者邮箱中就会收到这封邮件，并且可以看到 HTML 中的图片，如图 S8-4 所示。

图 S8-4　带有内嵌文件的 HTML 格式邮件

4) 发送带附件的邮件

发送带有附件的邮件是非常常见的需求，示例代码如下：

```
// 发送带有附件的邮件
public void sendAttachmentMail() throws MessagingException,
            UnsupportedEncodingException {
    // Spring 提供的邮件发送类。可以使用 Spring 的依赖注入来注入实例
    JavaMailSenderImpl sender = new JavaMailSenderImpl();
    Properties props = new Properties();
    props.setProperty("mail.smtp.auth", "true");//设置 SMTP 服务器需要身份验证
    sender.setHost("smtp.126.com"); // SMTP 邮件服务器
    sender.setUsername("fnnzyp"); // 发送者用户名
    sender.setPassword("********"); // 发送者密码
    sender.setJavaMailProperties(props);
    MimeMessage msg = sender.createMimeMessage();
    // 使用 Spring 提供的帮助类 MimeMessageHelper
    // 指定 HTML 使用 UTF-8 编码，参数 true 表示邮件为 multipart 形式
    MimeMessageHelper helper = new MimeMessageHelper(msg, true, "UTF-8");
    helper.setFrom("fnnzyp@126.com"); // 发送者邮箱
    helper.setTo("zypfnn@126.com"); // 接收者邮箱
    helper.setReplyTo("fnnzyp@126.com"); // 回复邮箱
    helper.setCc("zypfnn@126.com"); // 抄送邮箱
    helper.setBcc("zypfnn@126.com"); // 密送邮箱
    helper.setSentDate(new Date()); // 发送日期
    helper.setSubject("使用 Spring 发送的带有附件的邮件"); // 邮件主题
```

```
// HTML 代码
String html = "<font size='5' color='red'>附件测试成功！</font>";
helper.setText(html, true); // 邮件内容，是 HTML 代码
ClassPathResource resource = new ClassPathResource("产品说明.docx");
// 中文文件名需要使用 MimeUtility.encodeWord()方法转码
helper.addAttachment(
                MimeUtility.encodeWord("产品说明.docx"), resource);
sender.send(msg); // 发送
}
```

上述代码中，在创建 MimeMessageHelper 实例时，同样需要指定构造方法的第二个参数设为 true，因为带有附件的邮件也必须是 multipart 形式；然后需要使用 MimeMessageHelper 的 addAttachment()方法将某个资源作为附件添加到邮件中，如果附件的文件名包含中文，可以使用 MimeUtility.encodeWord()方法转码，不然可能出现乱码。程序运行后，在接收者邮箱中就会收到这封邮件，并且附件也能够正常收到，如图 S8-5 所示。

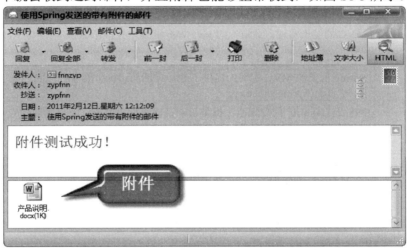

图 S8-5　带有附件的邮件

拓展练习

练习 8.1
网上购物系统中，配置对商品的二级缓存。

练习 8.2
定义一个任务，对新注册的学生，在注册后半小时自动发一封欢迎邮件。

附录 A 常见 Java EE 框架

除了 Struts2、Spring 和 Hibernate 外，还有很多各具特点的优秀开源框架，共同造就了 Java EE 开发领域"百花齐放、百家争鸣"的浓郁氛围。

1. WEB 框架

WEB 框架见表 A-1。

表 A-1 WEB 框架

名　称	说　明
Struts1	MVC 的经典实现，最流行的 Java Web 框架之一。在 2006 年，与 WebWork 合并为 Struts2 参见 http://struts.apache.org
Spring MVC	Spring 框架的 MVC 实现，提供了非常灵活的、可扩展性极佳的功能 参见 http://springsource.org
JSF	JSF 是 JavaEE 标准规范，提供了一种以组件为中心，事件驱动的开发方式，类似于 ASP.NET 参见 https://javaserverfaces.dev.java.net/
Tapestry	Tapestry 是一种基于 Java 的 Web 应用程序框架。该框架采用了组件的概念。程序员可以应用现有的组件或自定义应用程序相关的组件来构建程序。它是 MVC 和模板技术的结合产物，设计先进，实现了视图逻辑和业务逻辑的彻底分离 参见 http://tapestry.apache.org

2. 持久化框架

持久化框架见表 A-2。

表 A-2 持久化框架

名　称	说　明
Toplink	Toplink 是最早的 ORM 框架之一，性能优良，是 Oracle 开发的 ORM 框架，原来收费，现在已经开源 参见 http://www.oracle.com
JPA	JPA 是 Java EE 标准规范，目前已有 Hibernate、Toplink、OpenJPA 等多个实现。它作为 EJB 3.0 规范的一部分，已经被大多数厂商所支持。该文件夹下的 persistence.jar 包括了 JPA 标准包
iBatis	iBatis 需要开发者手工书写 SQL 语句，这带来了更大的灵活性 参见 http://ibatis.apache.org

3. IoC 框架

IoC 框架见表 A-3。

表 A-3 IoC 框架

名　称	说　明
Guice	这是 Google 公司开发的轻量级 IoC 容器，十分简单，速度很快，无需配置文件，使用 JDK5.0 的 annotation 描述组件之间的依赖关系 参见 http://code.google.com/p/google-guice
PicoContainer	这是一个纯粹的 IoC 容器，没有像 Spring 那样提供额外的附加功能。它是极小的容器，只提供了最基本的特性，如果只使用 IoC，可以选择该框架 参见 http://picocontainer.org

4. AOP 框架

AOP 框架见表 A-4。

表 A-4 AOP 框架

名　称	说　明
AspectJ	AspectJ 是 Java 语言的扩展实现，功能非常强大，但不是标准的 Java。AspectJ 定义了 AOP 语法，它有一个专门的编译器用来生成对应的 Java 字节码文件 参见 http://www.eclipse.org/aspectj
FastAOP	FastAOP 是一个高性能的 AOP 框架。最初开发该框架是为了支持对大型 J2EE 应用程序进行性能剖析和检测。它几乎不占用运行时间。FastAOP 已经在 WebSphere 和 Jboss 应用服务器上得到成功测试 参见 http://fastaop.sourceforge.net

附录 B　常用开源类库

在 Java 开源社区提供许多用于 Java EE 项目开发的类库，这些类库提供许多通用性功能，使用这些类库可以直接实现某些功能，节省开发时间，提高工作效率。

1. 数据库连接池

数据库连接池见表 B-1。

表 B-1　数据库连接池

名　　称	说　　明
C3P0	C3P0 是一个开源的 JDBC 连接池，实现包括了 JDBC3.0 和 JDBC2.0 扩展规范要求的 Connection 和 Statement 池的 DataSource 对象，在 Hibernate 应用中推荐使用该连接池 参见 http://sourceforge.net/projects/c3p0
DBCP	DBCP(DataBase Connection Pool)，它是一个依赖 Jakarta commons-pool 对象池机制的数据库连接池，Tomcat 的数据源就是使用 DBCP 参见 http://commons.apache.org/dbcp

2. 缓存

缓存见表 B-2。

表 B-2　缓　　存

名　　称	说　　明
EHCache	EHCache 是一种简单、高效且成熟的第三方缓存组件，它使用内存或硬盘保存缓存的数据，是常见的数据缓存解决方案，通常用在 Hibernate 应用中 参见 http://ehcache.sourceforge.net
JCS	JCS(Java Caching System)是 Jakarta 的子项目，它是一个复合式的缓冲工具，可以将对象缓冲到内存、硬盘，具有缓冲对象时间过期设定，还可以通过 JCS 构建具有缓冲的分布式架构，以实现高性能的应用 参见 http://jakarta.apache.org/jcs
Hibernate-memcached	该类库用于在 Hibernate 中使用 Memcached 作为一个二级分布式缓存，支持实体和查询缓存。Memcached 是由 Danga Interactive 开发的，高性能的，分布式的内存对象缓存系统，用于在 Web 动态应用程序中减少数据库负载，提升访问速度 参见 http://code.google.com/p/hibernate-memcached

3. 模板引擎

模板引擎见表 B-3。

表 B-3　模 板 引 擎

名　　称	说　　明
Velocity	Velocity 是一个基于 Java 的模板引擎，允许通过简单的模板语言引用 Java 对象 参见 http://jakarta.apache.org/velocity
FreeMarker	FreeMarker 是类似于 Velocity 的模板引擎，比 Velocity 更加强大，拥有更多的用户 参见 http://www.freemarker.org

4. 文件输入输出

文件输入输出见表 B-4。

表 B-4　文件输入输出

名　　称	说　　明
iText	iText 是一个能够快速产生 PDF 文件的 Java 类库。iText 的 java 类对于那些要产生包含文本、图形和表格的 PDF 文档非常有用，其类库能和 Servlet 很好的协作 参见 http://itextpdf.com
POI	POI 是 Apache 的子项目，它可以让开发人员方便快捷的通过 Java 进行读写 Excel、Word 参见 http://jakarta.apache.org/poi
JasperReports	JasperReports 是一个基于 Java 的开源报表工具，它可以在 Java 环境下制作报表。JasperReports 支持 PDF、HTML、XLS、CSV 和 XML 等输出格式，是当前 Java 开发者常用的报表工具 参见 http://jasperreports.sourceforge.net

5. 文法分析

文法分析见表 B-5。

表 B-5　文 法 分 析

名　　称	说　　明
Dom4J	Dom4J 是一个易用的开源的库，用于 XML、Xpath 和 XSLT。它应用于 Java 平台，采用了 Java 集合框架并完全支持 DOM、SAX 和 JAXP 参见 http://www.dom4j.org
ORO	ORO 是一套文本处理工具，能够提供 Perl5.0 兼容的正则表达式、AWK-like 正则表达式、glob 表达式，还提供了替换、分割、文件名过滤等功能，其名字来源于贡献这个类库的 ORO 公司 参见 http://jakarta.apache.org/oro
Antlr	Antlr 用于程序语言文法分析，并能产生识别这些语言的程序代码。作为翻译程序一部分，用户可以使用简单的操作符和动作来参数化的文法，告诉 Antlr 怎样去创建抽象语法树(AST)并产生相应的输出。Hibernate 的 HQL 解析就是使用了 Antlr 参见 http://www.antlr.org